식품위생학 원리와 실제

FOOD SAFETY

PRINCIPLE & PRACTICE

식품위생학
원리와 실제

곽동경, 강영재, 류경, 장혜자, 문혜경, 이경은, 최정화 지음

교문사

식품의 국제교역이 급증하면서 해외 의존도가 높아지고 소득수준의 향상, 여성의 취업 및 독신가구 증가 등에 따라 외식소비가 확대되고 있다. 또한 단체급식, 간편식, 테이크아웃 음식 등에 대한 소비가 빠르게 증가하면서 식중독 발생 등의 국민의 건강을 위협하는 위해의 범위와 대상이 다양해지고 있다. 국내에서는 식품안전기본법을 제정(2008. 6)한 이래 식품안전기본계획을 4차(2008~2020)에 걸쳐 추진 중에 있다. WHO, Codex 등 국제기구 및 미국, EU 등의 선진국에서의 식품안전을 위한 정책 방향은 구체적인 목표 설정 등 식품안전관리를 위한 다양한 프로그램을 마련하여 시행하고 있다.

《식품위생학 원리와 실제》는 식품위생관리를 현장에 효과적으로 적용하기 위해 식품위생학의 원리를 이해하고 현장에서 실제 적용이 가능한 안전성 확보방법을 학습할 수 있도록 구성하였다. 이 책은 급식·외식 산업과 식품산업 관련 전문 분야 진출을 준비하는 식품영양학과 학생들을 위한 대학교재로 2014년에 개발된 이래 올해 첫 개정판을 출간하게 되었다. 개정 방향은 법 개정, 통계 수치 등의 최신 자료로 내용을 보완하고, 이해를 돕기 위한 알아두기, 쉬어가기, 사례 등을 새롭게 교체하였으며, 학사일정에 맞는 대학교재로 사용하기 위해 단원을 15개 장에서 12개 장으로 재구성하였다.

1부는 식품위생의 도전과 과제의 2개 장으로 구성하였다. 1장에서는 식품위생의 현황과 과제로 식품위생의 개념과 중요성을 인식하며, 국내외 식품위생 환경의 변화 추세와 이에 따른 식품위생 사건·사고 현황과 예방을 위해 필요한 국내외 식품안전관리 정책 체계의 현황과 향후 추진 방향을 소개하였다. 2장에서는 식품의 위해요소와 위해분석으로 식품의 생물학적·화학적·물리적 위해요소의 종류와 특성을 소개하고, 식품 위해분석(risk analysis)의 기본 구성요소의 개념을 제시하였다.

2부에서는 생물학적 위해요소로 2개 장으로 구성하였다. 3장에서는 식품과 미생물로 식품의 변패나 식중독을 일으키는 데 있어 생물학적 위해요소인 미생물에 의한 식품위생의 원리를 이해할 수 있도록 구성하였으며, 식품과 감염병의 내용을 제시하였다. 4장에서는 식중독 세균과 바이러스로 지금까지 파악된 식중독 유발 미생물 중 주요 미생물들에 대해 밝혀진 생리적 특성과 감염 시 증세, 그리고 그들의 분포 및 예방법을 제시하였다.

3부에서는 화학적 위해요소로 4개의 장으로 구성하였다. 5장에서는 화학물질의 작용기전과 안전성 시험으로 식품을 통해 섭취하게 되는 해로운 화학물질이 건강에 미치는 영향 등의 흡수·대사 기전을 이해하고, 안전성 평가방법 및 규제치 설정, 식품첨가물의 안전성을 제시하였다. 6장에서는 자연식품 유래 유해물질 및 곰팡이 독소로 식물성 식품과 동물성 식품에 함유된 유해물질과 식품에 오염될 수 있는 곰팡이 독소의 종류와 특성, 통제방법을 제시하였다. 7장에서는 환경오염과 식품가공에 의한 유해물질로 국내에서 발생한 환경 유래 혹은 식품재배, 생산, 가공과정에 유래되는 유해물질의 종류와 특성, 생성원천, 노출경로, 피해사례 및 피해를 줄일 수 있는 방안을 제시하였다. 8장에서는 식품 알레르기로 식품 알레르기의 이해, 식품 알레르겐과 알레르기 원인식품, 식품 알레르기의 발생기전, 증상과 진단 및 관리에 대해 제시하였다.

4부에서는 식품위생안전관리에 관해 4개 장으로 구성하였다. 9장에서는 미생물의 통제기술로 오염원을 차단하고, 미생물의 생육을 억제하고 사멸시키기 위한 물리적·화학적 방법과 허들기술법, 기타 신기술을 소개하였다. 10장에서는 선행요건관리로 급식소나 식품산업체에서 위생관리자나 식품취급자가 일반위생관리와 시설·설비위생관리를 잘 이해하고 실천할 수 있도록 기준을 제시하였다. 11장에서는 HACCP 시스템으로 시스템의 도입 필요성, 발전과정, 적용 현황, 개념과 구조, 적용원리, 급식소에서의 HACCP 시스템의 현장 적용 사례 등을 제시하였다. 12장에서는 식품위생행정·검사로, 식품위생 행정관리 체계, 국제 식품위생기구, 식품위생제도, 식품위생 관계 법령, 식품위생행정 등의 내용을 포함하였다. 또한 식품위생검사의 목적과 종류를 소개하고, 식품위생검사 중 가장 널리 활용되는 미생물 검사를 중심으로 검사 원리와 방법, 수행절차, 결과 해석에 대해 제시하였다.

이 책의 특징은 식품위생학의 학문적 특성을 살려 이론과 실제를 함께 다루고자 노력한 데 있다. 식품의 안전성 확보를 위해 필수적인 식품위생의 원리를 위해요소 중심으로 이해하고, 이를 통제할 수 있는 식품위생안전관리 기술의 원리를 제시하였으며, 현장에서 실제 적용이 가능한 예시는 '알아두기'와 '사례'로, 그리고 식품위생 제반 원리와 연관된 국내외 정보는 '쉬어가기'에 소개함으로써 학생들이 식품 위생 분야의 이해의 폭을 넓히고 현장 적용능력을 함양하는 데 도움이 되도록 구성하였다. 교재 본문에 소개되는 새로운 용어의 설명을 해당 페이지 날개에 제시하여 식품위생 개념에 대한 정확한 이해를 도왔으며, 해당 장마다 참고문헌을 게재하여 내용에 관한 문헌적 근거 제시와 학생들의 관심 분야에 대한 폭넓은 정보 검색이 가능하도록 하였다.

책의 개정을 위해 1년의 준비 기간 동안 애써주신 공동 저자들과 출판의 기쁨을 함께 나누길 원한다. 현장의 실무 자료를 제공해주신 신촌세브란스병원 영양팀 관계자와 사진을 제공해주신 급식업체 관계자 여러분들께도 감사를 드린다. 《식품위생학 원리와 실제》가 개정될 수 있도록 지원해주신 교문사의 류원식 사장님과 편집·출판을 위해 애써주신 임직원 여러분들께도 깊은 감사의 마음을 전하는 바이다.

2020년 2월

대표저자 곽동경

CONTENTS
차례

PART 02 생물학적 위해요소

PART 04 식품위생안전관리

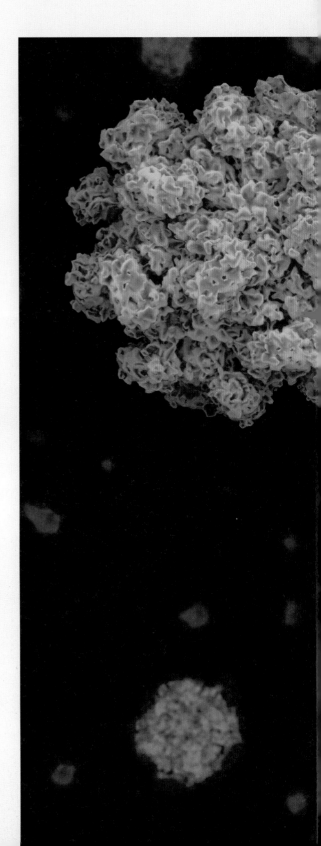

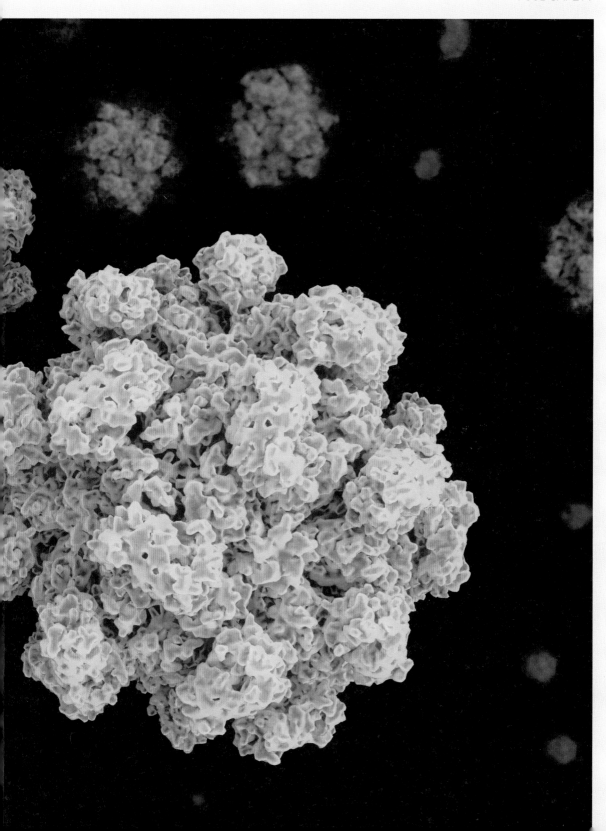

1

식품위생의
현황과 과제

>> **학습목표**

1. 식품위생의 중요성을 설명할 수 있다.

2. 식품위생 환경의 국내외 변화 추세와 이에 따른 사건·사고의 발생 경향을 설명할 수 있다.

3. 국내외 식품안전관리 정책 방향의 특성을 설명할 수 있다.

식품안전 관련 사건·사고가 국내외에서 지속적으로 발생하면서 식품안전에 대한 불안심리가 확산되었고, 국민의 소득수준의 향상으로 삶의 질 향상 욕구가 증가하고 있다. 이에 따라 식품안전에 대한 관심이 증대하고 있으며, 선진국에서도 식품안전 확보를 핵심적인 정책으로 관리하면서 식품의 생산부터 최종 소비까지 위해요소 예방 등 식품안전 정책을 강화하여 추진하고 있다.

이 장에서는 식품위생의 개념과 중요성을 인식하며, 식품위생 환경의 국내외 변화 추세, 이에 따른 식품위생 관련 사건·사고 현황과 경향을 학습하고 이의 예방을 위한 식품안전관리 정책 체계의 현황과 향후 추진 방향을 파악한다.

1 식품위생의 중요성

1) 식품위생의 개념

식품위생법 제2조 정의에 의하면 "식품위생"이란 '식품, 식품첨가물, 기구 또는 용기·포장을 대상으로 하는 음식에 관한 위생'을 뜻한다. **국제식품규격위원회**(이하 Codex^{Codex Alimentarius Commission})의 정의에 의하면 식품위생^{food hygiene}이란 '모든 푸드 체인의 단계에서 식품의 안전성과 적합성을 확보하기 위해 필요한 모든 조건과 방법'이며, 식품안전^{food safety}이란 '식품을 조리하거나 용도에 따라 사용하여 섭취하였을 때 소비자들에게 건강상의 위해를 일으키지 않는다는 보장'이라 할 수 있다. 그러므로 식품위생은 식품의 안전성 확보를 위해 식품의 재배, 생산, 가공, 유통, 저장, 조리, 배식에 걸친 모든 식품 취급 단계에서 오염될 수 있는 위해요소를 예방·제거하거나 안전한 수준으로 관리하기 위해 필요한 모든 수단을 지칭한다. FAO^{Food and Agriculture Organization}와 WHO^{World Health Organization}(2006)는 식품안전체계의 변화를 일으키는 다양한 요인들로 인해 식품안전에 대한 관심이 점차 집중되고 있다고 하였다^{그림 1.1}.

국제식품규격위원회
FAO와 WHO에서 1962년에 소비자 건강보호 및 식품의 공정한 무역을 보장할 목적으로 설립된 국제기관

FAO
UN(국제연합) 산하의 전문기구 중 하나로, 세계 각국의 식량과 농산물 생산 및 분배, 개발도상국 농민의 생활 등을 다루는 국제기구

WHO
세계보건기구로 보건·위생 분야의 국제적인 협력을 위하여 설립한 UN 전문기구

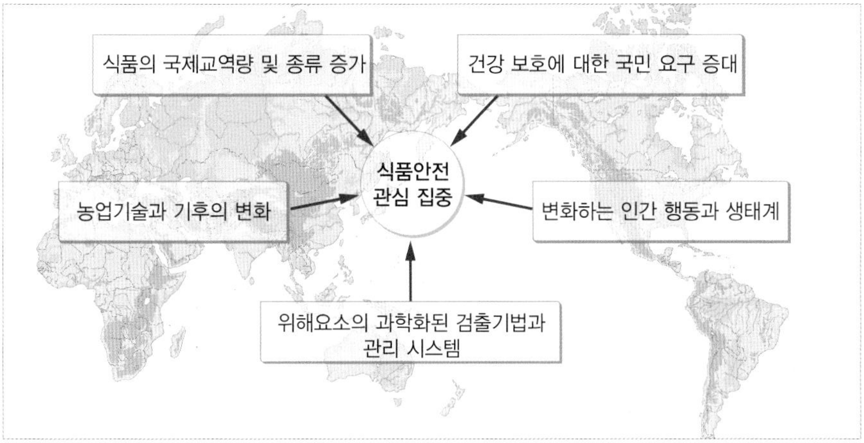

그림 1.1 식품안전 체계의 변화를 일으키는 요인
자료: FAO, WHO, 2006

2) 식품안전에 대한 인식

소득수준의 향상으로 국민의 '삶의 질' 향상 욕구가 증가하고, 이에 따라 식품 안전에 대한 관심이 높아지고 있다. 통계청의 2012년 사회조사 결과에 의하면 우리나라로 수입되는 식품(농축수산물, 가공 식품 등)의 안전에 대하여 13세 이상 인구의 54.7%가 "불안하다"고 응답하였으며, 주된 이유는 "정부의 수입 식품 규제 관리 미흡(50.1%)과 수입업체의 식품 안전의식 부족(22.9%) 때문으로 생각한다"였다. 2014년부터는 조사항목에 먹거리인 불량식품, 식중독 등에 대한 사회안전 인식도를 조사하였는데, '안전하지 않음'에 대한 인식도가 45.1%(2014년), 41.5%(2016년), 31.1%(2018년)로 줄어들고는 있지만, 여전히 '안전하다'는 비율(25.4%)보다 높게 나타나고 있다그림 1.2.

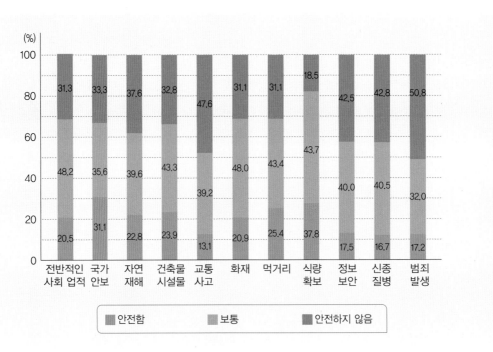

그림 1.2 사회안전에 대한 인식도
자료: 통계청, 2018

3) 식품위생 환경의 변화

식품안전을 위협하는 요소는 식품생산방식의 변화, 식품 수입의 증가, 식품 소비 패턴의 변화, 기후 변화, 환경오염, 식품 제조·가공과정의 유해물질 증가 등 더욱 다양화되고 있으므로 식품안전 체계에 변화를 주게 된다.

2018 식품의약품통계연보에 따르면, 2017년 식품 등(가공식품 등(건강기능식품 포함), 농임산물, 축산물, 수산물)의 생산액은 132.61조 원으로 전년 대비 2.99% 증가하였고, 수출액은 8.04조 원으로 전년 대비 4.82%, 수입액은 28.98 조 원으로 전년 대비 6.55% 증가하였다(시장 규모 153.55조 원, 최근 5년 연평균 성장률 1.22%).

식품 등의 수입액은 2013~2017년 동안 연평균 5.27% 증가하여 2017년 총 수입액은 249.72억 달러에 달했다표 1.1. 2017년 식품 등 수입 검사 건수는 67만 2,273건이었고, 이에 대한 부적합 건수는 1,279건으로 부적합률은 0.19%이었다그림 1.3.

식품의 해외 의존도가 높아지고 소득수준의 향상, 여성 취업 및 독신가구 증가 등에 따라 외식 소비가 확대되고, 조리식품에 대한 소비가 빠르게 증가하고 있으므로 단체급식, 간편식 등 식생활 변화에 따른 안전관리기준 및 대응

표 1.1 식품산업 현황(2013~2017)

식품	생산액	수출액		수입액		시장 규모
	(조 원)	(조 원)	(억$)	(조 원)	(억$)	(조 원)
2013	129.41	6.72	61.36	23.60	215.52	146.29
2014	127.88	6.72	63.82	24.34	231.13	145.50
2015	126.83	6.97	61.61	26.36	232.94	146.21
2016	128.76	7.67	66.13	27.20	234.38	148.29
2017	132.61	8.04	69.32	28.98	249.72	153.55
전년 대비 증가율	2.99%	4.82%	4.82%	6.55%	6.55%	3.55%
연평균 성장률	0.61%	4.60%	3.10%	5.27%	3.75%	1.22%

자료: 식품의약품안전처, 2018

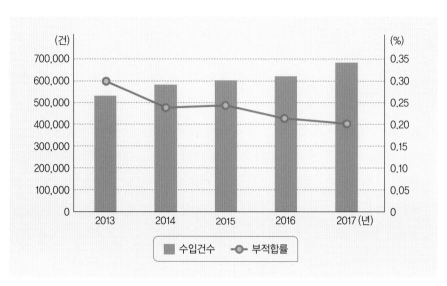

그림 1.3 식품 등 수입건수 및 부적합률(2013~2017)
자료: 식품의약품안전처 통계연보, 2018

시스템 마련이 필요해졌다. 전 지구 기온은 지역에 따라 차이는 있으나 대부분 상승할 것으로 전망된다. 기후 변화가 식중독 발생 등 식품안전에 직간접적인 영향을 미치는 것으로 알려졌지만, 관련 연구는 시작 단계이다. 2008년 식품의약품안전청에서 처음으로 기후 변화에 따른 식품안전관리 대책 연구를 시작하였고, 2010년 기후변화대응 식품안전관리사업단을 구축하고 5년간 25억 원을 투입하여 2015년까지 기후 변화와 식품안전에 관한 연구를 심층적으로 수행하였다.

이와 같은 식품위생환경의 변화는 식품안전 확보에 위협이 되고 있으며, 식품안전의 중요성에 관심이 집중되고 있다. 따라서 식품안전 확보를 위한 식품의 생산부터 최종 소비에 이르기까지 위해요소 예방 등 식품안전정책을 강화하여 효과적으로 추진하여야 하겠다.

2 국내외 식품위생 사건 · 사고 현황

1) 식품안전사고의 지속적 발생

수입국의 다변화, 국민 식생활 형태의 변화, 분석기술의 고도화 등으로 새로운 위해요소의 증대 및 이에 따른 식품 안전사고 발생이 증가하여 안전관리 영역이 확대되고 있다. **농식품안전정보서비스**와 **농식품수출정보**에서 제시한 2000년 이후 발생한 국내외 주요 식품안전사건 · 사고의 내용은 다음과 같다표 1.2.

농식품안전정보서비스
농림축산식품부가 운영하는 국내외 농식품 안전관리 정보들을 소비자에게 제공하는 포털 사이트

농식품수출정보(KATI)
한국농수산식품 유통공사(aT)에서 운영하는 농식품 수출정보 홈페이지. 수출입 통계, 국가 정보, 품목 정보, 해외 식품첨가물 규정, 비관세 장벽, 통관 거부 사례, 소비트렌드 등 제공

표 1.2 2000년 이후 발생한 국내외 주요 식품안전 사건 · 사고

발생시점		사건 · 사고 내용
연도	월	
2000	1	중국산 납꽃게 파동(중국에서 수입한 냉동 꽃게의 게딱지와 다리 속에 1~4 cm 크기의 납이 대량 들어있는 것을 발견)
2001	6	전지분유 중 클로스트리디움 퍼프린젠스균 검출 사건(한국, 제품 회수 및 수거 실시)
2002	1	감자칩에서 아크릴아마이드 검출(미국, 스웨덴, 영국, 일본 등)
2003	1	미국 최초로 광우병 소가 발견되어 미국산 쇠고기 수입국들이 즉시 수입 금지 조치를 내림. 수입을 재개하기까지 수년의 시간이 소요된 사건
	12	국내 최초 조류인플루엔자 유행
2004	1	국내 식육가공품 중 아질산염 검출 사건
2005	7	중국산 장어 등 수산물 중 말라카이트 그린 검출
2006	5	중국산 수입 냉동 꽃게 중 표백제 성분인 이산화황(알레르기성 질환 유발물질)이 대량 검출되어 통관 검사항목에 추가하고 전량 회수
2007	4	미국에서 중국산 사료의 멜라민 오염 사건 발생으로 미 FDA에서 관련 제품의 수입 금지 조치를 취함
2008	1	중국 유제품 중 멜라민 검출사건(공업용 화학원료인 멜라민이 함유된 분유를 먹고 영아 6명 이상 사망, 29만 6,000명의 어린이들이 신장결석이나 배뇨 질환에 걸림
2009	1	미국, 42개 주에서 수백 명의 살모넬라 감염환자 발생. 원인은 땅콩버터의 살모넬라 오염
	2	대만산 분유, 프랑스산 유기농 분유에서 *Cronobacter sakazaki*균 검출로 전량 폐기
2010	1	독일 사료 중 다이옥신 오염
2011	1	미국 캔터루프로 인한 리스테리아 식중독
	3	일본 동북부에서 지진과 쓰나미의 여파로 후쿠시마 원전사고가 발생하여 방사능 다량 누출, 일본산 식품에 대한 섭취 · 출하 및 수입 제한 조치

(계속)

| 발생시점 | | 사건·사고 내용 |
연도	월	
2011	5	독일 및 프랑스에서 호로파 새싹에 의한 장출혈성대장균(EHEC) 환자가 3,900여 명 발생, 46명 사망
2012	12	일본 삿포로시에서 채소절임으로 인한 장출혈성대장균 O157의 식중독사건(환자수 98명 중 2명 사망)으로 채소절임의 위생규범 개정
2013	4	일본 삿포로시 소재 식품회사에서 제조한 김치에서 노로바이러스로 인한 식중독 발생. 환자수 29명, 18명의 환자와 동 김치업체의 종업원 3명에게서 노로바이러스 검출
2014	3	미 전역에 걸쳐 살모넬라 식중독 발병되어 FDA와 CDC는 살모넬라 주의보 발령. 감염경로로 포스터 팜(Foster Farms) 사의 닭고기 제품을 먹고 살모넬라균에 감염된 환자는 27개 주에 걸쳐 574명. 애완용 도마뱀과의 접촉으로 인한 환자는 150여 명 이상(57%가 5세 미만의 영유아), 생계(닭)와의 접촉에 의한 감염자는 총 126명
2015	3	EU 회원국인 오스트리아, 덴마크, 핀란드, 스웨덴, 영국에서 냉동 옥수수로 인한 리스테리아 모노사이토제니스 식중독 발병. 유럽식품안전청과 유럽질병통제예방센터(ECDC)에 6건의 사망을 포함 32건의 발병사례 보고됨. 헝가리에서 생산되고 폴란드에서 포장된 냉동 옥수수가 주 원인식품
2016	10	미국 농무부(USDA)에서는 잔류농약 허용기준 초과로 약 1,000건의 농산물 통관 거부됨. 2017년 2월에는 미국 세관에서 한국산 곶감의 곰팡이 제거제로 사용되는 카벤다짐(Carbendazim)이 다량 검출되어 통관 거부됨
2017	7	벨기에산 달걀에서 사용금지된 '피프로닐(Fipronil)' 살충제 성분 검출. 각 국가들 피프로닐에 오염된 달걀과 그 가공품 회수, 폐기, 해당 농장 폐쇄, 살처분. 국내에서 8월 14~21일 전수조사 결과 부적합 판정을 받은 농가는 총 52곳이었음. 식약처는 2016년 식품 중 잔류물질관리체계를 농약허용물질목록관리제도(Positive List System, PLS)로 전환하여 2018년 12월 전면 시행 중
2018	11	싱가포르 농식품수의청(AVA, Agri-Food & Veterinary Authority of Singapore)은 중국 장시성, 상하이시에서 아프리카돼지콜레라가 발생함에 따라 이 지역의 돼지고기와 그 제품의 수입을 2018년 11월 17일부터 일시 정지 조치함. 농림축산식품부는 아프리카돼지열병의 국내 유입 차단을 위하여 관계부처와 협력하여 그간 추진 중인 국경검역과 국내 방역 관리대책을 강화하겠다고 밝힘(2019. 5)

자료: 농식품안전정보서비스(http://www.foodsafety.go.kr), KATI농식품수출정보(http://www.kati.net/search.do)

알아두기

발생 사례를 통해 본 식품안전 사건·사고

아크릴아마이드

아크릴아마이드(Acrylamide)는 다양한 산업에서 사용되는 공업용화학물질로 동물실험에서 발암유발물질로 확인되어 1994년 WHO의 IARC(International Agency for Research on Cancer)에서는 인간에게 암을 유발할 수 있는 물질, 2A group으로 분류하였다. 2002년, 곡류와 감자 등에 함유된 전분에 열이 가해지면 아크릴아마이드가 생성된다는 스웨덴의 스톡홀름대학 환경화학부의 발표 이후 아크릴아마이드 생성기전 연구가 진행되었다. 아크릴아마이드는 감자, 곡류, 초콜릿, 커피 등의 식품을 120도 이상 고온 조리 시 자연적으로 발생하는 물질로 다량 노출 시 발암 및 신경계 장애를 일으킬 수 있다(자료: KATI농식품수출정보-EU 식품 내 아크릴아마이드 규제 제안 통과, 2017).

광우병

광우병(Bovine spongiform encephalopathy)은 4~5세의 소에서 주로 발생하는 해면상뇌증으로 변형프리온 단백질에 의해 발생하며, 증상은 미친 소처럼 행동하다가 죽어가는 전염성 뇌질환이다. 1996년 3월 영국의 보건부장관이 광우병의 원인이 되는 변형프리온 단백질의 화학구조가 야콥병을 일으키는 원인물질과 비슷하다는 연구 결과를 받아들여, 광우병이 인간에게 감염될 가능성을 인정함으로써 세계의 육류업계에 커다란 충격을 주었다. 2003년 12월 1일 미국의 광우병 발병으로 중국에서는 미국산 쇠고기 수입을 전면 중단하였다. 그 후 2017년 6월 20일 중국에서는 약 14년 만에 미국산 쇠고기 수입을 허가하였다. 우리나라 정부에서는 2003년 12월 미국산 쇠고기와 육가공품의 검역을 중단해 사실상 수입금지 조치를 내렸다. 2006년 초 '30개월 미만 소의 뼈를 제거한 살코기'만 허용하기로 하고 수입을 재개했으나, 검역과정에서 뼛조각이 발견되어 해당 쇠고기가 전량 반송되는 사건이 수차례 발생하는 등, 정부의 쇠고기 검역기준이 오락가락 하면서 2008년 4월 한미 쇠고기 수입 협상 타결을 전격 발표하였으나, 오히려 광우병 공포가 확산되어 촛불집회가 3개월여 지속되는 사태에 이르게 되었다(자료: KATI농식품수출정보–중국의 미국산 쇠고기 수입 재개 및 미국 광우병 대응 동향, 2017).

말라카이트 그린

말라카이트 그린(Malachite green)은 주로 섬유, 종이 등을 염색하는 염색제인데 어류의 알에 감염된 세균류를 죽이는 살균제 등에도 사용되는 염기성 염료이다. 장어 운송 중 충돌로 비늘이 떨어질 경우 진균감염이 생겨 썩거나 죽을 수도 있는데 말라카이트 그린은 살균효과도 높아 이를 치료할 수 있다. 이로 인해 일부 불법 상인들은 운송 전에 말라카이트 그린 용액으로 차를 소독하거나 활어의 어장에도 이런 방법을 사용하여 소독한다. 말라카이트 그린은 유독물질로 사람이 접촉하거나 식용할 경우 호흡중독을 일으키고 세포기능을 파괴시키며 피부와 눈에도 자극을 일으킨다. 1991년 미국 식품의약국(FDA)이 발암성 물질로 규정하고, 수산용으로 사용하는 것을 금지하였다. 이후 유럽연합(EU), 노르웨이, 중국은 2002년, 일본은 2003년부터 이 물질을 식품 등에 사용할 수 없도록 규제하고 있다. 우리나라의 경우 2005년 중국산 장어에서 말라카이트 그린이 검출된 사건 이후 사용이 금지되었다(자료: KATI농식품수출정보–중국산 냉동장어에서 말라카이트 그린 또 발견, 2006).

농약허용물질목록관리제도

농약허용물질목록관리제도(Positive List System, PLS)는 농산물을 재배하는 과정에서 사용 가능한 농약의 목록을 만들어서 미리 설정된 잔류기준 내에서의 사용을 허가하고, 목록에 포함되어있지 않는 농약은 잔류 허용 기준을 0.01 mg/kg(0.01 ppm)으로 설정하여 사실상 사용을 금지하는 제도이다. 정부는 농약관리를 위해 네거티브 리스트와 포지티브 리스트 중 하나를 선택하게 되는데, 네거티브 리스트 제도의 경우 생산자는 목록에 등록된 농약에 대한 잔류허용기준만 준수하면 되기에 농업에 유리하지만, 농산물의 식품 안전성에는 잠재적 위협요인이 될 수 있다. 반면, 포지티브 제도는 생산자가 목록에 등록된 농약만 사용할 수 있게 되기에 농업에 불리하나 식품안전성 수준을 높일 수 있다. 각국 정부는 농약 사용에 대해 네거티브 리스트 제도를 운영하다가 포지티브 리스트 제도로 바꾸어왔다. 일본(2006), EU(2008), 대만(2008) 등이 농약에 대한 포지티브 리스트 제도를 도입하였고, 미국, 캐나다, 호주 등은 농약기준이 없는 경우 불검출제도(0 mg/kg)를 운영하고 있어 사실상 포지티브 리스트 제도를 도입하고 있는 것으로 볼 수 있다. 우리나라는 2016년 견과류와 열대과일류를 대상으로 포지티브 리스트 제도를 도입하였는데, 2019년부터는 이 제도를 모든 농산물을 대상으로 확대하였다.

잔류허용기준 여부	현행	PLS 시행 후
기준 설정 농약	설정된 잔류허용기준(Maximum Residue Level, MRL) 적용	좌동
기준 미설정 농약	① Codex 기준 적용 ② 유사 농산물 최저기준 적용 ③ 해당 농약 최저기준 적용	일률 기준(0.01 ppm 이하) 적용 * 기준이 없음에도 ①~③ 순차 허용으로 발생하는 농약 오남용 개선

자료: 관계부처(농림축산식품부, 식품의약품안전처, 농촌진흥청, 산림청) 합동, 2018

2) 식중독 발생 현황

식품의약품안전처에서 집계한 2017년 기준 집단 식중독 발생건수는 336건, 발생 환자수는 5,649명이었다. 2013년 이후 식중독 발생이 증가와 감소를 반복하는 추세이며, 2017년은 2016년 대비 건수는 15.8% 감소, 환자수는 21.1% 감소하였다그림 1.4.

섭취 장소별 식중독 발생건의 경향은 2017년에 식품접객업체, 집단급식소,

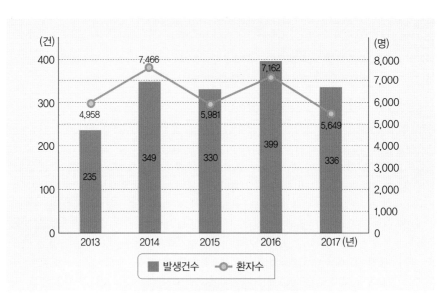

그림 1.4 연도별 식중독 발생건 수 및 환자수(2013~2017)
자료: 식품의약품안전처, 2018년 식품의약품통계연보

기타, 가정 순이었으며 식중독 발생 환자의 경향은 집단급식소, 식품접객업체, 기타, 가정 순으로 나타났다_{그림 1.5}.

식중독 발생건의 주요 원인균을 살펴보면 병원성 대장균이 발생건수 및 발생비율이 가장 높고, 그다음으로 노로바이러스^{Norovirus}가 2006년 이후 급증하고 있으며 살모넬라, 바실루스 세레우스, 장염비브리오 순으로 나타났다. 최근 들어 클로스트리디움 퍼프린젠스^{Clostridium perfringens} 캠필로박터 제주니 ^{Campylobacter jejuni}에 의한 식중독 발생건수가 증가하고 있다_{그림 1.6}.

식중독 발생에 따른 역학조사 결과 원인이 밝혀지지 않아 불명으로 집계된 것은 2017년에 147건으로 전체 336건 중 43.75%를 차지하고 있으므로 원인 규명을 위한 역학조사 담당자의 역량 강화가 요구된다.

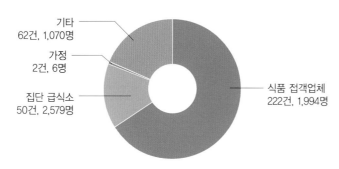

그림 1.5 장소별 식중독 발생 현황(2017)
자료: 식품의약품안전처, 2018년 식품의약품통계연보

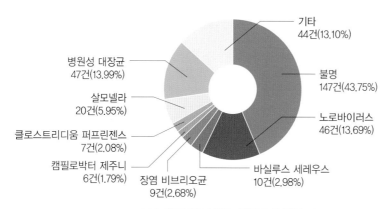

그림 1.6 원인균별 식중독 발생건 현황(2017)
자료: 식품의약품안전처 식중독통계시스템(http://www.mfds.go.kr/e-stat/index.do)

미국 CDC의 식중독사고 발생 경향(1996~2014)

미국 CDC(질병통제예방센터)의 FoodNet에서는 1996년부터 식품을 통해 전파되는 감염의 경향을 추적해왔다. 그들은 FoodNet 보고서(2015)를 통해 미국 내에서 식중독 감염 환자수의 변화 등을 실험실 확증 자료에 근거해 집계 보고하고 있다.

FoodNet
식중독 능동적 감시체계로 감염 증감 현황을 추적 조사하는 시스템

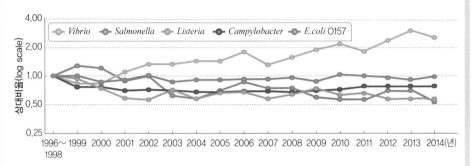

미국 내 FoodNet 2015를 통한 주요 식중독균의 실험실 확증 감염률의 1996~1998년 대비 상대비율

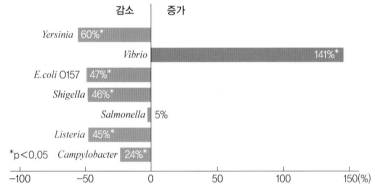

미국 내 2015년도 실험실 확증 식중독 발생의 1996~1998 대비 발생률의 변화

살모넬라에 의한 식중독은 미국내에서 가장 빈번히 발생하는 식중독으로 과거 20년간 거의 감소하지 않았다. 그러나 병원성 대장균 O157은 유의적(p<0.05)으로 47% 감소하여 국가 보건 목표치에 도달하게 되었다. 그러나 *Vibrio*에 의한 감염은 141% 증가하였는데, 이는 생어패류 섭취 등에 인한 원인으로 개선된 예방체계의 적용 필요성이 제기되고 있다.

전반적으로 FoodNet 2015 보고서는 식중독 발생의 감소 경향을 보고하고 있는데 이는 PulseNet에 의한 보다 향상된 발생건 조사 및 검출 향상, 도축장 위생관리 향상, FDA의 Model Food Code의 개선 등에 의한 결과이다.

PulseNet
식중독 규명을 위한 미생물 유전자형 분석을 통한 실험실 간 network

자료: Henao et al. 2015, 미국 CDC

3 식품안전관리 정책 현황과 추진 방향

1) 식품안전관리 정책 현황

(1) 국내

우리나라는 그동안 광우병과 조류인플루엔자의 인체 감염 우려 등을 겪으면서 식품의 안전성을 확보하는 것이 소비자와 농어민의 생존과 직결되어있음을 알게 되었고, 국민 식생활 변화에 따라 가공·조리식품 유통이 확대되고 있으므로 식품의 안전성 확보를 위하여 합리적·체계적인 정책 및 제도 마련이 필요하다는 사회적 요구가 높았다.

이에 2008년 6월에 각 부처에서 소관 분야별로 수행 중인 식품안전행정의 통합적인 관리를 통해 식품사고에 대한 사전예방과 긴급대응을 강화하고자 식품안전기본법을 제정(2008. 6)하였으며, 식품안전기본법 시행(2008. 12)에 따라 국무총리를 위원장으로 하는 식품안전정책위원회를 구성하고, 과학적 합리성과 투명성에 입각한 체계적인 제1차 식품안전관리기본계획(2009~2011)을 추진한 이래 2017년까지 총 3차례 기본계획을 수립·시행하였으며, 4차(2018~2020) 기본계획을 추진 중이다. 그간의 성과는 다음과 같다표 1.3.

- 식중독, 방사능사고 대응 등 범정부 식품안전관리 및 핵심역할을 수행하여 식중독 환자수를 관리하고 있는데, 2013년 이후 식중독 발생이 증가·감소를 반복하는 추세이며, 2017년은 2016년 대비 환자수는 21.1% 감소하였다(2016년에는 399건/7,162명 → 2017년에는 336건/5,649명).
- 위해정보 사전 모니터링 및 IT 기반 유통관리 등 위기대응 체계 선진화를 위해 멜라민 파동(2008) 이후 2009년에 식품안전정보원을 설립하여 전 세계 위해정보를 수집하고 대응할 수 있는 체계를 구축하였으며, 유통매장에 IT기술을 접목한 위해상품판매자동차단시스템을 도입하고 식품위해정보를 신속 공개하였다.
- 수입식품, 식품위해사범 등 국민 불안요인 집중관리를 위해 수입식품 통

관 이전 제조원 현지관리 강화, 정밀검사 확대 등 통관 검사체계개선 등 관리를 강화하였다. 위해사범조사단을 신설(2009)하여 식품위해사범을 적극 관리하였으며 일본 방사능 누출사고, 구미 불산 누출사고 등 오염지역 식품에 대한 신속하고 전문적인 대응으로 위해 발생을 차단하였다.

• 건강한 식생활 및 영양안전 확보로 국민건강 증진에 기여하기 위해 안전에 취약한 어린이를 위한 어린이식생활안전관리특별법을 제정하여 학교 주변 어린이식품안전보호구역을 지정(2009)하였으며, 전문 영양사가 배치

표 1.3 제3차 식품안전관리 기본계획(2015~2017) 정책 성과

구분	성과 지표		2015	2016	2017
위해요소 사전 예방	GAP 인증 농가 비율(%)		4.8	6.9	8.1
	HACCP 제품 생산 비율(%)		60.2	68.7	83.9
	양식장 HACCP 등록(개소 수)		78	113	154
	위해식품 판매차단시스템 적용 매장 (누적, 천 개소)		64.0	78.1	88.7
	식품이력추적 등록업소(개소)		3,287	5,901	6,493
	식품위해정보 조치율(%)		74.6	79.4	82.4
환경 변화 선제 대응 및 소통 확대	위기 대응 모의훈련 횟수(회)		1	2	4
	불량식품 근절 정책 인지도(%)		76.4	82.8	84.3
	수산물 음식점 원산지 대상 품목(수)		9	12	1 2
상시 안전관리 강화	생산 단계 수산물 안전기준 적합률(%)		98.3	98.4	99.1
	법령 재위반율(%)		10.7	9.3	5.9
	부정·불량 농약 적발률(%)		15.4	13.8	13.2
	허위과대광고 위반 건수(건)		423	467	214
	수입식품 검사 부적합률(%)	식품	0.26	0.26	0.24
		축산물	0.22	0.31	0.08
		수산물	0.11	0.07	0.07
건강한 식생활 환경 확충	어린이급식관리지원센터 시설 지원율(%)		35	46	59
	학교 주변 식품안전 체감도(%)		48.6	54.9	57.8
	나트륨 1일 평균 섭취량(mg)		3,890	3,890	3,669

자료: 2018년 제1차 식품안전정책위원회, 2018~2020 제4차 식품안전관리 기본계획, 2018. 5

되어있지 않은 어린이집·유치원 등의 어린이들을 위한 급식 위생관리, 영양관리를 지원하기 위해 어린이급식관리지원센터를 설치하였다(2017년 현재, 215개소, 시설지원율 59%, 2020년 100% 목표). 또한 외식 영양표시를 통해 국민의 건강한 식품섭취 환경 조성에 노력하였으며, 만성질환의 원인이 되는 트랜스지방, 나트륨 등 위해가능 영양성분을 집중 관리하여 과자류 트랜스 지방 '함량 제로화'를 달성하였다표 1.3.

(2) 국외

생산·가공·분배·조리 과정 등을 거치는 세계의 푸드 체인시스템이 안전한 국제 식품공급망을 확보하기 위해 식품안전에 관한 연구 요구도가 점점 높아지고 있다. WHO에서는 '농장에서 식탁'까지의 접근을 통해 식품 생산체인의 식품 오염이 가장 잘 발생할 수 있는 지점과 가장 잘 예방될 수 있는 지점을 확인하고 집중적으로 관리하려는 예방을 강조하는 접근 노력을 기울이고 있다.

WHO에서는 식중독 저감화를 위해 국가의 식품안전체계를 강화하려고 노

알아두기

멜라민 파동

2008년 9월 11일 중국의 싼루(三鹿) 그룹의 분유를 먹은 간쑤(甘肅)성 거주 유아들이 비뇨기 질환으로 병원에 입원한 사실을 중국 위생부가 공식 발표하면서 멜라민 파동이 시작되었다. 중국 위생부의 공식 통계에 따르면 2008년 11월 27일 8시까지 멜라민으로 인해 입원한 유아는 모두 29만 4,000명이며 그중 6명이 사망, 861명이 입원 치료 중, 154명이 위중한 상태인 것으로 나타났다. 멜라민은 우유에 첨가될 경우 단백질의 함유량을 실제보다 부풀릴 수 있기에 이전에도 종종 사용되곤 하였다. 멜라민은 벤젠 고리에서 탄소 세 개가 질소로 바뀌고 수소 세 개가 질소 한 개와 수소 세 개로 이루어진 아미노기로 치환된 물질이다. 단백질의 펩티드 결합에는 질소가 포함되는데, 이것을 이용해 단백질 함량을 측정하는 것을 악덕 낙농업자들이 악용하여 질소 원자가 많이 포함된 멜라민을 집어넣은 것이다. 멍뉴(蒙牛), 이리(伊利), 광밍(光明) 등 업계 선두기업 제품에서도 멜라민이 검출되면서 약 7,000톤의 분유가 폐기됐고 유럽, 미국, 일본 등지에서 중국산 유제품 수입에 대한 규제를 강화하였다. 이러한 멜라민 파동에 대한 전 세계의 비난이 거세지면서 성공적으로 베이징 올림픽을 개최한 중국의 이미지가 크게 실추되었다.

자료: 농수산식품수출지원정보-멜라민 파동과 중국의 식품안전 현황, 2009

트랜스지방산

불포화지방산인 식물성 기름을 가공식품으로 만들 때 산패(酸敗)를 억제하기 위해 수소를 첨가하는 과정에서 생기는 지방산으로 주로 마가린이나 쇼트닝에 들어있다. 다량 섭취할 경우, 비만이 되기 쉬우며, 해로운 콜레스테롤인 저밀도지단백질(LDL)이 많아져 심혈관계 질환이 생길 수 있다. IFBA (International Food and Beverage Alliance, 국제 식음료 연합)에 의하면, 글로벌 식음료 제조사를 멤버로 하는 IFBA는 산업적으로 생산된 트랜스지방이나 트랜스 오일을 2023년까지 100 g당 2 g으로 제한하기로 협약하였다. 이런 행보는 세계적으로 트랜스지방을 2023년까지 줄이기로 하는 WHO의 목표에 부응하는 것이다. 2016년, 맥도날드를 제외한 IFBA 회원제조사들은 2017년까지 식품 100 g당 1 g 이하로 트랜스지방을 줄이기로 약속하였으며, 이번 협약에 맥도날드사도 참여하였다. WHO는 2016년의 협약은 부분 경화유(Partially Hydrogenated Oil, PHO) 제거로 98.5% 실현되었다고 한다. 대형 식품제조사들이 생산라인과 성분을 바꾸는 것이 쉽지는 않으나, 이는 건강과 웰빙을 추구하는 현대 소비자들의 요구에 부응하여 경쟁력을 갖게 하고, 브랜드를 홍보하고, 차별화시키는 혜택을 제공하는 것이다. 이런 소비자들의 요구와 트렌드는 인식의 변화와 함께 더욱 심화되고 장기화 또는 반영구적이 될 것이므로, 한국의 수출식품업계도 트랜스지방을 제거한 건강한 대체오일 식품을 제조하고 홍보하는 것이 미주 시장에서 성공할 수 있는 중요한 요건 중의 하나가 될 것이다.

자료: 농수산식품수출지원정보-FDA의 부분 경화유(PHO)사용 금지 명령과 대체 오일 시장, 2018

유전자변형농산물

유전자변형생물체(Living Modified Organism, LMO)는 현대생명공학기술을 이용하여 새롭게 조합된 유전물질을 포함하고 있는 동물, 식물, 미생물을 말하며, 통상 유전자 변형농산물(Genetically Modified Organism, GMO)은 LMO 중 농산물을 의미한다. 유전자변형농산물은 안전성 검증에 관한 논의가 지속되고 있는 가운데, 2008년 이후 대두(大豆), 옥수수 수입량이 증가하고 있으며 이를 주요 원재료로 사용하는 식품산업의 생산량도 증가하고 있다. 우리나라는 곡물자급률이 낮고 곡물의 수입 의존도가 높기 때문에 정부는 GMO의 세계적 공급 확대와 가격 상승에 대비하여 식량안보 차원의 국가식량정책을 수립하고, 식품산업의 주요 원재료로 적정한 식용 GMO가 사용되도록 소비자, 식품산업계와 함께 노력하는 방안을 강구하여야 할 것이다. 우리나라의 수입곡물 중 GMO가 차지하는 비율은 2010년 56.0%에서 2014년 58.8%로 2.8%p 증가하였다. 식용 GMO의 수입량은 2008년 1,553천 톤에서 2014년 2,283천 톤으로 47.0% 증가하였고, 농업용(사료용) GMO 수입량도 2008년 7,019천 톤에서 2014년 8,538천 톤으로 21.6% 증가하였다. 최근 3년간 수입한 곡물 중 대두의 GMO 비율은 2012년 72%에서 2014년 77%로 5%p, 옥수수는 2012년 43%에서 2014년 52%로 9%p, 가공식품은 2012년 7%에서 2014년 9%로 2%p 증가하였다. 2014년 식용 GM 대두의 수입량은 브라질산 466천 톤, 미국산 445천 톤, 식용GM 옥수수의 수입량은 미국산 706천 톤, 브라질산 289천 톤, 남아프리카 공화국산 50천 톤으로 수입국이 다변화되고 있다. 곡물자급률(2014년 콩 자급률 11.3%, 옥수수 자급률 0.8%)이 낮은 우리나라는 향후 GMO 곡물의 수입의존도가 높아질 수 있으므로 적정량의 GM 농산물이 수입되도록 수입관리목표를 설정하여야 할 것이다.

자료: 국회입법조사처, 장영주, 2015

력하는 여러 국가들과 협동하여 효과적인 식품공급을 관리하기 위해 업무를 수행하고 있다. WHO의 식품안전을 위한 주요 업무는 다음과 같다.

- 식중독의 감시망 개선과 화학물질의 감시
- 회원국의 식중독 발생과 식품 오염 사건을 **국제식품안전당국네트워크**INFOSAN Network를 통해 적시에 보고하고 공유할 수 있는 능력을 키움
- 식품의 품질 기준과 규격을 CAC Codex Alimentarius Commission와 FAO를 통해 설정, 새로운 식품(영양소, 기능성 식품 포함)의 위해성 평가방법 개발
- 동물(식품으로 섭취할 경우)에서 사람에게 전파될 수 있는 항미생물성 내성 오염물질에 관한 가이드라인 제공
- 세계식중독감염네트워크Global Foodborne Infections Network, GFN을 통해 실험실, 역학조사 훈련과정을 실시함으로써 식중독 감시망 체계를 개선, 식품과 연관되는 위해성의 효과적인 정보교류 전달체계 구축
- 실험실에 외부 품질관리 프로그램을 제공하고, 표준 실험서비스나 재료 공급, 새로운 식품기술, 생명공학 기법에 의한 식품의 안전성 진단

국제식품안전당국네트워크
181개 회원국으로 구성된 식량농업기구(FAO) 간의 공동 국제연합기구로서 식품안전 문제 공유, 정보 교환, 식품안전 긴급 상황에 신속히 대응

쉬어가기

2018 아시아 인포산 국제회의 개최

식품의약품안전처는 아시아 국가 간 식품안전정보신속교류를 위한 '2018 아시아 인포산 국제회의'를 세계보건기구 서태평양지역사무처(WHO, WPRO)와 공동 개최했다.

- 인포산(International Food Safety Authorities Network, INFOSAN): 식품안전당국자 간 국제 네트워크(아시아 인포산: 한국, 일본, 중국, 홍콩, 필리핀, 베트남, 말레이시아, 브루나이, 인도네시아, 태국, 라오스, 캄보디아, 몽골, 미얀마)
- 아시아 인포산 국제회의: 국제적인 식품안전사고가 발생할 경우 아시아 지역 국가 간의 신속한 정보 공유를 목적으로 2011년 구축되었다. 아울러 식품위기상황 대응 모의훈련 실시와 회원국 간 식품안전정보 교류망 구축·추진 등으로 정보 교류 및 협력을 강화해왔다.

인포산으로 교류한 주요 식품안전정보를 통해 2018년 7월 식중독균인 '리스테리아'에 오염된 것으로 추정된 벨기에산 냉동 옥수수의 국내 유입 가능성을 통보받아 해당 제품 반송 등을 조치하였다.

자료: 식품의약품안전처 보도자료, 2018. 12. 10

Global Foodborne Infections Network, GFN

임무

농장에서 식탁까지 푸드체인에서 식중독과 기타 장관 감염증을 검출하고 통제하고 예방할 수 있는 능력 배양을 통해 전 세계의 식중독을 저감화하고 인간의 건강과 수의학, 식품학을 연구하는 미생물학자, 역학자들의 협조와 의사소통을 원활하게 하는 것이다.

GFN Steering Committee Partners

세계보건기구(World Health Organization)	World Health Organization	미국질병통제예방센터(U.S. Center for Disease Control and Prevention)	CDC CENTERS FOR DISEASE CONTROL AND PREVENTION
네덜란드 바게닝겐대학 중앙 수의과학연구소(Central Veterinary Institute, Wageningen Univ. Netherlands)	CENTRAL VETERINARY INSTITUTE WAGENINGEN UR	미국 식품의약국 (U.S. Food and Drug Administration)	FDA
파스퇴르연구소 국제 네트워크 (International Network Institute Pasteur, France)	international network Institut Pasteur	덴마크 기술대학 국가 식품 연구소(National Food Institute, Technical Univ. of Denmark)	National Food Institute DTU Technical University of Denmark
유럽질병통제예방센터 (European Center for Disease Control and Prevention)	ecdc EUROPEAN CENTRE FOR DISEASE PREVENTION AND CONTROL	캐나다 공중보건청(Public Health Agency of Canada)	Public Health Agency of Canada
호주 푸드넷(Oz Food Net)	oz food net	미생물 유전자형 분석 네트 워크(PulseNet)	PulseNet Africa

주요 활동

- 외부 품질보증 시스템(EQAS): 전 세계 실험실에서 살모넬라(*Salmonella*)나 다른 식중독균의 혈청형과 항미생물성 민감성의 품질 평가
- 국가 데이터 뱅크: 회원국으로부터 연간 살모넬라의 종합 데이터 수집하는 수동적 감시망 체계
- 표준 시험: 살모넬라와 기타 식중독 세균 검사의 GFN 위원회 국가로부터 기술 지원 및 무료 표준 시험 검사 지원
- 전자토론그룹(EDG): 훈련 교재, 식중독과 기타 내과 감염질환에 대한 논문, 기타 이슈에 대해 전자 우편 목록을 통해 전달
- 지역, 국가 프로젝트 지원: GFN 국제 훈련 교과를 통해 학습한 기술의 지속적인 개발 및 적용 촉진

자료: WHO

- 올바른 식품 취급과 조리방법을 실천할 수 있는 훈련, 전달 도구 개발

2) 향후 추진 방향

(1) 국내

우리나라는 2013년 새로운 정부가 들어서면서 국민의 먹거리 안전관리를 일원화하는 차원에서 복지부 외청이었던 식약청을 총리 소속 '식품의약품안전처'로 2013년 확대·개편하였다. 그동안 보건복지부에서 관리하던 식품위생법과 농림축산식품부에서 관리하던 축산물위생관리법이 식품의약품안전처로 이관되어 식품안전을 관리하는 컨트롤타워로 식품의약품안전처의 역할이 확대된 것이다. 먹거리 관리로 식품안전 강국 구현을 국정과제로 제시한 정부의 세부추진계획은 식품안전관리 기본계획과 더불어 우리나라의 향후 식품안전정책의 추진방향이 될 것이다. 먹거리 관리로 식품안전 강국 구현을 국정과제로 제시한 정부는 세부 추진 계획으로 다음의 실천 계획을 제시하였다.

- 불량식품 근절 종합대책 추진: 불량식품 근절 대책 추진의 컨트롤타워로 '범정부 불량식품 근절 추진단' 구성 운영, 대국민 **리스크 커뮤니케이션** 홍보·교육
- 식품안전기준 강화: 총리실 주관으로 관계부처 기준·절차 등 비교 분석, 정부 내에서 혼선이 없도록 법령, 기준·규격 등 개정
- 학교급식 등 집단급식소 위생점검 강화: 학교급식 전자조달시스템(조달청, aT센터)에 식중독 조기경보시스템 연계
- 생산·제조단계 안전관리 강화: 오염된 해역·토양 등에서 생산되는 농·수산물, 식염 등 유통판매 차단, 식품안전관리인증기준^{HACCP} 의무 적용 지속 확대, 식품 생산·제조단계 안전관리 기반 구축
- 부적합 식품 경보시스템 유통매장 확대: 부적합 식품에 대한 경보시스템(위해상품 판매 자동차단 시스템)을 유통매상에 도입하고, 소규모 판매업소 및 편의점까지 단계적으로 확대

리스크 커뮤니케이션
위해에 대한 의견·정보의 상호 교류

제4차(2018~2020) 식품안전관리기본계획 추진 방향

식품안전개선 종합대책(2017. 12. 27)을 토대로, 제3차 기본계획의 미비점을 보완하고 국정 과제 및 변화하는 대내외 여건을 반영하였다.

구분	문제점과 환경 변화	개선 방향
식품안전개선 종합대책 (2017. 12. 27)	밀식 사육 등 열악한 축산환경	농축수산물 생산환경 개선
	부실한 인증제도 관리	인증제도 개선
	농수산물 생산·출하, 유통·소비 및 영양관리 사각지대 발생	농약 등 잔류물질 관리, 유통관리체계 개선, 균형 잡힌 영양 섭취 지원
	부처 간 협업 미흡, 정책과 현장의 괴리, 대국민 소통 미흡	식품안전관리 체계 구축, 대내외 소통·협력 강화
제3차 기본계획	백수오(2015), 용가리 과자(2017) 등 식품안전사고 반복 발생	가공식품 제조·관리, 유통·관리 체계 구축
	학교에서의 집단 식중독 반복 발생	철저한 위생관리 및 식중독 예방 활동
	수입식품 등 특정 분야 식품안전 불안감 여전	가공식품 제조관리, 위해 수입식품 국내 유입 차단, 위해식품 감시 기반 및 역량 강화
국정 과제	먹거리 안전 국가책임제 실시 및 먹거리 복지 구현	생산환경 개선, 유통관리체계 개선, 균형 잡힌 영양 섭취 지원, 식생활 교육·홍보
	급식관리의 공공성 확대	균형 잡힌 영양 섭취 지원
	소비자(국민) 관점 정책 추진	대내외 소통·협력 강화
대내외 여건 변화	고령화, 1인 가구 증가, 여성의 사회 진출 확대 및 해외직구 확산	외식·배달음식·가정간편식 관리 강화, 수입·온라인 식품 관리 강화
	취약계층 영양 공급 부족	균형 잡힌 영양 섭취 지원
	소비자 권익 보호 요구 증가	소비자 피해 구제
	신·변종 미생물 출현·확산 및 나노·유전자가위 등 신기술 출현	기술·기후 변화 대비

자료: 2018년 제1차 식품안전정책위원회, 2018~2020 제4차 식품안전관리 기본계획, 2018. 5

쉬어가기

제4차 식품안전관리기본계획 주요 목표 지표

안전관리(2018~2020)

선제적 위해요인 안전관리

농장 단위[달걀·산란노계] 잔류물질 검사율(%)	8.6% ➡	**100%**
농약 판매기록 관리 대상(종)	9종 ➡	**모든 농약** 원예용 등 제외

기반 확립(2018~2020)

안전한 식품 생산·유통 기반 확립

HACCP 적용제품 생산율(%)	83.9% ➡	**86.2%**
GAP 인증 농가 수 증가율 (전년 대비, %)	7.8% ➡	**15.6%**
농산물 공영도매시장(32개소) 현장검사소 설치율(%)	50% ➡	**100%**
사전안전관리제품 수입률(%)	2.8% ➡	**4.0%**

환경 개선(2018~2020)

건강한 식생활 환경 개선

어린이급식관리지원센터 시설 지원율(%)	59% ➡	**100%**
나트륨 1일 평균 섭취량(mg)	3,669mg ➡	3,500mg
식중독 환자수는 인구 10만 명당(명)	110명 ➡	100명 이하

자료: 2018년 제1차 식품안전정책위원회, 2018~2020 제4차 식품안전관리 기본계획, 2018. 5

- 식품이력추적시스템 단계적 의무 도입: 위해 우려가 높은 품목을 우선 대상으로 도입 의무화
- 수입식품 안전관리 강화: 수입식품안전관리 기본계획(매 3년) 및 시행계획 수립(매년), 수입자 관리 강화, 수입이력관리, 정책지원 강화
- 식품 표시제도 개선으로 소비자 알권리 보장: 영양성분 표시 확대, 식품용기 그린마크 표시제 도입, 알레르기 표시 대상 확대
- 소통 전담조직 구축: 부처 간 정보 공유, 대국민 소통을 위한 전담조직 마련(위해 소통센터(가칭)로 확대·구축)
- 소비자 위생점검 요청제 및 참여제 확대

(2) 국외

WHO·Codex 등 국제기구 및 미국·EU 등의 선진국에서의 식품안전을 위한 정책 방향에 따라 구체적인 목표 설정 등 식품안전관리를 위한 다양한 프로그램을 마련하여 시행하고 있으며 그 특징을 요약하면 다음과 같다.

- 핵심관리요소를 설정·관리하고, 과학에 기반한 예방관리체계를 강화
  - 항생제 관리(Codex), 살모넬라·대장균 O157 : H7(미국), BSE 발생 저감화(EU)
  - DNA 분석 등 과학적 기반(일본), 건강한 식습관·고영양식품 효용 제고(미국) 등
  - 식중독 저감화 정책(위해 관리), 식품안전 목표[FSO] 설정
  - 2011년 미국에서 제정되고 2018년부터 본격적으로 시행되고 있는 식품안전현대화법[FSMA] 중 식품예방관리 규정을 손쉽게 실천이 가능하도록 그동안 미국 내에서 식품안전관리인증기준[HACCP] 적용 의무화 대상이었던 식품 범위에서 벗어나 모든 식품제조기업에 대해 식품위해요소예방관리기준[HARPC]를 적용하게 됨
- 신종 위해요소 평가 및 위해성평가를 위한 역량 제고 강화
  - GMO·사료 평가(EU), 위해예측 역량 확대(미국) 등

- 안전사고에 대한 긴급대응체계를 정비하고 현장 적용을 강화
  - 위기대응연습(일본), 긴급한 과학적 자문 신속대응(EU), 범죄세력의 엄중처벌(중국) 등
- 이해관계자와 커뮤니케이션을 지속적으로 확대하고, 대국민 홍보를 적극 추진
  - 전문가 네트워크(EU), 사건 처리 실시간 보도 등 유리한 여론 분위기 조성(중국) 등
  - 식품안전의 네트워크화: FoodNet(식중독 능동적 감시체계), PulseNet(미생물 유전자형 분석을 통한 실험실 간 네트워크), Outbreak Alert(식중독 발생경보)

급변하는 세계의 식품안전 관련 정책 변화 속의 국제 무역에서 각국은 식품안전의 이슈를 파악하여 적절히 대비하고 경쟁력 확보에 주력하고 있다. 농식품의 수입 의존도가 높아짐에 따라, 특히 중국으로부터의 수입량이 절대적이기 때문에 수입국가로 부터의 식품안전에 관한 정보 획득과 이에 대한 관리는 필수적이다. 또한 유럽, 미국, 아시아 지역에서 식품안전을 위한 국가 간 네트워트 구축 등 협력 체계가 강화되고 있으므로, 우리나라도 적극 협력 체계를 강화하는 노력이 시급하다. 식품안전은 사전 예방을 통해서 달성해야 하므로 체계적인 위생관리 제도인 HACCP, GAP, 식품이력추적제도 등 꾸준히 확장해 나가야 하겠다. 국내에서도 국가와 산업체, 소비자 간의 원활한 위해성 교류가 필요하다. 또한 정부 부처 간 긴밀한 정보 공유 및 신속 대응을 통한 통합 식품안전정보망 구축이 시급한데 이를 위한 추진단이 구성되어 매우 고무적이며, 식품안전통합망 구축을 통해 국민에게 쉽고 빠른 정보 제공이 가능해져야 할 것이다.

기후 변화에 따른 식량 수급의 문제와 새로운 환경 아래 미생물 변종들이 출현하고 있다. 그러므로 지역별 네트워크 및 감시망 체계를 강화하고 국제적 동향과 정보를 꾸준히 모니터링하여 안전사고에 신속히 대응할 수 있는 긴급 대응 체계를 정비하여야 하겠다. 3년 단위로 시행되고 있는 식품안전관리 기

미국 식품안전현대화법 제정 의의

미국 정부는 2011년 식품오염에 대한 현장대응 중심의 식품안전관리체계를 예방 중심의 안전관리체계로 전환하기 위하여 식품안전현대화법(Food Safety Modernization Act, FSMA)을 제정하였다. 미국은 그동안 FDA를 통하여 자율적이고 예방적인 안전관리체계의 시작인 위해요소중점관리기준(Hazard Analysis and Critical Control Points, HACCP)을 확립하고 이에 대한 국제적 확산을 주도하고 있다. HACCP의 식품 분야에 대한 적용은 미국을 포함한 세계 각국으로 하여금 기존의 현장대응 중심의 식품위험관리방식을 자율적이고 예방적인 방식으로 전환시키는 계기가 되었다.

FSMA의 제정은 1930년 이후 식품안전관리제도 분야에서 만들어진 최대 규모의 개혁으로 평가받고 있다. FSMA는 해외공급자에 대한 검증과 식품 수입자의 안전책임 강화, 식품안전에 대한 FDA의 권한 강화 등을 핵심 내용으로 하고 있다.

FSMA의 시행으로 인하여 미국의 식품안전관리시스템에는 예방과 위험평가를 토대로 하는 식품안전관리체제가 확립되었고, 식품안전문제에 대한 효과적인 사전 예방 및 사후 대처와 문제 확산을 방지하기 위한 강력한 집행 권한이 FDA에게 부여되었다.

FSMA 최종 규칙의 식품 예방관리에서는 아래 그림과 같이 최신 우수제조관리기준(Current Good Manufacturing Practice, cGMP)과 위해요소 예방관리기준(Hazard Analysis and Risk-based Preventive Controls, HARPC)의 적용을 강조하고 있다.

FSMA 최종규칙의 식품 예방관리 개념도

HARPC는 기존의 위해요소를 좀 더 세분화하여 위해요소 파악·분석·평가를 요구하고 있으며, 위해요소 분석 및 위해에 기초한 예방관리는 알려진 위해요소, 예측가능한 위해요소 등을 고려하도록 되어있다. HARPC의 보조기준으로는 위험평가 중요관리점(Threat Assessment & Critical Control Point, TACCP)을 통해 의도적인 오염에 대한 잠재적 취약점을 스스로 평가하는 식품방어 계획서를 작성하고 관리하게 하였으며, 식품안전 선행요건프로그램(Publicly Available Specification, PAS)으로 식품 제조 및 가공업체에 적용하여 사전에 위생적으로 관리하고 대비함으로써 식품안전 시스템을 준비하도록 요구하고 있다.

cGMP는 제조 등 공정관리 과정에서 직원의 질병 및 청결관리, 작업장과 작업장비의 위생적 관리, 창고 및 유통 시 변질 방지 등을 고려하게 되어있다. 이에 따라 미국 FSMA는 식품에 대한 현행 우수제조기준(cGMP)을 현대화하고 식품에 대한 위해요소분석 및 위해에 기반한 예방관리(HARPC)의 수립과 시행을 위해 식품시설 등록 규정하에 있는 국내외 시설들에 필요 요건을 추가한 것이므로 이에 준하여 대응해야 할 것이다.

자료: 농림축산식품부, 2017

본 계획이 실효성 있는 성과를 거두기 위해서는 식품안전 목표를 설정해 객관적인 지표에 의해 평가되어야 하며 이를 통해 식품안전 위해성 관리의 선진화를 실현하고 국민건강 증진에 기여할 수 있을 것이다.

참고문헌

관계부처 합동(국무조정실, 교육부, 법무부, 농림축산식품부, 보건복지부, 환경부, 해양수산부, 식품의약품안전처, 관체청, 농촌진흥청). 2018. 2018~2020 제4차 식품안전관리 기본계획.

관계부처 합동(농림축산식품부, 식품의약품안전처, 농촌진흥청, 산림청) 보도자료. 2018. '19년 1월 1일 PLS 전면 시행으로 먹거리 안전성과 우리 농산물 경쟁력 강화 기대.

국무총리실 보도자료. 2011. '안전한 식생활, 건강한 사회를 위한 식품안전정책 추진' -향후 3년간 식품안전정책을 담은 제2차 식품안전기본계획 수립-.

국무총리실 보도자료. 2017. 안전한 먹거리환경 구축을 위한 식품안전개선 종합대책.

국회입법조사처, 장영주, 2015. 지표로 보는 이슈- 유전자변형농산물(GMO) 수입 현황과 시사점. www.nars.go.kr

김정선. 2013. 기후변화에 대응한 식품안전관리강화 정책과제, 한국농촌경제연구원, 농업전망, pp.575-608.

농림축산식품부/aT 한국농수산식품유통공사. 2017. 미국 식품안전현대화법(FSMA) 대응 매뉴얼 -식품예방관리편-.

농수산식품수출지원정보. 2006. 국산 냉동 장어에서 말라카이트 그린 또 발견.

농수산식품수출지원정보. 2009. 멜라민 파동과 중국의 식품안전 현황.

농수산식품수출지원정보. 2017. EU 식품 내 아크릴아마이드 구제 제안 통과.

농수산식품수출지원정보. 2017. 중국의 미국산 쇠고기 수입 재개 및 미국 광우병 대응 동향.

농수산식품수출지원정보. 2018. FDA의 부분 경화유(PHO) 사용 금지 명령과 대체 오일 시장.

농수산식품수출지원정보. http://www.kati.net/

박지연, 최은희, 최정화, 심상국, 박형수, 박기환, 문혜경, 류경. 2009. 소비자의 식품안전 인지도와 안전행동 평가, 한국식품위생안전성학회지, 24(1):1-11.

식품의약품안전처 식중독통계 시스템, http://www.foodsafetykorea.go.kr/portal/healthyfoodlife/foodPoisoningstat.do?menu_no=3724&menu_grp=MENU_NEW02/

식품의약품안전처. 2013. '안전한 먹을거리, 국민행복' 2013년 업무계획.

식품의약품안전처. 2018 식품의약품통계연보(제20호).

식품의약품안전처. 2018. 아시아 인포산 국제회의 개최, -식품안전정보 신속교류를 통한 식품위기 긴급상황 대응역량강화-.

식품의약품안전청. 2012. 2012년도 식품의약품안전청 통계연보(제14호).

이종경, 세계 식품안전정책 동향. 2013. 세계농업 155:5-22.

통계청. 2012. 2012년 사회조사 결과.

통계청. 2019. 2018 한국의 사회지표.

하상도 2011. 식품안전 확보를 위한 국내외 위생관리 정책 및 제도 현황 분석, 식품과학과 산업, 44(2):29-37.

CDC. 2011. National Center for Emerging & Zoonotic Infectious Diseases, Trends in Foodborne Illness, 1996-2010.

CDC. 2011. Preliminary FoodNet data on the incidence of infection with pathogens transmitted commonly through food- 10 states, *MMWR* 2010; 59:418-422.

CDC. 2017. Foodborne Diseases Active Surveillance Network (FoodNet): FoodNet 2015 Surveillance Report (Final Data). Atlanta, Georgia: U.S. Department of Health and Human Services, CDC.

CDC. 2019. Preliminary incidence and trends of infections with pathogens transmitted commonly through food - Foodborne diseases active surveillance Network, 10 U.S. sites, 2015-2018. *MMWR* 68:369-373.

FAO, WHO. 2018. INFOSAN activity report 2016/2017. Geneva:World Health Organization and Food and Agriculture Organization of the United Nations.

FAO, WHO. 2006. Food safety risk analysis, A guide for national food safety authorities.

Henao OL, Jones TF, Vugia D, Griffin PM. 2015. Foodborne Diseases Active Surveillance Network-2 Decades of Achievements, 1996-2015. *Emerg Infect Dis* 21(9):1529-1536. https://dx.doi.org/10.3201/eid2109.150581/

Wallace, CA, Sperber, WH, Mortimore, SE. 2011. Food Safety for the 21st Century, Managing HACCP and Food Safety Throughout the Global Supply Chain, Blackwell Publishing.

WHO. 2010. Global Foodborne Infections Network(GFN) Strategic Plan 2011-2015.

WHO. 2010. What is WHO doing to help countries improve food safety?.

WHO. An integrated approach to foodsafety and zoonoses. Global Foodborne Infections Network: Building capacity to detect, control and prevent foodborne infections, https://www.who.int/foodsafety/about/flyer_gfn.pdf?ua=1/

2

식품의 위해요소와 위해분석

식품으로부터 건강상 위해를 가져올 수 있는 가능성을 위해 (risk)라고 하며, 이 위해를 일으키는 인자를 위해요소(hazard)라고 한다. 식품과 연관된 여러 유형의 위해요소는 식품의 재배·생산·가공·유통·준비·저장·배식 등 식품공급망의 어떠한 과정에서 식품에 혼입 혹은 증식될 수 있으며, 식품을 잠재적으로 위험하게 만들 수 있다.

이 장에서는 식품의 생물학적·화학적·물리적 위해요소의 종류와 특성을 학습하며, 식품의 위해분석(Risk Analysis)의 기본 구성요소의 개념을 학습한다. 위해요소의 확인(hazard identification)은 식품안전관리인증기준(Hazard Analysis and Critical Control Point, HACCP) 수행절차의 기본 단계로서 제품이나 공정 개발 시 꼭 필요한 사전 절차이며, 위해분석에 의해 HACCP 적용에 필요한 적합한 관리기준을 제시할 뿐만 아니라 이러한 위해가 인체에 어느 정도 해를 끼칠 수 있는가를 과학적으로 판단하게 되므로 그 중요성이 부각되고 있다.

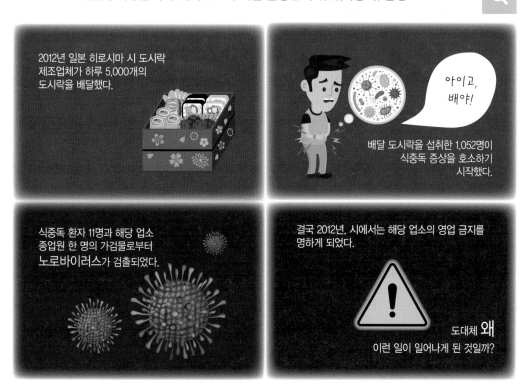

1 식품의 위해요소

1) 정의

Codex의 정의에 의하면 식품의 위해요소foodborne hazard란 '식품과 연관하여 사람에게 잠정적으로 건강상의 위해를 일으키는 생물학적, 화학적, 혹은 물리적 인자'를 지칭한다. 이와 같은 정의는 매우 정확하게 식품안전 관점에 초점을 맞추고 있다. 반면 위해risk는 식품의 위해요소에 노출됨으로써 건강에 악영향을 미칠 가능성(위해)을 말하며, 위해에는 확률의 개념이 들어있다.

2) 분류

식품의 위해요소는 다음과 같이 생물학적, 화학적, 혹은 물리적 인자로 분류되며 그 원인물질과 건강상의 위해를 종합적으로 집계하면 다음과 같다표 2.1.

표 2.1 식품의 위해요소 분류에 따른 원인물질과 건강상의 위해

분류	위해요소	원인물질	건강 위해
생물학적	식중독 세균	살모넬라, 리스테리아, 장염비브리오, 포도상구균, 클로스트리디움 보툴리눔, 바실루스 세레우스, 병원성 대장균, 이질균, 콜레라균, 클로스트리디움 퍼프린젠스 등	복통, 설사, 구토 등의 급성위장염을 동반하는 식중독증상
	식중독 바이러스	노로바이러스, 로타바이러스, A형 간염 바이러스, E형 간염 바이러스	구토, 복통, 설사, 황달
	변형프리온	변형프리온	해면상뇌증
	인수공통 감염 미생물	탄저, 브루셀라, 고병원성 조류인플루엔자	고열, 피부농양, 폐탄저, 장탄저, 파상열, 패혈증
	기생충	간흡충, 폐흡충, 고래회충, 광절열두조충, 장흡충, 유구조충, 무구조충, 선모충, 회충, 구충, 편충, 요충	소화기장애, 황달, 가래, 복통, 장염, 혈담, 간질증상, 호흡장애, 반신불수
	원생동물	톡소플라스마 곤디, 이질아메바, 크립토스포리디움 등	오한, 고열, 구토, 설사, 위장관내막 비대증
화학적	자연독	• 식물성: 발암의심물질, 시안배당체, 콜린에스테라아제 저해제, 호르몬 유사물질, 글루코시놀레이트, 페놀화합물, 생체 아민, 독버섯 등 • 동물성: 테트로도톡신, 시구아톡신, 패류독소, 피로페오포르바이드-A • 곰팡이 독소: 아플라톡신, 오크라톡신, 맥각독(ergot), 페니실린 곰팡이 독소, 퓨모니신, 제랄레논	성장 저해, 신경계 질환, 각종 암, 기형아 출산, 호흡 곤란 등, 세포파괴형 증상, 신경증세, 향정신성, 피부 홍조, 두드러기, 중추신경계통 마비, 호흡 마비 등
	생산·가공· 저장 및 환경오염 유래 유해물질	• 생산 가공 시 유래물질: 아크릴아마이드, 벤조피렌, 퓨란 • 환경오염에 의해 잔류, 혼입되는 유해물질: 유해 중금속, 잔류 농약, 잔류 동물약품, 환경호르몬, 방사능물질	소화작용 저해, 간종양, 신장장애, 발암, 만성독성, 이타이이타이병, 뇌신경 손상, 피부암, 중추신경계 장애, 내분비 교란 등

(계속)

분류	위해요소	원인물질	건강 위해
화학적	면역 매개반응 물질 (식품 알레르겐)	• IgE 매개반응 물질 • 비IgE 매개반응 물질 • IgE, 비IgE 복합반응 물질 • 세포 매개반응 물질	두드러기, 혈관부종, 아나필락시스, 결장염, 글루텐 유발성 장병증, 아토피 피부염, 식도염, 위장염, 천식, 포진 피부염
	비면역 매개반응 물질 (식품불내증)	• 대사적 반응 물질 • 약리적 반응 물질 • 식중독 반응 물질 • 기타 특이 반응 물질	유당불내증, 혈관활성아민, 살리실산염, 티오브로민, 스콤브로이드 중독증, 식품첨가물 과민증 등
물리적	이물	돌, 머리카락, 금속조각, 유리조각, 플라스틱조각, 나뭇조각 등	치아 손상, 구강이나 위장의 열상, 천공, 복부 감염, 질식 등

생물학적 위해요소는 3~4장에서, 화학적 위해요소는 5~8장에서 세부적인 설명을 하므로 이 장에서는 개요만 설명하고, 물리적 위해요소를 중심으로 설명하기로 한다.

(1) 생물학적 위해요소

생물학적 위해요소Biological Hazard는 식품이 공기, 물, 토양, 동물, 사람 등에 있는 식중독 원인 미생물에 오염되었을 때 존재할 수 있다. 이는 병원성 세균, 진균류, 바이러스, 변형프리온abnormal prion, 원생동물류, 장내 기생충류를 포함하고, 이러한 위해요소의 발현은 전형적인 식중독 증상인 복통·설사·구토를 일으키며, 때로는 사망에 이르게 한다. 생물학적 위해요소에 관한 세부 사항은 3장 식품과 미생물, 4장 식중독 세균과 바이러스에서 자세히 다루고 있다.

(2) 화학적 위해요소

화학적 위해요소Chemical Hazard는 작물의 재배, 수확, 저장, 준비, 배식 과정 중 어떠한 단계에서도 혼입되어 존재할 수 있다. 해충관리에 사용한 독성 화학물질이나·세척·소독 목적으로 사용한 세제, 소독제가 식품접촉표변이나 식품 취급 기기 등에 잔류되어있을 때 식품과 접촉하게 되면 식품은 그러한 화학물질에 오염될 수 있다. 독성 금속인 구리, 놋쇠, 카드뮴, 납, 아연 등은 화학적 오염원이 될 수 있다. 통조림 캔 등에 아연도금에 사용된 아연은 내부 코팅이 손상될 경우 오렌지주스나 토마토소스, 피클 등의 산성식품에 용출될 수 있다. 또한 그 외에 알러겐, 곰팡이독소, 등을 포함하며, 이것을 식품과 같이 섭취하였을 때 복통, 장기 손상 등을 일으키거나, 면역반응을 일으켜 사망에 이르기도 한다. 또한 식품에 포함되는 독성성분의 체내 축적 및 만성적인 섭취로 인해 암을 위시한 다양한 질병을 유발할 수 있다.

의도적으로 첨가된 화학물질들은 식품의 선도 유지나 향미성분 증진에 도움이 될 수 있으므로, 첨가물에 대한 정확한 정보를 파악하기 위해 식재료의 표시label를 확인하여야 한다. 어떤 첨가물을 과도하게 사용하게 되면 인체에 유해할 수 있고, 일부 첨가물은 알레르기원으로 작용할 수 있다. 과일과 채소에 살포된 살충제는 수확전 일정 기간 무살포하도록 되어있으나, 살포 시 잔류량이 남아있게 된다. 화학적 위해요소에 의한 건강상의 영향은 비교적 경미한 것(예: 잔류 세제)부터 급성 독성 혹은 발암물질(일부 곰팡이 독소 혹은 잔류성 유기오염물질)에 이르기까지 다양하다.

세부적인 내용은 5장 화학물질의 작용기전과 안전성 시험, 6장 자연식품 유래 유해물질 및 곰팡이 독소, 7장 환경오염과 식품가공에 의한 유해물질과 8장 식품 알레르기에서 자세히 다루게 된다.

(3) 물리적 위해요소

물리적 위해요소Physical Hazard는 식품의 제조·가공·조리 과정에 정상적으로 사용된 원료 또는 재료가 아닌 이물foreign material or foreign bodies을 지칭하며, 돌, 플라스틱, 도자기, 종이, 비닐, 머리카락, 뼛조각, 금속조각, 깨진 유리조각, 나뭇조각 등이 여기 포함된다. 이러한 이물질이 제조·가공·조리·유통 및 사용 각 단계에서 혼입되어 섭취할 경우 치아 손상, 구강 혹은 소장에 상처가 나는 등 건강상의 위해가 발생할 우려가 있으나 사망하는 경우는 거의 없다.

이물의 급원 식품공급체인의 거의 모든 지점에서 식품에 이물이 유입될 수 있다. 일반적인 이물의 급원은 환경, 식품 자체, 식품가공 시설과 인적 물체이다. 농작물의 수확기간 중에는 흙이나 돌 등이 일반적인 환경 유래 오염물질이며, 수확기간이나 그 후에는 해충의 성충, 번데기, 유충, 알 및 이들의 파편이 유입될 수 있다. 식재로부터 기인되는 이물은 과일 씨, 줄기, 생선 뼈나 고기 뼈, 옥수수 속대, 견과류 껍데기, 조개 껍질, 동물의 털, 달걀 껍질 등이다. 식품가공 공장으로부터 오염되는 이물로는 금속 부스러기, 못, 철사, 칼 조각 등이 있으며 유리조각, 플라스틱, 나무 파편 등이 구조물로부터 식품에 유입될 수 있다. 공정라인 혹은 유지관리 작업자나 식품취급자에 의해서도 반지, 연필, 귀걸이, 단추, 머리카락, 장갑 등이 혼입될 수 있다. 이물의 급원은 동물성, 식물성, 광물성, 기타로 종합하여 다음과 같이 집계하였다표 2.2.

표 2.2 이물의 급원

구분	이물의 예
동물성 이물	바퀴벌레·곤충·파리 등의 성충, 번데기, 유충, 알 및 이들의 파편, 지렁이, 머리카락(동물의 털), 기생충 및 그 알, 뼛조각, 생선 뼈, 조개껍질, 달걀 껍질 등
식물성 이물	곰팡이류, 나무조각, 지푸라기, 종이류, 씨앗, 견과류 껍데기, 옥수수 속대 등
광물성 이물	유리조각, 금속조각, 철사, 도자기 파편, 모래, 돌, 은박지 등
기타 이물	합성수지, 비닐(포장지), 고무, 플라스틱, 벨트 조각, 탄화물 등

물리적 위해요소와 연관되는 상해 물리적 위해요소의 상대적으로 낮은 발생과 심각성으로 인해 이물은 식품에 중요한 위해요소로 간주되지는 않는다. 대부분의 이물 섭취에 의한 사고는 인체에 유해한 결과를 일으키지는 않으나 5% 정도는 상해를 일으키게 된다. 위해성이 가장 큰 물질은 가늘고 뾰족한 뼛조각이나 유리 조각들이다. 이와 같은 물질들은 치아 손상, 구강이나 위장의 열상이나 천공을 일으킬 수 있다. 2~5 cm 정도 길이의 날카로운 이물질은 장관 천공과 주로 관련되며, 드물지만 복부 감염에 의해 사망할 수도 있다.

이물 혼입 요인 이물 혼입 방지 대책을 세우기 전에 이물 혼입이 발생할 수 있는 모든 요인을 분석한 후 그에 따른 대책을 미리 세우는 것이 효과적이다. 이물 혼입 요인은 사람, 공정, 자재업체, 위생시설로 구분된다.

우선 작업자 및 작업장에 출입하는 모든 사람들로부터 이물 혼입이 발생할 수 있다. 작업장에 출입하는 모든 사람들의 복장 불량, 작업자의 근무태도 불량, 신입자의 위생교육 미비 등으로 이물이 혼입될 수 있다. 또한 에어샤워를 설치·가동 하였으나 관리 불량으로 인해 제 기능을 다하지 못하는 경우 등도 있을 수 있다.

공정과정에 발생할 수 있는 이물 혼입의 요인으로는 원료 입고 시 검수의 미흡, 장비 사용 후 정리정돈 미비, 식품제조기계 수리 후 세척·소독이 제대로 되지 않아 생긴 이물 혼입이 있다. 원료에 혼입될 가능성이 있는 금속이물로는 메쉬망, 금속조각이 있고, 비금속이물로는 플라스틱, 돌, 나뭇조각, 고무밴드, 종이, 실, 벌레, 모발 등이 있다. 포장재로부터 종이, 실, 비닐, 마대조각, 벌레 등이 혼입될 수도 있다. 제조 가공 시 원료를 선별하는 동안에는 메쉬망 같은 금속이물이나 플라스틱, 돌, 나무, 종이, 비닐, 실, 벌레, 곰팡이 등의 비금속 이물이 혼입될 수 있다.

포장재와 같은 부자재업체의 위생관리 미비에 따른 이물 혼입요인도 지적되는데 위생설비의 노후, 작업자의 미숙련, 정기 방역 미비에 따라 부자재에 부착된 이물이 식품에 그대로 전달될 수 있다.

위생시설의 미비로 인해 제조과정 중 금속검출기를 검·교정하지 않았거나 성능의 저하, 방충망 미설치 또는 파손, 출입문의 통제 불가능 등으로 이물이 직·간접적으로 혼입될 수도 있다.

방지 대책　원재료의 이물 제어기구로 사용할 수 있는 방법으로는 스크린 메쉬망, 자석봉, 금속검출기, X-선 이물검출기 등이 있으며, 액상의 원재료에 대해서는 여과필터, 원심분리기 등을 사용해 이물을 제거할 수 있다. 그러나 급식소 및 조리장에서는 원료의 육안검사에 의한 검수 및 선별 강화를 통해서만 이물 저감화를 실행할 수 있으며, 이를 요약하면 다음과 같다 표 2.3.

원료 입고에서부터 제조, 살균, 냉각, 포장 보관 단계에 이르는 공정 단계별 제어방법을 살펴보면 우선 종사원의 개인위생 및 출입규정을 철저히 준수하

표 2.3 이물 제어 실행방법

이물 제어방법	적용 가능한 제품의 특징	적용 대상 품목 예	제한점
여과망(펌프)	액상 혹은 분말상의 유동성 있는 균질한 물질	밀가루 속의 이물, 난백액 속의 달걀 껍질, 우유 속의 모래나 털	망 크기보다 작은 이물은 통과함
선별대	모양이 불균질하고 다양한 이물이 존재하는 경우 육안 선별	곡류나 두류에 섞인 이물질, 닭고기 속의 뼈, 채소의 벌레, 식재료의 머리카락, 등	눈에 띄지 않으면 제거 불가
자석(봉)	유동성 있는 식품 속의 철편, 쇳가루	밀가루 속의 철편, 액상 식품 속의 철편	철 금속에 한하며 자석에 직접 접촉하지 않거나 자력이 약하거나 유속이 빠른 경우 부착되지 않을 수 있음
금속검출기	일정 크기 이상의 금속이물 검출에 사용	내포장 전 고형제품, 포장된 액상이나 분말제품	• 전기장에 영향을 미치는 금속에 한함 • 은박지 등 금속성 재질의 포장인 경우 사용 불가 • 일정 크기 이하는 감지 불가
X-ray 이물검출기	금속검출기의 검출 한계를 벗어난 작은 금속이물이나 비금속류 이물 제거에 사용	내포장 이후 제품에서 경질 이물 제거	이물의 밀도는 식품과 확연히 차이가 나야 함

며 이물관리의 의식을 심어주고 각 제조 단계별로 이물이 유입되는 것을 차단하기 위해 시설 설비를 제대로 설계하고 철저히 관리하며 이물제어장치를 이용하여 이물을 제거하도록 한다.

이물 혼입 방지를 위해서는 작업자 개인별 위생관리, 위생복장, 소지품관리, 접착롤러, 에어샤워, 작업도구관리, 출입관리 등의 위생규칙을 적용해야 한다. 체계적인 제조환경관리를 위해 작업장 위생관리, 청소도구관리, 폐기물관리, 방충·방서관리 등도 시행하여야 한다. 세부적인 내용은 10장 선행요건관리에 제시하였다.

이물 혼입 관련 규정 식품의약품안전처에서 '식품위생법 제46조 식품 등의 이물 발견 보고 등'에 의하여 관리하고 있으며, '보고 대상 이물의 범위와 조사·절차 등에 관한 규정'은 식품의약품안전처 고시(제2019−51호)로 관리하고 있다표 2.4.

식품공전에 이물에 관한 정의가 규정되어있고, 식품위생법에 이물관리에

표 2.4 식품 이물 관련 규정

식품위생법 제46조 식품 등의 이물 발견 보고 등

영업자	판매의 목적으로 식품 등을 제조·가공·소분·수입 또는 판매하는 영업자는 소비자로부터 판매 제품에서 식품의 제조·가공·조리·유통과정에서 정상적으로 사용된 원료 또는 재료가 아닌 것으로 섭취할 때 위생상 위해가 발생할 우려가 있거나 섭취하기에 부적합한 물질{이하 "이물(異物)"이라 한다}을 발견한 사실을 신고받은 경우 지체없이 이를 식품의약품안전처장, 시·도지사 또는 시장·군수·구청장에게 보고하여야 한다.
한국소비자원 소비자단체	'소비자기본법'에 따른 한국소비자원 및 소비자단체와 '전자상거래 등에서의 소비자보호에 관한 법률'에 따른 통신판매중개업자로서 식품접객업소에서 조리한 식품의 통신판매를 전문적으로 알선하는 자는 소비자로부터 이물 발견의 신고를 접수하는 경우 지체없이 이를 식품의약품안전처장에게 통보하여야 한다.
시·도 시·군·구	시·도지사 또는 시·군·구청장은 소비자로부터 이물 발견의 신고를 접수하는 경우 이를 식품의약품안전처장에게 통보하여야 한다.
식품의약품안전처	식품의약품안전처장은 이물 발견의 신고를 통보받은 경우 이물혼입 원인조사를 위하여 필요한 조치를 하여야 한다.

제44조 영업자 준수사항

식품 제조·가공업자 식품첨가물제조업자 식품소분업자 유통전문판매업자 수입식품 등 수입·판매업자	• 이물이 검출되지 아니하도록 필요한 조치를 하여야 하고* • 소비자로부터 이물 검출 등 불만 사례 등을 신고 받은 경우 그 내용을 기록하여 2년간 보관하여야 하며, • 소비자가 제시한 이물과 증거품(사진, 해당식품 등)은 6개월간 보관하여야 한다. 다만, 부패·변질될 우려가 있는 이물 또는 증거품은 2개월간 보관할 수 있다.

* 식품 제조·가공업자, 식품첨가물제조업자에 한함

관해서는 HACCP에, 그리고 위해식품판매 규정에 이물이 혼입된 식품의 판매를 금지하고 있으며, 위해식품의 회수·폐기처분 규정에 이물의 회수 규정(시행규칙 제58조 1항)도 함께 규정되어있다. 공정거래위원회의 소비자기본법 제47조(결함정보의 보고의무) 제1항에 의해 사업자는 소비자에게 제공한 물품 등에 소비자의 생명·신체 또는 재산에 위해를 끼치거나 끼칠 우려가 있는 제조·설계 또는 표시 등의 중대한 결함이 있는 사실을 알게 된 때에는 그 결함의 내용을 식품의약품안전처장에게 보고하여야 한다. 다만, 다른 식물이나 원료식물의 표피 또는 토사 등과 같이 실제에 있어 정상적인 제조·가공상 완전히 제거되지 아니하고 잔존하는 경우의 이물로 그 양이 적고 일반적으로 인체의 건강을 해할 우려가 없는 정도는 이물 보고에서 제외한다.

공정거래위원회의 소비자기본법 제16조 2항에 소비자분쟁의 해결 항목이 있으며 소비자분쟁 해결기준이 공정거래위원회 고시로 제정되어있다. 대상 식품 품목으로는 농·수·축산물 7개 업종과 식료품 19개 업종에 대해 이물 혼입 유형이 포함된다. 식품에 이물이 혼입되어 소비자로부터 클레임이 발생하였을 시에는 제품 교환 또는 구입가를 환불해주는 것이 소비자피해 보상규정에 명시되어있다. 이물 혼입으로 인한 부작용이 발생한 경우에는 치료비, 경비 및 1일 실소득 배상을 원칙으로 한다. 단, 1일 실소득의 경우 피해로 인하여 소득 상실이 발생한 것이 입증된 때에 한하며, 금액을 입증할 수 없는 경우에는 시중 노임단가를 기준으로 손해를 배상한다. 식품행정기관 및 식품업체가 소비자의 이물 신고를 조사·처리함에 있어 소비자 불만을 신속히 조사·처리하고 시정 및 예방조치를 통해 재발을 방지하는 한편, 식품업체와 소비자 간의 분쟁과 불신을 해소하고 악의적인 소비자(**블랙컨슈머**Black consumer)를 차단함으로써 소비자와 식품업체의 피해를 예방한다.

블랙컨슈머
상습적으로 악성민원을 제기하는 소비자

공정거래위원회에서 관리하는 제조물책임법(PL법)은 제조물의 결함으로 발생한 손해에 대한 제조업자 등의 손해배상책임을 규정하고 있으며, "결함"이라 함은 해당 제조물에 제조상, 설계상 또는 표시상의 결함이 있거나 그 밖에 통상적으로 기대할 수 있는 안전성이 결여되어있는 것을 말한다.

산업통산자원부의 이물에 관한 허용 범위는 한국산업표준KS에 따라 모든 이물의 허용은 일체 불허한다. 식품의 경우 이물혼입의 제로화(0%)는 사실상 준수하기 어려운 규정이므로 제도 개선이 요구된다. 식품의약품안전처에서는 식품업체가 행정기관에 보고하는 보고 대상 이물의 범위와 회수지침에 규정된 회수 대상이 되는 이물의 종류를 지정해 보고하도록 체계를 갖추고 있다. 미국 FDA에서는 식품결함규제수준Food Defect Action Levels을 제시하여 사람에게 건강상 위해를 일으키지 않는 식품의 자연적 혹은 불가피한 결함의 최대 허용 수준을 제시하고 있다.

유통 단계 이물 혼입 원인 조사 요령

유통 및 보관과정에서의 제품의 운반, 보관, 진열, 취급방법 등에 대해 종합적인 조사를 실시하여 이물 발생원인 추정

제품의 운송 및 보관환경 조사

식품을 보관하는 장소는 식품별로 구분/구획 보관 여부, 보관기준에 따라 적정 보관 여부 확인

- 과자류와 농산물(쌀, 곡류 등) 함께 보관에 따른 화랑곡나방 유충 등 침입환경 확인, 냉장제품 실온 보관 등 여부, 포장재질이 약한 제품과 다른 제품과의 구분적재 또는 과적, 취급자의 취급요령 등 확인
- 기타 보관하는 장소에서의 외부 위생동물 및 곤충의 침입, 서식 여부, 배수관계, 직사광선 노출 등 확인 → 쥐 등 위생동물과 바퀴 등 위생곤충의 서식 흔적, 직사광선(햇빛) 직접 노출 여부, 습한 환경으로 인한 곰팡이 발생 여부 등 확인
- 제품의 검수과정에서의 적정 운반 여부 확인 → 제품이 입고되는 시점에 식품별 보관기준에 적합한 운송방법(냉장·냉동차량 등) 이용 여부, 식품별 구분 적재 및 과적 여부, 상·하차 운반 시 적정 취급 여부 등 조사

제품의 진열·판매 환경 조사

식품별 구분 진열 여부, 보관기준 준수 여부, 판매자의 제품 취급주의 요령 등 조사 → 식품의 적정 적재 진열, 용기 파손·포장지 결함 제거 방법 등 조사

유사이물 발생사실 조사

조사하고자 하는 이물과 관련된 유사 이물 클레임 내용을 확인 → 과거 이물 클레임 내용을 확인하여 조사하고자 하는 이물의 발생 개연성 추정

유통단계 조사 사례

이물	조사 결과	관련 사진
곰팡이	보관 중 외부 충격으로 용기가 훼손되어 곰팡이가 번식한 것으로 판단하여 유통상의 문제로 파악	
애벌레	애벌레가 살아있으며, 화랑곡 나방의 생태주기(10~20일)를 고려하여 유통과정에서 혼입된 것으로 추정	

자료: 식품의약품안전청, 2008

쉬어가기

식품 이물 신고, 제도 시행 후 절반으로 감소

식품의약품안전처는 2016년 신고된 식품이물 발생 건수는 총 5,332건으로 식품업체 이물 보고 의무화가 시행된 2010년에 비해 신고건수는 45% 이상 감소하였다고 밝혔다.

※ 이물 보고(신고) 건수: '10년 8,597건 → '14년 6,419건→ '15년 6,017건 → '16년 5,332건

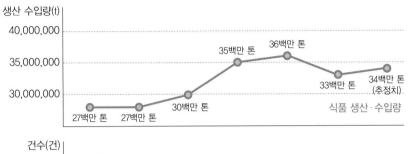

연도별 이물 신고(보고) 현황

연도별 이물의 종류

(단위: 건수)

연도	계	벌레	금속	곰팡이	플라스틱	유리	기타
2010	8,597	4,426 (51.5%)	752 (8.7%)	637 (7.4%)	500 (5.8%)	111 (1.3%)	2,171 (25.3%)
2014	6,419	2,327 (36.3%)	433 (6.7%)	667 (10.4%)	316 (4.9%)	101 (1.6%)	2,575 (40.1%)
2015	6,017	2,251 (37.4%)	438 (7.3%)	622 (10.3%)	285 (4.7%)	95 (1.6%)	2,326 (38.7%)
2016	5,332	1,830 (34.3%)	436 (8.2%)	552 (10.3%)	310 (5.8%)	56 (1.1%)	2,148 (40.3%)

※ 기타: 고무, 나뭇조각, 돌 등

벌레는 소비·유통 단계 혼입률(491건, 39.4%)이 제조 단계 혼입률(81건, 6.5%)보다 월등히 높은 것으로 나타났는데, 이는 식품 보관 및 취급 과정 중 부주의로 인해 발생한 것으로 분석된다. 곰팡이는

소비·유통 단계(104건, 30.8%)나 제조 단계의 혼입률(62건, 18.3%)이 비슷한 수준인 것으로 나타났다. 곰팡이는 제조과정 중에는 건조 처리 미흡 또는 포장지 밀봉 불량 등으로 발생한 것으로 파악되었고, 유통 중에는 주로 용기·포장 파손 또는 뚜껑 등에 외부 공기가 유입되어 나타난 것으로 분석된다. 금속·플라스틱·유리는 제조 단계에서의 혼입률이 소비·유통 단계보다 높은 것으로 조사되었는데, 이는 제조시설 및 부속품의 일부가 떨어지거나 제조과정 중 유리 파편이 식품에 혼입된 것이 주요 원인으로 파악되었다.

자료: 식품의약품안전처 보도자료, 2017. 2. 28

2 위해분석

식품으로 기인한 인체의 건강상의 위해는 생물학적, 화학적 혹은 물리적 위해요소로부터 발생할 수 있다. 식품으로 기인된 질병을 감소시키고, 식품안전체계를 강화시킬 수 있는 주요 기법으로 1991년 FAO와 WHO에서는 과학적인 자료에 근거한 위해분석Risk analysis 방법을 채택해 Codex의 식품기준 의사결정 과정에 위해평가 원칙을 적용하도록 하였다.

위해분석은 지난 20년간 개발된 식품안전 기준 결정을 위한 체계적인 접근기법으로 다음과 같이 3가지 구성요소인 **위해관리**risk management, 위해평가risk assessment, 그리고 위해 정보교류risk communication로 구성된다그림 2.1.

위해관리
위해평가에 기초한 제도와 정책

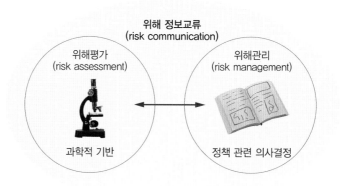

그림 2.1 위해분석의 구성요소
자료: FAO/WHO, 2006

1) 위해관리

위해분석이 효과적으로 수행되기 위해서는 공식적인 절차가 요구된다. 일반적으로 식품안전 문제는 식품안전 행정당국의 담당자나 식품산업계의 위해성 관리자들에 의해 제기 및 관리된다. 위해관리risk management는 일련의 지속적인 활동을 통해 수행 및 그 단계 사이에는 지속적인 보완과정이 반복된다. 그 단계에는 사전적 위해관리 활동, 위해관리 옵션 규명 및 선택, 위해관리 결정사항 시행, 모니터링 및 재평가의 일련의 활동이 포함된다그림 2.2.

그림 2.2 위해관리 체계
자료: FAO/WHO, 2006

2) 위해평가

위해평가Risk assessment는 위해분석의 과학적 기초가 되며 인체가 식품에 존재하는 위해요소에 일정 기간 동안 노출되었을 때 발생할 수 있는 유해 영향과 발생확률을 과학적으로 예측하는 일련의 과정이다. 위해평가는 Codex에서 묘사한 네 단계의 분석과정인 위험성 확인hazard identification, 위험성 결정hazard characterization, 노출 평가exposure assessment, 위해도 결정risk characterization을 거치며, 화학적 위해요소와 미생물학적 위해요소에 적용되는 단계는 어느 정도 차이가 있다. Codex에서 제시한 위해평가의 4단계에 대한 세부 내용은 다음과 같다표 2.5.

  위해요소에 따른 위해평가는 화학적 위해요소와 생물학적 위해요소에 따라

위해평가
식품 등에 존재하는 위해요소가 인체의 건강을 해하거나 해할 우려가 있는지 여부와 그 정도를 과학적으로 평가하는 것

표 2.5 위해평가의 구성요소

구성요소	세부 내용
위험성 확인 (Hazard Identification)	독성실험 및 역학 연구 등을 활용하여 특정 식품이나 식품군에 의해 건강상의 위해를 일으키는 생물학적·화학적·물리적 요소의 유해성 독성 및 그 정도와 영향 등을 파악하고 확인하는 과정
위험성 결정 (Hazard Characterization)	• 특정 식품에 의해 생물학적, 화학적, 물리적 요소와 연관되는 건강상의 위해의 특성을 정성적이나 정량적으로 혹은 정성·정량적으로 평가 • 화학적 요소를 위해서는 용량−반응(dose-response) 평가 • 생물학적, 물리적 요소의 경우 자료가 수집 가능할 경우 용량−반응 평가
노출 평가 (Exposure Assessment)	식품을 통해 또한 연관되는 다른 급원을 통해 생물학적, 화학적, 물리적 위해요소를 섭취할 가능성을 정성적이나 정량적으로 혹은 정성·정량적으로 평가하는 과정
위해도 결정 (Risk Characterization)	위해요소 규명, 위해요소 결정, 노출평가 종합 결과에 기초해 특정 인구에서 발현 가능한 건강상의 잠재적, 알려진 위해 발생 가능성과 수반되는 불확실성을 포함하는 정성적 혹은 정량적으로 예측하는 과정

자료: FAO, WHO, 2006

그림 2.3 위해요소별 위해평가 유형

자료: 식품의약품안전청·식품의약품안전평가원, 2011

접근방법에 차이가 난다그림 2.3.

　식품 중 존재하는 화학적 위해요소는 농약, 동물용 의약품, 첨가물 등 의도적 사용물질과 환경오염물질이나 제조과정 중 생성되는 유해물질로 비의도적으로 오염되는 물질로 구분할 수 있으며 각 위해요소의 급성·만성 독성 여부, 발암성 여부, 인체 안전기준 설정 여부에 따라 위해평가를 수행한다.

　반면 생물학적 위해요소의 대표적인 미생물은 외부적 환경요인에 따라 증식하거나 사멸하는 특징이 있다. 이와 같이 식중독균은 식품의 생산과 가공, 유통 등 다양한 식품체인을 거침에 따라 오염 및 증식 그리고 사멸하여 높은

식중독균 등 생물학적 위해요소에 대한 위해평가

사례: 식중독균 등

평가 대상 식중독균
- 살모넬라, 포도상구균, 리스테리아 모노사이토지니스 등

식중독균의 특성 파악
- 사람에게 영향을 미치는 위해인자를 파악하는 단계
- 감염성, 독소 등에 대한 위해인자, 감염경로, 주요 오염원, 주요 원인식품, 감수성집단 등을 확인

위험성 결정
- 식중독을 일으킬 수 있는 균의 양을 결정하는 단계
- 국내 식중독 환자 수 등 예측이 필요할 경우, 용량−반응모델 사용 (WHO, Codex, 미국, 호주, 캐나다 등의 자료 활용)
- 섭취한 식품이 위해한 수준인가를 비교 분석할 경우 최소 감염량(각 균별 DB 확보) 사용

노출평가
- 실제 식품을 통해 사람이 섭취하는 식중독균의 양을 예측하는 단계
  - 미생물 노출시나리오 작성
  - 식품의 생산, 유통, 보관, 섭취 단계별 조건(온도, pH, 염도, 시간 등)에 따른 미생물 증식예측모델(predictive model) 개발
- 평가 대상 식품의 섭취량, 섭취빈도 자료 확보(국가건강영양 원시자료, 설문조사 등을 통해 확보)
- 미생물 노출 시나리오에 성장예측모델을 적용하여 최종 식품에서 미생물의 양을 산출(A: CFU/g)하고, 회당 섭취량(B: g)을 감안하여 총미생물 섭취량 산출(A×B)

위해도 결정
- 위해 여부를 판단하는 단계
  - 산출된 균의 섭취량을 용량−반응에 적용하여 질병 발생률, 사망률, 감염률 등을 산출
  - 산출된 균의 섭취량을 최소 감염량과 대비하여 위해 정도를 판단
  - 미생물은 온도, pH, 수분활성도, 시간 등의 조건에 따라 성장속도가 완전히 다르기 때문에 성장예측모델을 이용하여 식품의 개별 조건별 위해 정도 제시

생물학적 위해평가는 용량−반응 및 노출량을 산출하기 위해서 예측모델을 활용하며, 식중독 환자 수는 용량−반응모델을 활용하여 산출한다. 식품별 미생물 성장예측모델 개발을 통한 노출량 산출을 통해 질병 발생률, 사망률, 감염률 등을 산출하게 된다.

자료: 식품의약품안전청·식품의약품안전평가원, 2011

변이성

같은 종의 생물 개체에서 나타나는 서로 다른 특성(변이) 을 만들 수 있는 가능성

불확실성

일어날 수 있는 상태는 알고 있으나, 그 확률분포는 알지 못하는 경우

예측모델

식품의 내적·외적 요인이 식 품에 존재하는 미생물학적 위해요소의 성장, 생존, 사멸에 미치는 영향을 분석·예측 하는 수학식

몬테 카를로 시뮬레이션

통계적 문제를 난수 (random number)를 사용한 무작위적 인 표본을 이용하여 해결하는 방법

변이성variability과 불확실성uncertainty을 나타낸다. 혹은 식품의 온도, 수분활성도, pH 등 환경에 따라 미생물은 증식 및 사멸하므로 이를 예측하기 위하여 예측모델predictive model이 활용된다. 미생물 증식 예측모델은 미생물 생육에 포함된 변이성과 불확실성을 확률분포를 적용하여 모델화하고, 수치적으로 일련의 난수를 반복 발생시키고 시뮬레이션하여 해법을 찾는 몬테 카를로 시뮬레이션Monte Carlo Simulation 기법을 활용하여 결과를 추정하게 된다. 식품의약품안전평가원 (2011)에서 발행한 《위해평가지침서》에 제시한 생물학적 위해평가의 수행과 정은 전 페이지의 알아두기에서, 그리고 미국 FDA에서 사용하는 위해분석도구는 쉬어가기에서 세부적으로 살펴볼 수 있다.

> **쉬어가기**
>
> ## 미국 FDA에서 사용하는 위해분석도구: 정책 결정을 위한 과학적 기반 접근
>
> 국가의 식품공급망이 점점 국제화됨에 따라 식품의 오염 방지와 식중독 예방을 위한 정책 결정이 공중보건을 위해 점차 중요해지고 있다. 미국 FDA에서는 식품안전에 관한 의무 적용 의사 결정을 위해 WHO에서 제안한 위해분석(Risk Analysis)을 사용하여 과학에 기초하고 투명한 규제 결정을 하고 있다.
>
> ### FDA에서 사용하는 위해분석도구
>
> FDA의 CFSAN(Center for Food Safety and Applied Nutrition, 식품안전응용영양센터)에서 개발한 도구(tools)는 다른 연방정부기관과 협동에 의한 것이며, 공중보건상의 위해분석을 다루었는데 여기에는 식품 중에 리스테리아균(*Listeria monocytogenes*), 상품 중에 A형 간염 바이러스, 굴의 비브리오 등이 포함되며, 맨 밑의 FDA 웹사이트에서 확인할 수 있다. 잠재력을 가진 분석도구들은 CFSAN의 위해분석 범주를 확대시키고 있으며, 식중독 예방에 미치는 영향은 계속 개발 중이다. 몇 개의 사례를 살펴보면 다음과 같다.
>
> - QPRAM: 신선 농장물의 농장에서, 그리고, 가공, 소비 과정에 발생할 수 있는 특정 행동, 습관에 기인해 발생할 수 있는 위해성을 예측하고 결정할 수 있는 가상 실험실 모델이며, 이 모델을 사용해 생산품의 오염경로를 예측할 수 있다.
> - FDAiRisk® 4.0 food-safety modeling tool: 일반인들이 사용할 수 있게 만든 호환성 도구로, 비교적 빠르게 결과를 생성할 수 있다. 수학적 기능과 견본의 데이터베이스를 갖추고 있다. 이 모델은 위험성과 다음의 위험요인(다양한 식품의 한 가지 위험요인, 단일 식품의 다양한 위험요인, 다양한 식품 위험요인의 복합, 위험요인에 급성 노출(생물학적, 화학적)과 화학적 위험요인의 만성적 노출을 위한 중재를 평가한다. 다양한 식사패턴으로부터 위험성과 건강상의 유익을 평가한다. 변이성 (variability)과 불확실성(uncertainty)을 구분하고 계량화할 수 있다. 다양한 병원균, 화학독소, 다양한

식품에 의한 공중 보건상 위해성을 추정하며, 다양한 중재에 의한 영향과 위험성을 비교하고 순위를 매긴다. 사용자는 모든 단계의 위해요소/식품조합의 농장에서 식탁까지의 공급망 체계에 활용할 수 있다. 결과는 질환자 수, 공중보건 지표인 DALYs(Disability Adjusted Life Years) 등으로 표시할 수 있다. 웹 기반의 매개체로 전 세계 사용자들이 자료와 성과물을 공유할 수 있다.

• The Virtual Deli: 고객들에게 제공하는 슬라이스한 델리 고기를 준비하고 제공하는 과정에 포함되는 모든 행동을 관찰연구에 기초해 1초에 수천 번의 모의로 모델화한 것이다. 이 접근은 소매 단위 업소에서의 *Listeria monocytogenes*의 부처 간 위해성 평가에 사용하기 위해, 또한 어떠한 지점에서 델리의 오염 가능성이 있는지, 오염도와 질병을 효과적으로 감소시키기 위한 중재방안은 무엇인지를 규명하기 위해 설계되었다.

세계적 협조 노력

오늘날 식품 공급망 체계에서는 식품의 안전을 위한 세계적인 협조 및 노력이 필수다. 미국 FDA는 위해분석 분야의 방향 설정과 국내외적으로 WHO, Interagency Risk Assessment Consortium, 연방정부의 협조 및 위해성 분석 연구집단과의 활발한 교류로 리더 역할을 하고 있다. 프로젝트 자료는 다음 웹사이트에서 확인할 수 있다.

• FAD 홈페이지: http://www.fda.gov/Food/ScienceResearch/ResearchAreas/RiskAssessment SafetyAssessment/default.htm
• FDAiRisk® 4.0 food-safety modeling tool: https://irisk.foodrisk.org, http://foodrisk.org/exclusives/fda-irisk-a-comparative-risk-assessment-tool/

자료: 미국 FDA, February 2011/July, 2017

3) 위해 정보교류

위해 정보교류risk communication는 위해분석의 통합적인 부분으로 위해관리체계와 분리할 수 없는 요소이다. 위해 정보교류는 적시에, 연관된, 정확한 정보를 위해분석팀과 외부 관련자들에게 제공하고, 또한 그들이 정보를 수집할 수 있게 함으로써 특정 식품의 위해 특성과 영향에 대한 지식을 향상시킬 수 있도록 한다. 그러므로 위해 정보교류를 성공적으로 수행했을 때 효과적인 위해관리와 위해평가가 이루어지므로, 두 기능의 선행요건이라 할 수 있다. 위해 정보교류는 위해분석 과정의 투명성과 위해관리 결정사항의 광범위한 이해와 수용을 촉진한다.

위해에 대한 정보 교류를 어떻게 할 것인가에 대한 국제문헌자료는 많이 보고된 바 있다. 다양한 구성원들이 효과적으로 의사소통을 하기 위해서는 많은 지식과 기술 및 사려 깊은 계획이 필요하며, 그 구성원으로는 과학자(위해평가자), 정부 식품안전 담당자(위해관리자), 정보 교류 전문가, 소비자, 산업체, 식품안전 위해분석에 관여한 부서의 대변인 등이 있다. 위해 정보교류는 위해분석의 강력한 요소임에도 불구하고 가끔 소홀히 다루어지는 경우가 있다. 식품안전 위급 상황 발생 시에 과학전문가와 위해관리자와 그 그룹 간에, 그리고 다른 관심 있는 부서와 일반 국민에게 효과적인 정보 교류는 국민들이 식품의 위해와 위해관리를 위해 결정된 정책 결정을 정확히 이해하는 것을 돕는 데 절대적으로 중요한 과정이다.

참고문헌

김승희. 2011. 식품 중 이물 저감화를 위한 제조공정 개선사례-과자류, 빵류, 만두류, 식품의약품안전청, 식품의약품안전평가원.

김진만. 2011. 식품이물의 이해와 안전대책, (사)한국식품안전연구원.

김현정. 2013.식품안전관리를 위한 미생물 위해평가, 식품과학과 산업, 46(1):26-35.

농식품안전정보 서비스. 2012. 일본, 노로바이러스에 의해 천여 명 집단 식중독 발생.

식품의약품안전처. 2015. 식품이물 신고, 지속적 감소 추세, '14년 식품 중 이물발생 신고 및 조사 결과.

식품의약품안전처. 2017. 식품 이물 신고, 제도 시행 후 절반으로 감소 -2016년 식품 이물 신고 원인조사 분석결과 발표 보도자료.

식품의약품안전처. 2017. 식품 이물관리 업무매뉴얼.

식품의약품안전처. 2019. 고시 제2019-51호, 보고 대상 이물의 범위와 조사·절차 등에 관한 규정 일부개정고시.

식품의약품안전청. 2008. 식품이물보고 및 조사지침.

식품의약품안전청. 2011. 위해평가 지침서.

신동화, 오덕환, 우건조, 정상희, 하상도. 2011. 식품위생안전성학, 서울: 한미의학.

정기혜. 2009. 우리나라 식품 이물 혼입 현황 및 개선을 위한 정책방향, 보건복지포럼, 151: 67-78.

CODEX. 1969. General principles of food hygiene(CAC/RCP 1-1969).

FAO/WHO. 2006. Food safety risk analysis, A guide for national food safety authorities, FAO. 2003. Assuring food safety and quality: guidelines for strengthening national food control systems(FAO food and nutition paper 76).

U.S. Department of Agriculture/Food Safety and Inspection Service(USDA/FSIS) and U.S. Environmental Protection Agency(EPA). 2012. Microbial risk assessment guideline: pathogenic microorganisms with focus on food and water.

US FDA. 2011. Risk analysis at FDA: food safety, a science-based approach to policy decisions.

US FDA. 2017. FDAiRisk® 4.0 food-safety modeling tool, https://irisk.foodrisk.org, http://foodrisk.org/exclusives/fda-irisk-a-comparative-risk-assessment-tool/

US FDA. 2005. The food defect action levels -levels of natural or unavoidable defects in foods that present no health hazards for human, http://www.bodek.com/fda_action_levels_p.pdf

Wallace CA, Sperber WH, Mortimore SE. 2011. Food Safety for the 21st Century, West Sussex, U.K.: Wiley-Blackwell.

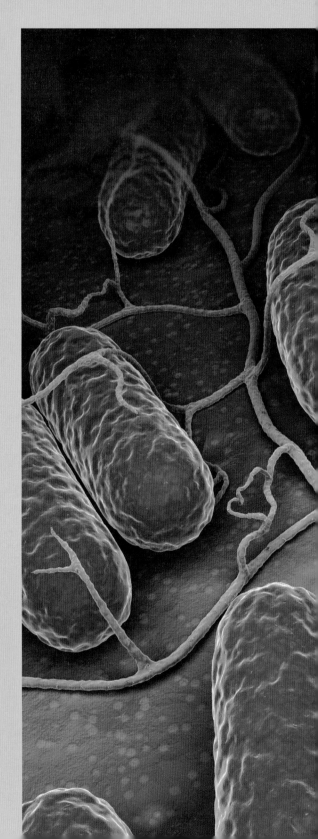

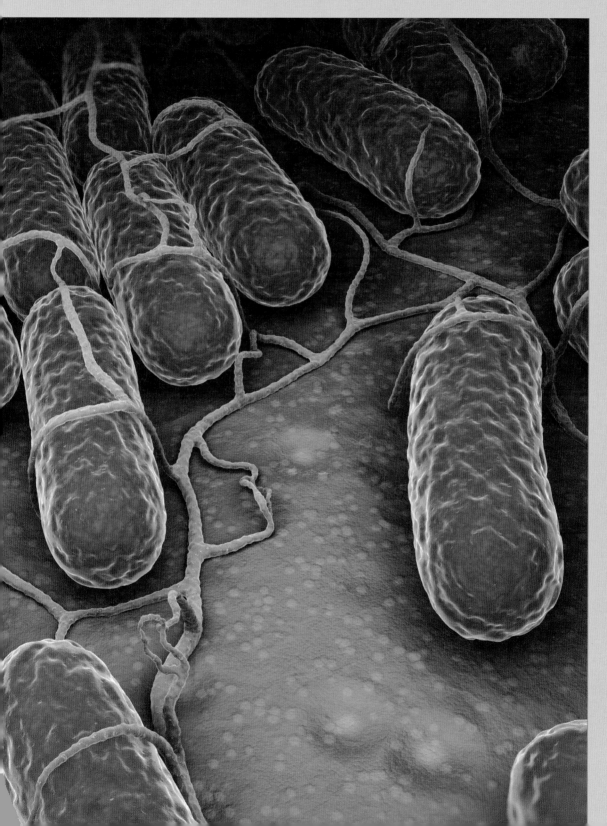

3 식품과 미생물

>> **학습목표**

1. 식품의 안전성과 관련되는 미생물을 분류하고, 그 특성을 설명할 수 있다.

2. 미생물의 생육에 영향을 주는 요인을 열거하고, 그들이 어떻게 영향을 주는지 설명할 수 있다.

3. 자주 섭취하는 식품류에 존재하는 미생물과 이들의 오염원에 관해 설명할 수 있다.

4. 식중독의 개념과 분류, 발생보고 및 원인조사 절차를 설명할 수 있다.

5. 감염병 발생에 대하여 설명할 수 있다.

6. 인수공통감염병의 정의와 범위를 설명할 수 있다.

7. 수산식품, 육류, 채소류로부터 감염되는 기생충의 특징과 예방대책을 설명할 수 있다.

미생물이 식품의 변패나 식인성 질환을 어떻게 일으키는지 알기 위해서는 식품위생의 원리를 이해해야 한다. 미생물은 자연환경에 널리 존재한다. 효과적인 위생관리를 위해서는 미생물의 생육과 활동에 대해 알아야 한다. 우리가 섭취하는 다양한 식품에는 여러 종류의 미생물들이 존재하거나 오염되며, 이들은 제조·가공, 유통 및 조리과정에서 변패나 식중독을 일으키므로 정확한 지식을 가짐으로써 위생관리를 할 수 있다.

식중독은 인체에 유해한 미생물 또는 유독물질이 식품을 통해 인체에 들어옴으로써 발생하는 질병으로 이에 대한 발생 동향 파악은 위생관리 기준을 마련하는 데 중요하다. 또한, 더 많은 환자의 발생을 막기 위해 원인의 규명과 신속한 식중독 발생 보고체계를 마련하는 것이 필요하다.

식품으로 인한 질병 중에서 식중독과 더불어 중요한 것이 감염병이다. 기후 변화, 교통 발달, 해외여행 증가, 외식의 증가 등으로 과거 하절기에 주로 유행하던 수인성 식품매개질환의 발생 패턴이 연중 발생하는 경향을 보이며, 특히 국민 생활수준 향상에 따른 주거환경 개선으로 연중 실내온도가 일정하게 유지되어 감염병 유행에 계절적 영향이 줄어들고 있다.

미국 전역으로 살모넬라균이 확산되어 FDA가 살모넬라 주의보를 발령했다.

포스터팜 사 치킨

2013년 3~5월까지 무려 27개 주에서 574명의 환자가 나왔고, 4월 이후에도 50여 명의 환자가 발생하였다. 이 중 80%는 캘리포니아주에 거주하였다.

애완용 도마뱀

2014년 6월 6일까지 보고된 환자 150여 명이 애완용 도마뱀과 접촉했고, 감염자의 57% 이상이 5세 미만 영유아로 나타났다.

생닭과의 접촉

2014년 5월 27일까지 126명이 감염되었다.

1 미생물과 식품위생

식품에 존재하는 다양한 미생물은 유용beneficial 미생물, 병원성pathogenic 미생물 및 부패spoilage 미생물로 구분할 수 있다. 유용 미생물은 발효를 통해 유기물을 분해하여 새로운 식품이나 식품성분, **증생제**를 생산한다. 병원성 미생물은 사람에게 질병을 일으키는데, 세 가지 유형인 즉 감염형infection type, 감염독소형toxicoinfection type 및 독소형intoxication type으로 구분된다. 감염형 미생물은 장의 점막에서 증식하여 염증을 일으켜 질병을 유발하고, 감염독소형 미생물은 장의 상피세포에 침입하거나 부착하고 증식하며, 독소를 생산하여 질병을 일으킨다. 독소형 미생물은 식품에서 증식하여 독소를 형성한다. 부패 미생물은

증생제

장내 미생물의 균형을 개선하여 숙주인 사람, 동물 등에 대해 유일하게 작용하는 균주로 현재 대부분은 유산균들이며, 일부 바실루스를 포함

성장이나 효소작용에 의해 식품의 맛이나 질감 또는 색상을 변화시킨다.

2 미생물

식품의 안전성과 관련되는 병원성 미생물에는 세균, 곰팡이, 바이러스, 원생동물 등이 있다. 식중독을 유발하는 미생물의 종류, 식중독의 증상 및 발생빈도, 오염원 등 상세한 정보를 원하는 경우에는 미국 FDA에서 발간한 《Bad Bug Book》을 참조할 수 있다.

1) 세균

세균bacteria은 원핵세포 생물로 그 형태가 매우 단순하고, 모양에 따라 구균coccus, 간균rod, 나선균spirilum으로 구분된다. 구균의 크기는 0.5~1.0 μm, 간균의 크기는 0.1~1.0×1.0~3.0 μm이다. 가장 대표적인 증식방법은 이분법이며, 증식속도가 매우 빠르다. 포자 형성 유무에 따라서는 포자형성균과 포자비형성균으로 구분된다. 포자형성균은 **내생포자**endospore를 만들고, 포자상태가 아닌 대사를 하는 보통의 세포를 영양세포vegetative cell라고 한다. 세균은 공기, 물, 토양 등 환경과 식품, 곤충, 동물, 사람의 피부, 모발, 장 등에 널리 존재하여 식품에 쉽게 오염된다. 바실루스Bacillus, 클로스트리디움Clostridium의 포자는 열, 건조, 화학약품이나 기타 환경에 저항력이 매우 강하며 생육에 적합한 환경에서 쉽게 발아하여 증식한다.

세균은 수분과 단백질이 풍부하고, 중성 pH인 식품에서 빠르게 증식하며 효모나 곰팡이보다 잘 자란다. 증식 가능 온도는 세균의 종류에 따라 차이가 있으나 일반적으로 5~60℃이다. 산소 요구도에 따라서는 호기성균, 혐기성균, 통성혐기성균 등으로 구분된다. 효모나 곰팡이보다 생육에 높은 수분활성도a_w를 요구하여 대부분 a_w 0.96~0.99에서 잘 증식하며, 포도상구균(0.86)을 제외한 대부분은 0.90 이하에서 증식이 억제된다.

내생포자

세포에 들어있던 염색체가 복제되면서 단단한 벽으로 둘러싸인 휴면 상태의 세균

2) 진균류

진균류fungi에 속하는 곰팡이molds는 균사체mycelium를 가진 다세포 진핵 미생물이다. 다양한 색상을 띠고 있어 환경에서 쉽게 볼 수 있으며, 지름이 30~100 μm의 균사hyphae가 가늘고 길게 뻗어있는 경우에는 사상균이라고도 한다. 균사나 포자에 의해 증식하고, 증식에 적합한 온도는 25~30℃로 세균보다 낮고, 일부는 0℃ 이하에서도 가능하다. 건조한 상태(a_w 0.8 이하)에서도 증식 가능한데, 일부 내건성 곰팡이는 a_w 0.60 이하에서도 증식할 수 있다. a_w 0.90 이상에서는 곰팡이보다 세균이나 효모가 잘 증식한다. pH 2~8에서도 증식하며, 약산성에서 가장 잘 증식한다. 아스퍼질러스Aspergillus, 페니실리움Penicillium, 푸사리움Fusarium 등 일부는 독소를 생성하여 식중독을 유발한다.

효모yeast는 단세포인 진핵세포 미생물로 배양조건이나 시기, 세포의 나이, 영양, 산소 유무, 증식방법에 따라 다양한 형태를 가지고, 세균보다 훨씬 커서 보통 5~8 μm 정도이다. 효모는 토양이나 공기 중에 존재하나 식물체에 서식하며, 특히 꿀샘, 수액, 과피 등에 널리 분포한다. 증식은 대부분이 무성생식인 **출아법**budding으로 이루어진다. 효모는 곰팡이보다 크기가 작고 대사활성이 높고 증식속도도 빠르다. 생육 최적 온도와 pH 범위가 곰팡이와 비슷하며, 일반적으로 pH 4.0~4.5의 산성 조건에서 가장 잘 자란다. 수분에 대한 요구도는 곰팡이보다 높아 a_w 0.90~0.94에서 생육이 잘되나 0.90 미만에서도 생육할 수 있다. 일부 내삼투압성 효모는 a_w 0.60 이하에서도 증식하여 소금이나 절인 식품의 숙성과 부패 원인으로 작용하나 식중독 유발 등 식품위생상 위해성은 낮은 편이다.

출아법
모체의 일부에서 싹이 나와, 이것이 분리되어 새로운 개체가 되는 생식법

3) 바이러스

바이러스virus의 크기는 0.02~0.3 μm로 세균의 1/100~1/10 정도이며 전자현미경으로 관찰해야 보인다. 일반 미생물과는 달리 DNA나 RNA 중 한 가지 핵산과 캡시드capside라는 단백질로 구성되어있다. 식품 중에서는 증식하지 못하

고, 살아있는 숙주세포 안에서만 증식하여 숙주세포를 죽게 한다. 식품위생과 관련하여 노로바이러스^{Norovirus}, A형 간염 바이러스^{Hepatitis A virus}, E형 간염 바이러스^{Hepatitis E virus}, 로타바이러스^{Rotavirus} 등이 주목받는다.

4) 원생동물

원생동물^{protozoa}은 단일세포로 이루어진 호기성 미생물로 크기는 $2.0 \sim 20~\mu$m 이다. 엽록소가 없고, 운동성이 활발하나 건조에 대한 내성은 매우 약하다. 원생동물은 채소, 과일 및 원유에 널리 존재하며, 크게 편모충류^{flagellates}, 근족충류^{amoeba}, 포자충류^{sporozoa}, 섬모충류^{ciliates}로 구분된다. 식품위생의 측면에서는 톡소플라스마 곤디^{*Toxoplasma gondii*}, 지아디아 람브리아^{*Giardia lamblia*}, 엔타모에바 히스토리티카^{*Entamoeba histolytica*}, 크립토스포리디움 파범^{*Cryptosporidium parvum*}, 사이클로스포라 캐이테이넨시스^{*Cyclospora cayetanensis*} 등이 많이 주목받고 있으나, 국내에서 식품에 의한 사람 감염의 통계는 정확히 보고되지 않고 있다.

③ 미생물의 생육

대부분의 효모나 세균처럼 단세포로 증식하는 경우, 세포수의 증가를 미생물 생육의 기준으로 삼는다. 그러나 곰팡이나 일부 효모에서처럼 균사가 신장해서 생육하는 경우, 세포만으로는 증식을 판정할 수 없을 뿐 아니라 세포수의 측정도 어렵다.

1) 생육곡선

세균은 이분열에 의해 생육되며, 식품에 오염된 후 유리한 조건이 되면 빠른 속도로 증식한다. 세균의 생육은 유도기^{lag phase}, 대수기^{log phase/exponential phase},

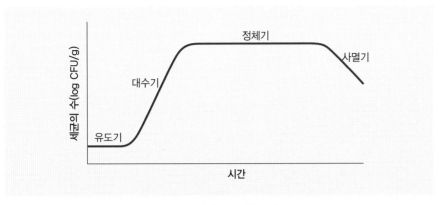

그림 3.1 미생물의 생육곡선

정체기^{stationary phase} 및 사멸기^{decline phase/death phase}의 단계를 거친다^{그림 3.1}. 유도기는 세포 증식을 위해 효소 단백질의 생합성을 준비하여 새로운 환경에 세포가 적응하는 기간으로 세균의 수는 변화 없이 크기만 커진다. 이 시기는 온도를 낮추거나 보존제 사용 등으로 연장시킬 수 있다. 대수기는 세포의 증식이 왕성하게 일어나 그 수가 대수적으로 증가하는 시기이다. 정체기는 증식하는 균수와 사멸하는 균수가 같아져 더 이상 생균수가 증가하지 않고 정점에 있는 단계이다. 이 시기에는 영양분 감소, 대사부산물 축적 등이 일어난다. 사멸기는 생육의 최종기로, 세균의 증식보다 사멸속도가 더 커지며, 생균수가 감소한다. 이는 영양성분이 고갈되고 미생물의 생육을 저해하는 독성 노폐물이 축적되는 불리한 환경 변화에 의한 것으로, 균주와 배양 조건에 따라 생균수의 감소에 있어 차이가 난다.

2) 생육에 영향을 주는 요인

식품에서 미생물이 생육하게 되면, 생산된 대사부산물과 효소에 의해 변화가 일어나 점질화, 색소 침착, 가스 또는 악취가 발생한다. 식품에서 미생물의 생육에 영향을 미치는 요소는 식품의 외부환경인 온도, 산소 등의 외적인자^{extrinsic factors}와 식품 자체의 특성에 기인하는 pH, 수분 함량, 산화환원능 등과 같은 내적인자^{intrinsic factors}로 구분된다.

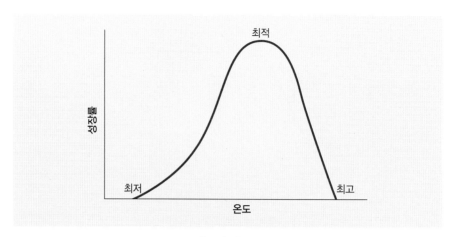

그림 3.2 온도와 미생물의 생육

(1) 온도

온도는 미생물 생육에 가장 큰 영향을 주는 환경요인이다. 생육에 필요한 온도는 최저/최적/최고 온도로 구분되며 세포의 증식속도, 대사산물 생산, 영양요구도, 효소반응, 세포의 화학 조성을 결정한다. 온도가 미생물의 생육속도에 미치는 영향은 위 그림과 같다그림 3.2. 미생물의 종류에 따라 생육 온도 범위, 저온 및 고온에 대한 내성도 다르다. 대부분 미생물의 최적 증식 온도는 14~40℃이나, 최저/최고 온도는 외부환경요인들에 의해 영향을 받는다표 3.1. 미생물은 생육이 가능한 온도 범위에 따라 호냉균psychrophiles, 저온균psychrotrophs, 중온균mesophiles, 고온균thermophiles으로 구분된다.

외부환경요인들이 최적 조건이 아니면 생육을 위한 최저 온도는 상승하고 최고 온도는 낮아진다. 일반적으로 식품위생에서는 5~60℃를 위험온도범위

표 3.1 생육온도에 따른 미생물의 분류

미생물	생육온도(℃)		
	최적	최저	최고
호냉균	12~15	−5~5	15~20
저온균	25~30	<0	30~35
중온균	30~45	5~10	35~47
고온균	55~75	40	60~90

temperature danger zone라고 하며, 미생물적 안전성을 위해 식품의 온도를 5℃ 이하로 낮추거나 60℃ 이상으로 유지하여야 한다. 대부분의 식중독균은 5℃ 이하에서는 증식하지 않으나 리스테리아 모노사이토지니스*Listeria monocytogenes*, 여시니아 엔테로콜리티카*Yersinia enterocolitica*, E형 클로스트리디움 보툴리눔 *Clostridium botulinum* type E 등은 5℃ 이하에서도 증식하거나 독소를 생성하므로 주의해야 한다.

(2) 산소 농도

미생물에는 에너지를 얻기 위해 산소를 필요로 하는 것과 전혀 필요로 하지 않는 것이 있다. 곰팡이와 효모는 일반적으로 생육에 산소가 필요하지만 세균은 다양하다. 세균에는 호기성*aerobes*, 혐기성*anaerobes*, 통성혐기성*facultative anaerobes* 및 미호기성*microaerophiles*이 있다. 호기성 미생물은 생육에 산소를 필요로 하며, 대부분의 곰팡이와 바실루스*Bacillus*, 마이크로코커스*Micrococcus*, 슈도모나스*Pseudomonas* 등이 이에 속한다. 통성혐기성 미생물은 산화적 대사와 혐기적 대사 모두 가능하며, 포도상구균*Staphylococcus*, 에어로모나스*Aeromonas*와 대부분의 효모가 이에 해당한다. 혐기성균은 산소의 존재에 의해 생육이 억제되며, 클로스트리디움*Clostridium*, 비피도박테리움*Bifidobacterium* 등이 있다.

(3) 산도

미생물의 증식과 대사는 pH에 크게 영향을 받는다. 세균의 생육에 최적인 pH는 6.5~7.2이며, 최저 생육 pH는 4.0~4.5이다. 효모와 곰팡이는 산성 영역인 pH4~6에서 생육이 잘되며, 생육 범위는 세균 4.0~9.0, 효모 4.0~8.5, 곰팡이 2.0~8.0이다. 따라서 pH4.5 이상의 식품에서는 많은 미생물의 생육이 가능하며, 리스테리아, 장출혈성대장균 등의 식중독균은 그 이하에서 생육이 가능하다. 대부분의 식중독균은 그 이하의 pH에서 생육이나 독소 형성이 불가능하다. 주위 환경의 pH가 미생물 생육이 가능한 범위에서는 세포막이 H^+ 및 OH^- 이온의 투입을 막으므로 세포 내 pH는 거의 영향을 받지 않는다. 강산이나 강알칼리 조건에서는 세포막이 손상되고, 세포 내로 이온이 투입되어 pH

가 변화되므로 미생물 세포 내부의 효소 및 핵산 등이 불활성화되어 세포가 사멸된다.

(4) 수분

미생물의 생육에서 수분은 영양소의 용매로 작용하며 미생물 세포 내에서 일어나는 대부분의 생화학 반응에 관여한다. 미생물은 결합수를 생육 및 대사활동에 이용하지 못하고 **자유수**free water(유리수)만을 이용한다. 수분활성도란 주어진 온도에서 식품이 갖는 수증기압 대비 순수한 물의 수증기압의 비로, 미생물이 활용할 수 있는 자유수의 양을 나타낸다. 대부분의 미생물은 약 75%가 물로 구성되어있어, 이 상태를 유지하여야 생육한다. 그러나 포자상태의 세균은 15% 이내의 낮은 수분 함량을 가지고 있어 생육하지 않고, 휴면상태에 놓이게 된다.

일반적으로 세균은 a_w 0.90 이상, 효모는 a_w 0.85 이상, 곰팡이는 a_w 0.80 이상을 요구한다. 그러나 일반 미생물이 생육할 수 없는 낮은 수분활성도에서도 생육하는 호염성균halophiles, 호삼투압성균osmophiles, 호건성균xerophiles 등도 있다. 생육에 요구되는 수분활성도는 동일한 미생물이라도 증식환경의 pH, 영양조건, 유리산소의 유무, 수분활성도를 저하시키는 물질의 존재 등에 따라 달라진다. 세균 포자의 발아에는 영양세포의 증식보다 높은 수분활성도가 필요하다.

(5) 영양물질

미생물의 생육을 위해서는 수분과 산소 외에도 질소, 에너지원, 무기질과 비타민 등의 영양성분이 필요한데, 대부분은 이를 외부로부터 공급받아야 한다. 질소는 일반적으로 아미노산이나 비단백질 질소원으로부터 공급받으나, 일부 미생물들은 펩타이드나 단백질을 이용하기도 한다.

미생물은 요구하는 탄소원의 형태에 따라 독립영양균autotrophic microorganism과 종속영양균heterotrophic microorganism으로 분류된다. 이 중 독립영양균은 탄소원으로 대기 중의 이산화탄소를 이용하여 세포 구성물질을 합성하는 미생물이고, 종속영양균은 탄소원으로 유기물을 이용하는 미생물이다. 식품에서 발견되는 부패 미생물, 병원성 미생물 및 발효 미생물들은 종속영양균에 포함된다. 대부분의 식품은 미생물의 생육에 필요한 이들 영양물질을 골고루 함유하고 있으므로 온도, 수분, pH 등 다른 환경인자가 그들의 생육에 적당할 경우 거의 모든 식품 속에서 생육이 활발하게 이루어진다.

4 식품 관련 미생물

1) 우유 및 가공품

우유 및 유제품은 쉽게 부패하므로 원유의 수급에서부터 생산, 살균, 포장 및 소비자에게 유통될 때까지 철저한 위생관리가 필요하다. 이 과정에서 취급이 부주의할 경우 대형 식중독 사고를 유발할 가능성이 있다. 미국의 경우 생유 섭취로 인한 장출혈성 대장균 O157:H7을 위시한 다양한 식중독이 보고되고 있으나 국내에서는 문화의 차이로 인해 생유 섭취 자체가 제한적이므로 이 균에 의한 사고가 거의 없다.

동물의 원유 자체에는 세균이 거의 없으나 착유 단계에서 공기, 동물의 털, 장비, 사람 등으로부터 오염될 수 있다. 가장 중요한 오염원은 소의 분변이며, 이후 착유기기, 우유통, 착유기 배관, 우유 냉각기와 같이 접촉되는 표면의 세척이나 소독이 부적절할 경우 오염된다. 소의 대장에서 유래되는 오염원 가운데에는 장출혈성 대장균Enterohemorrhagic *Escherichia coli*, 살모넬라*Salmonella*, 분변성 연쇄상구균fecal streptococci, 캠필로박터 제주니*Campylobacter jejuni* 및 리스테리아 모노사이토지니스*Listeria monocytogenes* 등이 있다.

2) 육류 및 가공품

건강한 소나 돼지의 근육 내부에는 미생물이 존재하지 않으나 림프절의 경우 미량 존재하는 경우도 있다. 먼저 도축장을 위생적으로 유지하여 분변 유래 세균이나 도축과정 중 외부환경에 의한 식육 오염을 최소화하여야 한다. 또한, 도축 전 가축의 몸을 씻어 청결하게 하고 미생물 증식이 쉬운 혈액을 충분히 방출시키고, 도축 직후 표면에서 미생물 증식이 일어나기 쉬우므로 단시간 내에 냉각시켜야 한다. 식육은 시간 경과에 따라 사후강직, 강직 풀림을 거쳐 조직이 연화되고 맛도 좋아지나 pH가 상승하여 미생물 증식에 적합한 상태가 된다.

육류의 표면은 주로 세균에 오염되어있고, 이 중 일부는 냉장온도에서도 생육이 가능하다. 장출혈성 대장균에 의한 식중독은 분쇄육을 덜 익힌 상태로 섭취함으로써 유발되는데, 고기 표면에 오염되었던 균이 분쇄과정에서 분쇄육 전체에 퍼져 분쇄기를 오염시키고, 가공육에서는 리스테리아균이 가열 조리 후 포장 전 공장 환경에서 오염되고 냉장보관과 유통 중에 증식하여 사고를 일으킬 수 있다.

그 외에 캠필로박터와 살모넬라에 의한 오염도도 높다. 햄, 소시지와 같은 가공육에서 원료육의 오염과 가공 공정 중 교차오염에 의한 리스테리아 모노사이토지니스 식중독의 사례가 자주 보고되고 있다.

3) 달걀

산란 시 달걀은 분변과 주위 환경에 의해 오염된다. 산란 직후 난각 표면에서 살모넬라를 위시한 다양한 분변성균들이 발견되며, 달걀의 세척수도 중요한 오염원인 것으로 알려져 있다. 난각 표면에 있던 분변성 세균은 난각이 젖어 있을 경우 달걀 내부로 침투할 수 있는데, 가공 중 증가하여 동결액란 또는 달걀 분말에 다량 존재할 수 있다. 또한, 닭의 복강 속에서 난소가 살모넬라균에 의해 감염될 경우 달걀의 노른자 부근에 균이 존재하여 날달걀 섭취나 덜 익힌 달걀에 의한 사고가 많이 일어난다. 미국에서는 날달걀에 의한 대규모 살모넬라 엔테리티디스*Salmonella* Enteritidis 감염증이 자주 보고되고 있다표 3.2.

표 3.2 미국의 식품 중 캠필로박터 검출 현황

종류		시료 수(개)	양성시료 수(개)	오염도(%)	참고문헌
가금육	닭고기	755	308	41.0	Williams et al., 2012
	닭고기	184	130	70.7	Zhao et al., 2001
	칠면조	172	25	14.5	
쇠고기	절단육	47	0	0	Noormohamed et al., 2013
	간	50	39	78.0	
돼지고기		100	2	2	Noormohamed et al., 2013
		181	3	1.7	Zhao et al., 2001

자료: 식품의약품안전평가원, 2017

4) 어패류

생선 변패에 영향을 미치는 인자는 생선의 종류, 어획 시 상태, 세균오염 정도, 온도, 어육 성분 및 pH에 따라 달라진다. 일반적으로 널리 존재하는 미생물은 비브리오*Vibrio*, 슈도모나스*Pseudomonas*, 아크로모박터*Achromobacter*, 플라보박테리움*Flavobacterium*, 프로테우스*Proteus* 등이다. 이들은 수중에서 흔히 발견되며, 일부는 장내에 침투하고 나머지는 아가미와 비늘에 다량 존재한다. 굴, 홍합과 같은 패류에서는 해수에 오염된 세균이 체내를 통과하면서 축적된다. 특히 문제가 되는 미생물로는 비브리오, E형 클로스트리디움 보툴리눔과 노로바이러스가 있다.

5) 채소 및 과일류

채소 및 과일에 부착되는 미생물은 주로 토양에서 유래되며, 과수원의 흙은 과일에 부착되어있는 미생물이 다른 토양보다 많이 생존하고, 특히 포자형성균이 많다. 최근 친환경 농업에 쓰이는 덜 발효된 거름이나 관개용수는 주된 오염원이 될 수 있다. 또한, 수확 시 작업사의 손 등에 의한 바이러스 오염, 이후 세척 및 선별과정에서도 오염이 일어날 수 있다. 가공되지 않은 신선한 과일에는 토양 유래균인 바실루스 세레우스, 클로스트리디움 보툴리눔*Cl. botulinum*, 클로스트리디움 퍼프린젠스*Cl. perfringens*가 상주한다. 상추, 양배추 등의 엽채류, 토마토 및 캔타루프*cantaloupe*에는 살모넬라, 장출혈성 대장균, 리스테리아 모노사이토지니스의 오염이 많다. 그러므로 가열하지 않고 섭취하는 채소와 과일에 오염된 세균의 제거에는 세척 외에 소독이 필수적이며, 세척과 소독으로 오염된 세균을 감소시킬 수는 있지만 완전히 제거하지는 못한다. 소독의 효과는 채소 표면의 매끈한 정도, 기공, 세균의 종류에 따라 달라진다.

6) 곡류 및 향신료

건조된 곡류 대부분에 바실루스 세레우스, 클로스트리디움 퍼프린젠스의 포자가 존재한다. 전분으로 만든 가열식품은 상온에 장시간 보관 시 열 저항성이 강한 포자가 발아하여 식중독을 유발하므로 주의해야 한다. 곰팡이류 중에서는 아플라톡신*aflatoxin*, 지아라레논*zearalenone*, 파툴린*patulin*, 푸모니신*fumonisin*을 생산하는 곰팡이가 문제될 수 있다. 오레가노, 바질, 커리, 후추 등의 향신료는 바실루스 세레우스와 클로스트리디움 퍼프린젠스를 제외하고 식중독을 유발하는 세균이 거의 발견되지 않는다. 최근에는 기후 변화로 인해 장마와 홍수 시 곡류와 향신료의 보관에 특히 유의할 필요가 있다.

7) 통조림

통조림은 식품에 존재하는 대부분의 미생물을 멸균할 목적으로 압력하에서 고온으로 열처리를 행하여 내부에 산소가 없는 상태를 만든 것이다. 가공 전 변패, 가공 시 부적절한 냉각, 누출 등으로 변질이 일어나거나, 충분하지 못한 열처리로 인해 다양한 종류의 미생물이 다량으로 생존·증식할 수 있다. 가열처리 후 용기 결함, 캔의 불완전한 밀봉으로 내용물이 재오염되기도 한다. 통조림 식품은 주로 바실루스, 클로스트리디움, 디설포토마큘럼*Desulfotomaculum* 등과 같은 포자형성균에 의해 변질된다. 클로스트리디움 보툴리눔에 의한 보툴리즘botulism은 저산성 통조림에 의해 발생하는 가장 위험한 식중독이다.

8) MAP 식품

가스치환포장Modified Atmosphere Packaging, MAP은 신선 또는 최소 가공식품의 유통기한을 연장할 목적으로 사용되는 기술이다. 이 보존기술에서는 포장 내 식품을 둘러싸고 있는 공기의 조성을 변화시킴으로써 육류, 생선, 채소 및 과일 등 식품의 본래 신선도를 유지하도록 해준다. 식품의 종류, 포장재질 및 식품의 저장온도에 따라 다양한 가스 혼합물을 사용하거나 진공상태로 만든다.

이 식품류에 의한 식중독은 살모넬라, 병원성 대장균 및 이질균Shigella spp.에 의한 잠재적 위험성이 지적되었으나, 최근 클로스트리디움 보툴리눔뿐만 아니라 리스테리아 모노사이토지니스, 여시니아 엔테로콜리티카Yersinia enterocolitica와 같은 저온성 병원균도 문제가 되고 있다. 그러므로 가스치환포장의 미생물적 안전성은 보관온도 관리 및 제품의 특성에 달려 있다고 볼 수 있다. 최근에는 미국에서 가스치환포장 코울슬로에 의한 보툴리즘, 영국에서 가스치환포장 즉석섭취 채소 샐러드에 의한 살모넬라 뉴포트Salmonella Newport 식중독 사례가 보고된 바 있다.

5 위생지표균

위생지표균indicator organism은 환경의 잠재적 분변 오염도를 측정하는 데 사용된다. 식품에서 병원성 미생물을 개별적으로 검사하기에는 시간이나 경제적인 면에서 많은 어려움이 있으므로, 분변과 관련성이 높고 분석시료의 자연적 내재균으로 존재하지 않는 지표미생물을 검사하게 된다.

지표미생물에는 대장균군, 대장균, 장내세균Enterobacteriaceae, 장구균Enterococcus, 슈도모나스 등이 포함되고, 최근 즉석섭취식품ready-to-eat food에 대해 유럽연합에서는 리스테리아도 이용된다. 일반 세균수(생균수)도 식품위생의 지표로 이용된다. 지표미생물은 식품 외에도 수돗물, 지하수의 위생, 칼, 도마 등 조리기구의 위생상태를 평가하는 데 혹은 강, 연못, 해수, 하수 등 환경수 검사에도 이용된다.

1) 대장균군

대장균군coliforms은 그람음성, 포자비형성 간균으로 유당을 35℃에서 48시간 이내에 분해하여 산과 가스를 생산하는 호기성 또는 통성혐기성균으로 정의 된다. 대장균Escherichia, 엔테로박터Enterobacter, 클렙시엘라Klebsiella, 시트로박터 Citrobacter, 어위니아Erwinia, 에로모나스Aeromonas 등이 이에 속한다. 대장균군에 는 흙과 물 등에서 유래되는 엔테로박터, 어위니아, 에로모나스 등도 포함되 어있어 식품에서 대장균군이 검출되었을 때 분변오염이라고 단정하는 것은 다소 무리가 있다.

2) 분변성 대장균군

분변성 대장균군fecal coliforms은 44.5℃에서 유당을 발효시키는 미생물로 대장 균, 엔테로박터, 클렙시엘라가 이에 속한다. 분변성 대장균군은 EC Escherichia coli 배지에서 44.5±0.2℃의 항온수조로 24±2시간 배양하여 검출한다. 이들 은 온혈동물의 분변에 일반적으로 존재하지만, 동물과 식품 및 이들 유래식품 이나 토양과 물에도 존재한다. 분변성 대장균균은 저온살균이나 일상의 가열 조리에 의해 쉽게 사멸시킬 수 있다.

3) 대장균

IMViC 시험
대장균의 정성실험에서 대 장균군임이 판정된 후, 이 중 대장균을 판별하는 시험

대장균Escherichia coli은 온혈동물의 장내에 존재하는 주된 미생물로, 분변성 대 장균 시험법인 EC 배지에서 배양한 후 IMViC 시험 양상이 [++--] 또는 [-+--]인 경우를 대장균이라고 한다. 대장균군과 대장균은 가열이나 동결

상태에 대한 저항력이 약하므로 가열식품이나 동결식품의 분변 오염 지표미생물로 이용하기는 어렵다. 그러므로 대장균 또는 대장균군보다 환경저항력이 큰 지표미생물을 사용하거나, 일반 세균수 검사 등과 병행하여 실시하게 된다.

4) 분변성 스트렙토코커스 및 엔테로코커스

앞서 언급된 세 가지 지표균의 단점을 보완하기 위해 새로운 지표균 이용법이 개발되었다. 대장균군과 대장균의 약한 내열성과 내동결성으로 인해 저항력이 큰 분변성 스트렙토코커스*Streptococcus*와 엔테로코커스*Enterococcus*가 지표생물로 제안되었고, 이들은 잠재적 지표미생물로 불린다. 이들은 AC 배지, KF 한천배지를 이용하여 37℃에서 48시간 배양하여 검출한다. 사람과 동물의 장관에 상주하는 그람양성 구균으로 엔테로코커스속인 엔테로코커스 패컬리스*Ent. faecalis*, 엔테로코커스 패시움*Ent. faecium* 등과 분변성 스트렙토코커스속인 *S. bovis, S. equinus, S. salivarius* 등이 이에 속한다. 그러나 분변오염원이 제거된 환경에서 존재할 수 있으므로 이 균의 검출이 반드시 장내 병원균의 존재를 의미할 수는 없다.

5) 장내세균

장내세균*Enterobacteriaceae*에 속하는 균종들은 일반적으로 사람과 동물의 장관에 널리 분포되어있다. 일부는 잠재성이나, 그 외 비분변성균들로 인해 지표미생물로서 문제점이 많다. 이들은 자연에서 부패균 또는 식물병원균으로서 발견된다.

6) 일반세균수

자연환경에서 유래되는 여러 미생물들로 인해 식품에는 많은 미생물이 부착

국내 즉석 섭취·편의식품류의 미생물 규격

식품류의 정의

즉석섭취·편의식품류라 함은 소비자가 별도의 조리과정 없이 그대로 또는 단순조리과정을 거쳐 섭취할 수 있도록 제조·가공·포장한 즉석섭취식품, 신선편의식품, 즉석조리식품을 말한다. 다만, 따로 기준 및 규격이 정해져 있는 것은 제외한다.

식품류의 유형

- 즉석섭취식품: 동·식물성 원료를 식품이나 식품첨가물을 가하여 제조·가공한 것으로 더 이상의 가열, 조리과정 없이 그대로 섭취할 수 있는 도시락, 김밥, 햄버거, 선식 등의 식품을 말한다.
- 신선편의식품: 농·임산물을 세척, 박피, 절단 또는 세절 등의 가공공정을 거치거나 이에 단순히 식품 또는 식품첨가물을 가한 것으로서 그대로 섭취할 수 있는 샐러드, 새싹채소 등의 식품을 말한다.
- 즉석조리식품: 동·식물성 원료를 식품이나 식품첨가물을 가하여 제조·가공한 것으로 단순가열 등의 조리과정을 거치거나 이와 동등한 방법을 거쳐 섭취할 수 있는 국, 탕, 수프, 순대 등의 식품을 말한다.

식품류의 규격

- 세균수: n=5, c=0, m=0(멸균제품에 한함)
- 대장균군: n=5, c=1, m=0, M=10(즉석조리식품 중 살균제품에 한함)
- 대장균: n=5, c=1, m=0, M=10(즉석섭취식품, 즉석조리식품에 한하며, 즉석조리식품의 살균제품은 제외), n=5, c=1, m=10, M=100(신선편의식품에 한함)
- 황색포도상구균: 1 g당 100 이하
- 살모넬라: n=5, c=0, m=0/25 g
- 장염비브리오: 1 g당 100 이하(즉석섭취식품, 신선편의식품 중 살균 또는 멸균처리 되지 않은 해산물 함유 제품에 한함)
- 바실루스 세레우스: 1 g당 1,000 이하(즉석섭취식품, 신선편의식품에 한함)
- 장출혈성 대장균: n=5, c=0, m=0/25 g(신선편의식품에 한함)
- 클로스트리디움 퍼프린젠스: 1 g당 100 이하(즉석섭취식품, 신선편의식품에 한함).

통계적 기법을 이용한 시료채취법 용어

- n: 검사 대상 시료의 수
- c: 최대허용시료수, 허용기준치(m)보다 크고 최대허용한계치(M)보다 적거나 같은 시료의 수로 결과가 m보다 크고 M보다 적거나 같은 시료의 수가 c 이하일 경우 적합으로 판정
- m: 미생물 허용기준치로 결과가 모두 m 이하인 경우 적합 판정
- M: 미생물 최대허용한계치로 결과가 하나라도 M 초과하는 경우 부적합 판정

자료: 식품공전, 제2019-16호, 2019. 3. 8

되어있다. 이들 미생물은 식품의 가공, 저장 등 취급하는 환경에 따라 증식한다. 발효식품을 제외한 식품에서 일정한 수준 이상의 세균(생균)이 검출되는 것은 부적절한 취급에 의한 오염과 증식을 의미하고, 이 기준에 이용되는 위생지표를 일반세균수(세균수, 생균수)라고 한다. 일반세균수는 식품의 세균 오염이나 증식 정도를 나타내며 식품의 안전성, 보존성, 취급의 적절성 등을 전체적으로 평가할 수 있는 유용한 지표로 사용된다. 식품 1 g당 일반세균수가 10^7 CFU 이상일 경우 부패의 시작으로 평가한다.

일반세균수는 보통 표준한천배지를 사용하여 35±1℃, 24~48시간 배양하여 검출하므로, 표준한천평판균수Standard Plate Count, SPC라 명명하거나 일반세균수Total Plate Count, TPC; Aerobic Plate Count, APC라 명명한다. 또 미생물의 증식조건은 미생물의 종류에 따라 다르지만 35℃로 배양하는 것은 이 온도조건에서 대부분의 식중독 미생물이 잘 생육하기 때문이다.

6 식중독

1) 식중독의 개념 및 분류

식중독food poisoning은 여러 요인에 의해 발생하므로 정확하게 정의 내리기는 어렵지만 식품기인성 질병foodborne disease에 속하며, 식품 섭취에 의해 발생되는 질병을 말한다. 식중독을 유발하는 오염원은 세균, 바이러스, 원생동물과 같은 미생물, 기생충, 화학물질, 동식물성 독소 등이다. 식중독의 정의는 국내 식품위생법에서 '식품의 섭취로 인하여 인체에 유해한 미생물 또는 유독물질에 의해 발생하였거나 발생한 것으로 판단되는 감염성 또는 독소형 질환'이다. 세계보건기구WHO에서는 집단식중독foodborne disease outbreak을 "역학조사 결과 식품 또는 물이 질병의 원인으로 확인되거나 의심되는 동일 식품이나 물을 섭취함으로써 2인 이상이 유사한 질병을 경험하는 것"으로 본다. 식중독은 원인과 발병 메커니즘에 따라 구분할 수 있다. 국내에서는 일반적으로 원인에

표 3.3 식중독의 분류

분류		종류	원인균 및 물질
미생물 식중독	세균성	감염형	살모넬라, 장염비브리오균, 병원성 대장균, 캠필로박터, 여시니아, 리스테리아 모노사이토지니스, 바실루스 세레우스, 이질균(세균성 이질)
		독소형	포도상구균, 클로스트리디움 퍼프린젠스
	바이러스성	공기, 접촉, 물 등의 경로로 전염	노로바이러스, 로타바이러스, 아스트로 바이러스, 장관 아데노 바이러스, A형 간염 바이러스, E형 간염 바이러스, 사포 바이러스
	원충성	–	이질아메바, 람블편모충, 작은와포자충, 원포자충
자연독 식중독	동물성 식품 유래 유해물질		복어독, 시구아톡신, 테트로도톡신, 히스타민 중독
	식물성 식품 유래 유해물질		솔라닌, 버섯독
	곰팡이 독소		황변미독, 맥각독, 아플라톡신 등
화학적 식중독	환경오염 유래식품 잔류, 혼입되는 유해물질		카드뮴, 납, 니켈, 수은
	본의 아니라 잔류되는 유해물질		잔류 농약, 잔류 동물약품
	환경호르몬 물질		다이옥신, 프탈레이트, 비스페놀 A
	방사능에 의한 오염		방사성 요오드, 세슘, 스트론튬
	생산/가공/포장 시 생성, 혼입되는 유해물질		멜라민, 말라카이트, 아크릴아마이드
	가구, 용기, 포장에 의한 유해물질		구리, 납, 비소

자료: 식품의약품안전처

따라 미생물, 자연독 및 화학적 식중독으로 구분하고 있다(2, 4장 참조).

2) 식중독 발생보고 및 원인조사

식중독 사고가 발생한 경우 오염된 식품, 원인물질 및 오염경로에 대해 정확히 규명하여 동일한 사고가 재발하지 않도록 예방조치를 취해야 하고, 여러 지역으로 식중독이 확산되는 것을 사전에 차단해야 한다.

식중독 예방·관리 업무는 사전 예방·관리, 식중독 원인·역학조사, 위기대응 체계로 운영된다표 3.4. 사전 예방·관리에서는 식중독 예방을 위한 출입·검사·수거 등 및 식중독 대책협의기구 운영이 이루어진다. 식중독 원인·역학조사 단계에서는 식중독에 관한 조사 보고가 수행되며, 위기대응 시에는 국민

표 3.4 식중독 예방·관리 체계

구분	내용
사전 예방·관리	• 식중독 예방을 위한 출입·검사·수거 등(식품위생법 제22조) 및 교육(법 제56조) • 식중독 대책협의기구 운영(법 제87조)
식중독 원인·역학조사	식중독에 관한 조사 보고(법 제86조)
위기대응	국민에 대한 피해를 예방하거나 최소화를 위한 긴급대응(식품안전기본법 제15조)

자료: 식품의약품안전처. 식중독 표준업무지침, 2018

 보고 전체 총괄

• 환자, 조리사 등 설문·역학조사, 환자 검체 수거(보건소) → 검사 의뢰

• 급식 중단, 의심 식재료 사용 금지 및 시설 개수 조치
• 동일 식재료에 의한 추가 의심 환자 발생 여부 확인

보건소(감염부서)
• 시·군·구(위생부서)
• 지방식약청
 − 학교: 환자 발생 2인 이상
 − 집단급식소 또는 음식점: 50인 이상
* 식중독 조기경보시스템 발령

• 보존식, 섭취식품, 식재료 등 환경검체 수거(시·군·구) → 검사 의뢰

• 미생물학적·이화학적 시험(환자 검체, 보존식 등 환경검체)
 − 보건환경연구원

 신고

• 의무: 집단급식소, 의사
• 자율: 의심 환자, 음식점

• 시설·설비 등 작업환경 및 식재료 공급업체 조사(시·군·구, 지방식약청)

• 최종 결과 보고서 작성(설문 역학조사, 검사 결과 취합)
 − 시·군·구

그림 3.3 식중독 사고 및 원인·역학조사 절차
자료: 식품의약품안전처, 2018, 식중독 표준업무지침

에 대한 피해를 예방하거나 최소화를 위한 긴급대응이 이루어진다.

식중독 신고 및 원인·역학조사 절차의 개요를 살펴보면 식중독 발생이 의심되면 발생 보고를 하고, 원인·역학조사반을 구성하고, 현장조사를 실시한다그림 3.3. 현장조사 계획은 식중독 발생 정보를 바탕으로 수립한다. 사전 정보 수집 내용으로는 조사 대상 시설의 위치, 조리(생산) 식품 및 지하수 사용 여부 등의 확인, 영업허가(신고)증 수령 여부, 과거 식품위생법 위반 사실 이력 또는 기록 등이다. 식중독 현장조사 단계에서는 현장 시설·환경조사 및 기록을 확인하고, 환자 등에 대한 설문조사, 섭취음식 위험도 조사 및 인체 검체 등의 채취가 이루어진다. 또한 조리종사자를 대상으로 건강진단 여부 및 건강 상태, 화농성 질환 및 손의 상처, 국내외 여행경력, 개인위생 의식, 작업복 등 착용상태를 확인하여 식중독 발생 연관성을 확인한다. 식재료, 보존식 및 섭취식품에 대한 조사 시에는 오염된 원료(식품 용수) 사용, 식품 보관 중 오염 발생 가능성, 작업(조리)공정에서의 오염 가능성, 주위 환경으로부터의 오염 가능성을 검토하고, 조리식품별 주요 사항을 점검한다.

현재 국내 역학조사시스템은 여러 부처가 함께 관여하고 있는데, 감염병의 경우 질병관리본부 중앙역학조사반이, 식중독의 경우 지역 보건소 역학조사반이 조사를 수행하고, 식품 관련 원인추적 및 행정처분과 관련된 내용은 식품의약품안전처와 지방자치단체가 진행한다. 식품위생법 제86조2항 및 동법 시행령 제59조2항에는 식중독에 대한 조사 보고와 식중독 원인조사에 대한 규정이 있다.

식중독 의심 환자가 발생하였을 때 시·군·구의 장은 지체 없이 식중독 보고관리시스템{식품행정통합시스템(http://admin.foodsafetykorea.go.kr, 내부망) 또는 협업시스템(http://www.coopfoodsafetykorea.go.kr, 외부망)}을 통해 보고·전파해야 한다. 특히 긴급 현장대응이 필요할 경우 식품의약품안전처(지방식약청)와 시·도에 문자나 유선으로 상황을 전파하고, 원인을 조사한 후 그 결과를 식중독보고관리시스템에 보고한다.

식중독 발생 시에는 원인, 역학 및 환경조사 등을 위해 원인·역학조사반을 구성하고 역학조사를 하며, 식중독 발생 상황별 조사반 구성은 다음 표와 같

쉬어가기

식중독지수

기온과 미생물 증식기간의 관계를 고려하여 식중독 발생 가능성을 백분율로 나타낸 값으로, 여름철 식중독을 예방하고 국민의 위생을 위하여 식품의약품안전처에서 개발한 정량적이고 수치적인 개념이다. 즉 최적 조건에서 식중독을 유발할 수 있는 시간과 각각의 온도에서 식중독을 유발할 수 있는 시간에 대한 비율을 가리킨다. 기상청은 식품의약품안전청과 공동으로 '식중독지수 서비스'를 제공하고 있으며, 식중독지수예보는 4월 1일부터 9월 30일까지 제공된다.

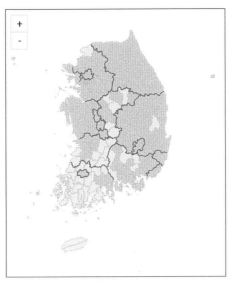

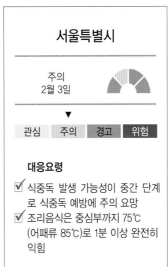

서울특별시

주의
2월 3일

| 관심 | 주의 | 경고 | 위험 |

대응요령

☑ 식중독 발생 가능성이 중간 단계로 식중독 예방에 주의 요망

☑ 조리음식은 중심부까지 75℃ (어패류 85℃)로 1분 이상 완전히 익힘

단계별 대응요령

단계	지수 범위	대응요령
■ 위험	86 이상	• 식중독 발생 가능성이 매우 높으므로 식중독 예방에 각별한 경계 요망 • 설사, 구토 등 식중독 의심증상이 있으면 의료기관을 방문하여 의사 지시에 따름 • 식중독 의심환자는 식품조리 참여를 즉시 중단해야 함
■ 경고	71 이상 86 미만	• 식중독 발생 가능성이 높으므로 식중독 예방에 경계 요망 • 조리도구는 세척, 소독 등을 거쳐 세균 오염을 방지하고 유통기한, 보관방법 등을 확인하여 음식물 조리 및 보관에 각별히 주의해야 함
■ 주의	55 이상 71 미만	• 식중독 발생 가능성이 중단 단계이므로 식중독 예방에 주의 요망 • 조리음식은 중심부까지 75℃(어패류 85℃)로 1분 이상 완전히 익히고 외부로 운반할 때는 가급적 아이스박스 등을 이용하여 10℃ 이하에서 보관 및 운반
□ 관심	55 미만	• 식중독 발생 가능성은 낮으나 식중독 예방에 지속적인 관심 요망 • 화장실 사용 후, 귀가 후, 조리 전에 손 씻기를 생활화

자료: 기상청

표 3.5 식중독 발생 상황별 조사반 구성

식중독 발생 상황		구성
학교(2인 이상) 또는 집단급식소 또는 음식점 50인 이상 식중독 발생 시	1개 시설	식약처(지방식약청), 시·도 및 시·군·구 원인·역학조사반
	다수 시설, 동일 식재료에 의한 확산 가능	식약처(본부, 지방식약청), 시·도 및 시·군·구 원인·역학조사반 * 필요시 식약처(본부) 업무 지원
50인 미만 식중독 발생 시	1개 시설	시·군·구 원인 역학조사반
	시·군·구 동시 발생 시	시도(총괄) 및 시·군·구 원인·역학조사반 * 필요시 지방식약청의 인력 및 신속검사 차량 지원

자료: 식품의약품안전처, 2018

이 한다표 3.5. 식품의약품안전처와 보건소에 식중독 의심환자가 발생되었다는 신고가 접수되면 발생 현장에 조사반이 출동하여 환자 설문조사, 가검물과 보존식 수거검사, 조리 환경조사, 식재료 공급업체 추적조사 등을 통하여 식중독 발생 오염원과 경로를 규명하고, 재발 및 확산 방지를 위한 조치를 실시한다. 그 단계는 준비 단계, 현장조사 단계, 정리 단계 및 조치 단계로 구분된다.

준비 단계에서는 원인조사반 구성, 반원 간 업무분장 조정, 검체 채취기구 준비, 현장조사 단계에서는 식품취급자 설문조사 및 위생상태 확인, 현장시설 조사를 통한 오염원 추정, 검체 채취 및 의뢰, 데이터 분석 및 가설설정 및 검증을 한다. 정리 단계에서는 확보된 기본 자료, 현장 확인 및 점검 결과, 검사 현황, 의학 참고자료 등을 바탕으로 여러 발생 원인인자에 대한 분석을 통하여 발생 오염원 및 경로 추정을 실시한다. 마지막 조치 단계에서 조사 결과 급식 및 식재료, 음용수 등의 식품 매개로 인한 식중독으로 의심되거나 추정되는 경우 급식 중단 조치와 함께 관련 식품 및 식재료 등의 사용금지 또는 폐기 조치를 실시한다.

7 식품과 감염병

식품으로 인한 질병 중에서 식중독과 더불어 중요한 것이 바로 감염병이다. 기후 변화, 교통 발달, 해외여행 증가, 외식의 증가 등으로 인해 과거에는 하절기에 주로 유행하던 수인성·식품매개질환의 발생 패턴이 연중 발생하는 경향을 보이고 있으며, 특히 국민생활수준 향상에 따른 주거환경 개선으로 연중 실내온도가 일정하게 유지되어 감염병 유행에 계절적 영향이 줄어들고 있다. 감염병에는 여러 종류가 있지만 식품과 관련된 것으로는 인수공통감염병이 대표적이며, 병원체가 매우 다양하며 특색이 있다. 기생충은 주로 식품을 매개체로 하여 경구감염되어 소화기계를 비롯한 여러 기관에 기생하는 것으로 최근 식생활의 변화로 기생충으로 인한 감염이 증가하는 추세이다. 원생동물은 토양이나 하천 등 습기가 많은 지역에 서식하며 사람과 동물에 침입하여 질병을 일으키며, 기후 변화로 인해 감염이 증가하고 있다.

1) 감염병의 이해

병원체의 감염으로 질병이 발생되는 경우를 감염성 질환infectious disease이라 하며, 감염성 질환이 전염성을 가지고 새로운 숙주에게 질병을 전파시키는 것을 감염병이라 한다. 감염병 발생의 3대 요인은 감염원source of infection, 감염경로route of transmission, 감수성자susceptible host이다. 감염원은 병원체를 내포하여 숙주에게 병원체를 전파시킬 수 있는 근원이 되는 모든 것을 의미한다그림 3.4. 병

그림 3.4 감염원의 분류

원체가 존재하는 장소(병원체가 사람에게 들어가는 매개 역할)인 병원소reservoir of infection로부터 병원체가 나와 새로운 숙주(사람)에 침입하고, 이때 숙주가 면역력이 약할 경우 질병이 발병한다. 병원체가 증식하는 곳은 환경, 식품재료, 음식, 동물과 식물, 사람 등이며, 인수공통감염병의 경우 동물이 병원소의 역할을 한다. 감염경로는 숙주에게 병원체가 운반되는 과정이며, 직접전파와 간접전파 방법이 있다. 직접전파는 환자나 보균자로부터 나온 병원체가 중간 매개체 없이 감수성자에게 직접 전염되는 것으로 피부접촉, 비말접촉 등이 있다. 간접전파는 환자나 보균자로부터 나온 병원체가 여러 가지 전파 매개체에 의해 전파됨으로써 전염되는 경우를 말하며, 활성 전파체(파리, 모기, 벼룩 등)와 무생물 전파체(물, 식품, 공기, 완구, 생활용구 등)가 있다. 균이 숙주에 침입하여 발병하기 위해 균이 증식하고, 임상증상이 나타나게 되는 것이다. 균이 사람 몸에 침입하였을 때 나타나는 증상의 정도는 감수성자에 따라 다양하며 심한 경우에는 사망에 이른다. 반면 균이 사람에 침입하여 체내에서 증식은 하지만 임상적인 증상을 느끼지 못할 정도로 가벼운 불현성 감염inapparent infection이 되는 경우도 있다. 불현성 감염과 유사한 잠복 감염latent infection은 감염된 균과 인체의 방어능력이 서로 비슷하여 균이 서서히 증식하지만 질병의 진행이 오랫동안 뚜렷하게 나타나지 않아 임상증상이 없는 상태이다. 또 병균을 가지고 있어도 임상증상이 나타나지 않는 경우는 보균자carrier라 부르는데 이들은 병원체를 보유한 자로서 역학적으로 중요하며 잠복기보균자incubatory carrier, 병후보균자(회복기보균자)convalescent carrier, 건강보균자healthy carrier 등으로 나누어진다. 숙주에 병원체가 침입하였을 때 질병이 발생하는 경우를 감수성이 있다고 한다. 감수성이 높은 집단에서는 유행이 잘 되지만 면역성이 높은 집단에서는 유행이 잘 이루어지지 않는다.

감염병의 예방 및 관리에 법률에 의하면 감염병은 1군(물/식품 매개), 2군(국가예방접종사업의 대상), 3군(간헐적 유행가능성), 4군(신종·해외유입), 5군(기생충) 등 감염경로 중심으로 분류되는데 2020년 1월 개정법에 따라 **법정감염병**은 제1급감염병 17종, 제2급감염병 20종, 제3급감염병 26종종 및 제4급감염병 22종, **기생충감염병**, **세계보건기구 감시대상 감염병**, **생물테러감염병**, **성매개감염**

법정감염병
질병으로 인한 사회적인 손실을 최소화기 위하여 법률로 이의 예방 및 확산을 방지하는 감염병

기생충감염병
기생충에 감염되어 발생하는 감염병 중 보건복지부장관이 고시하는 감염병

세계보건기구 감시대상 감염병
세계보건기구가 국제공중보건의 비상사태에 대비하기 위하여 감시 대상으로 정한 질환으로서 보건복지부장관이 고시하는 감염병

생물테러감염병
고의 또는 테러 등을 목적으로 이용된 병원체에 의하여 발생된 감염병 중 보건복지부장관이 고시하는 감염병

성매개감염병
성 접촉을 통하여 전파되는 감염병 중 보건복지부장관이 고시하는 감염병

인수공통감염병
동물과 사람 간에 서로 전파되는 병원체에 의하여 발생되는 감염병 중 보건복지부장관이 고시하는 감염병

의료관련감염병
환자나 임산부 등이 의료행위를 적용받는 과정에서 발생한 감염병으로서 감시활동이 필요하여 보건복지부장관이 고시하는 감염병

병, 인수(人獸)공통감염병 및 의료관련감염병으로 구분된다. 감염병 분류체계 개편에 따라 신고제도도 달라지며, 감염병 '급'과 연계해 1~3급은 전수감시를 원칙으로 하고, 1급은 발생 즉시 신고하도록 했다. 2~3급은 발생 후 24시간 이내에 신고해야 하고, 4급은 표본감시를 원칙으로 발생 후 7일 이내에 신고하도록 규정되었다. 감염병의 정의와 종류는 다음 표에 제시하였다표 3.6. 이 장에서는 4장에서 다루지 않는 식품과 관련 있는 일부 감염병에 대해 다루고자 한다.

표 3.6 법정감염병의 정의와 종류

종류	정의	질환
제1급감염병 (17종)	• 생물테러감염병 또는 치명률이 높거나 집단 발생의 우려가 커서 발생 또는 유행 즉시 신고하여야 하고, 음압 격리와 같은 높은 수준의 격리가 필요한 감염병 • 다만, 갑작스러운 국내 유입 또는 유행이 예견되어 긴급한 예방·관리가 필요하여 보건복지부장관이 지정하는 감염병을 포함	에볼라바이러스병, 마버그열, 라싸열, 크리미안콩고출혈열, 남아메리카출혈열, 리프트밸리열, 두창, 페스트, 탄저, 보툴리눔독소증, 야토병, 신종감염병증후군, 중증급성호흡기증후군(SARS), 중동호흡기증후군(MERS), 동물인플루엔자 인체 감염증, 신종인플엔자, 디프테리아
제2급감염병 (20종)	• 전파가능성을 고려하여 발생 또는 유행 시 24시간 이내에 신고하여야 하고, 격리가 필요한 감염병 • 다만, 갑작스러운 국내 유입 또는 유행이 예견되어 긴급한 예방·관리가 필요하여 보건복지부장관이 지정하는 감염병을 포함	결핵, 수두, 홍역, 콜레라, 장티푸스, 파라티푸스, 세균성이질, 장출혈성대장균감염증, A형간염, 백일해, 유행성이하선염, 풍진, 폴리오, 수막구균 감염증, b형헤모필루스인플루엔자, 폐렴구균 감염증, 한센병, 성홍열, 반코마이신내성황색포도알균(VRSA) 감염증, 카바페넴내성장내세균속균종(CRE) 감염증
제3급감염병 (26종)	• 발생을 계속 감시할 필요가 있어 발생 또는 유행 시 24시간 이내에 신고하여야 하는 감염병 • 다만, 갑작스러운 국내 유입 또는 유행이 예견되어 긴급한 예방·관리가 필요하여 보건복지부장관이 지정하는 감염병을 포함	파상풍, B형간염, 일본뇌염, C형간염, 말라리아, 레지오넬라증, 비브리오패혈증, 발진티푸스, 발진열, 쯔쯔가무시증, 렙토스피라증, 브루셀라증, 공수병, 신증후군출혈열, 후천성면역결핍증(AIDS), 크로이츠펠트-야콥병(CJD) 및 변종크로이츠펠트-야콥병(vCJD), 황열, 뎅기열, 큐열, 웨스트나일열, 라임병, 진드기매개뇌염, 유비저, 치쿤구니야열, 중증열성혈소판감소증후군(SFTS), 지카바이러스 감염증
제4급감염병 (22종)	• 제1급감염병부터 제3급감염병까지의 감염병 외에 유행 여부를 조사하기 위하여 표본감시 활동이 필요한 감염병	인플루엔자, 매독, 회충증, 편충증, 요충증, 간흡충증, 폐흡충증, 장흡충증, 수족구병, 임질, 클라미디아감염증, 연성하감, 성기단순포진, 첨규콘딜롬, 반코마이신내성장알균(VRE) 감염증, 메티실린내성황색포도알균(MRSA) 감염증, 다제내성녹농균(MRPA) 감염증, 다제내성아시네토박터바우마니균(MRAB) 감염증, 장관감염증, 급성호흡기감염증, 해외유입기생충감염증, 엔테로바이러스감염증, 사람유두종바이러스 감염증

자료: 법제처 홈페이지(http://www.law.go.kr/)

2) 인수공통감염병

인수공통감염병zoonosis은 동물에서 사람으로 전파되는 병원체에 의하여 발생되며, 척추동물에서 사람으로 전염되는 것과 비록 동물이 전염환infectious life cycle에 중요한 역할을 하지 않더라도 사람과 동물에 공통으로 감염될 수 있는 질환들을 총칭한다. 최근 인구수의 증가, 기상 변화, 산업화와 교통수단의 발달 등 복합적인 이유로 사스, 광우병, 브루셀라증, 조류인플루엔자, 공수병, 일본뇌염, 장출혈성대장균 감염증, 니파Nipha 바이러스 감염증, 말라리아, 쯔쯔가무시증, 신증후군출혈열 등 기존의 감염병이 다시 만연하고 새로운 감염병이 출현하면서 세계적으로 인수공통감염병이 급증하고 있다. 미국산 쇠고기 수입 문제, 살처분 보상금 과다, 축산업 전반에 미치는 영향 등으로 인수공통감염병이 사회적인 이슈로 대두되고 있다. 인수공통감염병의 전파는 직접전파, 매개곤충 또는 기타 매개물에 의해 다양하게 이루어질 수 있으며 병원체로는 세균, 바이러스, 리케치아, 진균, 기생충 등이 있다. 현재까지 알려진 인수공통감염병은 200여 종이며, 1967년 국제전문위원회에서 동물에서 사람으로 감염되어 위생상 중요한 문제를 일으키는 감염병을 90여 종으로 분류하였다. 식육을 매개로 한 인수공통감염병 중에서는 탄저병과 브루셀라증이 대표적이다.

(1) 탄저병

탄저Anthrax는 탄저균(바실루스 안트라시스*Bacillus anthracis*) 감염에 의한 인수공통감염병으로, 오염된 목초지에서 탄저균의 포자에 의해 동물에게 감염된다. 사람은 주로 감염된 동물의 고기나 부산물을 섭취함으로써 감염된다. 소, 말, 양, 염소, 돼지 등의 초식동물에서 주로 발병되며, 육식동물이나 사람에게는 비교적 적게 발생된다. 사람의 탄저는 감염경로에 따라 다르며, 균이 기도로 흡입되면 기침, 가래, 호흡곤란 등의 폐탄저를 일으킨다. 또한, 감염동물의 고기를 먹으면 구토나 설사 등의 장탄저를 일으키게 되며 장탄저의 치사율은 100%에 가깝게 나타난다. 탄저의 병원체는 그람양성 간균이며 포자를 형성하

생물테러 발생

생물테러는 통상 대량의 환자 발생을 목표로 하며 화학테러 및 방사능테러 등과 달리 질병 잠복기로 인해 병원체 살포와 인명 피해 발생의 시간적 차이로 초기에 감지하기 어렵다. 생물테러에 이용되는 감염병은 치사율이 높고 전파가 쉬운 특징이 있어 발생 시 가장 중요한 것은 조기 발견과 신속한 대응이다.

발생	병원체	동기/목적	대상	유포경로	결과
남아프리카 (1979)	콜레라균, 탄저균	정부 반군의 소탕	로데시아 지역 정부 반군	콜레라는 남아프리카 일부 마을의 수원에 살포. 탄저균은 게릴라전에 참가한 반군에게 사용할 목적으로 로데시아 군인들에게 제공	로데시아 지역에서 탄저병이 수천 명 발병하였으며, 이 중 82명이 사망
구소련 (1979)	탄저균	발생 당시에는 오염된 고기가 원인이었다고 구소련 정부는 주장하였으나 구소련군 생물무기시설에서의 과실로 방출	의도된 목표 대상 없음	구소련군 생물무기 시설에서의 공기전파방식으로 누출되었으나 방출방식이나 원인이 된 작업내용에 대해서는 알려진 바 없음	해당 군시설이 위치한 지역을 따라 환자가 집단적으로 발생. 94명의 발병자 중 적어도 64명이 사망하였고 해당 지역의 가축들도 탄저병으로 사망
걸프전 (1991)	탄저균, 보툴리눔 독소, 아플라톡신	전쟁 무기로 사용	전쟁에 참가한 군인 살상	–	탄저균이나 보툴리눔 독소 폭로에 의한 장기적 건강 위해는 발견되지 않았으나 아플라톡신은 저농도 폭로 후에도 간암 발생률의 증가
일본 (1995)	탄저균, 보툴리눔 독소, Q열, 에볼라 바이러스 등 화학무기	교리의 입증, 반대파 제거, 불리한 법정 판정에 반발, 일본 정부를 장악	시민, 반대자들, 옴진리교에 적대적인 판사와 조사하는 경찰	에어로졸 형태로 최소 10건 이상	화학무기로는 20명 이상 살해, 1천 명 이상 피해를 입었으나 생물무기는 모두 실패
미국 (1998)	페스트균, 탄저균 등	미국에 이라크의 생물무기 위험을 경고하고 미국 내 백인만의 분리된 영토를 창설	우익애국자 단체를 대신하여 연방정부에 대해 막연히 위협	농약 공중 살포 등의 방법으로 살포	생물테러에 관해 널리 공포, 관리들을 위협할 때 체포
미국 (2001)	탄저균	불특정 다수	상원의원과 주간지 등 언론사	탄저균이 들어있는 우편물	시민 22명 감염, 5명 사망

자료: 질병관리본부

생물테러
바이러스, 세균, 곰팡이 또는
생물체로부터의 독소 등을
사람, 동물, 식물을 죽이기 위
한 의도로 또는 위협하기 위
해 사용하는 것

는 호기성균이다. 탄저균의 포자는 40년 이상 생존할 수 있고, 호흡기를 통한 전파가 가능하며 탄저의 종류 중 호흡기 탄저는 치사율이 높아 **생물테러**bioterrorism에 활용될 수 있다.

탄저균은 세계적으로 널리 퍼져 있으며 우리나라에서 1994년 경북 경주에서 탄저병으로 폐사한 소의 고기를 먹은 마을 주민 3명이 숨진 사례가 있다. 메스꺼움과 식욕부진, 구토, 발열의 초기 증상 후 복통, 각혈, 설사 등의 증상이 나타난다. 예방방법은 탄저병이 의심되는 동물의 고기와 유즙을 먹지 말고, 의심되는 동물의 부검에 사용한 모든 물품은 완전 소각하거나 생석회(산화칼슘)와 함께 땅속 깊이 묻는 것이다. 환자 발생 시 환자 병소에서 균이 소멸될 때까지 철저히 관리하고, 병소 분비물이나 이에 오염된 물건 모두 고압증기 멸균 또는 소각 처분하여 전파를 막아야 한다.

(2) 브루셀라증

브루셀라증Brucellosis은 브루셀라속에 의한 감염증으로, 이로 의한 사람의 감염을 파상열undulant fever이라고도 한다. 소, 돼지, 양, 염소 등에게 전염성 유산을 일으키는 것이 특징이며, 사람에게는 열성질환을 일으키고 유럽·미국 등에서 많이 발생한다. 병원체를 살펴보면 소에는 브루셀라 아보르투스*Brucella abortus*, 돼지에는 브루셀라 수이스*Brucella suis*, 양에는 브루셀라 멜리텐시스*Brucella melitensis*가 있으며, 사람은 감염동물의 유즙, 유제품을 매개로 하거나 이환동물의 고기를 매개로 하는 경구감염이 많으나 사람이 전염원이 된다는 보고는 없다. 사람에게는 불현성 감염도 많으며 감염되었을 때의 증상은 오한, 발열, 발한, 관절이나 근육의 통증, 경련, 백혈구 수 감소, 변비 등이고 패혈증을 일으키기도 한다. 예방대책으로는 소, 돼지, 양, 염소 등의 예방접종, 이환된 가축의 조기 발견, 도살 또는 격리, 유산된 태아, 분뇨, 축사 등의 소독, 젖, 고기 및 그 가공품에 대한 살균이 중요하다.

(3) 고병원성 조류인플루엔자

고병원성 조류인플루엔자Highly Pathogenic Avian Influenza, HPAI는 전파가 빠르고 병

원성이 다양하다. 우리나라는 매년 겨울철부터 다음해 봄까지가 철새 이동으로 인해 동물전염병인 고병원성 조류인플루엔자의 발생 가능성이 커진다. 닭, 칠면조, 야생조류 등 여러 조류에 감염되며, 주로 닭과 칠면조에게 피해를 주는 급성 바이러스성 감염병으로 오리는 감염되더라도 임상증상이 잘 나타나지 않는다. 증상은 감염된 바이러스의 병원성에 따라 다양하지만 대체로 호흡기 증상과 설사, 급격한 산란율 감소가 나타난다. 때에 따라 볏 등 머리 부위에 청색증이 나타나고, 안면에 부종이 생기거나 깃털이 한곳으로 모이는 현상이 나타나기도 한다.

세계적으로 1930년대 이후로는 발생하지 않다가 1983년에 벨기에, 프랑스 등 유럽에서 발생하기 시작한 이래 현재까지 세계 각국에서 약병원성을 비롯한 고병원성 조류인플루엔자가 발생하고 있다. 고병원성의 경우 인간에게도 감염되어 1997년 홍콩에서 6명, 2004년 베트남에서는 16명이 각각 사망하였고, 2013년 이후 중국에서 조류인플루엔자 H7N9형에 의한 인체 감염이 지속해서 발생하여 약 39.2%의 치사율을 나타내었다. 우리나라는 2003년 12월에 최초로 가금류에게 발생하였으며, 2004년 3월까지 19개 농장에서 조류인플루엔자 감염 발생이 보고되었고 그 이후 2006~2007년, 2008년, 2010년~2011년, 2014~2017년에 유행하였다. 우리나라 질병관리본부에서는 조류인플루엔자 발생 시 발생농장뿐만 아니라 3 km 이내의 닭이나 오리, 달걀을 전부 살처분 조치하고, 3~10 km 사이의 조류와 그 생산물도 이동을 통제하여 국민에게 오염된 닭·오리·달걀이 유통될 가능성은 거의 없다고 보고하였다. 질병관리본부는 인체 감염 예방요령으로 개인위생 수칙 준수, 닭, 오리, 달걀 등을 75℃에서 5분 이상 조리하도록 하였다.

3) 기생충 감염병

기생충 감염병은 2010년 개정된 법령에 따라 제5급감염병(회충증, 편충증, 요충증, 간흡충증, 폐흡충증, 장흡충증 총 6종)으로 신설되었고 표본감시기관을 지정하여 표본감시체계를 구축하였으며, 2020년부터는 4급 감염병으로 관리되고 있다. 1971년부터는 정부사업으로 5~7년을 주기로 하여 감염 실태조사를 수행하고 있으며, 채소류 매개 감염은 감소하는 반면 어패류 매개 감염은 증가 추세를 보이고 있다. 2012년 제8차 전국민 장내 기생충 감염 실태조사 결과, 하나의 기생충에 감염된 전체 충란 양성률은 2.6%이었고, 충란 양성자 수는 130만여 명으로 추정되었다. 기생충 감염이 가장 높은 것은 간흡충으로 약 93만 명, 편충 약 20만 5,000명, 요코가와흡충(장흡충)이 약 13만 명으로 대부분을 차지했다. 기생충이 부착, 기생하는 동물은 숙주host라고 하며, 기생충의 성충이 지속적으로 기생하는 경우를 고유숙주definitive host 또는 종말숙주final host라 하고, 성숙되기 전의 발육 단계에서 다른 생물에게 일시적으로 기생하는 것을 중간숙주intermediate host라고 한다. 중간숙주가 복수인 경우 최초의 중간숙주를 제1중간숙주라 하고, 나중의 것을 제2중간숙주라고 한다. 기생충은 주로 음식물과 함께 경구 감염되어 소화기계나 기타 내장의 여러 기관에 기생한다. 경구 감염경로에는 어패류와 육류를 통한 감염과 채소를 통한 감염이 있다. 어패류와 육류를 통한 감염은 어육이나 수육을 충분히 조리하지 않고 날것에 가까운 상태로 섭취하기 때문이며, 채소를 통한 감염은 충란이나 자충이 채소에 부착된 것을 섭취하여 이루어진다. 특히 인분을 비료로 사용하는 경우 중요한 기생충 감염의 근원이 되며 육류, 어류를 통해 인체로 들어오거나 동물과의 접촉으로 체내에 침입한다.

(1) 수산식품에 의한 기생충 감염

간흡충 간흡충증Clonorchiasis은 간디스토마증이라고도 한다. 우리나라의 낙동강, 영산강, 섬진강 유역에 사는 주민, 특히 민물고기를 생식하는 생활습관을 가지고 있는 사람들이 많이 감염된다. 2012년 전국 장내기생충 감염 실태조사에 따르면 간흡충 감염률은 1.86%로 약 93만 명의 감염자가 있는 것으로 추산되고 있다. 병원체는 크로노키스 시넨시스Clonorchis sinensis이며, 병원소는 감염된 사람, 돼지, 개, 고양이다. 제1중간숙주는 왜우렁이, 제2중간숙주는 민물고기(붕어, 잉어, 모래무지)이다. 제2중간숙주의 체내에서 피낭유충metacercaria이 되어 감염된 민물고기를 날로 먹거나 덜 익혀 먹을 때, 또는 조리과정 중에 조

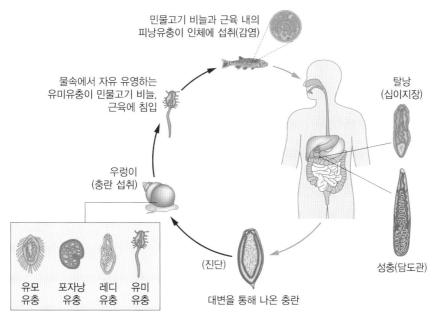

민물고기 비늘과 근육 내의
피낭유충이 인체에 섭취(감염)

물속에서 자유 유영하는
유미유충이 민물고기 비늘,
근육에 침입

우렁이
(충란 섭취)

탈낭
(십이지장)

성충(담도관)

(진단)

대변을 통해 나온 충란

| 유모 유충 | 포자낭 유충 | 레디 유충 | 유미 유충 |

그림 3.5 간흡충의 감염경로
자료: CDC

리기구를 통해 다른 음식물이 오염되면서 감염된다. 때로는 생선에서 피낭유충이 물을 오염시켜 식수를 통해 감염되기도 한다. 주요 증상은 간 및 비장 비대, 복수, 소화기장애, 황달, 빈혈 및 야맹증이 있다. 예방을 위해서는 민물고기의 생식을 금하고, 민물고기 조리 후에는 2차 감염을 막기 위하여 조리기구를 철저히 세척·소독한다.

폐흡충 폐흡충증^{Paragonimiasis}은 폐디스토마증이라고도 한다. 폐흡충은 극동지역인 일본, 중국, 동남아에 주로 분포되어있는데 우리나라에서는 산간지역에 많이 분포되어있다. 종말숙주는 사람, 개, 고양이 등이다. 병원체는 파라고니무스 웨스터마니$^{Paragonimus\ westermani}$이며, 폐와 기관지에 주로 감염되나 흉강, 복강, 피하조직에도 기생하며 폐에 기생할 경우 증상이 폐결핵과 유사하다. 제1중간숙주인 다슬기에 침입하고, 제2중간숙주인 가재, 게 등의 아가미, 간장, 근육 내에 침입하여 피낭유충이 된다. 사람은 피낭유충이 있는 세2중간숙주를 생식함으로써 감염되며, 인체 내 십이지장에서 장벽을 뚫고 복강으로

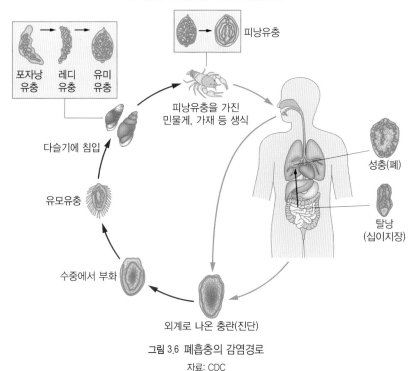

유미유충이 민물게, 가재에 침입(감염)

피낭유충

포자낭
유충

레디
유충

유미
유충

피낭유충을 가진
민물게, 가재 등 생식

다슬기에 침입

성충(폐)

유모유충

탈낭
(십이지장)

수중에서 부화

외계로 나온 충란(진단)

그림 3.6 폐흡충의 감염경로
자료: CDC

간다. 어린 충체는 장벽, 복강, 횡경막, 흉막강을 거쳐 폐에 침입하여 성충으로 발육한다. 감염증상은 쇠녹색의 가래, 혈담, 복부통증, 흉막염, 각혈과 미열이고 복벽, 장간막의 임파절, 장벽에 낭포를 형성한다. 충체는 정상 기생 부위가 아닌 복부, 뇌, 눈에도 기생하며, 특히 뇌폐흡충증으로 인해 간질, 정신착란, 반신불수 등의 증상이 나타난다. 예방대책으로는 민물게나 가재를 생식하지 않아야 하며 유행지역에서 위생적으로 처리되지 않은 물을 마시지 않아야 한다. 환자 객담의 위생적 처리, 취급한 조리기구를 충분히 세척 및 소독해야 한다.

고래회충　고래회충증은 아니사키스증^{Anisakiasis}이라고도 한다. 고래회충은 고래, 돌고래, 물개 등의 위에 기생하는 선충류의 유충을 통칭한다. 고래를 종말숙주로 삼고 번식하기 때문에 고래회충이라 불린다. 해산 포유동물을 종숙주

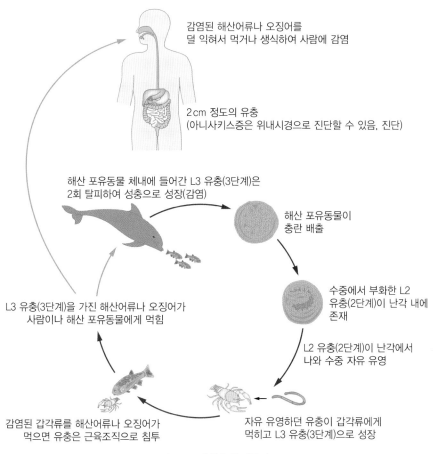

감염된 해산어류나 오징어를
덜 익혀서 먹거나 생식하여 사람에 감염

2cm 정도의 유충
(아니사키스증은 위내시경으로 진단할 수 있음, 진단)

해산 포유동물 체내에 들어간 L3 유충(3단계)은
2회 탈피하여 성충으로 성장(감염)

해산 포유동물이
충란 배출

수중에서 부화한 L2
유충(2단계)이 난각 내에
존재

L3 유충(3단계)을 가진 해산어류나 오징어가
사람이나 해산 포유동물에게 먹힘

L2 유충(2단계)이 난각에서
나와 수중 자유 유영

감염된 갑각류를 해산어류나 오징어가
먹으면 유충은 근육조직으로 침투

자유 유영하던 유충이 갑각류에게
먹히고 L3 유충(3단계)으로 성장

그림 3.7 고래회충의 감염경로
자료: CDC

로 하여 위장 내에 기생한다. 제1중간숙주는 갑각류이며 제2중간숙주는 해산
어류나 오징어, 문어 등이다. 사람은 감염된 제2중간숙주를 생식하여 감염된
다. 해산어류의 취식 중 혹은 취식 직후 상복부의 경련성 통증, 날것으로 먹은
후 24시간 이내 오심, 구토 등 식중독과 유사한 증상이 나타나는데 가끔 알레
르기 반응과 같은 증상이 나타나기도 한다. 해산어류를 덜 익혀 먹었을 때 감
염되므로 고래고기, 오징어, 방어 등의 어류는 날로 먹지 말고 충분히 익혀 먹
어야 한다. Food Code에서는 63℃에서 15초, 분쇄어육은 68℃에서 17초 이상
조리를 권유하고 있다. 상업적 냉동을 통해 고래회충을 제거하기도 한다.

광절열두조충 광절열두조충*Diphyllobothrium latum*은 담수어를 사용하는 지방에서 많이 감염되며 긴촌충broad tapeworm or fish tapeworm이라고도 한다. 종말숙주는 사람 외에 개, 고양이, 여우 등이며 인체의 기생 부위는 소장 상부이다. 사람의 경우 감염된 어류, 내장, 조리가 덜된 어류를 섭취하면 발생한다. 섭취 후 유충은 소장에 도달하여 빠르게 증식하고 15일 내에 산란한다. 성충은 10 m까지 자랄 수 있으며 하루에 100만 개씩 산란할 수 있다. 감염증상은 대부분 뚜렷하게 나타나지 않지만 복통, 설사 등 일반적인 소화기 증상이 있을 수 있다. 비타민 B_{12} 결핍에 의한 열두조충성빈혈(거대적아구성빈혈)이 감염자 일부에게 나타나지만 우리나라에서는 보고된 바 없다. 예방을 위해 담수어나 송어, 연어, 농어 등의 생식을 금하며 충분히 가열하여 섭취하도록 한다. Food Code에서는 63℃에서 15초, 분쇄어육은 68℃에서 17초 이상 조리를 권유하

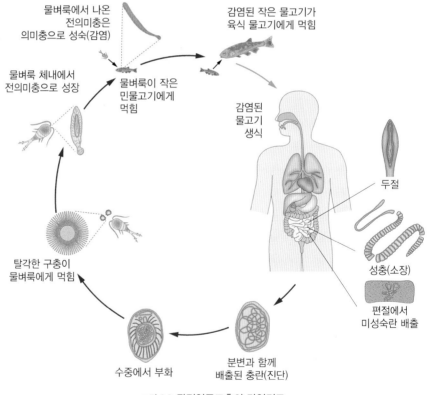

물벼룩에서 나온
전의미충은
의미충으로 성숙(감염)

감염된 작은 물고기가
육식 물고기에게 먹힘

물벼룩 체내에서
전의미충으로 성장

물벼룩이 작은
민물고기에게
먹힘

감염된
물고기
생식

탈각한 구충이
물벼룩에게 먹힘

두절

성충(소장)

편절에서
미성숙란 배출

수중에서 부화

분변과 함께
배출된 충란(진단)

그림 3.8 광절열두조충의 감염경로

자료: CDC

고 있다. 고래회충과 마찬가지로 상업적 냉동을 통해 광절열두조충을 제거하기도 한다.

요코가와흡충 요코가와흡충*Metagenesis yokogawai*(장흡충)은 동양 각지와 우리나라 섬진강 유역 등에 많이 분포되어있다. 기생충의 알이나 유충들이 혈관을 통해 몸속을 떠돌아다니다가 면역성이 약해진 조직에 정착하기도 한다. 병원체는 메타고니무스 요코가와이*Metagonimus yokogawai*이며, 종말숙주는 사람 이외에 개, 고양이, 돼지 등이다. 제1중간숙주인 다슬기에 침입하며, 제2중간숙주인 담수어 중에서 은어, 잉어에 침입하여 근육 내에서 피낭유충이 된다. 사람은 피낭유충이 있는 담수어를 생식하면 감염된다. 감염증상은 보통은 무증상이지만 심하면 설사, 복통, 혈변을 일으킨다. 예방은 담수어, 특히 은어의 생식을 금하는 것이 중요하며 조리할 때 손을 통한 감염도 방지하여야 한다.

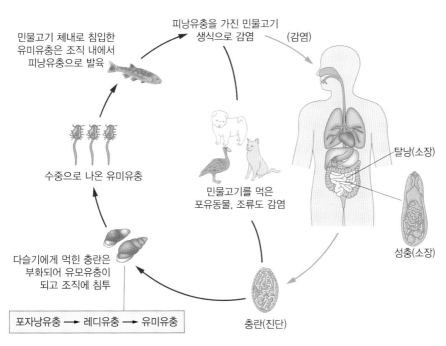

그림 3.9 요코가와흡충의 감염경로
자료: CDC

표 3.7 수산식품에 의한 기생충

구분	간흡충	폐흡충	고래회충	광절열두조충	요코가와흡충
주요 증상	간 및 비장 비대, 복수, 소화기장애, 황달, 빈혈 및 야맹증	녹색의 가래, 혈담, 복부통증, 흉막염, 각혈과 미열이 나고 복벽, 장간막의 임파절, 장벽에 낭포를 형성	24시간 이내 심한 복통, 오심, 구토 등 식중독과 유사한 증상과 가끔 알레르기 반응과 같은 증상	대부분 뚜렷하게 나타나지 않지만 복통, 설사 등 일반적인 소화기 증상	보통은 무증상이지만 심하면 설사, 복통, 혈변
제1중간 숙주	왜우렁이	다슬기	갑각류(크릴새우)	물벼룩	다슬기
제2중간 숙주	민물고기	가재, 게	해산어류, 오징어, 문어	민물고기(송어, 연어, 숭어)	담수어(붕어, 잉어)
종말숙주	사람, 개, 고양이	사람, 개, 고양이	고래	사람, 개, 고양이	사람, 개, 고양이, 여우
예방	• 민물고기의 생식을 금함 • 민물고기 조리 후에는 2차 오염을 막기 위하여 철저한 조리기구의 세척 · 소독	• 민물게나 가재를 생식하지 않아야 함 • 유행지역에서는 위생적으로 처리되지 않은 물을 마시지 않음 • 환자 객담의 위생적 처리, 취급한 조리기구의 충분한 세척 및 철저한 소독	• 고래고기, 오징어, 방어 등의 어류를 날로 먹지 않고 충분히 익혀 먹어야 함 • 상업적으로는 냉동을 통해 고래회충을 제거하기도 함	• 담수어나 송어, 연어, 농어 등의 생식을 금하며 충분히 가열하여 섭취 • 상업적으로는 냉동을 통해 광절열두조충을 제거하기도 함	• 담수어, 특히 은어의 생식을 금함 • 조리할 때 손을 통한 오염 예방

(2) 육류에 의한 기생충 감염

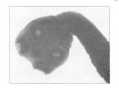

무구조충의 머리

무구조충　무구조충(민촌충)beef tapeworm의 병원체는 태니아 사지나타*Taenia saginata*이며, 기생충에 감염된 쇠고기를 통하여 인체에 감염되므로 쇠고기촌충이라고도 부른다. 세계 각지에 분포되어있으며 유구조충보다 감염률이 높다. 유구조충과 동일하게 4개의 흡반이 있으나 갈고리는 없다. 편절은 하나씩 떨어져 나와 자체운동으로 항문 부위까지 나오거나 분변과 함께 나온다. 사람은 감염된 쇠고기를 덜 익히거나 생식하여 감염되며, 유충은 소장 점막에 부착하여 2~3개월이면 성충으로 발육한다. 충란 또는 충란이 있는 편절이 분변과 함께 배출되어, 소가 충란이나 편절이 포함된 목초를 먹고 감염된다. 감염증상은 설사, 복통, 소화장애, 구토 등 소화기계 장애이다. 우리나라는 육회

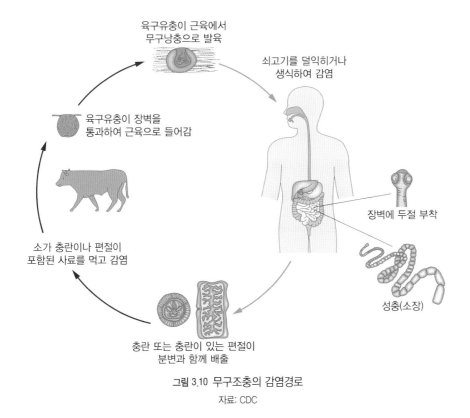

육구유충이 근육에서
무구낭충으로 발육

쇠고기를 덜익히거나
생식하여 감염

육구유충이 장벽을
통과하여 근육으로 들어감

장벽에 두절 부착

소가 충란이나 편절이
포함된 사료를 먹고 감염

성충(소장)

충란 또는 충란이 있는 편절이
분변과 함께 배출

그림 3.10 무구조충의 감염경로
자료: CDC

섭취로 인한 감염 위험성이 높으므로, 예방을 위해 쇠고기를 날로 먹지 말아야 한다. Food Code에서는 고기의 가장 두꺼운 부분을 63℃ 이상에서 15초 이상 조리하도록 권장하고 있다.

유구조충 유구조충pork tapeworm(돼지고기촌충·갈고리촌충)의 병원체는 태니아 솔리움*Taenia solium*으로 세계적으로 분포되어있으나, 특히 돼지고기를 생식하는 지역에 많이 퍼져 있다. 무구조충과 동일하게 4~6개의 흡반과 갈고리를 가지고 있다. 사람은 감염된 돼지고기를 덜 익히거나 생식하여 감염되며, 유충이 소장 점막에 부착하여 성충으로 발육한다. 충란 또는 충란이 있는 편절이 분변과 함께 배출되어, 돼지가 충란이나 편절이 포함된 먹이를 먹고 감염된다. 감염 초기에는 별다른 증상이 없다가 국소에 침출성 조직반응, 세균침윤, 조직이 섬유화되는 증세가 일어나고 시간이 흐르면 석회화된다. 뇌에 침

유구조충의 머리

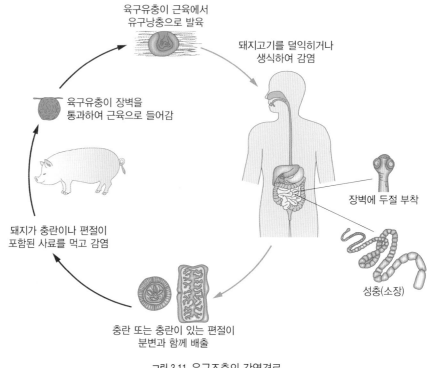

육구유충이 근육에서
유구낭충으로 발육

돼지고기를 덜익히거나
생식하여 감염

육구유충이 장벽을
통과하여 근육으로 들어감

장벽에 두절 부착

돼지가 충란이나 편절이
포함된 사료를 먹고 감염

성충(소장)

충란 또는 충란이 있는 편절이
분변과 함께 배출

그림 3.11 유구조충의 감염경로

자료: CDC

입하면 뇌낭충증이 발생하여 두통, 구토, 경련, 간질증상이 일어나며, 안부에 침입하면 안부 낭미충증이 발생하고 안구통, 변시, 실명 등의 증상이 나타난다. 예방을 위해서는 돼지고기를 생식하지 말아야 하며, 충분히 익혀 먹고, 돼지 사료가 사람 분변에 오염되지 않도록 해야 한다.

선모충　선모충증Trichinellosis, Trichinosis의 병원체는 트리치넬라 스피랄리스 *Trichinella spiralis*이며, 감염률은 낮으나 세계적으로 널리 분포되어있다. 선모충은 육식을 하는 모든 동물이 종말숙주이자 다른 동물의 감염원이 되는 특이한 생활사를 가지고 있다. 야생 쥐의 근육에 있는 선모충의 유충을 멧돼지가 먹으면 멧돼지가 감염되고, 이 멧돼지가 죽고 난 뒤 그 시체를 쥐가 먹으면 쥐가 감염되는 감염경로를 가지고 있다. 선모충에 감염되어도 아무 증상이 없거나 감염된 사람의 일부에게서만 임상증상이 나타나며, 성충에 감염되면 근육 속

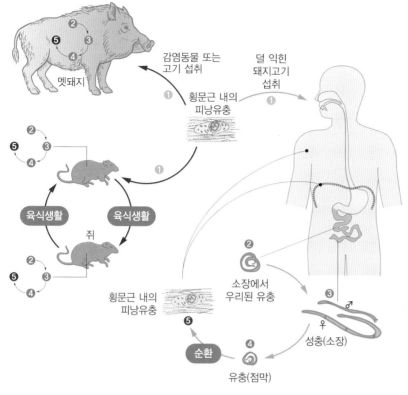

그림 3.12 선모충의 감염경로
자료: CDC

에 들어가 피낭유충으로 존재하며 충체의 자극에 의하여 장염을 일으키므로 설사, 구토, 오심이 생긴다. 유충에 감염되면 부종, 고열, 근육통, 심한 경우 호흡장애 등이 생긴다. Food Code에서는 돼지고기를 63℃ 이상에서 15초 이상, 세절된 돼지고기는 68℃에서 17초 이상에서 조리하도록 권장하고 있다.

(3) 채소류에 의한 기생충 감염

회충   회충*Ascaris*은 대표적인 토양 매개성 선충으로 세계적으로 분포되어있다. 길이는 15~35 cm 정도이며 위생상태가 불량한 지역 및 어린이에게서 감염률이 높다. 병원체는 아스카리스 룸브리코이드스*Ascaris lumbricoides*이며 인체의 소장에 기생한다. 회충증은 충란에 오염된 채소, 김치, 먼지, 물, 토양, 손 등을 통해 입으로 들어와 감염된다. 분변으로 탈출한 수정란은 여름에 자연조건에

회충

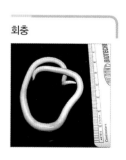

기후환경 변화에 따른 수산식품 안전성 확보

세계적 지구온난화의 지속적인 진행은 한반도에서도 기온 상승과 극한 기후의 출현(폭염, 폭설, 호우), 해수면 상승, 해수온도 상승으로 나타나 궁극적으로 자연·산림·농업·해양 부문별로 다양한 생태계의 변화를 가져왔다. 식품안전을 위협하는 미생물로는 바이러스, 세균, 기생충 등이 있으며, 이러한 미생물 중에는 기후 변화에 따라 감염이 증가 혹은 감소하는 종이 있다. 특히 기생충은 외부 환경에서 살아남기 위해 숙주(host)에 감염되어 오래 머무르는 특성이 있기 때문에 외부환경의 변화가 기생충의 증식 혹은 감소에 지대한 영향을 미치게 된다.

식품의 안전관리를 위해서는 식품의 오염 및 감염미생물을 제어해야 한다. 과거 국내의 기생충 감염률이 높았던 시기에는 국민에게 교육을 통해 위생관념을 고취시키고, 기생충 감염 검사 및 투약을 반복적으로 실시하여 기생충 감염 억제를 달성하였다. 1971년부터 지금까지 총 8회에 걸쳐 전국 장내 기생충 감염 실태 조사를 실시하고 집단 검진 및 투약을 실시하여 기생충 감염 억제를 성공시켰다. 이러한 노력으로 토양매개 선충 감염은 거의 사라졌으나 식품매개 기생충 감염이 사라지지 않는 것으로 보아 한국인의 식습관이 중요한 요인임에는 틀림없다. 가공하지 않은 날것이 건강식이라는 인식과 생선회에 대한 선호 때문에 어류 매개 기생충 감염이 지속적으로 나타나는 것이라 생각된다. 더욱이 최근 기후 변화로 인해 동해안에 난류성 어류의 유입 및 어획량이 증가함에 따라 횟감 생선이 증가하여 아니사키스 감염이 증가하고 있고, 난류성 어류인 멸치 생산량 증가와 더불어 염장류 생선 및 생선 내장의 활용도가 높아졌으며, 고급어인 연어·송어·숭어의 소비가 증가함에 따라 아니사키스 외에도 광절열두조충의 인체 감염 사례가 증가하고 있다. 더욱이 반염수지역이 확대되면서 장흡충에 감염된 반염수어의 생식이 증가될 수 있다. 간흡충에 감염된 참붕어, 은어 등의 민물고기 서직지가 북상하는 것도 어류 매개 기생충의 확산을 가져오는 주요 요인이다. 최근 광어에 감염된 신종 쿠도아충의 등장하였는데, 한반도의 기후 변화가 제주도 광어 양식장의 생태환경을 변화시켜 신종 기생충이 등장하게 만드는 것은 아닐지 우려된다.

자료: 신은희, 2018

서 2주일이면 감염형으로 발육하며 오염된 채소를 생식하거나 불충분하게 가열 조리한 것을 섭취함으로써 경구 침입한다. 경구 침입 후 위에서 부화한 유충은 심장, 폐, 기관지를 통과하여 소장에 정착한다. 인체 감염 후 60~80일 정도에 산란하며 12~18개월간 생존하고, 암컷 한 마리가 하루 10~20만 개의 알을 낳는다. 회충으로 인한 증상은 다양하나 기생하는 수가 적을 때에는 별다른 증상을 나타내지 않는 경우도 있다. 유충이 폐나 기관지로 갈 경우 나타나는 증상은 일과성 폐렴과 심한 기침 등이며, 성충에 의한 증상으로는 복통, 식욕부진, 체중감소, 구토 및 구역질 등이 나타난다. 예방을 위해 충란을 제거하는 것이 중요하며, 채소류를 생식할 경우 흐르는 물에 여러 번 씻어 먹어야 한다. 또한 위생적으로 분변관리를 철저히 하고 파리의 구제 등 위생 환경 개선과 환자의 정기적인 검사 및 구충이 필요하다.

구충 구충증hookworm disease은 인체에 기생하는 십이지장충(안실로스토마 두오데날레Ancylostoma duodenale)과 아메리카구충(네카토르 아메리카누스Necator americanus)에 의해 일어나고 예리한 이빨로 장벽에 달라붙는데 이동성은 없다. 구충 감염은 피낭자충으로 오염된 식품, 물을 섭취하거나 피낭자충이 피부를 뚫고 들어가 감염된다. 인체의 소장에 기생하면서 인체 감염 4~5주 후에 산란을 해서 분변과 함께 배출되어 30℃ 전후에서 24~28시간 만에 부화하여 제1기 간상유충이 되며, 1주일 후 제2기를 지나 감염성이 있는 사상유충이 된다. 사상유충은 피부 감염(경피 감염)이 가능하므로 인분을 사용한 채소밭에서는 맨발로 다니지 말아야 한다. 감염증상은 충체의 흡혈로 인한 혈액 손실과 충체의 독성물질에 의한 인체 조혈기능 저하, 토식증, 신맛이 강한 과일이나 음식 등을 먹는 것이다. 많은 사상유충이 경구로 침입하면 채독증이 발생하기도 한다. 예방법은 회충의 경우와 같으며 오염된 흙과 접촉하는 것, 특히 맨발로 다니는 것을 피하고 채소를 충분히 세척·가열하여 섭취하는 것이다.

구충과 피부염

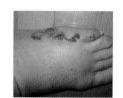

편충 편충Whip worm은 세계적으로 분포되어있으며 열대와 아열대 지역 및 우리나라에서도 감염률이 높은 기생충이다. 병원체는 트리큘리스 티리티우라 Trichuris trichiura으로, 말채찍 모양이며 흙속에서 충란이 18개월까지 생존하며 감염형으로 변한다. 회충, 구충 등과 함께 토양을 매개로 하는 기생충으로 음식물을 통해 경구감염되면 소장 상부에서 부화하여 맹장 또는 대장에 기생한다. 일반적으로 무증상이나 빈혈, 신경증상, 맹장염을 일으킬 때가 있다. 예방은 회충과 같은 방법으로 수행한다.

요충 요충Pin worm은 작은 백색 선충으로 꼬리가 말려 있는데 펴지면 핀 모양이 된다. 요충의 충란은 건조한 실내에서도 장기간 생존하기 때문에 침식을 함께하는 사람 중 한 사람이라도 감염자가 있으면 전원이 감염되는, 즉 집단

감염이 잘되는 기생충이다. 또한, 성인보다 어린이가 잘 감염되며 열대 지역보다 온대와 한대 지역에서 많이 발생하고 농촌보다 도시에서 많이 감염된다. 병원체는 엔테로비우스 버미큘라리스*Enterobius vermicularis*이며 감염력이 있는 충란이 불결한 손이나 음식물을 통해 경구로 침입되어 소장에서 부화하고 맹장, 결장 등에 이르러 성충으로 성장하고 기생한다. 성충으로 성장하기까지 감염 후 40일 정도 걸리며, 산란기가 되면 항문 주위로 나와 산란한다. 감염증상을 살펴보면 성충이 항문 근처를 기어다니므로 가렵고 불쾌감을 주며, 많은 수가 기생하면 장점막의 염증이나 맹장염을 일으킨다. 예방은 가족 내 감염을 방지하기 위해 동시에 구충약을 복용하고 손, 항문 근처, 속옷을 깨끗이 유지하고, 식사 전에 손을 깨끗이 씻어야 한다. 그 외에는 회충과 같은 방법으로 예방을 수행한다.

4) 원생동물 감염병

원생동물protozoa은 세균과 같은 단세포 미생물로 여러 물질을 분해하거나 자연환경에서 영양분을 섭취하며 살아간다. 토양이나 하천 등 습기가 많은 지역에 서식하며 사람과 동물에 침입하여 질병을 일으킨다. 대부분의 원생동물 감염은 열대 지방에서 흔하게 발생되나, 기후 변화로 인하여 감염건수가 증가하고 있다. 최근 들어 먹는 물, 물놀이 물에 존재하는 크립토스포리디움*Cryptosporidium* 및 지아디아*Giadia*와 같은 병원성 원생동물로 인한 집단 발병 사고가 일어나면서 세계적으로 주목받고 있다. 우리나라의 경우 집단 발병 사례가 보고된 적은 없으나, 오염된 물놀이장의 물이나 간이상수도, 우물, 약수터 물 등을 매개로 하여 집단 발병을 일으킬 위험이 있다.

(1) 이질아메바
이질아메바*Entamoeba histiolytica*는 사람을 포함하여 다른 영장류와 일부 동물의 대장 내에 기생하는 가장 흔한 원생동물이다. 아메바증amoebiasis은 아메바과에 속하는 원충의 감염증을 통칭하지만, 이 중에서 병원성을 가지고 있어서 의학적으로 중요한 것은 이질아메바로 일반적으로 아메바증은 이질아메바의 감염증을 말한다. 이질아메바는 생활사에서 크게 영양형과 포낭의 두 가지 형태로 관찰되며, 영양형이 인체에 기생하고 있을 때 주로 나타나는 형태이다. 우리나라에서 1960년대까지 발병 사례가 있었으나 그 이후 발병이 보고되고 있지 않다. 외국 여행 중 오염된 식품 또는 식수를 통해 감염될 수 있다. 건조에 대한 저항력은 비교적 약하나 수중에서는 9~30일간 생존하며, 습한 환경의 대변 내에서는 약 12일간, 실온에서는 2주일 이상, 냉동상태에서는 2개월 이상 생존 가능하다. 열대 지방에서는 이질현상을 일으키지 않고 열이 없이 만성이 되는 일이 많다. 분뇨의 적절한 처리, 인분 사용 금지 등으로 감염을 예방할 수 있으며, 특히 증상이 없는 포낭 배출자를 치료하는 것이 중요하다. 위험지역에서는 식품과 물을 끓여서 마시고, 샐러드 등 익히지 않은 채소나 과일의 섭취를 자제하며 조리나 유통과 관계되는 작업을 가진 사람에게서는 식품을 다루는 기본 원칙에 대한 교육과 감독이 요구된다.

(2) 크립토스포리디움

크립토스포리디움*Cryptosporidium*(작은와포자충)은 사람이나 동물의 소화기, 호흡기에 기생하는 원생동물이다. 현재 여러 종이 알려져 있으나, 사람에게 감염성이 있는 것은 크립토스포리디움 파붐*Cryptosporidium parvum*이 유일하다. 발병률이 높아 수인성 발병이 일어날 경우 규모가 크고 범위가 넓은 특징이 있다. 감염된 동물의 변, 동물, 음식에 의해 전파된다. 정수장 처리수의 경우 일단 오염되면 수도관을 통해 광범위한 지역에 전파되며, 먹는 물이 크립토스포리디움에 오염되는 원인은 대부분 처리 공정의 결함에서 기인되는 것으로 보고되고 있다. 지표수에는 하천, 호수, 저수지 등 모든 수원에 분포하며, 지하수에는 지표수보다 상대적으로 낮게 분포한다. 지표수의 크립토스포리디움은 적은 양이 존재하다가 갑작스러운 오폐수의 유입이나 분뇨, 퇴비를 뿌린 땅에 비가 내린 후 급격히 증가하는 경향이 있다. 주된 증상은 구토, 설사, 식욕저하, 체중감소, 허약, 위장관 내막이 두꺼워지는 것이다. 예방을 위해서는 원수관리와 정수 처리를 철저히 한다. 특히, 염소에 대한 저항성이 매우 커서 크립

크립토스포리디움 집단 발병

미국의 밀워키 사고

밀워키 사고는 1920년 이래 미국에서 가장 큰 수인성 집단 발병 사건으로 1993년 3~4월에 발생하였다. 미국 위스콘신주에 위치한 밀워키 시민 160만 명이 크립토스포리디움을 함유한 수돗물에 노출되어 40만 명(25%)에게 발병하였고 면역력이 없는 에이즈 환자 100여 명이 사망하였다. 밀워키시는 미시간호를 상수원으로 하고 응집침전, 여과, 소독의 표준정수처리를 실시하였다. 사고 직전 집중호우와 해빙으로 원수의 탁도가 높아지고 하천 유량이 증가하였으나 응집 및 여과효율은 향상되지 않아 정수의 탁도가 0.25 NTU(네펠로법)에서 1.71 NTU로 높아지고 크립토스포리디움이 적절히 제거되지 않은 것으로 추정되었다. 특히 역세척수를 그대로 재순환한 결과, 여과공정에서 농축된 크립토스포리디움이 원수농도를 증가시켜 완전한 제거를 어렵게 만들었다. 오염원으로는 취수장 상류에 위치한 도살장과 하수처리장, 소의 방목장 등이 의심받았다. 이러한 정수처리상의 문제에도 불구하고 정수는 모든 수질기준을 만족하였다. 특히 병원성 미생물의 지표인 대장균군 검사에서 문제가 없었다.

일본의 오코세마치 사고

일본의 사이타마현 오코세마치에서는 1996년 6월 주민의 70%인 약 1만 명이 크립토스포리디움에 감염되는 사건이 있었다. 오코세마치 정수장은 표층수와 복류수를 함께 사용하며 표준정수처리에 응집제로 PAC를 사용하는데, 원수의 탁도 측정과 응집제의 주입기 눈금이 정확하지 않아 원수의 탁도에 따라 응집제 주입을 조정하지 못하였다. 취수장 상류에는 하수처리장이 있어 초기에 발병한 환자의 분변에 들어있던 포낭이 하수처리장으로 다량 유입되어 처리되지 않은 채 다시 상수원으로 흘러 들어가 오염을 증가시키는 악순환이 일어났다. 또한, 100여 년 만에 있는 가뭄으로 탁도가 34 NTU로 높아졌다. 환자는 1개월 이상 계속 발생하였고 하수처리장 방류수에서 포낭의 농도가 줄어들기까지 무려 3개월이 걸렸다.

자료: 국립환경과학원

네펠로법

혼탁도 단위(Nephelometry Turbidity Unit)

토스포리디움을 제거하기 위해서는 오존의 사용이나 용존공기 부상법, 정밀여과나 한외여과 등이 필요하다.

(3) 지아디아

사람 및 동물에게 설사증상을 일으키는 편모를 가진 단세포 진핵미생물로 현재 알려진 종류는 약 6종류이다. 사람을 포함하여 대부분의 포유동물에 기생하는 종류는 편모충류 하나로 사람에게 감염성을 갖는 지아디아 람브리아 *Giadia lamblia*가 오염된 음용수와 관련된다. 세계적으로 감염률이 1.1~12.5%에 이르고, 우리나라에서의 감염률은 3~4%로 보고되고 있다. 보통 감염 후

5~10일의 잠복기간 후 설사, 복부 및 장내 가스 팽만으로 인한 불쾌감 등의 증상이 나타나며, 아무런 증상이 없거나 단기간 증상이 나타나는데 쇠약한 사람들은 장기간에 걸쳐 증상이 나타난다. 수영이나 물놀이 등의 레저활동을 통해 감염될 위험이 있어 주의가 필요하다.

참고문헌

국립환경과학원. 2004. 환경자료집(III).

김덕웅, 정수현, 염동민, 신성균, 여생규. 2007. 21C 식품위생학. 수학사.

박헌국, 방병호, 소명환, 손홍수, 이재우, 정수현. 2002. 식품미생물학. 문운당.

법제처. 감염병의 예방 및 관리에 관한 법률.

서울 아산병원, http://www.amc.seoul.kr/

식품의약품안전처. 식중독예방 대국민홍보사이트.

식품의약품안전평가원. 2017. 햄류 및 분쇄가공육제품에서의 캠필로박터균 위해평가.

신동화, 오덕환, 우건조, 정상희, 하상도. 2011. 식품위생안전성학. 한미의학.

신은희. 2018. 기후환경 변화에 따른 수산식품 안전성 확보-기생충 변화 양상. 국민영양 14 (5): 4-10.

임국환, 김미, 류장근, 문효정, 박명준, 박재원, 방형애, 2018. 공중보건학. 지구문화사.

질병관리백서. 2012. 질병관리본부.

한국건강관리협회. 2019. 기생충 예방 및 감염경로, http://www.kahp.or.kr/

Cary JW, Lins JE, Bhatnagar D(eds). 2000. *Microbial Foodborne Diseases*. Technomic Pub. Co. Lancaster, PA.

CDC. Foodborne Diseases Centers for Outbreak Response Enhancement, http://www.cdc. gov/foodcore/

Hugh-Jones M, Hubbert WT, Hagstad HV. 2000. *Zoonosis - recognition, control, and prevention*. Iowa State University Press, Ames, IA.

Longrēe K, Armbruster G. 1996. *Quantity Food Sanitation*. (5th ed.). John Wiley & Sons, Inc. New York, NY.

Marriott NG, Gravani RB. 2006. *Principles of Food Sanitation*. (5th ed.). Springer, New York, NY.

Marshall MM, Naumovitz D, Ortega Y, Sterling CR. 1997. Waterborne protozoan pathogens. *Clinical Microbiological Reviews 10* (1): 67-85.

Mor-Mur M, Yuste J. 2010. Emerging bacterial pathogens in meat and poultry: an overview. *Food Bioprocess Technol 3*: 24-35.

Scallan E, Hoekstra RM, Angulo FJ, Tauxe RV, Widdowson MA, Roy SL, Jones JL, Griffin PM. 2011. Foodborne illness acquired in the United States-major pathogens. *Emerg Infect Dis 17* (1): 7-15.

United States Environmental Protection Agency (US EPA). 1998. Surveillance for waterborne-
disease outbreaks-United States.

US FDA. 2010. Retail Meat Report, National Antimicrobial Resistance Monitoring System.

US FDA. 2012. Bad Bug Book. Foodborne Pathogenic Microorganisms and Natural Toxins,
https://www.fda.gov/food/foodborne-pathogens/bad-bug-book-second-edition/

US FDA. 2013. Safe Practices for Food Processes. Preventive Control Measures for Fresh &
Fresh-Cut Produce.

US FDA. 2017. FDA Food Code 2017.

식중독 세균과 바이러스

》》학습목표

1. 식중독 미생물과 독소의 생리적 특성을 설명
   할 수 있다.

2. 각 식중독 미생물에 의한 식중독의 발병기작
   과 증세를 구분할 수 있다.

3. 식중독 미생물의 분포와 사고 관련 식품을 알
   게 됨으로써 식품의 식중독균 오염과 증식을
   막아 안전한 식품을 생산할 수 있는 능력을 키
   운다.

식중독을 일으키는 다양한 세균과 바이러스의 생리적 특성을 파악하고, 이들 미생물의 통제조건을 이해하는 것은 식품의 안전성 확보에 대단히 중요하다. 또한, 각 식중독의 증세를 알게 됨으로써 환자 발생 시 원인균 추정이 가능해지며 이를 근거로 오염식품과 오염경로를 규명하고 차단하여 사고의 확산을 막고 귀중한 인명을 보호할 수 있다. 그러나 증세는 동일한 미생물에 의해서도 개인의 건강상태와 면역상태에 따라 다양하게 나타날 수 있으므로 환자의 치료나 역학조사과정에서 잘 파악하여 계속 보완해나가야 할 것이다.

이 장에서는 지금까지 파악된 식중독 유발 미생물 중 주요 미생물들에 대해 밝혀진 생리적 특성과 감염 시 증세, 그리고 분포 및 예방법을 알아본다.

1 식중독 세균의 분류방법과 독소

1) 식중독 세균의 분류방법

식중독 세균은 발병 메커니즘에 의해 감염형, 독소형, 감염독소형으로 나누거나 법정 감염병 지정 여부에 의해 법정 감염병균과 일반 식중독균으로 나눌 수 있다. 그러나 식품을 취급하는 사람의 관점에서는 균의 **포자**spore 형성 여부에 따라 포자 형성균과 포자 비형성균, 최적 증식 온도나 열 저항성에 따라 저온성균과 중온성균, 내열성균, 혹은 증식에 대한 산소 필요성에 따라 호기성균과 혐기성균으로 나누어 보는 것이 위생관리와 사고 예방에 도움이 된다.

감염형 식중독균은 세균이 식품이나 물과 함께 체내로 들어와 장 상피세포에서 증식하고 침입하여 조직의 물리적 변형을 일으켜 설사와 복통을 일으키는 것으로 살모넬라Salmonella, 리스테리아Listeria 등 대부분의 식중독 미생물이 이 그룹에 속한다. 독소형intoxication type 식중독균은 세균이 식품 속에서 증식하여 독소를 분비하고 사람이 독소가 있는 식품을 섭취하면 독소가 위와 장을 통해 흡수되어 설사와 복통을 일으키는 것으로 포도상구균, 클로스트리디움 보툴리눔Clostridium(Cl.) botulinum, 바실루스 세레우스Bacillus cereus가 이에 해당된다. 감염독소형toxicoinfection type 식중독균은 식품과 함께 균이 우리 몸에 들어와 장에서 증식하여 감염을 일으킴과 동시에 감염 부위에서 독소를 분비하여 증세를 일으키는 것으로 병원성 대장균, 이질균, 콜레라균, 클로스트리디움 퍼프린젠스Cl. perfringens 등이 있다. 감염독소형 중 클로스트리디움 퍼프린젠스와 같은 균은 드물게 식품 속에서 증식하면서 독소를 분비하여 독소형 식중독 증세를 일으키기도 한다.

식중독균 중 일부는 법정감염병균(전염병균)으로 지정되어있는데, 이들은 콜레라균을 제외하고 장티푸스, 이질균, 장출혈성 대장균과 같이 미량의 개체수(100 cell 이하)로 심한 증세를 유발하는 병원성과 전염력이 강한 균이다. 법정 감염병균에 의한 사고는 수인성과 식인성이 있는데 조리장에서는 식인성 사고를 예방할 책임이 있다.

포자
아포라고도 함. 일부 세균은 환경이 생육에 불리해질 때 포자를 형성하여 대사활동을 멈추고 휴면상태에 들어감

의학적인 관점에서는 감염과 중독의 구분이 중요하지만 식품을 취급하는 사람의 입장에서는 균의 제어가 중요하다. 따라서 일반적인 가열 조리로 쉽게 제거할 수 없는 포자 형성균과 쉽게 제거할 수 있는 포자 비형성균의 구분, 식품 보관 유통 중 증식 가능성을 알 수 있는 중온성균과 저온성균의 이해가 중요하므로 이 장에서는 이를 근거로 분류하였다.

2) 식중독균이 분비하는 독소

식중독균이 분비하는 독소에는 장 세포에 선택적으로 독성을 보이는 장독소 enterotoxin와 신경계에 선택적으로 독성을 보이는 신경독소 neurotoxin가 있다. 또한, 미생물 생존 시에는 독소가 세포 내에 존재하다가 미생물 사후에 독소가 방출되는 내독소 endotoxin와 미생물이 생존 시 독소를 주변에 분비하는 외독소 exotoxin가 있다. 내독소를 만드는 균은 **그람** Gram**음성균**인 경우가 대부분이고 독소의 성분은 지질다당체 lipopolysaccharide로 어느 정도 가열에 안정성이 있으며 중독 시 열이 나며 외독소보다는 독성이 약하다. 반면 외독소를 만드는 균은 그람양성균인 경우가 대부분이며 독소의 성분은 단백질로 대개 가열에 민감하다. 그러나 가열 안정성에 대해서는 포도상구균 독소처럼 단백질이면서도 가열에 대단히 안정된 예외적인 경우도 있다.

그람음성균
그람염색법으로 염색했을 때 세포막 조성 차이에 의해 붉은빛으로 염색되는 세균. 자줏빛으로 염색되면 그람양성균이라 함

2 식중독을 일으키는 포자 형성 세균

1) 바실루스 세레우스

균과 포자의 특징 바실루스 세레우스 *Bacillus cereus*는 그람양성 호기성 간균이나 어느 정도의 혐기상태에서도 증식하며 내포자를 형성하는 균이다 그림 4.1. 영양세포는 살균조건에서 쉽게 사멸되지만 포자는 내열성(포자의 $D_{95℃}$ =1.2~36분)이 커 통상적인 가열 조리의 열처리에 생존한다. 포자는 소수성 hydrophobic

$D_{95℃}$ =1.2~36분
D는 decimal reduction time 으로 미생물의 수를 1/10로 감소시키는 데 필요한 시간. 이 경우 95℃로 가열 시 1.2~36분임

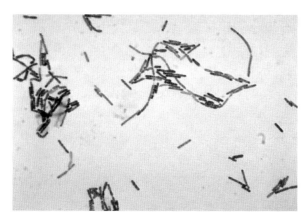

그림 4.1 바실루스 세레우스의 광학현미경 사진
자료: CDC Public Health Image Library ID 1058

이어서 다양한 표면에 잘 부착되며 세척 시 잘 제거되지 않고 소독제도 잘 작용하지 못한다. 또한, 이 성질은 포자가 장 내벽 부착에 도움을 주는 것으로 알려져 있다.

대부분의 바실루스 세레우스의 증식 온도는 10~50℃, 최적 온도는 35~40℃이나 일부 내냉성 종은 4~6℃에서도 증식이 가능하다. 증식 가능한 pH 범위는 4.9~9.3, **수분활성도**$_{aw}$ 0.95 이상, 염도는 10% 이하이다. 바실루스 세레우스가 분비하는 독소 중 구토형 독소, 설사형 독소가 식중독을 일으킨다.

분포　바실루스 세레우스의 포자는 자연에 널리 퍼져 있어 흙(10^5/g 정도), 먼지, 물에서 자주 검출되고 식물에서도 많이 검출된다. 10%의 건강한 사람 분변에도 존재하는 것으로 알려져 있다.

(1) 구토형 바실루스 세레우스 식중독

구토형emetic type 바실루스 세레우스 식중독은 식품 속에서 균이 자라 미리 형성된 독소를 식품과 함께 섭취해 발생하므로 사고 원인식품 검사 시 바실루스 세레우스의 유무는 중요하지 않고 독소 유무와 함량 판별이 중요하다.

독소의 특징　구토형 독소는 세류라이드cereulide로 명명된 단백질 독소이며, 열

수분활성도(a_w)
어떤 온도에서 그 식품이 갖는 수증기압에 대한 순수한 물이 갖는 최대 수증기압의 비로 미생물이 활용할 수 있는 유리수(free water)의 양을 나타냄. 미생물의 증식과 관련해서는 수분 함량보다 더 중요한 의미를 가짐

CFU

Colony Forming Unit 배지에 형성된 균락 수, 여기에 희석 배율을 곱하면 시료 1 g 중의 균 수가 됨

잠복기

식중독균이 몸에 들어와 증세를 나타내기까지 걸리는 시간

(121℃에서 90분간 가열해도 독성 유지)과 pH(2~11)에 안정되고 단백질분해 효소에 의해 분해되지 않는다. 바실루스 세레우스가 $10^5 \sim 10^8$ CFU/g 정도일 때 식중독 증세를 유발할 수 있는 충분한 양의 독소를 형성한다. 그러므로 10^3 CFU/g 이상의 바실루스 세레우스가 오염된 식품은 안전하지 않다고 본다.

증세 구토형 독소에 의한 증세는 복통과 오심, 구토, 때로는 설사이며 **잠복기** 는 30분~6시간 정도이고 대개 합병증 없이 24시간 이내에 회복되기 때문에 식중독 사고로 파악되지 않는 경우가 대부분이다.

사고 관련 식품과 예방대책 구토형 바실루스 세레우스 식중독은 주로 쌀, 감자, 파스타 등 전분질 식품 속에서 균이 증식하여 미리 형성된 독소에 의해 발생하나 드물게 치즈, 수프, 소스, 푸딩 등에 의해서도 발생한다.

(2) 설사형 바실루스 세레우스 식중독

설사형diarrheal type 바실루스 세레우스 식중독은 흔치 않은 식중독이다. 주로 소장 내에서 균이 활발히 증식할 때 독소를 분비하나, 드물게 식품 속에서 균이 자라면서 미리 분비된 독에 의한 경우도 있다.

독소의 특징 설사형 독소는 열에 민감한(56℃에서 5분 가열에 분해) 단백질 독소이며 단백분해효소에 민감하다. 균 증식 시 정체기 초반에 가장 독소 형

쉬어가기

중국음식점 식중독균

미국에서 구토형 *Bacillus cereus* 식중독은 중국음식점의 밥에 의해 가장 많이 발생하는데, 이는 쌀을 가열 조리 시 생존한 포자가 밥을 장시간 실온 보관하는 동안 증식하며 내열성 독소를 형성하고, 재가열 시 독소가 불활성화되지 않아 사고를 유발하는 것이다. 식중독 사고를 예방하기 위해서는 한 번에 다량 만들어 상온에 보관해 놓고 사용하지 말고 소량씩 밥을 자주 만들어 상온에서 보관되는 시간을 줄여야 한다.

성을 많이 하고 장 내에서 영양세포가 파괴될 때 독소를 방출한다.

독소는 용혈성 장독소 B와 L복합체Haemolysin BL, HBL, 비용혈성 장독소Non-Hemolytic Enterotoxin, NHE로 되어있다. 독소의 설사 유발은 콜레라 독소의 작용기작과 유사한데 장 상피세포의 cAMP 수위를 높여 세포 내의 Na^+, Cl^-, H_2O 배출로 발생한다. 균수 10^7 CFU/g 이상에서 독소를 감지할 수 있고, pH 6.0∼8.5에서 독소 생성이 활발하다. pH 7에서 4℃에서는 24일, 7℃에서는 12일, 17℃에서는 48시간 후에 독소가 검출되었다.

증세 설사형 바실루스 세레우스 식중독은 비교적 가벼운 증세로 주로 수양성 설사와 복통을 일으키고 때로 오심은 있되 구토와 열은 일어나지 않는다. 잠복기는 6∼12시간 정도, 증세는 24시간 이내에 회복되기 때문에 식중독 발생 시 사고로 파악되지 않는 경우가 대부분이다.

사고 관련 식품과 예방대책 설사형 바실루스 세레우스 식중독은 구토형과 달리 다양한 식품으로 사고가 일어나는데 고기, 우유, 채소, 생선요리 등 단백질 식품에 의한 사고가 많다. 사고 예방을 위해서는 가열 조리된 식품의 신속한 냉각과 보관온도와 시간관리로 포자의 발아와 증식을 억제해야 한다.

우유의 경우, 목장에서 착유 시 먼지와 함께 포자가 우유에 유입되고 착유기나 기물의 표면에서 증식하며, 우유 살균 시에도 생존한다. 살균으로 인해 **경합미생물**들이 제거된 우유 속에서 쉽게 증식하여 유제품에서 많은 문제를 일으킨다. 특히, 일부 내냉성 종은 냉장 유통 중에 증식하여 우유의 유통기한 끝 무렵에는 식중독을 유발할 수 있을 정도의 독을 분비하게 된다. 다행히 이 경우 함께 분비된 단백분해효소로 우유의 맛이 변하고 냄새가 나서 섭취를 피할 수 있다.

경합미생물
동일한 식품이나 식품접촉표면에서 제한적인 영양분을 서로 경쟁적으로 활용하는 미생물들

2) 클로스트리디움 퍼프린젠스

균과 포자의 특징 클로스트리디움 퍼프린젠스Cl. perfringens는 그람양성 간균으

로 혐기성 포자 형성균이나 약간의 산소 노출에도 증식이 가능하다. 이 균은 사람과 동물에게 다양한 질병을 일으키는 것으로 알려져 있다. 내열성균은 아니지만 생육 적온이 43~45℃로 높고, 때로는 50℃에서도 증식한다. 식중독 유발종의 영양세포는 그렇지 않은 종에 비해 약 2배 이상의 내열성을 갖고 있다. 클로스트리디움 퍼프린젠스의 영양세포는 저온에 내성이 없는데, 15℃ 이하에서는 증식속도가 현저히 감소하며 6℃ 이하에서는 증식할 수 없다.

이 균은 낮은 a_w에 민감하여 최저 증식 가능한 a_w는 배지에 따라 0.93~0.97이다. pH에 대해서도 민감한 편인데 최적치는 6.0~7.0이고 5 이하나 8.3 이상에서는 잘 증식하지 못한다.

이 균은 증식을 위해 20개의 아미노산 중 13개가 필요하기 때문에 고단백 식품, 특히 쇠고기, 돼지고기나 닭고기 음식에서 사고가 많이 일어난다. 최적 조건에서 증식을 위해 2분열에 걸리는 시간은 약 7분 정도이다. 이 균은 환경이 불리해지면 포자를 형성하는데 포자는 한 시간 혹은 그 이상 끓여도 생존한다.

독소의 특징 클로스트리디움 퍼프린젠스 장독소$^{Cl.\ perfringens}$ enterotoxin, CPE는 열에 민감한 단백질 독소로 60℃에서 5분간 가열에 불활성화한다. 강한 산이나 알칼리 조건에는 민감하나 단백분해효소에 대해서는 어느 정도 저항성이 있다. 그러나 트립신이나 키모트립신에 의한 제한적인 분해는 이 독의 활성을 2~3배 높여주는 것이 밝혀졌는데, 이는 사람의 장 내에서 소화효소에 의해 독이 활성화됨을 말해주는 것이다. 이 독소는 장 상피세포의 특정 수용체와 결합하고, 독소가 상피세포 세포막 내부로 들어가 전해질을 방출하고 생리과정을 교란시킨다. 이 독소는 세포독성^{cytotoxic}이 있어 소장에 물리적 손상을 일으키는데, 특히 15~30분 내에 융모 끝을 손상시킨다.

이 균은 포자 형성 시 최소 14종 이상의 독소를 분비하는 데 이들은 5가지로 (A~E형) 분류된다. 이 중 A형과 C형이 식중독을 일으키고 A형은 흔하나 증세는 가볍고 C형은 'β-독소'라고도 하는데 괴사성 장염$^{enteritis\ necroticans}$과 같은 심한 증세를 일으킨다. 괴사성 장염에 의한 괴저나 패혈증은 치사율이 15~

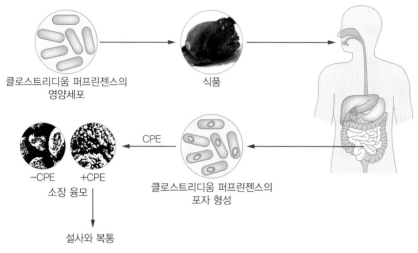

클로스트리디움 퍼프린젠스의
영양세포

식품

−CPE +CPE
소장 융모

클로스트리디움 퍼프린젠스의
포자 형성

CPE

설사와 복통

그림 4.2 클로스트리디움 퍼프린젠스에 의한 식중독 발생경로

25% 정도로 치명적일 수 있으나 드물게 발생한다.

발병기작은 먼저 통상적인 가열 조리에 생존한 포자가 **위험온도범위**(57∼5℃)를 장시간 통과하게 되는 부적절한 냉각이나 부적절한 온장온도(57℃ 이하)에 장시간 보관 시 식품 속에서 급속한 증식을 하게 된다그림 4.2. 사람이 이런 식품을 섭취하게 되면 많은 수(식품 1 g당 10^6 CFU 이상)의 균이 몸에 들어오게 되고 일부 영양세포가 위를 통과하여 소장에 이르고 소장의 혐기상태에서 증식과 포자 형성 그리고 독소를 방출하게 된다. 방출된 독소에 의해 소장 상피세포의 융모가 손상되며 전해질과 수분 방출로 설사와 복통을 일으킨다.

식품 속에서 균이 자라 미리 형성된 클로스트리디움 퍼프린젠스의 장독소 CPE에 의한 사고는 없거나 드물다.

증세 클로스트리디움 퍼프린젠스 A형 식중독의 잠복기는 8∼16시간, 증세는 12∼24시간 이내에 사라진다. 설사와 심한 복통을 일으킨다. 쇠약자 혹은 노인의 사망에 의해 낮은 치사율을 보인다. 바실루스 세레우스 설사형 독소에 의한 증세와 구분하기가 어려울 정도로 유사하다.

분포 클로스트리디움 퍼프린젠스는 대부분 포자상태로 자연환경, 흙(10^3∼

위험온도범위
대부분의 세균 증식이 활발한 온도 범위인 5∼57℃로 이 온도에 식품을 보관하면 위험함

단체급식소 식중독균

Cl. perfringens 식중독은 외국의 경우 미리 조리해야 하는 로스트비프, 로스트 칠면조 같은 큰 덩어리 고기를 대량 제공하는 단체급식소, 특히 학교, 병원, 교도소 등에서 발생이 많아 단체급식소 식중독균이란 별명을 얻었다.

10^4 cell/g 정도), 식품(약 50%의 생 혹은 냉동 육류), 먼지, 사람과 가축의 분변 ($10^3 \sim 10^6$ cell/g 정도)에 존재한다. 그러나 이들의 5% 이하만 장독소를 분비하는 병원성을 갖고 있다.

사고 관련 식품과 예방대책   환경, 흙이나 분변에 많으므로 동물성 식재료(큰 덩어리 고기, 칠면조 등의 육류)가 오염의 기회가 많고, 포자와 영양세포의 내열성으로 가열 조리 시 생존하여 부적절한 냉각과 보관 시 균 증식으로 사고를 일으키게 된다. 사고 유발식품은 로스트비프, 통 칠면조구이roast turkey, 쇠고기스튜, 가금류스튜, 고기파이, 캐서롤, 그레이비, 소스, 타코나 엔칠라다와 같은 멕시코 음식 등이다.

클로스트리디움 퍼프린젠스 식중독을 예방하기 위해서는 신속한 냉각과 **적온보관**, 즉 냉장 5℃ 이하, 온장 57℃ 이상을 유지해야 한다.

적온보관
냉장 5℃ 이하, 온장 57℃ 이상 보관

3) 클로스트리디움 보툴리눔

균과 포자와 독소의 특징   그람양성 간균이며 포자를 형성하는 절대 혐기성균이다. 맹독성의 신경독소neurotoxin를 분비한다. 클로스트리디움 보툴리눔 *Clostridium botulinum*의 영양세포는 pH 4.8 이하, a_w 0.93 이하, 염도 5.5% 이상에서는 증식하지 못하고 일반적인 살균조건에서는 사멸한다. 그러나 이 균의 포자는 내열성이 커 115℃ 이상으로 가열해야 사멸한다. 그리고 아질산염 250 ppm 존재하에서 포자의 발아germination가 억제되므로 소시지와 같은 육가공제품에 보툴리눔 식중독 사고를 예방하기 위해 보존제로 사용된다.

보툴리눔 독소는 열에 민감한 단백질 독소로 90℃에서 15분 혹은 5분간 끓이면 불활성화된다. 포자가 발아하고 균이 증식할 때 독소를 분비하며 인체에서 보툴리눔 독소에 대한 면역력은 형성되지 않는다.

클로스트리디움 보툴리눔의 독소는 구조적으로는 유사하나 면역학적 차이가 있는 A형부터 G형까지 7종류가 있다. 이 중 A, B, E형이 사람에게 **보툴리즘** botulism을 일으키는데, A형은 독소와 함께 단백분해효소를 분비하여 식품의 맛을 변질시킨다. B형도 대부분 독소가 분비될 때 단백분해효소도 분비하여 식품의 맛을 변질시키지만 일부 효소를 분비하지 않는 것도 있다. A형과 B형의 최저 증식 온도는 10℃이고 다른 유형에 비해 독성이 강하다. E형은 독소와 함께 단백분해효소를 분비하지 않아 식품의 맛을 변질시키지 않는다. E형의 최저 증식 온도는 3℃로 수생환경에 많이 있어 생선에 의한 사고가 많다. C와 D형은 조류를 포함한 동물에게 중독을 일으킨다.

클로스트리디움 보툴리눔은 네 그룹으로 나누어지는데 사람에게 식중독을 일으키는 것은 그룹 1과 2이다표 4.1.

독소 작용기작은 소화관이나 상처(외상성인 경우)를 통해 독소가 흡수되어 혈류를 따라 주변의 신경말단으로 가서 신경과 근육의 접합부에서 아세틸콜린 acetylcholine의 방출을 방해하므로 신경자극전달을 차단하여 근육 마비가 일어난다. 신경 말단에 독소의 결합은 비가역적으로, 신경자극을 전달하기 위해서는 신경 말단에서 신경이 자라 새로운 우회로를 만들어야 하므로 회복이 대

보툴리눔 독소
'보톡스'라는 상품명으로 더 잘 알려져 있음. 인간에 대한 LD$_{50}$은 체중 kg당 1.3~2.1 ng(주사), 10~13 ng(경구)

보툴리즘
보툴리눔 독소에 의한 식중독

표 4.1 그룹에 따른 클로스트리디움 보툴리눔의 차이

구분	그룹 1	그룹 2
균	A형과 B, F형 중 단백질 분해능력이 있는 균	E형과 B, F형 중 단백질 분해능력이 없는 균
최적 증식 온도	37℃	30℃
최저 증식 온도	10℃	3℃
포자의 내열성	D$_{100℃}$= 25분	D$_{100℃}$= 0.1분
증식 억제 환경	• pH 4.6, a$_w$ 0.94 이하 • 염도 10% 이상	• pH 5.0, a$_w$ 0.97 이하 • 염도 5% 이상

단히 늦다. 클로스트리디움 보툴리눔의 포자는 방사선 조사에 가장 내성이 강하다.

증세 발병기작과 대상에 따라 네 종류의 보툴리즘으로 나누어지며 식인성 foodborne 보툴리즘, 영아infantile 보툴리즘, 외상성wound 보툴리즘, 히든hidden 보툴리즘이 있고 영아 보툴리즘과 히든hidden 보툴리즘을 합하여 장내정착성 intestinal 보툴리즘의 세 종류로 분류하기도 한다.

보툴리즘에 대한 처치는 보툴리눔 항독소를 투여하는 것인데 빠를수록 효과적이다. 발생률은 낮으나 치사율이 높아 우려되는 균으로, 미국은 항독소 확보와 신속한 인공호흡기 부착 등의 처치로 치사율을 10%로 낮추었으나 항독소가 준비되어있지 않거나 의료시설이 좋지 않은 다른 곳에서는 치사율이 50% 이상이다.

(1) 식인성 보툴리즘

식인성 보툴리즘은 클로스트리디움 보툴리눔에 의해 분비된 신경독소가 함유된 식품을 섭취하여 발생한다.

감염량은 극미량으로, A형과 B형의 경우 체중 kg당 1 ng으로도 중증 증세를 유발하거나 사망할 수 있다. 잠복기는 4시간~8일, 평균 18~36시간이며 잠복기가 짧을수록 심한 증세를 나타낸다.

초기에는 오심, 구토, 설사, 변비와 같은 소화기 증세가 있는 경우도 있고, 신경증세는 눈의 초점 조절 불가 혹은 이중상, 구강 건조, 삼키거나 말하기 어려움, 안검하수, 근무력증, 횡격막, 폐, 심장으로 이어지는 불수의근 마비이며 대부분은 호흡부전으로 사망하게 된다.

> **1 ng**
> 1nanogram, 1/10⁹ g

(2) 영아 보툴리즘

영아 보툴리즘은 1976년 처음 발견되었고 환자의 98% 정도가 생후 12개월 미만이었으며, 포자가 영아의 장내에서 발아하고 독소를 방출하여 발생하는 것으로 본다. 증세는 변비, 수유불량, 무기력, 입에 침이 고임, 머리를 가누지 못하는 것 등으로 **영아돌연사**sudden infant death syndrome의 원인 중 하나로 지목되고 있다. 꿀과 물엿 등이 주요 원인식품이며 흙, 먼지, 물 등이 원인이 되기도 한다.

영아돌연사
1세 미만의 건강하던 아기가 예상치 못하게, 갑작스럽게 사망한 경우

CHAPTER 4

(3) 외상성 보툴리즘

외상성 보툴리즘은 가장 드문 형태로 상처 부위에 클로스트리디움 보툴리눔 포자가 들어가 발아 증식하여 독소를 분비하고 혈액을 통해 독소가 퍼져 발생되는데 헤로인 혈관 주사자에게서 종종 발생한다.

(4) 히든 보툴리즘

히든hidden 보툴리즘은 성인에게 발생하고, 장 수술이나 항생제 치료를 받는 환자들의 장 내벽에서 클로스트리디움 보툴리눔이 증식하여 발병하는 것으로 보며, 이는 장내 정상균총 부재에 의한 영향으로 추정된다.

분포   이 균의 포자는 흙, 하수, 갯벌, 늪지, 연못과 해수, 식물, 동물과 생선의 내장에 널리 분포되어있다. 미국의 경우 서부의 토양에는 A형 보툴리눔 포자가, 미국의 동부와 유럽의 토양에는 B형 보툴리눔 포자가 많으나 우리나라의 경우 어떤 형이 많은지 조사된 자료가 없다. E형 보툴리눔 포자는 수생환경에 많이 있다.

사 례

국내 보툴리즘 사고

국내에서는 2003년 대구의 한 찜질방에서 부적절한 온도로 온장된 소시지 섭취에 의한 일가족 3명의 A형 보툴리즘의 발병 사례가 있었다. 질병관리본부의 〈2018 감염병 감시연보〉에 의하면 2004년 4명, 2014년 1명이 발생되었으나 원인식품이나 발생 경위 등은 없었다. 2019년 6월 전북 전주시에서는 4개월 영아가 영아 보툴리즘 증세로 치료받았다. 2011년 가을부터 2012년 겨울 경기 북부 지역과 충북 지역의 가축 수백 마리가 B, C형 보툴리눔 독소에 중독되어 폐사한 사례도 있다.

사고 관련 식품과 예방대책   A형과 B형은 주로 pH 4.6 이상의 저산성 식품, a_w 0.93 이상의 진공포장되었거나 산소가 제거된 식품에서 사고를 많이 일으킨다. 미국에서 발생하는 연간 20~30건은 대부분 가정에서 부적절하게 제조된 **채소 병조림**에 의한 것이고 상업적으로 제조된 통조림에 의한 사고도 드물게 발생한다. 병조림용 과일이나 채소의 경우 흙에 인접해 자라는 것에서 포자가 많이 검출되는데 아스파라거스, 콩, 양배추, 당근, 셀러리, 옥수수, 양파, 감자, 순무, 마늘, 올리브, 살구, 체리, 복숭아, 토마토 등이 그 예이다.

통조림이 아닌 경우를 살펴보면, 부적절한 온도에 보관된 스튜의 경우 가열 조리로 인해 식품 속의 산소를 축출시켜 혐기상태로 만들어 보툴리즘 유발조건을 만들게 되었고, 구운 감자, 진공포장 채소류(특히 버섯류), 소시지, 식용유에 담가둔 살짝 익힌 양파^sautéed onions^, 기름에 담근 마늘이나 올리브에 의한 사고도 보고되었다.

통조림에 의한 사고를 예방하기 위해서는 제조 공정에서 보툴리눔 포자를 12D 감소시킬 수 있는 열을 가하여 제조하며 가정에서는 가열 조리된 식품의 보관온도와 시간을 적절히 유지해야 한다.

E형 보툴리눔은 패류나 갑각류의 아가미나 장내, 생선의 장내에서 증식하여 독소를 분비하여 동구 유럽과 에스키모의 반건상태 생선이나 냉장 유통되는 진공포장 생선에 의한 사고가 많다.

채소 병조림
서양의 주부들이 텃밭에서 키운 채소류를 다음 해 수확 때까지 저장해두고 먹기 위해 가정에서 사용하는 저장방법

12D값
세균 수를 $1/10^{12}$로 감소시키는 데 걸리는 시간

쉬어가기

보툴리즘 사고 예방을 위한 식품포장방법

미국에서는 채소, 특히 버섯을 트레이에 담아 랩으로 쌀 때 반드시 구멍을 여러 개 뚫어 유통하도록 하고 있는데, 이는 유통과정에서 채소의 호흡으로 산소가 고갈되고 혐기상태로 되어 botulinum 포자의 발아와 증식으로 독소 형성이 되지 않도록 하기 위함이다. 또한, E형 botulinum 사고 예방을 위해 내장이 제거되지 않은 생선을 진공포장하여 냉장 유통을 하지 못하게 법으로 규정하고 있으나 우리나라에서는 아직 이러한 규정이 없다.

3 식중독을 일으키는 포자 비형성 세균

1) 살모넬라

균의 특징 살모넬라*Salmonella* 종은 그람음성 간균으로 산소 유무에 상관없이 잘 자라는 통성혐기성균이며 포자를 형성하지 않는다. 살모넬라는 이질균과 대장균과 함께 장내세균과*family Enterobacteriaceae*에 속한다. 살모넬라종에는 살모넬라 엔테리카*S. enterica*와 살모넬라 봉고리*S. bongori*가 있고 살모넬라 엔테리카에는 6아종과 2,400여 종의 혈청형이 있다.

이 균은 숙주 특이성이 있어 혈청형에 따라 증세를 유발하는 동물이 정해져 있다. 살모넬라 엔테리카 혈청형 타이피*S. enterica sv. Typhi*, 파라타이피*Paratyphi*, 센다이*Sendai*, 타이피뮤리움*Typhimurium*, 엔테리티디스*Enteritidis* 등은 사람, 소, 가금, 양, 돼지, 말 등에게 살모넬라 식중독*salmonellosis*을 일으키는 주된 균이다. 살모넬라의 증식 온도는 6.7~45.6℃, 최적 온도는 37℃이고, 5℃ 이하의 냉장 온도에서도 장기간 생존이 가능하다. 이 균의 증식 가능 pH 범위는 4.1~9.0, 최적 pH는 6.5~7.5, a_w는 0.95 이상, 그리고 염도는 4% 이하이다.

분포 사람을 위시한 동물들의 분변이 주 보균소이다. 파충류나 일부 곤충의 배설물에도 존재한다. 살모넬라종에 의한 질병은 크게 살모넬라 식중독과 장티푸스*Typhoid fever*로 나눌 수 있다.

알아두기

살모넬라균명 표기법
균명은 속명, 종명, 혈청형을 다 표기해야 한다. 살모넬라의 경우 *Salmonella enterica* ssp. *enterica* serovar. Enteritidis로 표기하는 것이 원칙이나 속명과 혈청형만으로 표기하여 통상 *Salmonella* Enteritidis로 표기한다.

(1) 살모넬라 식중독

균의 특징 살모넬라종의 가열 시 온도에 따른 7D값은 75℃에서 1.6초, 70℃에서 12.5초, 65℃에서 95초간 가열이다. 미국에서 일반적으로 상온에서 잘 상하지 않아 냉장고에 넣지 않아도 되는 것으로 알려진 다양한 식품들, 예를 들면 초콜릿, 오렌지주스, 아몬드, 땅콩버터, 분유, 시리얼 등에 의한 살모넬라 식중독이 발생한 사례를 통해 이 균이 비포자 형성균으로는 상상하기 어려운 낮은 pH와 a_w 조건에서도 생존한다는 것이 밝혀졌다. 살모넬라 가미나라*S. Gaminara*, 살모넬라 하트포드*S. Hartford*, 살모넬라 루비스로우*S. Rubislaw*, 살모넬라 타이피뮤리움*S. Typhimurium* 등은 pH 3.5인 오렌지주스 속에서 27일간, pH 4.1에서는 60일간 생존했으며, a_w 0.43에서 장기간 생존함이 확인되었고, 식품의 수분활성도가 낮을수록 저항성이 현저히 증가하였다.

항생제 다중내성균인 살모넬라 타이피뮤리움 DT 104*S. enterica sv. Typhimurium DT 104*에 의한 살모넬라 식중독이 세계적으로 만연하고 있는데, 이 균은 1988년 영국 소에서 처음 발견된 후 다른 가축들에게도 검출되었으며 유럽, 아시아까지 확산되어 많은 식품에서 발견되고 있다. **감염량**은 대부분의 혈청형이 10^7~10^9 CFU 정도이나 일부 혈청형은 1~10^4 CFU인 것도 있다.

감염량
몸의 방어시스템을 이기고 질병 증세를 나타내는 최소 세균 수. 개인의 건강상태나 환경에 따라 다름

증세 살모넬라 식중독균*Salmonella spp., Non-typhoid*은 국소적, 장내벽 감염증을 일으켜 설사, 복통, 구토, 발열 증세를 나타낸다. 잠복기는 6~48시간, 평균 18~36시간 정도이고, 대부분의 건강한 사람은 의학적 처치를 받지 않아도 1~7일 후 회복되나 합병증을 일으키는 경우 사망에 이를 수 있다.

살모넬라는 신체의 다른 부위에서도 문제를 일으키는데 소화기질환 발병 후 수일 내지 수주 후보다 더 심각한 증세인 관절염, 균혈증, 뇌수막염, 골수염, 농양을 일으키는 경우도 있다. 치사율은 0.5% 이하로 높지 않으나 발생빈도가 높고, 유아나 노인이 더 민감하다.

분포 가금류와 돼지에 많으며 이들 동물의 분변과 사육환경으로부터 도축과 발골과정에서 고기를 오염시켜 닭고기와 소, 돼지고기에서 많이 검출된다. 살

모넬라 엔테리티디스*S. Enteritidis*는 닭의 사료나 사육환경으로부터 난소 감염을 일으켜 난황 근처에 균이 오염되어있는 알을 낳는 경우가 미국에서 약 2만 개당 1개꼴로 발견되고 있어 날달걀 섭취나 사용에 의한 사고가 많다. 미국에서는 날달걀 섭취에 의한 살모넬라 식중독 사고를 줄이기 위해 달걀의 냉장유통과 난황을 사용해야만 하는 시저 드레싱, 아이스크림 믹스, 마요네즈 등의 특정 식품에 살균액란을 사용하도록 법으로 정해놓고 있다. 물, 흙, 곤충을 위시한 환경에도 많이 있어 조리장에 들어오는 각종 식재료를 통해 식품 취급 기물 표면과 다양한 식품을 오염시키게 된다.

사고 관련 식품과 예방대책　동물성 식재료로부터 조리된 식품으로의 교차오염과 부적절한 온도로 가열 조리 시 생존한 균에 의해 모든 식품이 사고를 일으킬 수 있다. 대형사고를 일으켰던 식품은 주로 닭고기 요리, 날달걀을 함유한 식품, 덜 익힌 달걀이며, 새싹식품*Sprout*, 토마토, 생우유 혹은 오염된 저온살균유, 난황이 들어간 홈메이드 아이스크림, 오염된 치즈 등에 의한 사례가 많았다.

미국의 경우 살모넬라 타이피뮤리움에 의한 사고 발생이 가장 많고 그다음은 살모넬라 엔테리티디스에 의한 것이다. 이 두 혈청형을 제외한 것들은 예상치 못한 식품에서 산발적으로 발생하여 발생빈도 순위가 정해져 있지 않다.

통상 케이터링 음식이나 일부 대형 급식소에서 사고가 많고 대량 수송에 의해 사고가 증가하고 있으며 하절기에 주로 발생하고 있다. 철저한 조리온도 준수와 달걀 보관 및 취급에 유의해야 하고 날달걀 섭취를 삼가고 교차오염을 막기 위한 일반적 위생관리가 중요하다.

(2) 장티푸스와 파라티푸스

증세　장티푸스*Typhoid*와 파라티푸스*Paratyphoid*는 살모넬라 엔테리카 혈청형 타이피, 파라타이피*Salmonella enterica* sv. Typhi, Paratyphi에 의해 발생하며 우리나라에서는 감염병의 예방 및 관리에 관한 법률에서 제1군 감염병으로 지정되어있다. 국내에서는 연간 장티푸스가 200명, 파라티푸스는 50명 정도가 감염되고

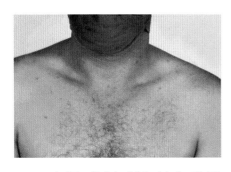

그림 4.3 장티푸스 환자의 피부에 나타나는 장미진
자료: CDC/Armed Forces Institute of Pathology, Charles N. Farmer

이들은 주로 인도, 인도네시아, 필리핀, 네팔, 태국, 캄보디아 등 아시아 국가 여행자들이었다.

잠복기는 7~28일 정도로 길고, 증세 지속기간은 3~35일, 평균 8~15일이다. 파라티푸스는 장티푸스보다 증세가 약하고 증세 지속기간도 짧다. 급성 증세로는 구역질, 구토, 식욕부진, 두통, 점막충혈, 복통, 균혈증, 40℃의 고열과 피부에 나타나는 '장미진'이 특징이다그림 4.3. 만성 증세는 급성 증세 3~4주 후 2% 정도의 환자에게 관절염 등으로 나타나

알아두기

장티푸스 메리(Typhoid Mary)

1906년, 미국 뉴욕주의 오이스터 베이(Oyster Bay)의 한 가정에서 11명 중 6명이 장티푸스에 걸려 주 보건국의 의사 소퍼 박사(Dr. Soper)가 역학조사를 실시하였다. 역학조사 결과 그 가정의 구성원만 감염되고 지역에서 유통되는 음식이나 물은 이상이 없어 조리사 메리 멜론(Ms. Mary Mallon)에 의한 감염을 의심하고 그녀의 과거병력, 고용이력과 장티푸스 발생을 조사하기 시작했다. 그 결과 1900년 그녀가 뉴욕주의 다른 가정에서 일을 할 때 그 집을 방문했던 손님 1명이 장티푸스를 앓았는데, 그때 메리가 처음 균에 노출된 것으로 추정되며, 1901년 뉴욕시의 한 가정에서 일할 때 세탁부가 감염되었고, 1902년 메인주에서 일한 가정에서 한 가족 9명 중 7명이 감염되었으며, 1904년 뉴욕의 롱아일랜드에서 일했던 곳에서 한 가정에서 11명 중 4명이 감염되었음을 확인하여 조리사 메리에 의한 감염임을 확신했다.

그러나 당시 조리사 메리의 행방을 알지 못했으나 1907년 뉴욕시에서 2명의 장티푸스 환자 발생과 1명이 사망한 사고가 일어나 그 곳에서 소퍼 박사는 메리를 만날 수 있었고 그녀로 인한 감염 가능성을 설명하고 혈액, 대소변 시료를 채취하려 했으나 메리는 말도 안 된다며 시료 채취를 거부하여 소퍼 박사는 보건국에 메리의 감호조치와 조사 수행을 건의했다. 보건국에서는 구급차와 경찰관을 대동한 여의사 베이커 박사(Dr. Baker)를 보내어 이웃집 옷장에 숨은 그녀를 수색 끝에 체포 압송하여 채변검사 결과 장티푸스 보균자임이 밝혀졌다.

메리는 2년 11개월간의 병원 연금상태에 있게 되는데 1909년 메리가 뉴욕주를 상대로 소송을 제기했으나 판사가 공공에 위협이 된다는 이유로 기각했고, 1910년 개인위생을 준수하고 타인의 음식을 취급하지 않고 소재 변경 시 신고하는 조건으로 석방해주었다.

석방 13개월 후 메리는 석방 조건을 어기고 잠적하였으며, 그 후 이름을 바꾸어 레스토랑, 호텔 등의 조리장에서 일했다. 그러다가 1915년 뉴욕의 슬론(Sloane) 여성병원에서 발생한 장티푸스 사고로 이 병원 조리사로 일하고 있던 그녀의 위치가 탄로가 났고, 친구 집에 숨어있다가 경찰과 보건당국에 의해 체포되었다. 향후 23년간 노스브라더아일랜드의 병원에서 연금 생활을 하게 되었고 1932년 뇌졸중으로 쓰러져 1938년에 사망했다.

한 사람의 보균자로 인해 총 53명의 장티푸스 환자가 발생하고 3명이 사망한 사례로 미국에서는 장티푸스 메리란 별명으로 잘 알려진 유명한 사례이다.

자료: Rosenberg, Jennifer, 2019

기도 한다. 치사율은 10% 정도로 살모넬라 식중독에 비해 대단히 높다.

사고 관련 식품과 예방대책　보균자나 환자에 의한 분변오염이 주 감염경로이므로 이것에 오염되면 어떤 식품이라도 사고를 일으키게 된다. 장티푸스 발병자의 3~5% 정도가 살모넬라 타이피$^{S. Typhi}$의 보균자가 되며, 균이 담낭에 서식하므로 항생제 투여로 제거되지 않아 담낭절제술을 받아야 한다. 보균자에 의한 균의 전파와 사고 유발 위험이 큰데 1906년 미국에서 나타난 '장티푸스 메리$^{Typhoid Mary}$'의 사례가 대표적이다.

　살모넬라 타이피의 감염량은 대단히 적어 불과 1,000개 이하의 균체에 의해 감염된다. 따라서 건강검진을 통한 보균자 확인으로 이들을 식품취급장에서 배제시키고 설사자가 식품 취급을 못하게 하여 예방하여야 한다. 장티푸스 예방접종은 질병 걸릴 가능성 높은 사람이나 조리 종사자 등 고위험군에게 필요하다.

> **보균자**
> 무증세 감염자로 병에 걸렸다가 회복된 후에 혹은 소량의 균에 감염되어 증세 없이 수개월 혹은 수년간 대변을 통해 균을 배출하는 사람

2) 포도상구균

균과 독소의 특징　포도상구균$^{Staphylococcus\ aureus}$은 화농균, 황색 포도상구균(식품약품안전처 자료), 포도알균, 혹은 황색포도알균(질병관리본부 자료)으로 불리는 그람양성 구균$^{그림 4.4}$으로 포자를 형성하지 않는 통성혐기성균이나 호기성 조건에서 신속히 증식한다.

　증식 온도 범위는 7~48℃이고 최적 온도는 37~40℃이다. 증식 pH 범위는 4.8~9.8, 최적 pH는 6.0~7.0이다. a_w 0.86 이상에서 증식하며 염도나 당도 15%에서도 증식이 가능하여 다른 식중독균이 증식할 수 없는 불리한 조건에

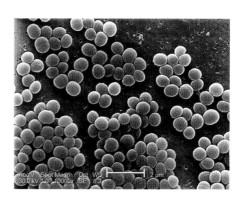

그림 4.4 포도상구균의 주사전자현미경 사진
자료: CDC Public Health Image Library ID 11155

서도 증식이 가능한 저항력이 강한 균이다. 이 균은 66℃에서 12분, 72℃에서 15초 가열로 쉽게 사멸시킬 수 있지만 내열성인 독소는 남아 사고를 일으킨다.

　포도상구균의 독소는 외독소로 혈청학적으로 구분되는 17종류(A, B, C1,

C2, C3, D, E~R)가 있다. 이들을 SEA^Staphylococcal Enterotoxin A, SEB 등으로 부르기도 한다. 이 중 A형이 많은 사고를 일으키나 B형이 더 심한 증세를 일으킨다. 이 독소는 사람에게 두 가지 질병을 일으키는데, 식품에 의한 식중독과 삽입식 생리대 사용에 따르는 독성쇼크증후군^toxic shock syndrome이 바로 그것이다. 여기서는 식중독에 대해서만 살펴보기로 한다.

독소는 단백질이나 열에 안정적이어서 60℃에서 16시간을 가열해도, 압력솥에서 가열하는 통조림 제조 공정에서도 독성을 유지한다. 독소는 무색, 무취, 무미로 오감에 의한 감지가 불가능하다. 독소는 장에 작용하여 신경수용체를 자극하고 이 자극이 신경을 통해 궁극적으로 뇌의 구토센터를 자극하여 구토를 일으킨다.

포도상구균 식중독은 우리나라에서 확인된 식중독 사고 중 세 번째로 많은 사고를 일으키고 있다. 포도상구균 식중독은 부적절한 냉장보관, 장시간 보관, 부적절한 개인위생, 부적절한 가열 조리, 부적절한 온장보관 등의 요인으로, 오염된 식품 속에서 균이 증식하며 독소를 형성한 식품을 섭취할 때 발생하는데 원인식품 속에 균의 존재가 반드시 요구되지는 않는다.

포도상구균이 독소를 형성하기 위해서는 온도가 10~48℃ 범위에, 최적 온도 37~40℃에서, pH는 5.0 이상, a_w 0.86 이상이어야 한다. 독소를 1 μg 이상 섭취할 경우 식중독 증세를 일으키는데, 이 정도의 독이 형성되려면 10^5 CFU/g 이상으로 균이 자라야 한다. 이 균은 다른 미생물과의 경합에 약한 미생물로 유산균, 장내세균 등 경합 미생물이 많이 존재하는 생고기 표면에 오염되어도 쉽게 증식하거나 독소 분비를 할 수 없어 사고를 유발하지 못한다.

증세 포도상구균의 독소에 의한 식중독의 잠복기는 짧게는 30분~8시간으로, 평균 2~4시간 범위이다. 증세는 오심, 구토, 구역질, 복통, 탈진이며, 치사율은 일반인에게는 0.3%, **민감한 집단**에서는 4.4%로 극히 낮고, 증세 지속시간도 짧아 24~48시간 이내에 회복되므로 병원에 가지 않아 보고되지 않는 경우가 대부분이다. 포도상구균 식중독 증세는 바실루스 세레우스 구토형 독소에 의한 식중독과 같아 구분이 어렵다.

사 례

포도상구균에 오염된 기내식에 의한 사고

1975년 2월 344명의 승객과 20명의 승무원을 태우고 일본 도쿄를 출발하여 앵커리지를 경유하여 파리로 가던 전세기가 미국 알래스카의 앵커리지 공항에서 재급유와 기내식을 실었다. 이륙 직후 기내식이 제공되었고 식사 후 짧게는 30분 이내에 길게는 9시간 후에 196명의 승객과 1명의 승무원이 메스꺼움, 구토, 복통, 설사 등의 식중독 증세를 나타냈다. 이에 기장은 코펜하겐에 불시착하여 142명의 승객과 1명의 승무원을 입원시키고 나머지 승객은 호텔에서 상태를 관찰받는 조치를 취했다.

역학조사 결과 환자의 가검물, 햄과 오믈렛, 조리사의 상처 난 손가락에서 동일한 포도상구균이 검출되었으며 햄이 유력한 원인식품으로 지목되었다. 포도상구균은 상처가 있는 조리사의 손에 의해 슬라이싱된 햄을 취급할 때 오염되었으며, 이 햄이 실온에서 14시간, 10℃에서 14시간 반을 저장되었다가 기내에 공급됨으로써 균의 증식과 독소가 형성되었고 사고를 유발한 것으로 판정되었다.

이 식중독 사고로 포도상구균의 독에 의한 사망자는 없었지만 이 기내식 공급회사의 생산책임자가 자책감에 자살함으로써 더욱 유명해진 사건이다. 이 사고에서 상처 있는 손으로 식품을 취급해서는 안 된다는 것과 식품 저온 보관의 중요성을 알 수 있다.

자료: *The Lancet* Sept. 27, 1975, 595–599.

분포 인구의 약 1/3이 포도상구균 보균자로 알려져 있으며 건강한 사람, 동물, 새의 비강, 피부, 목, 털이나 깃털에 있고 화상이나 상처, 뾰루지 등에 염증을 일으킨다. 식품의 오염은 피부의 직접 접촉, 피부 각질, 기침이나 재채기 시 침방울 등에 의해 일어나고 식품취급장의 식품취급 기계/기물, 즉 분쇄기, 칼, 도마, 보관용기, 식품절단용 톱날 등에 의해서도 많이 오염된다. 소의 경우 비강과 피부뿐만 아니라 유두에도 존재하여 유방염을 일으키거나 착유 시 우유를 오염시킨다.

사고 관련 식품과 예방대책 가열 조리로 식재료에 있던 균이 제거된 후 포도상구균에 오염된 식품들, 예를 들면 햄, 살라미, 콘드비프, 바비큐 미트, 베이컨, 크림빵, 페이스트리, 데커레이션 케이크, 푸딩, 샐러드 드레싱, 식사 후 남은 고단백 식품들에 의한 사고가 많다. 삶은 달걀에 의한 사고 사례도 있다.

서양에서는 샌드위치, 우리나라에서는 김밥처럼 만들 때 손이 많이 가고 만든 후 냉장보관이 부적절한 식품에 의한 사고가 많다. 사고 예방을 위해서는 바로 먹을 수 있는 식품을 맨손으로 취급하지 않아야 한다. 그리고 이런 의심스러운 식품들을 포도상구균 생육이 가능한 온도 범위에 3~4시간 이상 두지 말아야 한다.

3) 비브리오

비브리오*Vibrio*는 20여 종이 파악되어있고, 이 중 최소 12종이 사람에게 감염을 일으킨다고 밝혀져 있다. 아래에 소개하는 종 외에도 비브리오 미미커스*Vibrio mimicus*, 비브리오 플루비알리스*V. fluvialis*, 비브리오 퍼니시아이*V. furnissii*, 비브리오 홀리사에*V. hollisae*, 비브리오 알지노리티커스*V. alginolyticus* 등이 식중독을 일으킨다.

비브리오 식중독은 수산식품 섭취와 연관되어있는데 비브리오는 분변오염에 의해 강 하구 물의 상주 세균 종으로 존재한다. 미국의 경우 시중에 유통되는 생선과 패류의 약 40~60%가 비브리오에 오염되어있는 것으로 조사되었다.

(1) 비브리오 콜레라

균의 특징 비브리오 콜레라*Vibrio cholera*는 그람음성의 만곡형 간균이며 포자를 형성하지 않는 통성혐기성균이다. 이 균에 의한 질병을 콜레라, 혹은 **아시아 콜레라***Asiatic cholera*라고 부르며 우리나라에서는 제1군 감염병으로 지정되어있다. 비브리오 콜레라는 200개에 가까운 혈청형이 있는데 구분은 체세포 항체(O)로 한다. 이 중 O1과 O139가 주로 콜레라 증세를 나타낸다.

증식 온도 범위는 15~42℃, 최적 온도는 30~37℃, 증식 pH 범위는 6~10, 최적 pH는 7.0~8.5로 다른 균에 비해 알칼리 환경에 약간의 내성이 있다. 증식 가능 a_w는 0.93 이상으로 건조식품에서는 생존이 불가하다. 증식 가능한 염도는 0.25~3.0%, 최적 염도는 2%로 내염성을 가지나 다른 비브리오종과 달리 성장에 염분이 필수적으로 요구되지 않는다. 최적 증식 조건에서 2분열에 걸리는 시간은 9분이다.

콜레라는 지역에서 주기적으로 유행하는데, 이는 어패류의 생식과 해수의 분변오염, 그리고 항생제 처치를 받지 않은 환자가 회복 후에도 1~2주 이상

균을 배출하고, 4~22%의 환자 가족이 보균자가 되어 균을 배출하므로 분변에 오염된 해수에 의해 계속 환자가 발생하기 때문이다.

또한, 콜레라균은 여건이 나빠지면 생존을 위한 형태로 살아있으나 배양 불가한 VBNC^{viable-but-nonculturable} 상태가 되는데, 이때 세포는 작아지며 달걀형이 된다. 이 상태의 세포는 배지에서 배양되지 않으나 이것을 동물이나 사람에게 주입하면 장내에서 증식하여 설사를 유발하고 설사에서는 배양 가능한 비브리오 콜레라가 나온다.

조개 속에서는 2~6주간 생존이 보고되었고, 냉동 조개에서는 더 오래 생존한 것으로 알려졌다. 산성식품에서는 1일 이내, 건조식품에서는 2일 이내, 기물 표면에서는 4~48시간 정도 생존했다고 한다.

독소의 특징 콜레라 독소^{CT, Cholera toxin}는 독소 생성종이 분비하는 단백질 독소로, 식품과 함께 균을 섭취하면 위의 위산 장벽을 넘은 균들이 소장 벽에 부착·증식하며 CT를 위시한 다양한 독소를 분비하고 독소가 장 상피세포 내로 들어가 cAMP 수위를 높이고 상피 세포 내 물과 전해질 배출로 설사가 유발된다. 독소 침입 시 세포의 손상이 일어나지 않아 혈변은 나오지 않는다.

증세 대부분의 비브리오 콜레라 O1^{Vibrio cholera O1}에 감염된 사람은 무증상이나 가벼운 설사를 일으키는 데 그치나, 소수의 CT-생성종 비브리오 콜레라에 감염된 사람은 탈수를 동반한 심한 수양성 설사나 쌀뜨물 같은 설사 등의 다양한 증세를 나타낸다. 잠복기는 다양해서 6시간부터 5일 정도이며 통상 2~3일이다.

식욕감퇴, 복통, 설사를 일으키고 설사 시작 후, 수 시간 뒤 구토가 일어날 수 있다. 탈수에 의해 갈증, 허탈상태, 피부 탄성 저하, 주름진 손가락, 움푹 팬 눈이 특징적이며 심한 탈수로 피가 산성화되고 신장이 망가져 사망에 이르게 된다.

중증일 경우 환자의 설사 1 mL에서 10^{12} CFU 정도의 콜레라균이 배출된다. 자원자 대상으로 실험한 결과 건강한 사람의 감염량은 10^6 CFU 정도의 균이 필요했고, 제산제 복용자는 적은 양으로도 감염되었다. 그러므로 다른 제1군 감염병과는 달리 수인성 감염이 아닌 경우 대규모로 확산되지 않는다.

처치 시에는 탈수를 막기 위해 미량의 염분을 함유한 물을 먹이거나 수액 주사로 전해질 균형을 회복하는 것이 중요하고, 감염 후 면역력은 형성되나 단기간만 지속되고 사라지는 것으로 확인된다. 진단은 환자의 대변에서 균 검출과 비브리오 항체 역가측정으로 가능하다.

비브리오 콜레라 O139$^{Vibrio\ cholera\ O139}$에 의한 증세는 비브리오 콜레라 O1보다 약한데 주 증세는 설사, 복통, 발열이며, 전체 환자의 25%에서 구토 및 오심증세를 나타내었다. 25% 환자가 혈변 혹은 점액이었고, 설사는 6~7일간 계속되는 경우도 있었다. 잠복기는 48시간 이내이며 발병기작은 불명이나 장독소와 장 세포 침입기작으로 추정된다.

분포 강 하구의 퇴적층과 생선, 어패류, 갑각류에 존재한다. 유행 시 환자의 분변으로 오염된 식수에 의해 급속히 확산된다.

사고 관련 식품과 예방대책 날 혹은 덜 익힌 생선, 패류(홍합, 굴, 대합), 갑각류(게, 새우), 연체류(오징어), 혹은 적절한 가열 조리 후 오염된 식품과 콜레라균이 오염된 물이나 그 물로 세척한 채소를 섭취할 경우 감염된다. 밥과 냉동 코코넛밀크, 노점상 음식에 의한 사고 사례도 있다. 그러므로 어패류 생식을 삼가며 일반 위생원칙을 잘 준수하여 오수에 의한 식수 오염을 방지해야 한다.

(2) 장염 비브리오균

균의 특징 장염 비브리오균으로 알려진 비브리오 파라헤모리티쿠스$^{Vibrio\ parahaemolyticus}$의 일반적 성질은 비브리오 콜레라와 같다. 균의 체세포 항체에 의해 분류되며 병원성에 대해서는 TDH$^{Thermostable\ Direct\ Hemolysin}$ 유전자^{gene} 혹은 가나가와^{Kanagawa} 용혈소^{hemolysin} 분비능력으로 구분한다. 미국에서 발생하는 모든 비브리오 식중독 중 64% 이상이 장염 비브리오균에 의한 사고로 계속 증가하고 있다.

이 균은 생존과 증식을 위해서 염분이 필수인 호염성균이다. 염도는 0.5~9.5% 범위에서 증식하나 최적 염도는 2~4%이다. 그러므로 염분이 없는 수돗물에서는 사멸한다. 증식 온도 범위는 5~43℃로 최적 온도는 30~37℃이다. 냉장과 냉동 온도에 민감하여 저장 중 수가 감소한다.

열 저항성은 없어 $D_{47℃}$값은 0.8~65.1분으로 다양한 값을 보인다. 증식 pH 범위는 4.5~9.6, 최적 pH는 7.6~8.6이다. a_w는 0.94 이상에서 증식 가능하다. 진공 혹은 일반 포장에서도 잘 자란다. 최적 조건에서 2분열에 걸리는 시간은 37℃에서 배지에서는 8~9분, 수산식품 속에서는 12~18분으로 빨리 증식한다.

독소의 특징 이 균은 최소 3가지 이상의 용혈성분을 갖고 있는 독소를 분비하는데 열에 민감한 hemolysin gene, TDH gene, TGDH-related gene이 이런 독소들을 만들고 독소에 의해 증세가 유발된다.

증세 잠복기는 4~96시간으로 평균 23.6시간이며, 증세는 3~5일간 지속되는데 평균 4.6일이다. 설사, 복통, 오심, 구토와 발열증세가 나타난다. 증세가 살모넬라 식중독과 유사하여 혼동을 일으키기도 한다.

감염량은 10^5~10^7 CFU의 많은 균이 필요한데 어패류 속에는 10^4 CFU 이하로 병원성 비브리오균이 존재하므로 대부분의 경우 오염된 식품이 섭취 전에 부적절한 온도에 노출되어 균이 증식한 경우 사고를 일으킨다.

분포 해수온도 19~20℃ 이상의 따뜻한 물과 해산물에서 검출되며 생활하수가 유입되는 지역에 많이 분포되어있다. 해수, 퇴적물, 부유물, 플랑크톤, 다양한 어패류에 있다. 미국의 경우 깨끗한 해수에서도 5 CFU/L 정도 검출되고 있다.

사고 관련 식품과 예방대책 수산물, 특히 조개류와 생선이 장염 비브리오 식중독 사고를 많이 유발하는데 미국 FDA 자료에 의하면 굴의 79%(평균 1,300

CFU/g), 새우의 60%, 게의 83%(평균 1,000 CFU/g)가 이 균에 오염되어있으며, 가제, 대합조개와 어패류의 오염도도 높다. 그래서 날 혹은 덜 익힌 어패류, 혹은 익힌 후 재오염된 어패류를 섭취한 후 식중독이 많이 발생한다. 주로 하절기에 사고가 집중되며, 부적절한 냉장으로 균이 증식하여 사고로 연결되기도 한다. 어패류가 아닌 다른 식품 사고는 조리장 내에서 교차오염에 의한 것이다. 어패류 생식을 삼가고 가열 조리 시 중심이 63℃ 이상이 되도록 하며, 어패류 취급 시 손이나 기물을 통해 다른 식품을 오염시키지 않도록 주의하고, 냉장실 온도를 5℃ 이하로 유지하여 사고를 예방한다.

(3) 패혈증 비브리오균

패혈증

패혈증이란 병균이 혈액에서 증식하여 전신에 염증 반응을 일으키는 병으로 갑작스러운 고열, 빈호흡, 빈맥, 백혈구수 증가, 두통, 오한 등의 증상을 일으킴

균의 특징 패혈증을 일으키는 비브리오 불니피쿠스*Vibrio vulnificus*의 일반적인 특징은 장염 비브리오균과 같고, 1~3%의 염도에서 생존과 증식에 필수적인 호염성이다. 우리나라에서는 감염병의 예방 및 관리에 관한 법률에 의해 제3군 감염병으로 지정되어있다.

이 균은 냉동, 저온 살균, 초고압, 방사선 조사에 민감하고 고추냉이 소스에 의해 죽는다. 그러나 굴에 고추냉이 소스를 발라도 굴 내부의 균은 죽일 수 없다. 굴을 50℃로 10분간 가열하면 사멸한다.

냉장온도에서는 살아있으나 배양해도 균락을 형성하지 않아 감지할 수 없는 휴면상태인 VBNC*Viable-But-Nonculturable* 상태로 존재하는 것으로 밝혀져 오염도 조사나 사고원인 조사에 오류를 야기할 수 있으므로 조심해야 한다.

쉬어가기

안전한 생선회 만들기

우리나라에서는 생선회를 먹고 비브리오 패혈증에 걸리는 경우가 많은데, 이 균은 생선의 살코기에는 없고 아가미, 비늘, 내장에만 있으므로 회 뜨는 과정에서 아가미, 비늘, 내장에 있는 균이 칼, 도마, 행주, 손 등을 통하여 살코기를 오염시켜 균이 있는 회가 만들어진다. 그러므로 회를 뜰 때 면장갑이나 행주 사용을 금하고 살코기를 분리한 후 소독된 칼과 도마를 사용하고 손을 잘 씻고 취급하는 등의 적절한 위생관리로 오염방지가 가능하다.

증세 병원성 비브리오균 중 가장 심각한 증세를 일으킨다. 감염경로는 식품을 통한 것과 상처를 통한 것이 있다.

이 균에 의한 식중독은 건강한 사람이 걸릴 경우 장염 비브리오균에 의한 장염과 유사한 증세를 일으키나, 면역력이 낮거나 간 질환이 있는 사람에게는 패혈증을 일으킨다. 패혈증은 100개 이하의 균체로 감염된다. 미국에서는 이 균에 의한 식중독 환자 중 86%가 병원에 입원했고 패혈증 환자 중 60%가 사망했다. 미국의 경우 환자는 주로 5~10월 사이에 발생하며, 40세 이상의 남성 환자가 대부분인데 이는 음주에 의해 간 기능에 문제가 있는 사람에게 치명적이기 때문이다. 우리나라는 6~10월에 주로 발생하는데, 환자 발생은 질병관리본부에서 발행하는 〈2018 감염병 감시연보〉에 의하면 전남, 경남, 전북, 경기, 광주 지역 순으로 많으며 2014년부터 2018년까지 5년간 247명이 감염되어 109명이 사망했다.

잠복기는 7시간~수일 정도, 평균 26시간이고 증세는 발열, 오한, 오심, 저혈압 등으로 식중독 특유의 구토, 설사, 복통이 없다. 상처 감염은 산호, 굴 껍질이나 생선 등에 의해 상처가 생길 때, 혹은 상처가 균이 있는 해수에 노출될 때 감염되어 발생한다. 상처 감염에 의한 사망률은 20~25%로 대단히 위험하다.

분포 해양환경(물, 퇴적물, 플랑크톤)과 수산식품에서 발견되고, 갑각류(게,

쉬어가기

비브리오 패혈증균 예측 시스템

해수온도, 염도, 해류 등의 해양관측 자료와 과거 세균 검출 자료를 활용하여 전 해역의 당일 및 3일간 비브리오 패혈증의 발생 가능성을 4단계(관심, 주의, 경고, 위험)로 사전에 알려주는 시스템이다. 관심 단계는 발생 가능성이 낮은 상태이며, 주의 단계에서는 활어패류 조리 시 위생에 주의해야 한다. 경고 단계에는 어패류는 5℃ 이하 저온 보관하고 가급적 85℃ 이상 가열 섭취할 것과 피부에 상처가 있는 사람의 해수 접촉 금지가 더해진다. 위험 단계에서는 간질환 환자 등 고위험군은 활어패류 섭취에 주의하도록 경고한다. 이 시스템은 2019년 6월에 가동되었으며 식품안전나라 홈페이지(https://www.foodsafetykorea.go.kr)에서 확인할 수 있다.

자료: 식품의약품안전처

가재)보다 굴과 대합조개에서 많이 발견된다.

사고 관련 식품과 예방대책   수산물, 특히 조개류와 생선이 사고를 많이 유발하는데 해수온도가 높을 때 날 혹은 덜 익힌 어패류가 주 원인식품으로 생굴, 생선회 섭취에 의한 발병이 많다. 같은 시기에 같은 양식장에서 수확한 2개의 굴에서도 매우 다른 수준의 균을 함유하고 있는 경우가 많다. 여름철 어패류 생식을 삼가고, 가열 조리 시 중심 온도 63℃ 이상임을 확인하며, 취급 시 손과 기물을 통해 다른 식품에 오염을 막아야 한다.

4) 이질균

균의 특징   이질균(시겔라*Shigella*)은 살모넬라와 대장균과 함께 장내세균과에 속하는데, 살모넬라보다 대장균에 더 가깝다. 시겔라에 의한 이질은 우리나라에서 제1군 감염병으로 지정되어있다. 시겔라는 그람음성 간균이며 포자를 형성하지 않는 통성혐기성균이다. 증식 온도 범위는 7~46℃, 최적 온도는 37℃이며, 증식 pH 범위는 5~8이며, 가열(63℃에서 5분)로 쉽게 사멸시킬 수 있다.

pH 2~3의 배지에서 수시간 생존할 수 있고, 산성식품이나 분변에서는 잘 생존하지 못하나 오렌지나 레몬주스, 탄산음료, 포도주 속에서 1~6일 후에 검출되기도 했다. 중성식품을 냉동이나 6℃로 보관했을 때 100일 후에도 검출되었고, 실온보다는 냉동보관된 식품 속에서 더 오래 생존했다.

이질균은 염도 3.8~5.2%, pH 4.8~5.0, NaNO$_2$ 300~700 mg/L, 0.5~1.5 mg/L NaClO에서 증식이 억제되었고 방사선 조사에 민감하다. 시겔라 속에는 4종이 있는데, 가장 드물게 발생하지만 증세는 가장 심하며 후진국형 이질이라고도 불리는 시겔라 다이센트리에이*Shi. dysenteriae*, 발생빈도는 시겔라 다이센트리에이보다 높고 증세는 조금 약한 시겔라 보이디아이*Shi. boydii*, 발생빈도가 시겔라 보이디아이보다 더 높고 증세는 조금 더 약한 시겔라 플렉스넬리*Shi. flexneri*, 그리고 가장 발생빈도는 높고 증세는 약하며 선진국형 이질균으로 불리는 시겔라 손네이$^{Shi.\ sonnei}$가 있다. 우리나라에서도 시겔라 손네이에 의한 이질이 종종 발생하는데 질병관리본부의 〈2018 감염병 감시연보〉에 따르면 2018년 191명의 환자가 발생했으나 이 중 145명은 해외에서 유입된 사례였다. 분변에 오염된 물과 식품 취급자의 비위생적 식품 취급이 가장 빈번한 발생 원인이다.

독소의 특징 이질균은 다양한 독소를 분비하는데 시겔라 다이센트리에이는 용혈성요독증후군$^{Hemolytic\ Uremic\ Syndrom,\ HUS}$을 일으키는 시가독소$^{Shiga\ toxin}$를 분비한다.

증세 이질균에 의한 식중독을 이질 혹은 세균성 이질^{Shigellosis}이라고 부른다. 증세는 복통, 설사, 발열(전체 환자의 약 1/3에서), 구토, 혈변(약 40%의 환자에게서) 혹은 점액성 설사를 한다. 배변 후 동통이 있다. 중증증세로 점막궤양, 직장출혈, 패혈증, 심한 탈수 등을 일으키며, 시가독소에 의해 용혈성요독증후군도 일으켜 치사율은 10~15%로 높다.

잠복기는 12~50시간 정도이고 증세는 1~2주간 지속된다. 감염량은 환자의 나이와 건강에 따라 차이가 있으나 10 cell 정도로 전염력이 강하다. 감염경로는 분변-구강 오염이다. 오염된 물이나 식품에 의해 면역력이 낮은 유아, 노인, 허약자, 면역결핍자가 감염되고, 미국과 유럽에서는 동성애자 사이에서 많이 전파되고 있다.

균이 결장 점막에서 대규모로 증식하여 세포벽을 뚫고 침입, 세포 내에서 증식하며, 감염된 상피세포가 파괴되면서 주변으로 확산, 조직 파괴가 일어난다. 이로 인해 점액성 설사나 혈변을 누게 된다. 증세가 진행 중인 환자의 설사 1 g에 10^3~10^9 CFU의 많은 균이 포함되어있다.

분포 사람이 주 보균소이다. 사람의 분변과 분변으로 오염된 물에 의해 식품이 오염된다.

사고 관련 식품과 예방대책　세균성 이질은 오염된 물이나 식품으로는 감자 샐러드, 참치 샐러드, 새우 샐러드, 마카로니 샐러드, 닭고기 샐러드, 닭고기 등이 감염된 식품취급자에 의해 오염되어 발생하여 가정, 식당, 학교, 캠프, 소풍, 비행기, 군부대 등에서 사고가 났으며 식품 공장에서 제조한 식품이 매체가 된 경우는 거의 없다. 생유와 유가공품 등은 분변–구강 오염에 의해, 생채소는 분변으로 오염된 물의 사용으로 발생한다. 우리나라에서는 2001년 12월 서울 소재 모 도시락 업체에서 만든 김밥에 의해 216명의 환자가 발생하는 사고가 있었다.

　수돗물을 사용하지 않는 곳에서는 수인성 오염예방대책이 필요하고, 설사 증상이 있는 사람의 식품 취급 금지, 손톱 솔을 사용하고 비누를 두 번 칠하는 '두 번 손 씻기'와 바로 먹을 수 있는 식품의 맨손 취급 금지 등의 방법으로 예방해야 한다.

5) 병원성 대장균군

대장균*Escherichia coli*은 살모넬라 및 시겔라와 함께 장내세균과에 속한다. 대장균은 그람음성 간균으로 포자를 형성하지 않는 통성혐기성균이다. 대장균의 최적 증식 온도는 37℃, 증식 범위는 10~50℃이며 살균조건에서 쉽게 사멸

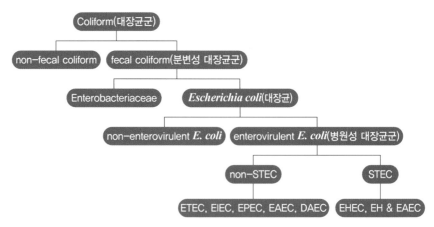

그림 4.5 대장균군, 대장균과 병원성 대장균의 관계

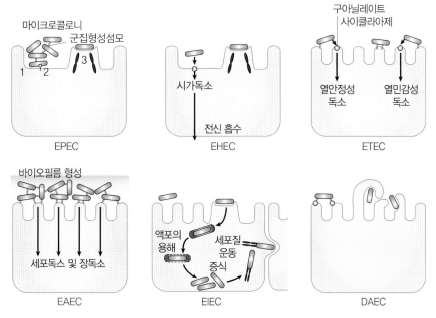

그림 4.6 병원성 대장균의 발병 기작 모식도

되는 열에 민감한 균이다. 증식이 가능한 pH는 4.4~9.0, a_w는 0.96 이상이다.

식품위생에 많이 언급되는 대장균, 대장균군, 병원성 대장균의 관계는 다음과 같다그림 4.5. 병원성 대장균군Enterovirulent *E. coli* group은 병독성, 발병기작, 증세, O, H혈청형으로 구분되는데 혈청학적으로는 세포벽에 대한 O항체, 편모에 대한 H항체로 구분되고, 발병기작에 따라 장독소형 대장균Enterotoxigenic *E. coli,* ETEC, 장병원성 대장균Enteropathogenic *E. coli,* EPEC, 장침입형 대장균Enteroinvasive *E. coli,* EIEC, 장출혈성 대장균Enterohaemorrhagic *E. coli,* EHEC, 장응집형 대장균 Enteroaggregative *E. coli,* EAEC 혹은 EAggEC, 분산부착형 대장균Diffusely adhering *E. coli,* DAEC 등으로 나누어진다.

각각의 병원성 대장균의 발병기작에 관계하는 유전형질을 전기영동법 Pulsed-field gel electrophoresis으로 분석하여 stx1, stx2, intimin, hemolysinA, EAST1 toxin, aggregative adherence fimbriae type IAAF/I 등의 gene code 여부로 판별하게 된다. 이들 중 시기독소를 분비하는 대장균들을 STECShiga toxin producing *E. coli*라고 부르기도 한다.

(1) 장독소형 대장균

균과 독소의 특징　여행자설사Traveller's diarrhea라는 별명으로도 불리는 장독소형 대장균ETEC, Enterotoxigenic E. coli은 저개발국의 유아나 개발국으로부터의 여행객에게 설사를 유발한다. 감염량은 많아 $10^8 \sim 10^{10}$ CFU 이상의 균체가 섭취되면 장 점막에 균락을 형성하고 증식하여 독소를 분비하며 독소에 의해 전해질을 배출하도록 유도하여 설사를 일으킨다. 가장 흔한 장독소형 대장균 혈청형은 O6, O8, O15, O20, O25, O27, O63, O78, O85, O115, O128^{ac}, O148, O159, O167이다.

증세　수양성 설사, 복부 경련, 약한 열, 오심과 권태감을 준다. 균의 양이 많은 경우 24시간 이내에 설사 유발이 가능하고, 유아에게는 적은 양으로도 설사를 유발한다.

분포　사람에게 질병을 유발하는 장독소형 대장균종은 사람이 주 보균소이다.

사고 관련 식품과 예방대책　분변으로 오염된 물이 식품을 오염시켜 발생하거나, 감염된 식품취급자에 의한 식품오염에 의해 일어난다. 미국의 경우 연질치즈와 같은 유제품에서 자주 분리된다. 따라서 물의 위생이 우려되는 곳에 갈 때에는 생수를 사 먹거나 물을 끓여 먹음으로써 예방한다.

(2) 장병원성 대장균

균의 특징　장병원성 대장균EPEC, Enteropathogenic E. coli은 개발도상국에서 유아에게 설사를 많이 일으켜 유아설사Infantile diarrhea라는 별명이 있다. 이 균은 부착하는 곳의 세포에 병변을 일으켜 상피세포 내로 침입해 들어간다. 주 혈청형은 O55, O86, O111ab, O119, O125ac, O126, O127, O128ab, O142이다.

증세　수양성 혹은 출혈성 설사를 일으킨다. 유아에게 장기적으로 설사를 일으키면 탈수와 전해질 불균형으로 사망(치사율 50%)하게 된다. 어린이에게 감염률이 높은 것으로 보아 적은 양으로도 감염을 추정할 수 있다. 성인에게는 드물게 발생된다는 보고가 있지만 10^6 CFU/g 이상의 많은 양이 필요하다.

사고 관련 식품과 예방대책 유아의 경우 오염된 물로 수화시킨 분유를 먹여 사고가 나는 경우가 많다. 일반 위생상태가 좋지 않은 나라에서 주로 발생한다. 생쇠고기와 생닭, 분변에 오염된 어떤 식품도 사고 유발이 가능하다. 따라서 물의 위생이 우려되는 곳에서는 생수를 사 먹거나 물을 끓여 먹도록 하고, 분유를 준비할 때 끓인 물을 식혀서 한 번에 먹을 양을 준비하고 먹다 남은 것은 바로 냉장 보관하거나 폐기해야 한다.

(3) 장출혈성 대장균

균의 특징 장출혈성 대장균EHEC, Enterohaemorrhagic *E. coli*에 의한 질병은 출혈성 장염hemorrhagic colitis이라고도 부르며, 전염력이 강하여 우리나라에서는 제1군 감염병으로 지정되어있다. 사람으로부터 200개 이상의 혈청형이 파악되었지만 혈변을 유발하는 것만 장출혈성 대장균으로 부르며, 이들 혈청형은 O26, O111, O157:H7, O157:NM 등이다. 이 중 O157:H7이 미국과 여러 다른 나라에서 출혈성 장염을 일으키는 주된 종이다.

일반적인 대장균과 달리 44.5℃ 이상에서는 증식하지 못하고 몇 가지 생리적 성질이 다르다. 대장균 O157:H7은 산에 대해 내성이 커서, 증식 최저 pH가 4.0~4.5이다. 발효 소시지(pH 4.5) 제조 시 발효와 건조 후 2개월간 4℃로 저장해도 균이 살아있었다고 한다. pH 3.6~3.9의 마요네즈에서는 5℃에서 5~7주, 20℃에서 1~3주 보관했을 때 생존했었고, pH 3.6~4.0의 사과 사이다 속에서는 8℃에서 10~31일, 25℃에서 2~3일 생존했었다고 전해진다.

대장균 O157:H7은 다른 식중독균보다 내열성이 강하지는 않다. **분쇄육** ground meat 속의 지방은 균을 열로부터 보호하는데 저지방 분쇄육(2% 지방)과 고지방 분쇄육(30.5% 지방)의 $D_{57.2℃}$는 4.1분과 5.3분, $D_{62.8℃}$는 18초와 30초였다. 62.8℃ 이상에서 사멸한다. 질병관리본부의 〈2018 감염병 감시연보〉에 따르면 2018년에는 총 121명의 환자가 발생하였으며 3명의 사망자가 파악되었다.

분쇄육

간 고기, 저민고기(ground meat) 혹은 햄버거(hamburger)라고 함

독의 특징 장출혈성 대장균은 다량의 1종류 이상의 시가독소를 분비하여 장 내벽의 심각한 손상을 유발하고 치명적인 용혈성요독증후군^{HUS}을 일으킬 수 있다. 이 독소들은 시겔라 다이센트리에이가 분비하는 독소와 유사하거나 동일한 단백질 독소이다.

증세 심한 복통과 수양성 설사로 시작하여 심한 출혈성 설사로 발전하고, 경우에 따라 구토를 유발한다. 미열 혹은 열이 없는 경우도 있다. 개인에 따라 증세가 없거나 수양성 설사로 그치는 경우도 있다. 어린이의 경우 15% 정도가 용혈성 빈혈, 급성 신부전, 혈소판 감소증으로 이어지는 용혈성요독증후군을 일으켜 투석이나 신장이식을 하지 않으면 죽게 된다(치사율 약 1%). 노인에게는 용혈성요독증후군 외에도 발열과 혈소판감소성자반증^{Thrombotic} $^{Thrombocytopenic \ Purpura, \ TTP}$으로 50% 이상의 치사율을 보인다. 잠복기는 2~12

사례

햄버거에 의한 대장균 O157 : H7 식중독 사고 사례

1992년 11월부터 1993년 2월에 걸쳐 미국 서부 4개의 주(워싱턴, 아이다호, 캘리포니아, 네바다)에서 대장균 O157:H7에 의해 대부분이 어린이인 총 5백여 명의 환자가 발생하고 그 중 4명이 사망하는 식중독 사고가 있었다.

원인식품은 J 햄버거 체인점의 햄버거로 372명이 9일 이내에 먹었음이 밝혀졌고, 52명은 2차 감염으로 확인되었다. 이를 세분해 보면 워싱턴주에서 477명이 대장균 O157:H7에 감염되었음이 확인되었고, 이 중 144명이 입원, 30명이 용혈성요독증후군(HUS) 증세를 나타냈고, 이 중 3명이 사망했다. 다음 해인 1월 18일 이 햄버거 가게는 미사용 햄버거 패티를 전량 회수했다.

아이다호주에서도 동일한 햄버거로 14명의 환자가 발생했고 그 중 4명이 입원, 1명이 HUS 증세를 나타냈고, 캘리포니아주의 샌디에이고에서는 34명의 환자가 발생, 14명이 입원, 7명이 HUS 증세를 나타냈고, 그 중 1명이 사망하였다. 네바다주의 라스베이거스에서도 58명의 환자가 발생, 9명이 입원, 3명이 HUS 증세를 보였다.

이 햄버거 체인점에서 1992년 11월 19일 생산된 패티에서 환자의 가검물에서 분리된 것과 동일한 대장균 O157:H7이 분리되었으며 272,672개의 패티가 회수되었다. 미국 질병통제예방센터(CDC)의 역학조사팀이 이 체인점에 갈은 고기를 납품한 미국 5개 도축장과 1개의 캐나다 도축장을 검사하고 소를 키운 목장들을 추적 조사했으나 균의 출처를 끝내 규명하지 못했다.

자료: MMWR, 1993

일, 평균 3~4일 정도로 그동안 대장에서 정착하고, 증세 지속기간은 4~10일, 평균 7일 정도이다.

감염량은 100 cell 이하로 매우 낮을 것으로 추정되는데 많은 사고 사례의 원인식품에서 0.3~15 CFU/g 정도 검출되었고, 유아원과 양로원에서 사람과 사람 사이에 전염되는 것으로 미루어볼 수 있기 때문이다.

분포　사람에게 질병을 유발하는 장출혈성 대장균 종은 소의 분변이 주 보균소이다. 연구에 의하면 송아지의 60%에서 검출된 경우도 있으나 통상 소의 10~25%에서 검출되고, 젖소의 36%에서 검출된 사례가 있으며, 여름이 겨울보다 검출률이 높아 질병 발생의 계절적 변화와 일치한다.

사고 관련 식품과 예방대책　생 혹은 덜 익힌 햄버거, 생우유, 새싹 채소, 비살균 사과주스 등에 의한 대형 사고 사례가 있다. 사고 예방은 생우유 섭취를 삼가며, 우유 저온살균 시 가열 시간의 준수와 고기를 익힐 때 온도 확인이 중요한데 분쇄육은 중심 온도 68℃에서 17초 이상, 덩어리 고기는 표면 온도 63℃ 이상에서 가열하는 것이 중요한 관리점이다. 그리고 육류 취급 시 다른 식품에 교차오염이 일어나지 않도록 주의하여야 한다.

미국의 경우 사고 예방을 위해 냉장 쇠고기 분쇄육은 4.5 KGy, 냉동 쇠고기 분쇄육은 7.5 KGy의 방사선 조사가 허용되어있다.

(4) 장침입형 대장균

균의 특징　장침입형 대장균Enteroinvasive E. coli, EIEC은 결장의 상피세포에 침입하고 상피세포 내에서 증식하여 상피세포를 파괴하며 시겔라에 의한 설사와 같은 세균성 설사를 유발한다. 균의 상피세포 침입능력은 시겔라와 밀접한 관계가 있는 것으로 밝혀져 있다. 주 혈청형은 O28ac, O29, O112, O124, O136, O143, O144, O152, O164, O167이다.

증세　오염된 식품 섭취 후 12~72시간 후 발병하며, 혈액이나 점액성 설사를 하고 복통, 구토, 열, 오한이 일어난다. 감염량은 10 cell 정도로 추정한다. 장내 상피세포에 침입, 설사를 유발하기에 세균성 이질로 오진하는 경우가 있다.

분포 사람에게 질병을 유발하는 장침입형 대장균종은 사람이 주 보균소이다.

사고 관련 식품과 예방대책 환자의 분변에 오염된 식품이나 오염된 물로부터 직접 감염된다. 사고 유발식품으로는 햄버거, 생우유, 치즈, 유람선상의 샐러드가 있고, 정신장애인의 시설에서 사람 대 사람으로 전염된 사례도 있다. 설사 증상이 있는 사람의 식품 취급 금지, '두 번 손 씻기'와 바로 먹을 수 있는 식품의 맨손 취급 금지 등의 방법으로 예방해야 한다.

(5) 장응집형 대장균과 분산부착형 대장균

균의 특징 장응집형 대장균Enteroaggregative *E. coli* or EAggEC, EAEC과 분산부착형 대장균Diffusely adhering *E. coli*, DAEC은 여러 나라에서 유아와 어린이의 만성설사와 연관되어있다. 장응집형 대장균은 상피세포에 벽돌 쌓기처럼 부착되어 장 내벽에 **바이오필름**bio-film을 형성하는 패턴의 특이성으로 다른 병원성 대장균과 구분되고, 분산부착형 대장균은 장 상피세포의 융모를 길어지게 하고 균들이 표면에 분산하여 부착한다.

장응집형 대장균의 주 혈청형은 O3, O15, O44, O77, O86, O92, O104, O127이고, 분산부착형 대장균의 주 혈청형은 O1, O2, O21, O75이다. 장응집형 대장균 중 O104:H4의 경우 stx2와 Aggregative Adherence Fimbriae type I[AAF/I] 유전자를 다 갖고 있어 Enterohemorrhagic/Enteroaggregative[EHEAgg] *E. coli*로 부른다.

증세 1~5세 사이의 어린이에게서 만성적인 설사를 일으키고 이로 인해 어린이와 에이즈AIDS 환자에게서 영양결핍 증세를 유발한다. 설사는 약하고 피는 섞여 나오지 않는다. 장독소는 분비하지 않는다. 장응집형 대장균은 여행자 설사를 두 번째로 많이 일으키는 균이다.

바이오필름

어떤 물체 표면에서 세균이 증식하면서 다당류를 분비하여 보호막을 만드는 것. 이 경우 세척으로 제거가 어렵고 소독액이 직접 세균에 닿지 않아 소독 후에도 균이 생존할 가능성이 높음

6) 캠필로박터

캠필로박터*Campylobacter* 속에는 16종과 6아종이 있는데, 이 중 캠필로박터 제주니*Campylobacter jejuni*와 캠필로박터 콜리*Campylobacter coli*가 식중독을 유발하는 것으로 파악되었다. 미국에서 연간 240만 명이 캠필로박터 제주니에 감염되는 것으로 추정되지만, 이 중 5~10%를 캠필로박터에 의한 감염으로 보는데, 이는 대부분의 실험실에서 이 두 균을 구분하여 파악하지 않기 때문이다.

이 균은 식품으로부터 분리 검출하기가 까다로워 분석방법이 일반화되기 전까지는 파악되지 않다가 일반화된 후, 세균에 의한 식중독 사고 중에서는 세계적으로 가장 많은 식중독을 일으키는 것으로 파악되고 있다.

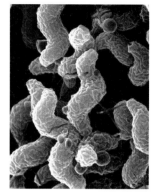

그림 4.7 캠필로박터의 주사 전자 현미경 사진

자료: Agricultural Research Service, U.S. Department of Agriculture by De Wood, Pooley

균의 특징　캠필로박터 제주니는 그람음성 간균이며 굽었거나, S자 모양이거나, 나선형 간균이며 포자를 형성하지 않는다그림 4.7. 그러나 오래된 배지에서 산소에 장시간 노출된 경우 균은 구형으로 변한다. 그리고 산소가 미량만 요구되는 미호기성으로 증식에 3~5%의 산소(O_2)와 2~10%의 이산화탄소(CO_2)가 필요하다. 2분열에 걸리는 시간은 최적 조건에서 90분 정도로 길다.

최저 증식 온도는 31℃, 최적 온도는 42℃이며 46℃에서 열 손상을 입으며 48℃에서 사멸하므로 적절히 가열 조리된 식품에서는 생존할 수 없다. a_w 0.98 이상에서 증식하며, pH 5.0 이하의 낮은 pH, 건조, 2% 이상의 염도, 10~30℃에 장기보관에 민감한 영향을 받는다. 방사선 조사에 대해서도 다른 식중독 유발 미생물보다 더 민감하여 일반적인 식중독 미생물을 제어하기 위한 선량으로 충분히 사멸시킬 수 있다.

캠필로박터 제주니는 환경이 불리해지면 살아있으나 배양해도 균락을 형성하지 않아 감지할 수 없는 휴면상태VBNC가 되어 배지상에서 균 존재를 확인하는 것이 불가능해진다. 일부 종은 병원성을 갖는데 닭고기에서 분리되는 것들이 주로 병원성을 갖고 있다.

독소의 특징 콜레라 독소^{CT}와 비슷한 장 독소를 분비하는 것으로 보는데 유전학적 증거나 독소의 작용기작 등은 아직 밝혀지지 않아 연구가 필요한 상태이다.

증세 캠필로박터 식중독^{Campylobacteriosis}은 캠필로박터 제주니와 캠필로박터 콜리에 의한 식중독 병명으로, 증세는 무증세에서 중증 증세까지 다양하다. 발열, 복통, 설사 혹은 혈변이 수일에서 1주 이상 지속되기도 하고, 치료받지 않은 환자의 5~10%는 재발되며, 보통 복통이 재발된다. 중증 증세로는 균혈증, 활액낭염, 요도감염, 뇌막염, 심장 내막염, 복막염, 결절성홍반, 췌장염, 유산과 태아 패혈증, 반응성 관절염, 길랭바레증후군$^{Guillain-Barre\ Syndrome,\ GBS}$이 있으며 어떤 장기도 감염시킬 수 있다. 노인에게서는 균혈증을 많이 일으킨다. 특히, 캠필로박터 감염은 자가면역질환인 GBS를 촉발시키는 방아쇠 역할을 하는 것으로 알려졌다.

　잠복기는 2~5일, 증세 지속기간은 7~10일 정도이다. 감염량은 사람의 상태에 따라 400~500 cell로도 감염을 일으킨다.

분포 건강한 소, 닭, 조류, 토끼, 쥐, 양, 말, 돼지, 애완동물 등이 캠필로박터를 갖고 있으며 오염된 채소와 어패류가 감염경로로 파악된다. 파리의 발과 소화관, 염소 처리가 안 된 물 등에도 분포한다. 미국에서 유통되는 생닭의 20~100%가 이 균에 오염되어있다고 한다.

사고 관련 식품과 예방대책 살균되지 않은 우유를 마시고 발병한 경우가 많고 부적절하게 가열 조리된 닭고기나 오염된 물, 해외여행, 애완동물과의 접촉에 의해 발병하는 경우가 파악되고 있다. 따라서 생우유 섭취를 삼가고, 수돗물을 사용하지 않는 곳에서는 수인성 오염대책이 필요하며, 파리가 음식에 가지 못하게 해야 하고, 동물성 식품의 가열 조리 온도를 철저히 하며 식품의 온도, 시간을 관리해야 한다.

7) 여시니아 엔테로콜리티카

여시니아*Yersinia*는 장내세균과에 속한다. 여시니아 속에는 식중독을 유발하는 여시니아 엔테로콜리티카*Y. enterocolitica*와 여시니아 수도투버쿨로시스*Y. pseudotuberculosis*가 있고 벼룩이 옮기는 페스트(흑사병)*the plague*를 유발하는 여시니아 페스티스*Y. pestis*가 있다

균의 특징　여시니아 엔테로콜리티카의 특성은 그람음성 간균으로 포자를 형성하지 않는 통성혐기성균이다. 여시니아 엔테로콜리티카는 많은 생물형 *biotype*을 갖는데, 이 중 1B, 2, 3, 4, 5가 사람과 가축에게 질병을 일으킨다. 체세포 항체를 근거한 혈청형은 여시니아 엔테로콜리티카 O3이 사람으로부터 가장 빈번히 검출되고 O9(생물형 2), O5, 27(생물형 2 혹은 3)도 종종 사람으로부터 검출된다. 그러나 환자에게는 생물형 4가 세계적으로 가장 많이 검출된다. 생물형 1B는 미국의 환자에게서 많이 검출되어 미국형 종으로 불린다.

　여시니아 엔테로콜리티카의 증식 온도 범위는 −2~45℃로 저온성 세균이며 증식 최적 온도는 28~30℃이다. 2분열에 걸리는 시간은 최적 온도인 28~30℃에서 34분, 22℃에서 60분, 7℃에서 5시간, 1℃에서 40시간 정도이다.

　여시니아 엔테로콜리티카는 냉동 온도를 잘 견디고 반복 냉동과 해동한 식품 속에서도 장기간 생존한다. 또한, 약간 높은 온도보다 실온이나 냉장 온도에서 더 잘 생존하고, 생식품보다 익힌 식품 속에서 더 오래 생존한다. 익힌 쇠고기나 돼지고기에서 25℃에서 24시간 이내에, 7℃에서는 10일 이내에 100만 배나 증식했고, 냉장된 진공포장육, 삶은 달걀, 익힌 생선, 살균액란, 살균우유, 코티지 치즈*cottage cheese*, 두부에서 증식했다. 냉장된 해산물, 굴, 생새우, 익힌 게살에서도 증식했는데 육류에서보다는 늦게 자랐다.

　a_w는 0.96 이상에서 증식하며, 증식이 가능한 pH 범위는 4.0~10.0, 최적 pH는 7.6으로 약 알칼리 조건에 잘 적응했다. 이 균은 열에 민감하여 60℃에서 사멸한다. **우유의 저온살균조건**에서 쉽게 사멸되었으며 표면에 균을 묻힌 고기를 80℃ 물에 10~20초 담갔을 때 99.9% 이상 균이 감소했다. 이 균은 방사

우유의 저온살균조건
65℃ 30분 혹은 72℃ 15초 가열

선 조사와 자외선 조사, 식품에 첨가하는 질산염, 유기산, 염소에 민감하여 사멸되나 염분에 내성이 있어 염도 5%까지 견딘다.

독소의 특징　30분간 끓여야 분해되는 열과 pH 1~11 범위에 안정한 독소이다.

증세　여시니아 엔테로콜리티카에 의한 질병을 여시니아증^{Yersiniosis}이라고 하는데 전형적인 증세는 설사이고 다양한 자가면역질환을 유도할 수 있다. 균이 있는 식품이나 물을 섭취하여 발생하고 감염량은 확실치 않으나 10^4 cell을 넘는 것으로 추정한다. 대부분의 증상은 5세 이하의 어린이에게서 나타나는데 설사가 주 증세이며 가끔 복통과 발열을 동반하기도 한다. 설사는 수양성부터 점액성까지 다양하다. 잠복기는 24~48시간 정도이고 증세는 수일부터 3주까지 지속되는데 사람에 따라 수개월간 지속되기도 한다.

　5세 이상의 어린이나 청소년은 증세가 맹장염과 유사하여 오진하는 경우가 많아 불필요한 맹장 제거수술을 받기도 한다. 이 경우는 병원성이 강한 여시니아 엔테로콜리티카 생물형 1B에 의한 경우가 많다.

　여시니아 엔테로콜리티카는 소화관이 아닌 곳에서도 발견되는데 이 균이 자라지 못할 장기는 없으며 혈액 속에서 여시니아 균혈증을 일으키면 치사율이 30~60%로 높고, 면역력이 낮은 사람들에게서는 농양, 의료용 도관^{catheter} 관련 감염증, 심장질환, 뇌수막염 등을 일으킨다. 여시니아 감염자 대부분은 후유증 없이 회복되지만 일부 사람에게는 면역학적인 문제를 일으켜 반응성 관절염, 심장염, 갑상선염 등을 일으킨다.

분포　여시니아 엔테로콜리티카와 여시니아 수도투버쿨로시스는 다양한 포유동물의 장내에서 분리되며 새, 개구리, 생선, 게, 굴, 벼룩, 파리에서도 분리되어 파리가 유력한 전파매체로 파악되고 있다. 여시니아 엔테로콜리티카가 검출되는 식품에는 돼지고기, 쇠고기, 양고기, 닭고기, 우유, 크림, 아이스크림과 같은 유제품 등이 있고 흙, 약수나 샘물, 강물이나 연못물에서 분리된다. 환경에서 분리되는 대부분의 여시니아 엔테로콜리티카는 비병원성으로 사람이나 동물에게 해롭지 않다.

사람에게 가장 질병을 많이 유발하는 여시니아 엔테로콜리티카 생물형 4, 혈청형 O3, O9, O5, O27의 경우 돼지에게서 분리되는데 돼지의 편도선, 혀, 맹장과 직장, 분변과 장 조직에서 검출된다.

사고 관련 식품과 예방대책　미국에서는 살균되지 않은 우유와 오염된 물을 마시고 발병되는 경우가 가장 많고, 저온살균유에 의한 사고 사례도 있는데, 이는 살균 후 오염에 의한 가능성과 살균 전 생유를 저온에서 장기간 저장할 동안 저온성 균인 여시니아 엔테로콜리티카가 많이 증식하고 살균 시 완전 사멸되지 않고 미량으로 남아 냉장유통 중 증식하여 사고를 유발했을 가능성이 있다. 덜 익힌 돼지고기를 섭취하거나 돼지 내장을 취급한 후 다른 식품을 오염시켜도 사고가 난다. 우리나라의 경우 순대 제조 후나 곱창 취급 시 각별한 주의가 요구된다. 미국에서는 치터링chittering이라는 돼지 내장으로 만든 흑인들의 전통식품을 조리한 엄마들이 아기에게 우유를 먹인 뒤 그 아기들이 여시니아중에 걸린 사례가 있고, 비위생적인 여건에서 만든 두부에 의한 사례도 있다.

따라서 생우유 섭취를 삼가고, 수돗물을 사용하지 않는 곳에서는 수인성 오염대책이 필요하다. 동물성 식품의 가열 조리 온도 준수와 식품의 온도, 시간 관리도 필요하다.

8) 리스테리아 모노사이토지니스

균의 특징　리스테리아Listeria 속에는 리스테리아 모노사이토지니스Listeria monocytogenes, 리스테리아 이바노비아이L. ivanovii, 리스테리아 그라비L. gravi, 리스테리아 이노큐아L. innocua 등 6종이 있으나 리스테리아 모노사이토지니스Listeria monocytogenes serotype 4b, 1/2a, 1/2b가 환자로부터 주로 검출된다. 식품이나 환경에서 분리되는 리스테리아 모노사이토지니스에는 비병원성균이 많다.

리스테리아는 그람양성 간균이며 포자 형성을 하지 않는 통성혐기성균이다. 텀블링 모션tumbling motion이라 부르는 편모에 의한 독특한 운동성을 현미경으로 관찰할 수 있다. 저온성균으로 5℃ 이하의 냉장 온도에서, 심지어 0℃에서도 천천히 증식한다. 최적 증식 온도는 30~37℃, 최고 증식 온도는 44℃이며 50℃ 이상에서 사멸한다. 포자를 형성하지 않는 식중독균 중 냉동, 건조, 열에 내성이 가장 크나 우유 저온살균조건에서는 사멸하는 것이 확인되었다.

pH에 대한 반응은 산의 종류와 온도에 따라 현격한 차이를 보인다. pH 4.3이 최저 증식 pH였고, 그 이하에서는 증식하지 못하나 생존했다. 유기산 0.1%가 증식을 억제했다. 다른 식중독균보다 소금이나 수분활성에 내성이 크다. 염도는 10~12%에서도 증식했고, 증식 최적 a_w는 0.97 이상이며 0.92 이하에서 증식이 억제되었으나 0.83에서도 생존했다. 저온 상태일수록 높은 염도에서 생존 가능했다.

증세 건강한 사람에게는 아무런 증세가 나타나지 않는다. 그러나 임산부·태아, 면역 저하자(에이즈 환자, 스테로이드제, 항암제, 장기이식 후 면역 억제제 투여자 등), 노인, 암환자(특히 백혈병) 등에게서 증세를 나타내는데 드물게 당뇨, 궤양성 장염 환자와 제산제를 사용하는 일반인에게서도 나타난다.

환자의 혈액, 뇌척수액, 태반, 태아 등 정상상태에서는 무균상태인 곳에서 리스테리아 모노사이토지니스가 분리 검출되면 리스테리아증Listeriosis으로 확진한다. 치사율은 뇌수막염의 경우 70%, 패혈증의 경우 50%, 태아 감염인 경우 80% 이상이나 산모는 생존하는 경우가 대부분이었다. 임산부의 경우 감염 초기에는 발열을 포함한 인플루엔자와 유사한 증세를 보이나, 유산을 초래하는 자궁염이나 자궁경부염, 혹은 사산을 일으킨다.

감염량은 잘 모르지만 대상의 상태에 따라 다양한 것으로 알려져 있는데 생유나 살균우유에 의한 감염에 민감한 집단이면 1,000 cell 이하에서도 감염이 가능한 것으로 나타났다. 발병기작은 균이 장 상피세포에 침입하여 숙주의 혈액 속의 백혈구, 대식세포macrophage 등에 들어가 자라면서 패혈증을 유발하고, 뇌수막염을 일으키거나 태반을 통해 태아에게로 간다. 임산부가 아닌 경우도 패혈증, 뇌수막염, 뇌염 등을 일으키는데 잠복기는 수일에서 3개월 정도이다.

소화기 감염은 오심, 구토, 설사를 유발하는데 소화기 질환은 역학조사 결과, 제산제를 복용하는 사람에게 많이 나타남이 밝혀졌다. 소화기 감염증세의 잠복기는 18~27시간, 감염량은 1.9×10^5~1×10^9 cell 정도로 많은 양이다. 2019년 미국 CDC 자료에 의하면 미국에서는 연 평균 1,600명 정도의 환자 발생과 260명의 사망자가 파악되나 산발적으로 발생하여 원인식품 규명이 어렵다.

분포 리스테리아는 자연에 널리 퍼져 있어 물이 있는 곳인 지표수, 연못물, 폐수 슬러지 함유 토양, 목초와 목초 사일리지에 많고 건강한 동물과 사람의 분변에도 많다. 어떤 연구에 의하면 2~6%의 사람이 장내세균으로 보유하고 있고 건강한 동물의 11~52%가 분변에 이 균을 갖고 있으며 조류, 몇몇 어류나 패류에서도 발견된다고 한다.

식품취급장의 경우 신발의 흙, 운반차 바퀴, 오염된 채소나 육류, 혹은 보균자로부터 유입되는데 배수로, 응축수, 고인 물, 바닥, 냉장실, 가공기계 등에서 쉽게 발견되며 한 번 서식하면 생물막을 형성하여 세척, 청소와 소독으로 잘 제거되지 않아 반복적인 오염을 일으키는 특징이 있다.

사고 관련 식품과 예방대책 미국에서 식품회수의 주 원인균이다. 미국과 유럽

사례

남아공에서 금세기 최대 규모의 리스테리아 식중독 사고 발생

2017년 1월부터 2018년 7월 17일까지 남아프리카 공화국에서 216명의 사망자를 포함한 1,060명의 리스테리아 식중독 확진 환자가 발생했다. 원인식품은 엔터프라이즈 푸드(Enterprise Foods)의 림포포주 폴로콰네(Polokwane) 소재 공장에서 만든 타이거 브랜드(Tiger Brand)의 바로 먹을 수 있는 훈제 돈육 소시지였다.

문제의 리스테리아인 sequence type 6(ST6)는 환자 가검물, 돈육 소시지, 제조 환경 검체에서 분리되었고 환자 중 10% 정도는 다른 19종 중의 한 리스테리아에 감염되어있었다. 환자는 태아와 28일 이하의 유아가 443명으로 42%를 차지해 가장 비중이 높았다. 균의 제조 공정 유입경로는 파악하지 못했고 5,912톤의 오염 우려되는 제품을 회수하거나 폐기했다.

자료: Food Safety News(https://www.foodsafetynews.com), South Africa declares end to largest ever Listeria outbreak, Sept. 4, 2018

조사에 의하면 15%의 생우유, 4.6%의 연질치즈, 0.2%의 아이스크림, 60%의 생닭, 7.5%의 생고기, 3~4%의 바로 먹을 수 있는 식품Ready-To-Eat food, RTE food 에 리스테리아가 있고, 해산물과 어육가공품, 훈제생선, 생육 발효 소시지, 육가공품, 콩나물, 양배추, 오이, 엽채류, 감자, 토마토, 샐러드 채소에 의한 사고가 많이 발생하는데, 이 중 냉장유통 육가공품에 의한 사고가 전체의 70% 정도를 차지한다. 미국에서는 임산부에게 핫도그 소시지, 델리 미트, 콜드컷cold-cut 섭취를 조심하도록 권고하고 있다.

조리장의 바닥, 배수로, 냉장실 내부를 주기적으로 세척 소독하여 서식하는 균을 제거해야 하고, 생우유 섭취를 삼가고, 동물성 식품의 가열 조리 온도를 철저히 하고, 식품의 온도, 시간 관리가 필요하다.

9) 기타 잠재적 식중독균

잠재적 식중독균이란 건강한 사람에게는 질병을 일으키지 않으나 면역력이 낮은 사람, 예를 들면 영유아, 임산부, 노인, 선·후천적 면역결핍증 환자, 항암제 치료 중인 환자나 스테로이드 약제를 투여 중인 환자에게서 질병을 유발하는 균을 말한다. 여기에 크로노박터 사카자키Cronobacter sakazakii, 크로스트리디움 디피실리Clostridium difficile, 수도모나스 에르지노사Pseudomonas aeruginosa, 세레티아 마르세센스Serratia marcescens 등이 포함되며, 이 중 크로노박터 사카자키에 대해서 알아보도록 한다.

크로노박터 사카자키의 특징 엔테로박터 사카자키Enterobacter sakazakii로 불리던 이 균은 그람음성 간균이며 산소 유무에 영향을 받지 않는 통성혐기성균이다. 어떤 종은 건조 상태로 2년 이상 생존하는 것으로 밝혀졌다.

크로노박터 사카자키 증세 크로노박터 사카자키Cronobacter sakazakii는 드물게 사고를 일으키는 침입형균으로 영아의 경우 40~80%의 치사율을 보인다. 대부분의 경우 면역력 형성에 문제가 있는 조산아에게서 균혈증, 뇌수막염, 뇌염 혹은 괴사성 장염 등을 일으켰다.

크로노박터 사카자키 사고 관련 식품   여러 나라에서 조제분유에 의한 사고가 여러 건 일어났는데 한국에서는 조제분유 배합에 사용된 바나나 퓌레가 오염되어 조제분유에 유입된 것으로 추정되었다.

4 식중독 바이러스

바이러스는 호흡이나 발효 등의 대사능력이 없으며 식품 속에서 증식하지 않고, 대부분의 장내 바이러스는 실험실에서 배양되지 않으며 식품으로부터 분리가 어려워 검출이 어렵다. 바이러스는 손에서 수시간, 건조한 표면이나 채소에서 수주일간 활성을 잃지 않는다. 바이러스는 상대적으로 산에 대한 저항성이 있어 위산에 불활성화되지 않으나, 세균을 사멸시킬 정도의 가열 조리로 제어가 가능하다.

> **바이러스**
> 한 개의 RNA나 DNA, 약간의 단백질을 가진 입자

식품이 분변에 오염되지 않도록 위생적으로 취급하고, 오염된 물의 어패류를 사용하지 않으며, 오염되지 않은 식수를 사용하고, 가열 조리 온도를 확실히 하며, 식품접촉표면의 세척 소독을 제대로 하면 바이러스 감염을 예방할 수 있다. 식중독 바이러스에는 장세포를 숙주로 하는 소화기 감염 바이러스와 간을 숙주로 하는 비소화기 감염 바이러스가 있다.

분변에 오염된 물에서 수확한 날 어패류, 특히 조개류가 주 원인식품인데 조개류는 주변 물의 바이러스를 체내에 100배 내지 1,000배 농축시킬 수 있다. 물속에 대장균의 존재가 장내세균의 지표로 인정되지만 장내 바이러스enteric virus의 지표로는 부적절한데 그 이유는 바이러스가 좋지 못한 환경에 훨씬 저항력이 강해 오염 후 시간이 경과되어 대장균이 사멸되어 불검출되더라도 장내 바이러스는 존재할 수 있기 때문이다.

식품 속에는 오염된 다양한 바이러스가 있을 수 있지만 바이러스의 조직 특이성 때문에 오직 식중독 바이러스만 식품을 매개로 하여 전파된다. 바이러스

성 장염은 감기 다음으로 흔한 질병으로 알려져 있다. 소화기를 감염시키는 바이러스는 발생빈도가 높은 바이러스 2종과 발생빈도가 낮은 바이러스 2종이 있다. 발생빈도가 높은 것은 노로바이러스Norovirus와 로타바이러스Rotavirus이고, 발생빈도가 낮은 것은 아스트로바이러스Astrovirus와 장 아데노바이러스Enteric adenovirus이다.

식중독 바이러스는 사람의 분변에 존재하고 사람만이 숙주로 감염되며 장세포에서 증식하고 분변을 통해 엄청난 수(10^8 입자/g 이상)의 바이러스 입자를 배출한다. 구토를 통해 전파되기도 하는데 구토물 한 방울에 10^7 이상의 바이러스 입자가 존재할 수 있다.

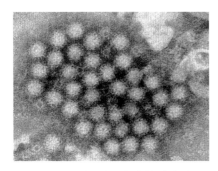

그림 4.8 노로바이러스의 전자현미경 사진
자료: CDC Public Health Image Library ID 10709

1) 노로바이러스

특징 노로바이러스Norovirus는 칼리시바이러스Calicivirus 계열로 성질이 유사한 일군의 SRSV small round structured virus들을 총칭하며 2002년 국제 바이러스분류학위원회International Committee on Taxonomy of Viruses에서 명명되었다그림 4.8. 과거에는 Norwalk virus, Sapporo virus, Snow Mountain virus, Taunton virus 등 식중독 사고가 발생한 지역의 명칭을 따 명명하거나 Norwalk-like virus로 불렸다. 병명은 바이러스성 장염, 급성 비세균성 장염, 겨울 구토 바이러스 질환 등으로도 불린다.

노로바이러스는 특성상 직접 실험할 수 없어 유사한 성질의 다른 바이러스로 실험하는데 60℃에서 가열 시 노로바이러스가 불활성화되는 것으로 파악된다.

증세 심하지 않고 오심, 구토, 설사 복통, 두통과 미열이 나며 분사형 구토가 특징적이다. 심한 증세나 입원은 드물지만 일본 양로원에서 합병증에 의한 많은 사망자가 발생했다는 보고가 있어 노인 환자와 같이 면역력이 낮은 사람들은 위험해질 수 있다.

감염량은 모르지만 대단히 적은 것으로 판단된다. 잠복기는 오염된 식품이나 물 섭취, 혹은 바이러스에 노출된 후 24~48시간, 대부분의 건강한 사람은 의학적 처치를 받지 않아도 24~60시간 후 회복된다.

사고 관련 식품과 예방대책 물이 가장 흔한 매체로 확인되었다. 지하수, 오염된 상수, 우물, 호수, 수영장, 유람선의 물 등이 사고를 많이 일으켰다. 2010년에 환경부는 당시 한국 지하수 18.9%에서 노로바이러스가 검출되었다고 보고했다.

생굴을 포함하여 날 어패류 섭취에 의한 사고가 많고 분변-경구오염 경로에 의해 오염된 식품 모두 원인식품이 될 수 있다. 사고와 관련되어 식품으로부터 노로바이러스를 검출한 예도, 가능한 검출법도 없다. 단, 물이나 환자의 가검물에서는 검출이 가능하고, 바이러스 함량이 높은 패류의 경우에는 검출이 가능하다. 공기에 의한 전파 사례도 많이 확인되고 있는데 구토 시 발생한 공중 부유 바이러스 입자에 의한 사람 대 사람의 2차 감염도 보고되었다.

안전한 상수 사용과 생굴, 생패류 섭취를 삼가고, 설사증상이 있는 사람의 식품 취급 금지와 철저한 손 씻기 등으로 분변오염을 예방해야 한다. 가열 조리 시 60℃ 이상으로 가열하면 노로바이러스에 오염된 어패류도 안전하게 섭취할 수 있다.

2) 로타바이러스

특징 로타바이러스Rotavirus는 레오비리다에Reoviridae 과family로 유아 설사, 겨울 설사 바이러스로 불린다. 그룹 A, B, C 세 종류의 로타바이러스 식중독 사고가 파악되는데, 그룹 A 로타바이러스는 세계적으로 만연하며, 유아와 어린이의 심한 설사의 주원인이고 절반 이상이 입원한다. 미국에서만 연간 300만 건 이상이 발생하고 있다. 온대지방에서는 주로 겨울에 발생하고 열대지방에서는 연중 고르게 발생한다. 그룹 B 로타바이러스는 성인 설사 로타바이러스 Adult Diarrhea Rotavirus, ADRV라고도 하며, 중국에서 나이 구분 없이 수천 명의 심한 설사 환자를 유발시킨 사례가 있다. 그룹 C 로타바이러스는 많은 나라에서 드물게 산발적으로 어린이 설사 환자를 유발하고 있다. 첫 발생은 일본과 영국에서 보고되었다. 세균이나 기생충을 관리하기 위한 조치들은 로타바이러스 통제에는 부적합하다.

증세   로타바이러스 식중독은 구토와 수양성 설사, 미열이 있는 소화기 질환을 일으킨다. 잠복기는 1~3일, 구토와 4~8일간의 설사, 일시적 **유당불내증**을 유발한다. 탈수로 인한 유아의 사망 가능성이 있으므로 의학적 관찰과 처치가 요구된다. 감염량은 10~100 particle 정도의 바이러스 입자인데, 분변 1 g에서 10^8~10^{10}입자를 방출하므로 오염된 손과 기물에 의해 쉽게 감염량 이상으로 오염될 수 있다. 설사증세가 없는 사람이 로타바이러스를 분변으로 대량 배설하는 경우도 많이 규명되어있어 이들 보균자에 의한 영속적 발생 가능성이 크다. 모든 사람이 감염될 수 있으나 유아와 어린이, 미숙아, 노인, 면역결핍증 환자에게 장염을 쉽게 유발한다.

> **유당불내증**
> 우유 속의 유당을 분해 흡수하지 못할 때 대장의 세균에 의해 유당이 분해되어 유산과 가스를 만들고 이 때문에 대장의 연동운동이 자극되어 설사, 복통 등의 증상을 일으키는 현상

분포   로타바이러스는 환경에서 안정적으로 존재하며, 강어귀 퇴적물 1 gal (3.8 L)당 1~5입자가 발견된다.

사고 관련 식품   전파는 분변–경구오염에 의해 이루어지므로 손에 의한 사람대 사람의 감염이 가장 주된 경로이고 소아과나 노인과 병동, 유아원, 가족 내의 집단 감염이 많다. 샐러드, 과일, 전채$^{hors\ d'oeuvres}$와 같이 감염된 사람이 손으로 취급하고 취급 후 열처리가 없는 식품이 주 매체로 추정되나 사고와 관련되어 식품으로부터 바이러스를 검출한 예도, 가능한 검출법도 없다.

3) A형 간염 바이러스

비소화기 감염형인 A형 간염 바이러스$^{Hepatitis\ A\ virus,\ HAV}$는 피코르나비리아데^{Picornaviridae} 과로, 식품을 통해 체내로 들어 온 바이러스가 혈류를 타고 간으로

가서 자기복제를 하며 감염을 일으킨다. 이 바이러스는 I~VI까지의 6가지 유전자형이 있는데 유전자형 I, II, III는 다시 부유전자형 A와 B로 나누어진다.

바이러스를 섭취한 모든 A형 간염 바이러스에 면역력이 없는 사람이 감염되고, 어린이보다는 성인에게서 발생되는 경우가 더 흔하다. 우리나라에서는 감염병의 예방 및 관리에 관한 법률에 제1군 감염병으로 지정되어있다. 미국에서는 주된 바이러스성 간염이고, 우리나라의 경우 과거에는 대부분 유아기 미량 노출로 항체가 형성되어있었으나 2013년을 기준으로 40대 이하는 어릴 때 이 바이러스에 노출되지 않아 항체가 없어 의료계에서 예방접종을 권장하고 있다. A형 간염 사고 발생 시 현 시점에서 2주 이내에 노출된 사람에게는 사후 예방법으로 면역글로불린을 주사하여 발병을 막을 수 있으나 2주 이상 경과한 경우에는 주사의 효과가 없다.

증세 잠복기는 15~50일로 평균 28일 정도이며, 급작스런 발열과 무기력, 오심, 식욕감퇴, 복부 불쾌감을 느끼며, 수일 이내에 황달증세가 나타난다. 감염량은 10~100 particle의 바이러스 입자로 추정된다.

사고 관련 식품 A형 간염 환자의 분변에 의해 오염된 물이나 식품으로 전파되

사 례

A형 간염에 걸린 종업원에 의한 식인성 간염 전파 사례

2001년 10월 26일 미국 매사추세츠주 보건국에 한 식당 종업원이 A형 간염에 걸려 10월 17일부터 증세가 있었다고 보고되었다. 이 날짜를 근거로 이 종업원에 의한 바이러스 전파 가능은 10월 3일부터 24일로 판단하고, 다른 종업원의 감염 여부와 이 종업원의 취급 식품, 위생관리상태 등을 조사했다. 이 종업원은 관리직이었으나 종종 샌드위치와 같은 바로 먹을 수 있는 음식 제조에 참여했는데, 이 직원의 손 씻기를 비롯한 개인위생상태가 양호한 것으로 판단하고 식당과 고객에 대한 사후 예방조치는 생략했다. 식당은 자진 휴업 후, 소독을 하고 나머지 조리원들만 예방 접종을 한 후 영업을 재개했다. 그러나 11월 이 지역 주민 중 46명의 A형 간염 환자가 10월 29일부터 11월 26일 사이에 발생했고, 이들 모두 이 종사원 잠복기인 발병 2~6주 전에 이 식당을 이용한 적 있음이 밝혀졌다. 결국 이 종사원이 취급한 음식에 의한 감염임이 확인된 것이다.

자료: MMWR, 2003

는데 식품 중에서는 콜드컷, 샌드위치, 과일과 과일주스, 우유와 유제품, 채소, 샐러드, 어패류, 아이스 음료 등이 사고를 많이 일으켰다. 이들 중 물, 어패류, 샐러드 3가지가 가장 빈번하게 사고를 일으키는 식품이다. 우리나라에서는 2019년 충남 소재 병원 직원식당에서 제공된 중국산 조개젓에 의한 발병 사례가 있고 매년 평균 2,000명 정도의 환자가 발생하고 있다. 식품공장이나 조리장에서 감염된 조리자에 의한 식품오염이 가장 흔하다.

4) E형 간염 바이러스

비소화기 감염형인 E형 간염 바이러스Hepatitis E virus, HEV는 Calici-like virus과로 분류하며, 식품을 통해 체내로 들어 온 바이러스가 혈류를 타고 간으로 가서 자기복제를 하며 간염을 일으킨다. 청소년기에서 중년기(15~40세)에 많이 발병하며, 임산부가 감염될 경우 증세가 심하고 치사율도 높다.

증세 잠복기는 15~60일로 평균 40일이며, 임상증세는 A형 간염 바이러스와 구분이 불가능하다. 무기력, 식욕감퇴, 복통, 관절통, 발열, 황달증세를 나타낸다. 감염량은 파악되지 않았다.

사고 관련 식품 E형 간염 환자의 분변–경구오염에 의해 전파되고, 수인성 전파와 사람 대 사람 감염 사례가 보고되었다. 식품 매개전파 가능성도 있다.

참고문헌

식품의약품안전처. 비브리오 패혈증균 예측 시스템, https://www.foodsafety korea.go.kr/

질병관리본부. 2018 감염병 감시연보, http://www.cdc.go.kr/npt/biz/npp/portal/nppPblctD taView.do/

Eisenberg, M. S. et al. 1975. Staphylococcal Food Poisoning Aboard a Commercial Aircraft. The Lancet. Sept. 27: 595-599.

Food Safety News. 2018. South Africa declares end to largest ever Listeria outbreak, https://www.foodsafetynews.com/

Jay, James M., Loessner, Martin J., Golden, David A. 2005. *Modern Food Microbiology*, 7th Ed. Springer.

MMWR. 1993. Update: Multistate Outbreak of *Escherichia coli* O157:H7 Infections from Hamburgers - Western United States, 1992-1993, 42(14): 258-63.

MMWR. 2003. Foodborne Transmission of Hepatitis A - Massachusetts, 2001, 52(24): 565-567.

Ray, Bibek., Bhunia, Arun K. 2014. *Fundamental food microbiology*. 5th Ed. CRC Press.

Rosenberg, Jennifer. 2019. Biography of Typhoid Mary, Who Spread Typhoid in Early 1900s. ThoughtCo, thoughtco.com/typhoid-mary-1779179/

US FDA. 2012. Foodborne Pathogenic Microorganisms and Natural Toxins Handbook, The "Bad Bug Book (Second Edition)". 10903 New Hampshire Avenue, Silver Spring, MD 20993, https://www.fda.gov/food/foodborne-pathogens/bad-bug-book-second-edition/

PART O3

화학적
위해요소

CHAPTER

5

화학물질의 작용기전과 안전성 시험

≫학습목표

1. 화학물질의 용량−반응곡선과 반수치사량 (LD_{50})의 개념을 설명할 수 있다.

2. 식품 내 화학물질의 체내 흡수·대사·배출 과정을 설명할 수 있다.

3. 식품 내 화학물질의 안전성을 평가하는 방법을 설명할 수 있다.

4. 식품첨가물의 안전한 사용방법을 설명할 수 있다.

우리는 식품을 통해 다양한 화학물질을 섭취하게 된다. 이들 화학물질 중에는 단기간 혹은 장기간 섭취 시 건강에 해로운 물질들이 있다. 최근 새로운 식품 소재가 개발되고 건강기능식품의 섭취가 증가하면서 소비자들은 식품 성분으로 섭취되는 화학물질이 건강에 미치는 영향에 우려를 나타내고 있다. 이 장에서는 이러한 화학물질의 흡수·대사 기전을 이해하고, 안전성 평가방법 및 기준규격 설정, 식품첨가물의 안전성을 학습한다.

1 화학물질이 인체에 미치는 영향

일반 소비자들은 식품을 구성하는 성분이나 식품첨가물 등 특정 물질이 우리 몸에 좋은가 나쁜가에 대해 관심이 많다. 이것은 현대인만의 관심사는 아니었다. 인류의 조상 역시 먹을 것을 구하면서 어떤 것은 먹어도 되고 어떤 것은 먹으면 안 되는지 고심해야만 했다. 그 경험들이 축적되어 인류는 섭취 후 문제가 없었던 것은 식품으로, 문제가 있었던 것은 독으로, 아픈 것을 낫게 하는 데 도움이 되었던 것은 약으로 이용하였다.

보툴리눔균이 생성하는 보툴리눔 독소는 치사량이 매우 적은 '독'으로 알려져 있는 반면, 물은 생존에 필수적인 물질로 알려져 있다. 그러나 물 역시 과량을 마시게 되면 전해질 불균형의 문제가 발생할 수 있다. 인간에게 필수적으로 알려진 많은 영양소의 경우에도 과량으로 섭취할 경우 독성을 나타내므로 섭취 상한선이 정해져 있다. 비타민 A나 비타민 D가 그 예이다.

그렇다면 우리가 어떤 화학물질은 영양소나 약으로, 어떤 화학물질은 독소로 구분하는 기준은 무엇인가? 이 질문에 독성학자들은 노출량, 식품으로 섭취하는 경우에는 섭취량이 가장 중요하다고 답한다. 어떤 화학물질이든 그 자체로 "독이다, 아니다"라고 말할 수 없으며 모든 화학물질은 섭취한 양에 따라 건강상 이익을 주기도 하고 장애를 초래하기도 하며, 아무 영향을 미치지 않을 수도 있다는 것이다. 일반적으로 독$^{toxin, poison}$이라고 하는 것은 미량만 섭취해도 건강에 해를 주는 화학물질을 의미한다. 식품을 통해 섭취하는 여러 화학물질 중 영양소는 영양학 분야에서 주로 다루므로, 이 장에서 다루는 화학물질은 비영양 화학물질에 국한하기로 하겠다.

화학물질이 인체에 미치는 위해의 종류와 정도는 노출량 외에도 다양한 요인의 영향을 받는다. 한 가지 화학물질이 여러 가지 위해작용을 나타낼 수 있지만, 대부분 특정한 장기, 즉 표적기관에 더 큰 위해를 미친다. 표적기관은 화학물질의 노출경로, 화학적 구조, 체내에서 화학물질의 이동과 대사에 의해 결정된다. 식품위생학에서 다루는 화학물질의 노출경로는 주로 소화기이며, 화학물질의 화학적 구조는 아주 단순한 구조에서부터 복잡한 구조까지 다양하다.

1) 용량-반응관계

한 가지 화학물질이 사람이나 동물에 미치는 영향은 섭취량에 의해 결정된다고 하였다. 영양소가 아닌 화학물질을 실험동물에 아주 소량으로 투여하면 아무런 반응도 보이지 않다가 투여량이 증가되어 일정 수준 이상이 되면 위해반응이 나타난다그림 5.1. 이렇게 투여량을 증가시켰을 때 부정적 반응이 나타나지 않는 최대 용량을 역치라고 하고, 투여량이 역치를 넘으면 생체반응이 증가하다가 어느 수준이 되며 치명적인 결과, 결국에는 사망을 초래하게 된다. 이러한 용량과 반응관계를 통해 화학물질의 독성 정도를 파악하고, 노출과 독성 정도의 관계를 이해할 수 있다. 화학물질의 양을 다르게 하여 실험동물에 노출시켰을 때 나타나는 특정 반응(체중, 효소량, 사망 등)을 측정하여 그래프로 나타낸 것을 용량-반응곡선이라고 한다.

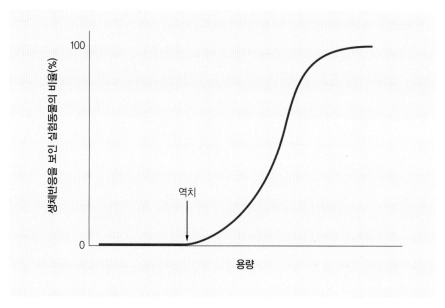

그림 5.1 화학물질의 용량-반응곡선

2) 반수치사량과 반수효과량

실험동물을 10마리씩 여러 시험군으로 나누고, 관찰하는 반응을 동물의 죽음으로 하여 용량-반응곡선을 얻는 실험을 할 때, 역치 이하를 투여한 시험군에서는 아무런 반응이 나타나지 않다가 어느 수준 이상의 용량을 복용한 시험군에서 동물이 죽기 시작한다. 용량이 높은 시험군일수록 죽는 동물의 수가 많을 것이고, 어느 수준이 되면 실험군의 모든 동물이 죽게 된다. 실험집단 내 동물의 50%를 죽게 하는 용량을 반수치사량median lethal dose이라고 하며 LD_{50}으로 표현한다그림 5.2. 일반적으로 식품에 사용되는 화학물질은 비교적 안전하기 때문에 실험을 통해서 치사량을 구하는 것은 어렵다. 따라서 반수치사량을 이용해 화학물질의 독성 정도를 상대적으로 파악한다표 5.1. 최근 식품첨가물로 개발된 화학물질의 경우 안전도가 높으므로 LD_{50} 개념도 적용하기 어려운 경우가 많아 **반수효과량**effective dose 50; ED_{50}을 상대적 독성의 척도로 이용하기도 한다.

반수효과량
실험 집단 내 동물의 50%에서 정해진 증세가 나타나는 용량

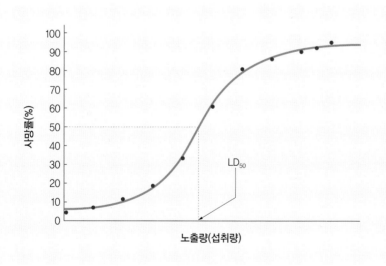

그림 5.2 용량-반응곡선과 반수치사량

표 5.1 식품 내 다양한 화학물질의 LD_{50}

화학물질	LD_{50}(mg/kg BW)
에탄올[1]	14,000
소금[1]	4,000
말라티온(Malathion)[2]	1,200
암모니아[2]	350
DDT[2]	100
비소[2]	48
다이옥신(TCDD)[3]	0.001
보툴리눔 독소[2]	0.00001

[1] 생쥐, [2] 쥐, [3] 기니피그

2 체내에서 일어나는 화학물질의 반응

화학물질이 신체에 해를 일으키기 위해서는 우선 그 물질을 섭취하고, 물질이 세포 점막을 통과해 흡수되어야 한다. 일단 흡수된 화학물질은 신체 여러 부분으로 이동하여 대사과정에 관여하고 표적기관에 도달해 독성효과를 나타낸다. 어떤 화학물질은 배설기관을 통해 우리 몸에서 쉽게 제거되는 반면, 어떤 화학물질은 독성을 나타내지 않으나 장기에 축적되어 거의 배설되지 않고 평생 동안 축적되기도 한다. 또한, 같은 화학물질이라도 독성의 정도는 노출된 시간과 대상의 발달 단계 등에 따라 다르게 나타난다그림 5.3.

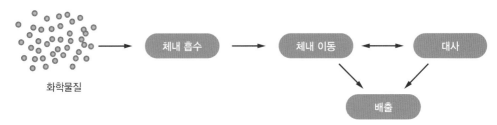

그림 5.3 생체 내 화학물질의 반응

1) 흡수

화학물질이 생물체 내 반응에 참여하여 건강상 장애를 일으키는 현상을 독성화라고 한다. 장애를 일으키기 위해서 화학물질은 일단 체내로 흡수되어야 한다. 흡수되지 않고 소화관을 통과한 독성물질은 피부 손상을 주는 물질이 아닌 경우를 제외하고는 큰 장애를 일으키지 못한다. 식품에 포함된 화학물질의 대부분은 소장에서 흡수되고, 일부가 위를 통해 흡수된다. 영양소의 흡수와 마찬가지로 소장은 표면적이 넓고 산성 환경이 아니므로 독성물질의 흡수가 용이하다. 소장에서 대부분의 화학물질은 단순 확산으로 흡수된다. 지용성 물질은 세포막을 더 쉽게 통과할 수 있고 통과 후 훨씬 잘 확산될 수 있다. 대장은 수분 흡수가 주된 기능이므로 화학물질의 흡수는 거의 일어나지 않는다.

영양소와 구조가 유사한 일부 화학물질은 영양소가 흡수되는 기전인 능동수송을 통해 흡수되지만 이 방법은 화학물질의 주된 흡수 기전은 아니다. 이에 반해 발암물질이나 분자량이 큰 독성물질은 세포내 흡입endocytosis이나 세포외 반출exocytosis을 통해 세포막을 통과한다. 장내세균들이 독성 화학물질을 변화시켜 흡수에 영향을 미치는 경우도 있는데, 이때 일어나는 반응에 따라 화학물질의 흡수는 촉진될 수도 있고 저해될 수도 있다.

2) 체내 이동과 축적

장독소 물질은 소화기계를 통해 흡수되기만 해도 효과를 나타낼 수 있다. 그 외 대부분의 화학물질이 효과를 나타내기 위해서는 세포 내로 흡수된 후 혈류나 림프계를 따라 체내 여러 기관으로 이동해야 한다. 혈액 내에서 화학물질은 혈장 단백질인 알부민, 글로불린과 결합한 상태로 이동하는데 단백질과 결합한 화학물질은 비활성화되어 독성을 나타내지 않는다. 혈류를 타고 이동하다 혈장 단백질보다 더 친화도가 높은 세포나 조직을 발견하면 화학물질은 그쪽으로 이동하여 축적된다. 화학물질이 표적기관이 아닌 조직으로 이동한 경우 독성을 나타내지 않고 계속 축적된다.

화학물질의 체내 이동과 축적은 그 물질의 분자량, 구조, 지질 용해성, 이온 농도의 영향을 받는다. DDT나 폴리염화비페닐류polychlorinated biphenyls와 같은 지질 친화 독성물질은 혈액 내에 있으면 독성을 나타내지만, 지방조직에 축적되면 독성을 나타내지 않는다. 또는 간과 신장이 독성물질과 쉽게 결합하여 화학물질이 표적기관에 도달하는 것을 지연시킨다. 불소, 납, 라듐 등의 중금속 물질은 주로 뼈에 축적된다.

3) 대사

체내로 흡수된 화학물질은 효소의 도움으로 다른 물질과 반응하고 그 결과 대사산물이 생성되는데, 이 과정을 거치면서 그 화학물질의 독성이 더 약해지며 우리 몸에서 제거되기 쉬운 상태로 변한다. 이러한 대사과정은 제1상 반응과 제2상 반응으로 구분되는데, 이러한 반응은 인체 내 다양한 조직에서 일어날 수 있으나 간이 가장 중요한 역할을 한다. 화학물질의 대사과정에는 많은 효소와 기전이 관계하는데 일반적으로 제1상 반응에서는 산화, 환원, 가수분해 반응 등을 통해 화학물질에 작용기를 더하게 되고, 제2상 반응에서는 중합반응을 통해 다른 분자와 결합하게 하여 원래 물질보다 수용성이고 배설하기 쉬운 형태로 전환된다. 화학물질이 제1상 반응과 제2상 반응을 거치면서 독성이 없어지거나 약해지기도 한다. 그러나 화학물질 중에는 대사과정을 거치는 과정 중에 다양한 대사산물이 생성되고 이들 대사산물이 원래 독성을 유지하거나 독성이 더욱 강해지는 것도 있다. 아플라톡신 B_1의 대사산물인 아플라톡신 M_1은 이 반응을 거쳤지만 여전히 강한 독성을 보인다. 대사과정은 종 간에 또는 같은 종 내에서도 개인차(연령, 영양상태, 생리적 스트레스 등)가 있어 독성의 영향과 강도가 다를 수 있다.

4) 배출

우리 몸은 항상성 유지와 생존을 위해 불필요한 화학물질을 제거한다. 이러한 화학물질은 대변, 소변, 호흡으로 대부분 배출되고, 피부, 땀, 수유, 머리카락 등을 통해서도 소량 배출된다. 따라서 흡수된 화학물질이 배출되기 위해서는 간이나 신장, 폐로 이동되어야 한다. 만일 제거율이 흡수율보다 낮다면 그 화학물질은 체내에 축적되는데 지방조직, 뼈, 손톱, 머리카락과 같은 비활성 조직에 축적되면 체내에 큰 독성효과를 나타내지는 않는다.

3 화학물질 노출 영향과 안전성 시험

1) 화학물질 노출과 영향

영양소가 아닌 화학물질이 인체에 미치는 독성효과는 그 화학물질에 노출된 시기와 노출빈도에 따라 급성중독과 만성중독으로 구분된다. 급성중독은 과량의 용량에 단시간 노출된 후 중독반응이 나타나는 데 반해, 만성중독은 급성중독을 일으키지 않을 정도의 소량의 화학물질에 장기간 노출된 결과로 증상이 나타난다. 오늘날 식품을 통해 섭취하는 화학물질의 위해와 관련하여 만성중독이 주된 관심을 받고 있다. 급성중독과 만성중독 모두 노출 후 중독증상이 즉각적으로 발현될 수 있고, 일정 시간이 지난 후 증상이 발현되기도 한다. 또한, 중독증상이 지속되는 기간이 단기적일 수도, 만성적일 수도 있다.

2) 화학물질의 안전성 시험

화학물질이 생체에 미치는 영향을 파악하고 그 물질에 대한 용량－반응관계에 대한 자료를 얻기 위해 안전성 시험을 실시한다. 즉, 안전성 시험을 통해 식품으로 섭취해도 안전한 양을 얻을 수 있다. 새로 개발된 식품첨가물은 일련의 안전성 시험을 거쳐야만 하는데, 일반적으로 쥐, 생쥐, 개 등 동물을 이용하여 섭취 후 나타나는 독성을 관찰하고 독성이 나타나시 않는 섭취량을 구한다. 그 외에도 식품으로 섭취되기 위해서는 발암성 여부, 태아 기형 유발 어부, 알레르기 발생 가능성 등도 함께 평가한다.

(1) 단회투여 독성시험

식품으로 섭취하는 거의 모든 화학물질은 단회투여 독성시험acute toxicity testing을 거치게 된다. 이것은 실험동물에 비교적 과량의 화학물질을 1회 투여하고 2주간 관찰하여 나타나는 중독증상이나 표적기관을 파악하기 위한 시험이다. 단회투여 독성시험을 통해 다른 물질과의 비교를 위한 치사량 또는 반수치사량을 결정할 수 있고, 다른 시험을 위한 용량 범위를 결정하게 된다. 식품첨가물로 개발되는 화학물질보다는 산업현장이나 농촌에서 농약 등 독성물질에 노출과 관련된 독성평가 시 많이 활용되고 있다.

(2) 반복투여 독성시험

식품첨가물이나 식품을 통해 섭취하는 화학물질의 경우 급성독성보다는 화학물질에 반복적으로 장기간 노출될 때 발생하는 건강상의 문제가 더욱 문제이므로 반복투여 독성시험repeated dose toxicity study이 중요하다. 반복투여 독성시험은 화학물질을 실험동물에 오랫동안(수개월 혹은 수년) 반복 투여함으로써 나타나는 독성을 밝히기 위한 것으로, 중독증상을 나타내는 용량이나 독성의 종류와 정도, 독성을 나타내지 않는 최대용량(최대무작용량, 무독성량)을 조사할 수 있다. 반복투여 독성시험은 시험기간에 따라 아급성 독성시험(1개월 미만), 아만성 독성시험(1~3개월), 만성 독성시험(1년~생애기간)으로 구분된다.

아만성 독성시험subchronic toxicity testing에는 보통 90일이 소요되는데, 두 종류의 동물(설치류, 비설치류)을 대상으로 한다. 전통적으로 쥐와 개가 많이 이용되는데, 비교적 실험이 용이하고 과거부터 이용되어왔기 때문에 축적된 기초정보가 많은 것이 장점이다. 시험기간 중 동물의 운동성, 자극에 반응, 전반적인 행동, 사망률, 심장박동률, 혈압, 신경계 이상 등을 관찰하고, 시험 종료 시 또는 동물이 죽은 경우 부검을 실시하여 조직의 병리학적 변화 등을 파악한다.

식품첨가물의 시험을 위해서는 보통 90일 동안 반복투여 독성시험이 적용된다. 반복투여 독성시험을 통해 발암물질이 아닌 화학물질에 대해 최대무작용량을 결정할 수 있다. 최대무작용량No Observed Adverse Effect Level, NOAEL이란 실험동물 집단별로 시험 화학물질을 몇 단계의 농도로 매일 투여하고 관찰하여 파악한 실험동물에 독성이 나타나지 않는 최대 투여량을 말한다.

(3) 특수 독성시험

특수 독성시험으로 최기형성시험, 생식독성시험, 변이원성시험, 발암성시험, 면역독성시험 등이 있다. 각 시험의 특징은 다음 표에 제시하였다표 5.2. 반복투여 독성시험, 발암성시험, 생식독성시험 등의 독성시험을 종합하여 무독성량을 산출한다.

표 5.2 화학물질의 안전성 평가를 위한 특수 독성시험

종류	특징
최기형성시험 (teratogenesis test)	임신 중인 실험동물에게 화학물질을 투여하여 태아에 나타난 비정상적인 영향(최기형성, 태아의 생존성, 발생, 발육)을 조사하는 시험
번식시험 (생식독성시험, reproductive test)	실험물질을 투여한 후 암수의 생식능력, 임신, 분만, 보육과 차세대 번식과정에 미치는 영향을 조사
변이원성시험 (유전독성시험, genotoxicity test)	• 화학물질이 세포의 유전자에 돌연변이를 일으키는지를 조사하는 시험으로 발암성시험의 예비시험으로 사용 • 에임스시험(Ames test), 숙주매개시험(host-mediated assay), 진핵세포 DNA 손상시험(eukaryotic cell DNA damage and repair) 등이 있음
발암성시험 (carcinogenesis test)	화학물질의 발암성을 조사하는 시험으로, 시험결과 발암성이 확인된 경우 그 물질의 사용을 금지
면역독성시험 (immunotoxicity test)	• 화학물질이 생물체의 면역체계에 이상을 일으키는지를 조사하는 시험 • 항원성 시험, T-의존 항체형성 세포반응(T-dependent antibody forming cell response) 등이 있음

3) 식품첨가물의 일일 섭취 허용량 산출

일일 섭취 허용량Acceptable Daily Intakes, ADI은 인간이 특정 식품첨가물을 일생 동안 매일 섭취해도 어떠한 영향을 받지 않는 일일 섭취량으로, 식품첨가물을 안

식품첨가물 아세설팜칼륨의 무독성량 구하기

1. 쥐를 이용해 90일간의 반복투여 독성시험(아급성 독성시험)을 500, 1,500 및 5,000 mg/kg·bw/day의 용량으로 실시하였다. 그 결과 5,000 mg/kg·bw/day에서 맹장 비대와 맹장 중량의 증가가 확인되었다. 따라서 무독성량은 1,500 mg/kg·bw/day이다.

2. 쥐를 이용한 2년간의 반복투여 독성시험 및 발암성시험을 150, 500 및 1,500 mg/kg·bw/day의 용량으로 실시하였다. 모든 농도에서 발암성 및 독성이 확인되지 않았으므로 무독성량은 1,500 mg/kg·bw/day로 결정되었다.

3. 생쥐를 이용해 80주간 반복투여 독성시험 및 발암성시험을 0, 420, 1,400 및 4,200 mg/kg·bw/day의 용량으로 실시하였다. 모든 농도에서 발암성 및 독성이 확인되지 않았으므로 무독성량은 4,200 mg/kg·bw/day이다.

4. 번식시험 및 최기형성시험을 0, 150, 500 및 1,500 mg/kg·bw/day의 용량으로 실시하였다. 모든 농도에서 번식독성 및 최기형성이 확인되지 않았으므로 무독성량은 1,500 mg/kg·bw/day이다.

5. 따라서 이러한 결과로부터 확인된 무독성량은 1,500 mg/kg·bw/day이다.

자료: 식품의약품안전청, 2011

전하게 사용하기 위한 지표이다. 식품첨가물의 일일 섭취 허용량을 계산할 때 동물실험에서 얻은 무독성량을 그대로 적용하기에는 어려움이 있다. 따라서 동물실험의 결과를 인간에게 적용할 때 **안전계수**를 사용한다. 일반적으로 동물과 인간 간의 종차를 10배, 인간의 개인차를 10배라고 생각하여 100배(10×10)를 안전계수로 이용한다. 특히, 식품첨가물에 대해서는 일일 섭취 허용량이 무독성량의 1/100 이하가 되도록 사용기준이 설정되어있다그림 5.4.

안전계수
일일 섭취 허용량을 산출하기 위해 일반적으로 안전계수는 100을 사용함. 그러나 안전한 물질로 판단될 경우 10과 같이 더 낮은 수치를 활용할 수 있음

정상
독성이 확인됨

반복투여 독성시험, 발암성시험 등

식품첨가물 투여량

$$\frac{무독성량}{안전계수(통상\ 100)} = 일일\ 섭취\ 허용량$$

그림 5.4 일일 섭취 허용량을 구하는 방법
자료: 식품의약품안전청, 2011

탄산음료의 안식향산

보존료인 안식향산의 일일 섭취 허용량은 5 mg/kg·bw/day이므로, 체중 30 kg인 어린이의 안식향산에 대한 일일 섭취 허용량은 150 mg이다. 탄산음료(250 g) 한 캔에 안식향산이 7.72 mg 함유된 경우, 이 어린이는 하루에 약 20캔을 마셔야 일일 섭취 허용량을 섭취하게 된다.

자료: 식품의약품안전청, 2012

4 식품첨가물의 안전성

1) 식품첨가물의 사용목적

식품산업이 발달하고 신선한 식품, 관능적·영양적으로 우수한 식품에 대한 소비자의 요구가 높아지면서 다양한 식품소재와 식품첨가물이 개발되어 이용되고 있다. 흔히 식품첨가물을 현대 식품가공산업의 산물로 생각하는데, 식품첨가물의 역사는 매우 길다. 우리가 자주 먹는 두부는 아주 옛날부터 두유에 식품첨가물인 응고제(간수)를 넣어 만들어왔고, 훈연성분과 소금은 맛과 보존성을 향상시키기 위해 오랫동안 사용해온 식품첨가물이다.

식품첨가물은 "식품을 제조, 가공 또는 보존함에 있어 식품에 첨가, 혼합, 침윤, 기타의 방법으로 사용되는 물질(기구 및 용기, 포장의 살균, 소독의 목적에 사용되어 간접적으로 식품에 이행될 수 있는 물질을 포함)"로 정의된다. 따라서 가공식품의 제조에 사용되나, 제조과정 중에 제거되어 최종 제품에 잔류하지 않는 것(추출용제, 여과보조제 등)도 식품첨가물이라 할 수 있다.

한 화학물질이 식품첨가물로 사용되기 위해서는 우선 안전성이 입증되어야 하고, 사용을 위한 기술적 필요성과 타당성이 입증되어야 한다. 식품첨가물은 식품의 품질을 유지시키거나 보존성을 향상시켜 식중독을 예방하기 위해(보존료, 산화방지제), 식품의 제조·가공을 효과적으로 수행하기 위해(두부응고제, 소포제 등) 사용된다. 또한, 식품의 기호성과 품질을 개선시키기 위해(향미증진제, 착향료 등), 식품의 영양가를 강화하기 위해(비타민, 무기질 등) 사용된다.

2) 식품첨가물의 종류

식품첨가물공전Korean Food Additives Code에서는 식품첨가물을 식품첨가물과 혼합제제류로 구분하고 있다. 우리나라에서는 1962년 식품위생법이 제정 및 공포되면서 처음으로 217품목의 식품첨가물이 지정되었고, 매년 식품첨가물의 기준과 규격을 제·개정하여 2019년 기준 608종이 지정되어있다. 국내에서 지정된 식품첨가물을 용도에 따라 분류하면 다음과 같다표 5.3.

표 5.3 용도에 따른 식품첨가물의 분류

용도	정의
감미료	식품에 단맛을 부여하는 식품첨가물
고결방지제	식품의 입자 등이 서로 부착되어 고형화 되는 것을 감소시키는 식품첨가물
거품제거제	식품의 거품 생성을 방지하거나 감소시키는 식품첨가물
껌기초제	적당한 점성과 탄력성을 갖는 비영양성의 씹는 물질로 껌 제조의 기초 원료가 되는 식품첨가물
밀가루개량제	밀가루나 반죽에 첨가되어 제빵 품질이나 색을 증진시키는 식품첨가물
발색제	식품의 색을 안정화시키거나, 유지 또는 강화시키는 식품첨가물
보존료	미생물에 의한 품질 저하를 방지하여 식품의 보존기간을 연장시키는 식품첨가물
분사제	용기에서 식품을 방출시키는 가스 식품첨가물
산도조절제	식품의 산도 또는 알칼리도를 조절하는 식품첨가물
산화방지제	산화에 의한 식품의 품질 저하를 방지하는 식품첨가물
살균제	식품 표면의 미생물을 단시간 내에 사멸시키는 작용을 하는 식품첨가물
습윤제	식품이 건조되는 것을 방지하는 식품첨가물
안정제	두 가지 또는 그 이상의 성분을 일정한 분산 형태로 유지시키는 식품첨가물
여과보조제	불순물 또는 미세한 입자를 흡착하여 제거하기 위해 사용되는 식품첨가물
영양강화제	식품의 영양학적 품질을 유지하기 위해 제조공정 중 손실된 영양소를 복원하거나, 영양소를 강화시키는 식품첨가물
유화제	물과 기름 등 섞이지 않는 두 가지 또는 그 이상의 상을 균질하게 섞어주거나 유지시키는 식품첨가물

(계속)

용도	정의
이형제	식품의 형태를 유지하기 위해 원료가 용기에 붙는 것을 방지하여 분리하기 쉽도록 하는 식품첨가물
응고제	식품 성분을 결착 또는 응고시키거나, 과일 및 채소류의 조직을 단단하거나 바삭하게 유지시키는 식품첨가물
제조용제	식품의 제조·가공 시 촉매, 침전, 분해, 청징 등의 역할을 하는 보조제 식품첨가물
젤형성제	젤을 형성하여 식품에 물성을 부여하는 식품첨가물
증점제	식품의 점도를 증가시키는 식품첨가물
착색료	식품에 색을 부여하거나 복원시키는 식품첨가물
청관제	식품에 직접 접촉하는 스팀을 생산하는 보일러 내부의 결석, 물때 형성, 부식 등을 방지하기 위하여 투입하는 식품첨가물
추출용제	유용한 성분 등을 추출하거나 용해시키는 식품첨가물
충전제	산화나 부패로부터 식품을 보호하기 위해 식품의 제조 시 포장 용기에 의도적으로 주입시키는 가스 식품첨가물
팽창제	가스를 방출하여 반죽의 부피를 증가시키는 식품첨가물
표백제	식품의 색을 제거하기 위해 사용되는 식품첨가물
표면처리제	식품의 표면을 매끄럽게 하거나 정돈하기 위해 사용되는 식품첨가물
피막제	식품의 표면에 광택을 내거나 보호막을 형성하는 식품첨가물
향미증진제	식품의 맛 또는 향미를 증진시키는 식품첨가물
향료	식품에 특유한 향을 부여하거나 제조공정 중 손실된 식품 본래의 향을 보강하는 식품첨가물
효소제	특정한 생화학 반응의 촉매작용을 하는 식품첨가물

3) 식품첨가물의 사용과 관리

우리나라에서는 식품의약품안전처장에 의해 지정 고시된 식품첨가물만이 사용기준에 따라 사용될 수 있다. 이 제도를 '첨가물지정제도'라고 하는데, 식품첨가물로 지정되기 위해서는 식품의약품안전처장이 정한 식품첨가물의 기준 및 규격 설정과 사용기준 개정 신청에 관한 지침에 따라 관련 자료를 식품의약품안전처에 제출해야 한다. 그 후 해당 물질의 안전성, 기술적 필요성과 정당성 등이 검토되고, 행정 예고, 식품위생심의위원회 심의 등 행정 절차를 거처 최종적으로 '식품첨가물의 기준 및 규격'에 고시될 수 있다. 이것은 고정적인 것이 아니라 지정된 식품첨가물도 사용 중 문제가 파악되는 경우 지정이 취소될 수 있고, 새로운 식품첨가물이 기준을 충족시키면 새롭게 식품첨가물로 지정이 되므로 지정된 식품첨가물의 종류와 수는 계속해서 변한다.

기준과 규격이 고시되지 않은 식품첨가물을 사용하기 위해서는 식품 등의 한시적 기준 및 규격 인증기준에 따라 허가를 받아야만 한다. 지정된 식품첨가물도 안전하고 우수한 품질을 확보하기 위해 식품첨가물공전에 식품첨가물의 성분규격이 규정되어있으며 순도나 부산물에 대한 상한치가 정해져 있다. 또한, 안전성이 확보되어있는 식품첨가물도 일일 섭취 허용량 이상을 섭취할 가능성이 있다. 따라서 사용기준을 설정하여 식품첨가물을 사용할 수 있는 식품의 종류, 사용량, 사용목적 및 사용방법 등을 제한함으로써 여러 가지 식품을 섭취해도 특정 식품첨가물의 일일 섭취 허용량을 초과하지 않도록 관리해야 한다.

식품첨가물을 사용했을 경우 식품 등의 표시 기준에 준한 표시를 해야 한다. 합성감미료, 합성착색료, 합성보존료, 산화방지제, 표백제, 합성살균제, 발색제, 향미증진제의 목적으로 사용되는 식품첨가물은 그 명칭과 용도를 함께 표시해야 하고{예: 아스파탐(합성감미료)}, 그 외의 식품첨가물은 그 명칭이나 첨가물에 해당하는 주 용도를 표시해야 한다(예: 구연산 또는 산도조절제). 또한, 아스파탐이 분해되어 생성된 페닐알라닌이 페닐케톤뇨증 환자에게 부작용을 일으킬 수 있어 아스파탐을 사용한 제품에 대해서는 '페닐알라닌 함

쉬어가기

일반안전 인증물질(Generally Recognized As Safe, GRAS)

미국의 특징적인 식품첨가물 관리제도이다. 미국 식품의약품 및 화장품법(Food, Drug, and Cosmetic Act)의 1958년 식품첨가물 수정법안(Food Additives Amendment)에 따르면 식품에 첨가되는 물질은 사용 전 미국 식품의약품안전청에 화학구성, 사용성, 기능성, 안전성에 대한 서류를 제출하여 사용 조건에 대한 허가를 받아야 한다. 그러나 그 당시까지 사용해오면서 위해가 보고되지 않았던 식품첨가물에 대해서는 이 법안 적용을 예외로 인정하면서 이들 식품첨가물들을 GRAS 목록으로 관리하고 있다. 그 후 GRAS 목록에 포함된 일부 식품첨가물들의 안전성 문제가 밝혀지면서 목록에서 삭제된 경우도 있지만, 아직까지도 GRAS 목록의 많은 식품첨가물들은 인간에 대한 위험이 보고되지 않았고 화학적 구조에서도 위험 가능성이 없어 심도 있는 안전성 평가는 이루어지지 않고 있다.

그림 5.5 식품첨가물의 표시 예
일부 자료: 식품의약품안전처 첨가물기준과, 2017

유'라는 내용을 표시한다. 자일리톨 등 당알코올류를 주원료로 한 제품에는 해당 당알코올의 종류와 함량을 표시하며, "과량 섭취 시 설사를 일으킬 수 있습니다" 등의 내용을 표시한다. 식품첨가물의 취급과 관련한 주의를 위해 수산화암모늄, 초산, 빙초산, 염산, 황산, 수산화나트륨, 수산화칼륨, 차아염소산나트륨, 차아염소산칼슘, 액체 질소, 액체 이산화탄소, 드라이아이스, 아산화질소 등 식품첨가물에는 "어린이 등의 손에 닿지 않는 곳에 보관하십시오", "직접 섭취하거나 음용하지 마십시오", "눈·피부에 닿거나 마실 경우 인체에 치명적인 손상을 입힐 수 있습니다" 등의 문구를 표시한다그림 5.5.

4) 국제적인 안전성 평가

식품 유통이 국제화되면서 국가 간의 상이한 식품첨가물 지정 절차, 종류, 사용기준 등이 국제통상에서 문제가 되고 있다. 식품첨가물 관리에서 국제적인 기준 설정에 대한 요구가 높아지면서 세계보건기구WHO와 국제연합식량농업기구FAO에서는 소비자의 건강을 지키고 식품의 공정한 무역을 확보하기 위해 Codex Alimentarious를 설립하여 국제적인 식품규격을 작성하고 식품과 식품첨가물의 규격 기준이나 표시 등의 통일화를 도모하고 있다. Codex 위원회의 자문기관인 합동식품첨가물전문가위원회Joint Expert Committee on Food Additives, JECFA는 각종 독성시험 데이터 등 안전성 평가를 바탕으로 일일 섭취 허용량의

설정 등 식품첨가물의 규격을 제시하고 있다. 그러나 Codex의 기준은 법적
효력이 없으므로 국제 교역 시 수입국가의 규정을 준수해야 한다표 5.4.

표 5.4 JECFA의 식품첨가물의 안전성 평가 구분

구분	기준
ADI를 특별히 정하지 않음 (ADI not specified 또는 Not limited)	독성이 매우 낮고 식품 중에 존재하는 성분이거나 식품으로 간주되는 것, 인간의 대사물이라고 간주되는 것으로 건강상에 장애가 없는 경우
ADI를 규정하지 않음 (No ADI allocated)	데이터가 충분하지 않아 평가되지 못한 경우나 JECFA가 요구한 추가 데이터를 제출하지 않은 경우
현재의 사용을 인정 (Acceptable)	현재의 용도나 섭취량에서는 독성학적으로 문제가 없다고 생각되는 경우
일일 섭취 허용량(ADI)	독성시험에 얻은 무독성량을 안전계수로 나눈 값으로 허용치가 정해진 경우

쉬어가기

식품첨가물 바르게 알기

나? 식품첨가물! 나에 대해 오해가 많은 것 같은데 억울합니다.

약 40 %의 소비자가 식품 안전을 위협하는 요인으로 저를 꼽았어요.

식품첨가물들이 식품의 안전을 위협하는 요인이라고 응답한 소비자 비율 추이

100 (%)
80
60 55.6 57.2   53.0
40   42.7   41.5
20   26.0
0
   2008 2009 2010 2011 2013 2014

자료: 식품첨가물 바르게 알기_전문가용

하지만 저는 식품첨가물로 지정받기 위해 기능성과 안전성을 검사하는 다양한 과학적 시험을 통과했습니다. 그 후 최소량의 원칙을 지켜서 사용되고 있어요. 우리나라 국민의 식품첨가물 섭취량은 ADI 대비 안전한 수준입니다.

몸에 좋은 영양소도 과량 섭취하면 건강에 좋지 않은 것처럼 식품첨가물도 적정량만 사용하는 것이 바람직하겠죠. 제가 이렇게 좋은 일을 하고 있다는 걸 기억해주세요.

식품의 보존성 및 식중독 예방

영양소 보충 및 강화

식품의 풍미 및 외관 향상

식품의 품질 향상

다양한 식품의 제조 및 가공

참고문헌

식품의약품안전청. 2010. 식품첨가물이란 무엇인가.

식품의약품안전청. 2011. 식품첨가물의 사용기준 설정에 관한 이해.

식품의약품안전청. 2012. 알고 싶은 식품첨가물의 이모저모.

식품의약품안전처. 2016. 식품첨가물 분류체계 이렇게 달라집니다.

식품의약품안전처. 2019. 식품첨가물의 기준 및 규격(식품의약품안전처 고시 제2019-1호).

식품의약품안전처. 2018. 식품등의 표시기준(식품의약품안전처고시 제2018-108호).

식품의약품안전처. 식품첨가물 바르게 알기 전문가용.

식품의약품안전처 첨가물기준과. 2017. 식품 및 식품첨가물 관련 표시사항 확인요령.

Altug T. 2003. *Introduction to Toxicology and Food*. CRC Press, Boca Raton, FL.

Knechtges PL. 2012. *Food Safety: Theory and Practice*. Jones & Bartlett Learning, Burlington, MA.

Omye ST. 2004. *Food and Nutritional Toxicology*. CRC Press, Boca Raton, FL.

Timbrell J. 2000. *Principles of Biochemical Toxicology*. (3rd ed.). Taylor & Francis, Philadelphia, PA.

MEMO

자연식품 유래 유해물질 및 곰팡이 독소

>> **학습목표**

1. 식물성 식품에 내재된 유해물질의 종류와 특성을 이해하고 식품 선택과 섭취에 주의할 점을 설명할 수 있다.

2. 동물성 식품에 함유된 유해물질의 종류와 특성, 통제방법을 설명할 수 있다.

3. 식품에 오염될 수 있는 곰팡이 독소의 종류와 특성을 이해하고 통제방법을 설명할 수 있다.

식물이나 동물은 포식동물에 대항하여 자신을 방어할 목적으로 독을 생성한다. 건강한 사람은 소량의 자연적인 독소물질에 대해 어느 정도 내성을 갖지만, 많이 섭취하였거나 독성이 강한 물질에 노출될 경우 건강상 위해를 초래한다. 동물의 경우 분비샘이나 일부 세포에서 독소를 만들어 침을 쏘거나 무는 과정에서 독소를 방출한다. 이를 식품으로 사용할 경우, 독소물질이 함유된 기관은 제거되어야 한다. 식물의 경우 독성분이 함유된 식품을 다량 섭취하면 중독현상을 초래하므로 식품 중에 독소가 함유된 식품을 알고 독소물질의 제거방법을 이해할 필요가 있다.

최근 국제 교역이 활발해지면서, 식품 운송 및 저장과정에서 나타나는 곰팡이 독소에 의한 피해가 증가하고 있다. 이에 따라 저장식품의 수입과 수출에 곰팡이 독소검사가 강화되고 있다.

이 장은 식물성·동물성 식품 자체에 함유하거나, 저장과정 중에 곰팡이에 의해 생성되어 사람의 건강을 해치는 유해물질의 종류와 특성을 살펴보고 그 피해를 줄이기 위한 예방법을 알아본다.

1 식물성 식품 유래 유해물질

식물 유래 유해물질을 분류하는 것은 쉽지 않다. 일부 성분은 식품 자체에 저분자량으로 구성된 내인성 유독물질이지만, 일부는 2차적 대사산물이기 때문이다. 식물 내인성 유독물질은 광합성, 성장, 생식과정 중에서 식물 자체에서 생성되는 1차적 산물이다. 그러나 2차적 대사산물은 식물색소, 향미, 보호물질과 같은 화합물로 성장저해, 신경독소, 돌연변이물질, 발암물질, 기형유발물질로 알려져 있다.

1) 발암 의심 물질

(1) 피롤리지딘 알칼로이드

피롤리지딘 알칼로이드pyrrolizidine alkaloids는 피롤리지딘 핵을 가진 **알칼로이드**alkaloid로 개쑥갓류 식물에 함유된 독성물질로 간암 유발 가능성이 있는 물질이다. 대부분이 약리작용을 가지며 의약품, 마취제, 진통제로 사용되고 쓴맛을 지닌다.

> **알칼로이드**
> 질소를 함유한 염기성 물질을 총칭

6,000종이 넘는 다양한 식물에서 발견된다. 치자과, 국화과, 콩과식물에 이 화합물을 함유한 식품이 많다. 우리나라에서 볼 수 있는 식물로는 고비(식용), 고사리(식용), 박쥐나물(식용), 우산나물(식용), 컴프리(식용금지), 동의나물(식용금지), 야백합 등이 있다.

박쥐나물　　　　　우산나물

그림 6.1 피롤리지딘 알칼로이드 함유 식물

(2) 프타퀼로사이드

프타퀼로사이드ptaquiloside는 고사리에 함유된 독성물질로 티아미나아제thiaminase를 함유하여 비타민 B_1 결핍증을 유발한다. 위암, 방광암, 후두암, 식도암을 유발하는 것으로 알려져 있다. 고사리의 프타퀼로사이드 양은 고사리 건조중량의 0.1~0.6% 수준이다. 그러나 이 물질은 물에 용해되기 때문에 고사리를 삶고, 물에 담가 불리는 과정에서 제거된다. 따라서 말린 고사리를 불리고 씻는 것을 반복하면 프타퀼로사이드에 의한 피해를 줄일 수 있다.

쉬어가기

봄나물, 맛있고 안전하게 섭취하려면?

일부 봄나물은 봄철 입맛을 살려주고, 부족해지기 쉬운 비타민, 무기질 등의 필수 영양소를 공급해 봄철의 춘곤증을 이기는 데 도움을 준다. 그러나 일부 봄나물은 잘못 섭취할 경우 몸에 독이 될 수 있다.

• 달래, 돌나물, 씀바귀, 참나물, 취나물, 더덕 등은 생으로 먹을 수 있지만, 두릅, 다래순, 원추리, 고사리 등은 식물 고유의 독성분을 함유하고 있어 반드시 끓는 물에 데쳐 독성분을 제거한 후 섭취해야 한다. 특히, 원추리는 성장할수록 콜히친(colchicine) 독성분이 강해지므로 반드시 어린 순만을 섭취하여야 하며, 끓는 물에 충분히 데친 후 차가운 물에 2시간 이상 담근 후 조리하여야 한다.
• 봄나물 조리 시 소금은 되도록 적게 넣고 소금 대신 들깻가루를 사용한다. 생채의 경우는 소금보다 식초를 넣으면 봄나물이 가진 본래의 향과 맛을 살리면서 동시에 저나트륨식 건강요리를 즐길 수 있다.

봄나물 섭취방법

섭취방법	봄나물 종류
생으로 먹을 수 있는 것	달래, 돌나물, 씀바귀, 참나물, 취나물, 더덕 등
데쳐서 먹어야 하는 것	두릅, 냉이, 고사리, 다래순, 원추리순 등

자료: 식품의약품안전처, 2016

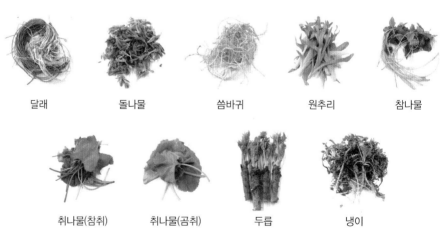

달래   돌나물   씀바귀   원추리   참나물

취나물(참취)   취나물(곰취)   두릅   냉이

자료: 식품의약품안전처, 2016

(3) 사프롤

사프롤safrole은 페놀화합물의 일종으로 **사사프라스**sassafras **나무**의 뿌리를 증류하면 얻을 수 있는 사사프라스 기름에 함유된 무색 혹은 담황색의 물질이다. 착향의 목적으로 향료나 바닐린의 원료로 사용되었다가 현재 우리나라에서는 식품원료로 사용을 금지하고 있다. 그러나 중동에서는 사사프라스를 식용으로 이용하고 있으며, 쥐 실험에서 간 종양을 유발한다고 보고하였다.

사사프라스 나무
쌍떡잎식물 녹나무과의 낙엽교목

CHAPTER 6

2) 시안배당체

시안배당체cyanogenic glycoside는 가수분해에 의해 청산HCN을 형성하는 화합물을 총칭한다. 살구씨, 미숙한 매실(일명 청매)에 있는 아미그달린amygdalin, 오색두의 파세오루나틴phaseolunatin, 수수의 두린dhurrin이 시안배당체에 속한다. 국내에서 유통되는 식품 중에 함유된 시안배당체의 종류와 그 함량은 다음 표와 같다표 6.1. 아몬드, 체리의 알맹이, 살구, 복숭아 씨에 있는 아미그달린은 암 유발물질로 알려져 있다. 리마콩lima beans은 독성배당체를 파괴시키기에 불충분한 낮은 온도에서 조리할 경우 문제가 된다. 그래서 콩은 충분히 가열하여 섭취하고 삶은 물은 버린다.

표 6.1 국내 유통식품에 함유된 시안배당체

식품	성분	시안화물(mg/100 g)
아몬드, 살구씨, 미숙한 매실	아미그달린(amygdalin)	아몬드(290), 살구씨(60)
죽순	택시필린(taxiphyllin)	–
오색두	파세오루나틴(phaseolunatin)	–
카사바	• 리나마린(linamarin) • 로타우스트렐인(lotaustralin)	100
아마씨(flaxseed)	• 리나마린, 리누스타틴(linustatin) • 네오리누스타틴(neolinustatin)	–
리마콩	리나마린	–
복숭아씨	푸루나닌(prunasin)	160
수수	두린(dhurin)	60~240

시안배당체는 원래 식물세포의 액포 내에서 시안히드린cyanohydrin과 청산 전구체가 결합된 이당류 형태로 존재한다. 식물조직이 훼손되면, 자체 효소에 의해 시안화물cyanide, 일명 청산가리에 의해 식물이 보호된다. 그러나 사람이 이 물질을 섭취하면, 미토콘드리아mitochondria의 시토크롬cytochrome 산화효소와 결합하여 세포호흡을 중단시킨다. 중독증상은 두통, 호흡곤란, 시신경 위축, 경련 등이며, 중증인 경우 호흡마비에 의한 사망을 초래한다. 치사량은 0.5~3.5 mg/kg·bw이다.

야생식물, 함부로 먹으면 큰일 나요!

산나물에 관한 충분한 지식이 없으면 야생식물을 함부로 채취하지 말고, 먹지 말아야 한다. 산나물로 잘못 알기 쉬운 대표적인 독초는 여로, 동의나물, 독미나리 등이 있으며, 구별법은 다음과 같다.

산나물	독초	산나물	독초
	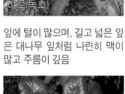		
털과 주름이 없음	잎에 털이 많으며, 길고 넓은 잎은 대나무 잎처럼 나란히 맥이 많고 주름이 깊음	마늘 냄새가 강하고 한 줄기에 잎이 2~3장 달림	초여름에 종 모양의 하얀 꽃이 피면 좋은 향기가 남

잎이 부드럽고 고운 털이 있음	주로 습지에서 자라며, 둥근 심장형으로 잎은 두꺼우며, 앞뒷면에 광택이 있음	꽃은 흰색이며, 높이 50~80 cm이고 향이 있음. 잎은 3개의 작은 잎으로 되어있음	50 cm 정도의 높이로 자라면서 꽃은 봄부터 여름에 피며, 뿌리는 땅속에서 감자처럼 됨

야생식물을 섭취한 후 복통, 구토, 설사, 어지러움, 경련, 호흡곤란 등의 증상이 나타나면, 응급처치를 위하여 우선 따뜻한 물을 많이 마시게 하고 토하게 한 후 가까운 병원에 가서 치료를 받아야 한다. 남아있는 독초가 있다면 병원에 가져가는 것이 좋다.

자료: 식품의약품안전처, 2015

아몬드

살구씨

미숙한 매실

그림 6.2 시안배당체 식품 유형

3) 콜린에스테라아제 저해제

솔라닌solanine은 콜린에스테라아제cholinesterase 활성을 저해하는 물질로, 신경전달물질인 **아세틸콜린**의 분해를 저해하여 신경 자극이 전달되지 않아 마비증세를 유발한다.

솔라닌은 감자의 싹에 있는 성분인데 특히 빛에 노출되었거나, 녹색을 띠는 부분, 곰팡이 오염, 상처가 난 감자에서 많이 있다. 솔라닌은 열에 안정하지만 수용성이어서 물에서 쉽게 제거된다. 따라서 물에 담가 두었다가 가열 조리하면 그 함량이 줄어드나, 물이 첨가되지 않고 굽는 경우에는 독성물질을 제거할 수 없다. 따라서 조리 전에 발아 부분이나 녹색 부분은 반드시 제거해야 한다.

솔라닌에 의한 식중독 증세는 위 통증, 메스꺼움, 구토이며, 신경증세로 두통, 어지럼증, 환각, 정신착란을 일으키고 심할 경우 호흡장애가 나타나 사망할 수 있다. 사람을 대상으로 한 실험에서 100 g당 솔라닌 0.3 mg이 함유된 감자를 섭취하게 하자 나른함, 가려움증, 과민증을 보였다. 일반 시판 감자의 솔라닌 함량은 2 mg/100 g 함유되어 있으며, 녹색 부위가 많아지면 50~100 mg/100 g으로 증가한다. 미국 FDA는 솔라닌의 함량이 20 mg/100 g을 초과할 수 없도록 규제한다.

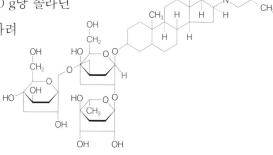
그림 6.3 솔라닌 구조식

4) 호르몬 유사물질

(1) 식물성 에스트로겐

식물성 에스트로겐estrogen은 골다공증 예방, 심혈관질환 예방과 같이 인체에 유익한 역할을 한다. 그러나 과잉일 경우 탈모, 수면장애를 유발할 수도 있다. 구조에 따라 이소플라본isoflavones계, 리그난lignan류, 쿠메스탄cumestan 등 세 종류로 구분된다. 이소플라본isoflavone은 콩과식품, 대두류에 함유되어있다. 특히, 칡에는 대두류의 수백 배에 달하는 이소플라본이 함유되어있다. 따라서 성장기 어린이에게 칡을 다량 섭취하게 하는 것은 바람직하지 않다. 리그난lignan은 종자류에 많으며, 이소플라본에 비해 활성이 낮다. 아마씨에 다량 존재하는 레지톨resitol 유도체는 활성이 높은 것으로 알려져 있다. 쿠메스탄cumestan은 발아싹류에 많으며, 콩에서 콩나물이 발아할 때에는 양이 증가한다.

(2) 글리시리진산

글리시리진산glycyrrhizinic acid은 스테로이드계 화합물과 유사한 구조를 갖는 물질이다. 코르티존cortisone이라는 스테로이드 호르몬과 유사하게 작용하여, 심한 고혈압, 나트륨 배설장애, 심장비대 등을 유발하고, 결과적으로 혈압 상승

말린 감초

그림 6.4 글리실리진산 함유 식물(감초)과 구조식

을 초래한다. 글리시리진산은 감초 뿌리에 있고, 감초 뿌리 중량의 5~10%를 차지한다그림 6.4. 감초추출물로 만든 사탕을 다량 섭취한 경우(1주일간 1 kg 이상), 칼륨 부족, 심실세동 증상을 보인 사례가 있다.

5) 글루코시놀레이트

양배추, 브로콜리, 배추, 무, 겨자, 케일 등의 십자화과 식물은 글루코시놀레이트glucosinolate를 다량 함유한다. 글루코시놀레이트는 체내에서 **고이트린**goitrin 생성을 촉진시켜 요오드 부족을 초래하고 갑상선 비대증, 갑상샘종을 유발한다.

글루코시놀레이트는 황을 함유한 글루코사이드glucoside로 매운맛을 내는 성분이며, 그 자체는 인체에 해가 없다. 그러나 미로시나아제myrosinase에 의해 이

고이트린
요오드 부족을 초래하는 물질로 양배추와 같은 십자화과 식품에 함유

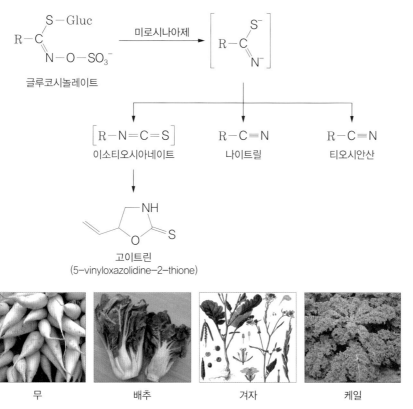

그림 6.5 고이트린 형성과정 및 글루코시놀레이트 함유 식물

소티오시아네이트isothiocynate, 나이트릴nitrile, 티오시안산thiocyante으로 활성화되면 이들 물질이 인체에 독성을 띤다. 티오시안산은 항갑상선antithyroid 활성을 지니며, 나이트릴은 쥐 대상 동물실험에서 이소티오시아네이트에서 고이트린goitrin으로 전환을 촉진시켜 독성을 보인다. 고이트린은 갑상샘호르몬인 티록신thyroxine의 합성을 저해하고, 나이트릴 화합물은 요오드 흡수를 방해하여 요오드 부족에 의한 갑상선비대증을 일으킨다. 그러나 분해 산물 중 하나인 이소티오시아네이트는 항암작용을 하는 인체에 유익한 물질이다.

따라서 글루코시놀레이트가 다량 함유된 십자화과 식물을 과량 섭취할 경우 갑상선비대증을 유발할 수 있으므로 다양한 종류의 채소를 골고루 섭취해야 한다.

6) 페놀화합물

식물에는 800종 이상의 페놀화합물phenolic substances이 있다. 이 화합물은 쓴맛과 향미를 내며, 색을 띠는 성분이고, 플라보노이드flavonoids, 탄닌tannins, 쿠마린coumarin, 미리스트산myristicin 등이 포함된다. 페놀화합물은 급성의 유독성이 없지만, 대부분이 영양물질의 흡수를 방해하는 작용을 하므로 여러 가지 방법을 통해 독성물질을 제거해야 한다.

(1) 탄닌

탄닌tannin은 식물이 미생물, 곰팡이 공격에 자신을 보호하는 역할을 하므로 초식동물의 입장에서는 좋지 않은 물질이다. 탄닌은 축합형condensed tannin, 가수분해형hydrolysis tannin 화합물 2종류가 있다. 가수분해형 탄닌은 갈산gallic acid, 디갈산digallic acid, 엘라그산ellagic acid이 포도당이나 퀸산quinic acid과 에스테르를 형성한다. 축합형 탄닌에는 플라보노이드가 있다. 탄닌은 간괴사, 지방간을 일으켜 간에 손상을 주고, 단백질과 결합, 단백질 침전을 유도하여 소화효소의 작용을 저해한다.

탄닌은 망고, 대추, 바나나, 감과 같은 과일에 들어있고 차, 커피, 적포도주,

코코아에도 들어있다. 홍차에는 산화형 탄닌이 들어있으며 철분의 체내 이용률을 저하시킨다. 탄닌이 많은 미숙한 감을 먹으면, 침에 있는 단백질과 탄닌이 결합되어 단백질 침전이 일어나 입안에서 떫은맛과 부착감을 느끼게 된다.

(2) 플라보노이드

플라보노이드flavonoid는 여섯 종류가 있다. 대부분의 그룹은 베타-글루코시다아제β-glucosidase이다. 플라본flavones은 식물의 노란 색소를 내는 물질이며, 양파에 있는 플라본 쿼르세틴flavone quercetin은 포유동물에 암을 유발하는 물질로 알려졌다. 반대로 플라보노이드flavonoid는 심장질환 예방에 효력을 지닌 물질로 알려져 있다. 최근 덴마크에서 수행된 연구에서 포도주는 다른 알코올류와 달리 플라보노이드를 다량 함유하여 심장질환의 위험을 줄여준다고 보고되었다.

특히, 녹차에 많이 함유된 카테킨catechin, 에피카테킨epicatechin, 에피카테킨갈레이트epicatechin gallate, 갈로카테킨gallocatechin, 에피갈로카테킨epigallocatechin, 에피갈로카테킨갈레이트epigallocatechin gallate 등은 심혈관질환 완화에 효과적이라고 보고된다.

(3) 기타

쿠마린coumarin, 미리스티신myristicin은 향미물질이다. 쿠마린은 감귤류에 있고, 혈액 응고와 간의 손상을 유도한다. 미리스티신은 후추, 당근, 파슬리, 셀러리, 허브에 많이 있다. 고시폴gossypol은 유독성의 페놀화합물로 목화씨에 들어있다. 고시폴 섭취는 식욕저하, 체중감소, 설사, 빈혈, 생식력 저하, 폐부종, 순환부전, 위장관의 출혈을 유발한다. 페놀화합물은 펩시노겐이 펩신으로 활성화되는 것을 저해하고 철분의 생이용을 감소시킨다.

7) 생체 아민

생체 아민biogenic amines에는 세로토닌serotonin, 노르에피네프린norepinephrine, 히스타민histamin, 도파민dopamine, 티라민tyramine이 있고 교감신경세포에서 신경전달물질로 작용하여 혈관 수축과 혈압 상승을 유도한다. 따라서 생체 아민류를 지나치게 섭취하면 편두통이 일어나고 심하면 고혈압 관련 질환을 일으킨다. 바나나, 치즈, 아보카도에 많고 우리나라 음식 중에는 된장, 간장에 티라민이 많이 함유되어있다.

아미노산에 세균이 작용하면 푸트레신putrescine, 카다베린cadaverine이 형성되고, 히스타민histamine, 비-페닐에틸아민b-phenylethylamine도 식중독을 유발하는 물질이다. 다이하이록시페닐알라닌Dihydroxyphenylalanine, DOPA을 다량 함유한 잠두fava bean를 많이 섭취하면 탈탄산 작용에 의해 도파민이 많이 형성된다. 스위스 치즈의 경우 락토바실러스 부크네리Lactobacillus buchneri에 의해 히스타민 중독을 유발할 수 있다. 임상적 소견으로는 혈압 상승이 뚜렷이 나타나고, 고혈압, 심계항진, 두통이 일반 증세이며, 심한 경우에 뇌출혈intracranial hemorrhage을 초래하여 사망한다.

8) 독버섯의 유독 성분

버섯의 종류는 수천 종에 이르나 식용이 가능한 것은 100여 종이며, 독버섯으로 알려진 것은 243종에 이른다. 독버섯의 종류는 화경버섯, 굽은외대버섯, 갈황색미치광이버섯, 일광대버섯, 냄새무당버섯, 독우산광대버섯, 광대버섯, 마귀광대버섯, 독깔대기버섯, 땀버섯 등이다. 독버섯에 있는 유독성분은 무스카린muscarine, 무스카리딘muscaridine, 콜린choline, 뉴린neurine, 팔린phaline, 아마니타톡신amanitatoxin, 아가리신agaric acid, 필즈톡신pilztoxin 등이다. 가장 독성이 강한 것은 무스카린이고, 치사량은 경구 시 500 mg, 피하주사일 경우 2~5 mg 정도로 맹독성이며 땀버섯에 많다. 무스카린에 의한 중독은 부교감신경말초를 흥분시켜 체액의 분비를 증진시키고, 호흡곤란, 경련성 위장수축 등이 나타나게

식용 가능한 버섯의 종류

농촌진흥청에 따르면 우리나라에는 자생하는 버섯은 1,900여 종으로 추정되며, 그중 243종이 독버섯이고 우리가 일반적으로 야생에서 채취 가능한 식용버섯은 20~30여 종에 불과하다고 한다. 표고, 느타리, 팽이, 양송이, 송이, 영지, 상황버섯이 대표적인 식용버섯이다. 농촌진흥청은 매년 신품종을 육성, 보급하고 있다.

잎새버섯-상감	만가닥버섯-햇살	새송이버섯-단비	잎새버섯-대박
팽이버섯-백승	목이버섯-건이	아위느타리버섯-백황	산느타리버섯-산타리

식용버섯 신품종 유형
자료: 농촌진흥청, 2010

된다.

독버섯에 의한 중독증상은 위장장애, 콜레라증, 신경장애, 혈액독형, 뇌 장애형으로 세분된다. 위장장애형은 구토, 복통, 설사 등의 위장염의 증상을 보인다. 사망 사례는 적은 편이다. 콜레라 증상은 심한 위장염과 쇠약, 경련, 혼수를 동반하며 심할 경우 사망한다. 신경장애는 심한 위장장애와 헛소리, 환각, 경련, 혼수 등의 중추신경계 증상을 보인다. 혈액독형은 위장장애를 보이며 여기에 빈혈, 혈뇨 등의 증상을 동반한다. 뇌증형은 일시적인 흥분과 환각 상태를 보인다. 독버섯에 의한 식중독 사고를 방지하기 위해 야생버섯을 절대 섭취하지 않도록 한다.

우리나라 독버섯 피해 사례

해마다 발생하는 야생 독버섯 섭취로 인한 사고는 장마가 시작되는 7월부터 10월 사이에 특히 많다. 최근 5년간(2012~2016) 독버섯 중독으로 모두 75명의 환자가 발생했고, 이 중 7명이 사망했다.

가을철 산행이나 추석 성묘길에 독버섯을 채취하거나 섭취하여 식중독이 발생하는 사례가 빈번함에 따라 야생에서 채취한 것의 섭취를 자제하고, 시장에서 판매되는 식용버섯을 섭취한다. 일반적으로 사람들이 잘못 인식하고 있는 독버섯과 식용버섯의 차이점은 아래와 같다.

독버섯의 잘못된 인식	식용버섯의 잘못된 인식
• 빛깔이 화려하다. • 세로로 찢어지지 않는다. • 요리 시 은수저가 변색된다. • 대에 띠가 없다. • 독소는 가열·조리로 없어진다.	• 나무에서 자란다. • 세로로 잘 찢어진다. • 요리 시 은수저가 변색되지 않는다. • 대에 띠가 있다. • 곤충이나 벌레먹은 흔적이 있다.

자료: 식품의약품안전처, 2015

혼동하기 쉬운 독버섯과 식용버섯

식용버섯	독버섯	
 양송이버섯	 독우산광대버섯	**특징** • 전체가 흰색을 띠고 있음 • 버섯대는 길이 8~25 cm, 굵기 1.0~2.3 mm이고 밑동은 약간 볼록하며 큰 주머니에 싸여있음 • 살은 흰색이고 맛도 냄새도 거의 없음 • 한 조각이라도 먹으면 내부 장기가 파괴되며 며칠 만에 사망할 수 있음
 느타리버섯	 화경버섯	**특징** • 발광물질을 지니고 있어서 몸에서 빛을 발산 • 가을에 죽은 서어나무에서 주로 발생하는데, 강한 독성이 있음 • 버섯 종류 중에서는 유일하게 2012년부터 환경부 멸종위기 야생생물 II급으로 지정되어 보호되고 있음
 영지버섯	 붉은사슴뿔버섯	**특징** • 원통형이거나 산호형으로, 2~3개로 갈라진 손가락 모양이며, 높이는 5~10 cm • 주로 여름과 가을에 발생하며 썩은 나무의 근처에서 자람 • 맹독성으로 혀만 갖다대도 온몸에 마비가 올 수 있음

2 동물성 식품 유래 유해물질

특정 영양소의 과잉 축적(예: 히스타민 중독) 또는 먹이나 세균에 의해 합성되는 독소(어패류)에 의하여 동물성 식품 중에 유해물질이 함유된다.

1) 히스타민 중독

히스타민 중독scombroid poisoning은 히스타민을 많이 함유한 고등어 섭취에 의해 나타나서 고등어 식중독이라고 부른다. 우리나라를 포함하여 세계적으로 자주 발생하는 식중독이지만, 대부분 증상이 경미해 잘 보고되지 않는다.

참치, 가다랑어, 전갱이 등과 같이 등푸른 생선을 상온에 저장하면 세균에 의해 탈탄산 효소decarboxylase enzyme가 생성되어 어류 근육에 있는 히스티딘을 분해하여 히스타민을 형성한다. 이 때문에 알레르기 증세를 보인다. 독소 생성과정에서 어류에 사우린saurine, 푸트레신putrescine, 카다베린cadaverine 등 독소물질이 생성된다. 이미 형성된 독소는 조리, 통조림, 냉동방법으로 감소되지 않는다. 냉장 보관 시에는 독소물질의 생성 속도를 늦출 수 있다. 예를 들어 신선한 연어는 0℃에서 12일간 보관할 수 있으나, 15℃에서는 히스타민이 다량 생성되므로 1일 이상 보관할 수 없다.

식중독을 일으키는 히스타민의 양은 200~500 ppm으로 알려져 있고, 사망 사례는 없다. 중독증상은 섭취 후 수 분에서 3시간 이내에 나타난다. 임상 소견에 따르면 변패된 등푸른 생선은 매콤한 쓴맛이 나고, 이를 섭취한 후 메스꺼움, 구토, 설사를 일으키며, 목이 타는 듯한 느낌, 두통, 피부 홍조, 두드러기

그림 6.6 변패 고등어의 히스타민 형성과정

증세를 보인다. 중세 지속기간은 비교적 짧은 편인데 보통 3시간 정도 지속된다.

우리나라는 2013년에 냉동, 염장, 통조림, 건조·절단 형태의 고등어, 다랑어류, 연어, 꽁치, 청어, 삼치류의 히스타민 농도를 200 ppm 이하로 하는 규격을 신설하였다.

2) 테트로도톡신

테트로도톡신의 생성
테트로도톡신을 직접 합성하는 것이 아니라 비브리오와 같은 세균이 만든 물질에 의해 테트로도톡신을 생성한다고 보고되어있음. 비브리오균과 이 독소물질 간 관계는 아직 확립되지는 않았음

테트로도톡신tetrodotoxin은 복어의 독성분이다. 우리나라에서 발생하는 대표적인 동물성 식중독 사고의 원인물질이다. 세계적으로 배가 볼록하게 나온 어류인 가시복과류는 185종이 있으며 그중 90여 종의 복어와 양서류인 살맨드리대 salmandridae가 테트로도톡신을 생성한다그림 6.7. 우리나라 근해에 약 10종의 식용 복어가 있으며, 이 중에서 검복, 매리복, 졸복, 황복 등이 맹독성으로 알려졌다. 일반적으로 양식 복어는 독소 함량이 없거나 낮은 독성을 보인다.

테트로도톡신은 난소, 알, 간, 소장에 많고, 껍질에 소량 함유되어있으며 근육 혹은 살코기는 안전하다. 특히, 산란기에 많이 함유되어있다. 열에 안정하여 100℃ 이상의 고온에서 4시간 이상 가열해도 파괴되지 않으나 산, 염기에는 불안정하여 파괴된다.

이 독소는 나트륨 채널을 방해하는 작용을 하는 신경독소이므로 운동장애에 의해 중추신경 계통 마비, 말초신경의 마비를 일으킨다. 섭취 후 20~30분이 지나면 신경에 일시적인 이온 삼투성을 증가시켜서 얼얼한 감각tingling

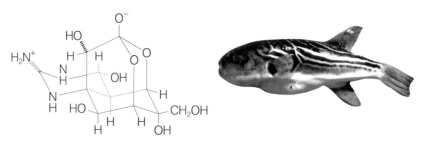

그림 6.7 테트로도톡신 구조식과 까치복

sensation, 손과 발의 저림현상이 나타나며 어지러움, 창백함, 입술, 혀의 마비

증세가 나타난다. 이 독성물질은 소량으로도 골격근육막 작용을 저지하고 혈

쉬어가기

국내에서 발생한 자연식물 유래 식중독 사고

2003년에서 2009년까지 7년간 국내에서 발생한 자연독에 의한 식중독 보고 건수는 18건, 환자 수는 231명 규모였다. 식중독 원인별로는 동물성 식품의 경우 복어독에 의한 사고가 가장 많았고(6건, 환자 수 16명) 그 외 영덕대게알에 의한 중독 사고가 있었다. 식물성 식품의 중독현상은 독버섯(4건, 환자 수 30명), 원추리(2건, 환자 수 104명)에 의해 가장 빈번하게 발생했으며 그 밖에 박새풀, 자리공(장록), 산마늘, 미나리, 여로를 섭취한 경우가 있었다(식품안전나라, 2017).

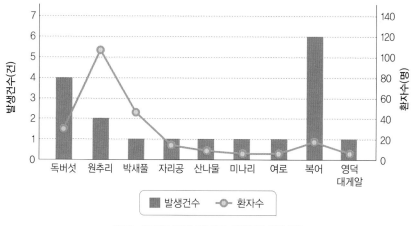

2003~2009년 자연독에 의한 식중독의 원인식품

복어 자연독 사고 사례

• 제주시 한림읍 소재 한 펜션에서 김모씨(57) 등 3명이 직접 복어를 손질해 요리를 해먹고 구토와 어지럼증 등 증상을 호소함(제주新보, 2019. 2. 11)

• 제주시 한림읍 비양도에서 주민 A씨(66)가 집에서 복어요리를 해먹은 후 늦은 밤부터 심한 복통을 호소함(한라일보, 2015. 3. 17)

• 전남 여수시 삼산면 거문도에 거주하는 A씨(39)가 자택에서 복어국을 먹고 혀와 입천장 마비증상을 보여 치료를 받음(뉴스1, 2019. 3. 11)

• 제주 서귀포시 성산포항 선착장 인근에서 잡은 복어로 탕을 끓여먹은 후 정모씨(60) 등 3명이 전신 마비 증세를 보여 병원으로 이송됨(YTN, 2018. 1. 1)

• 경북 영덕군 영해면에서 A씨(70)와 이웃주민 B씨(65)는 함께 복어탕을 끓여먹은 후 복통을 호소해 병원으로 옮겨졌지만 사망함(YTN, 2017. 11. 9)

압 강하, 호흡 정지를 유발한다. 다른 증세로는 출혈, 근육마비, 청색증, 경련 등을 유발하여 사망에 이르게 한다.

사람에게 치명적 증세를 보이는 양은 8 μg/kg으로 추정된다. 주로 신경마비에 의한 호흡마비로 사망한다. 중독 시 대책은 즉시 토제, 하제를 투여하고 혈압상승제를 써서 혈압을 유지하고 인공호흡을 실시하는 것이다.

복어 중독을 예방하기 위해서는 복어 전문 조리사가 조리한 것을 섭취해야 한다. 복어의 독성물질이 함유된 부분을 제거하는 과정에 파손되어 독성분이 근육을 오염시키면 독성물질을 제거할 수 없기 때문에 반드시 전문 조리사가 조리해야 한다. 또한, 산란기인 5~6월에는 테트로도톡신의 함량이 최고치에 달하므로 이 기간에는 섭취를 피하고 알, 난소, 간, 내장, 껍질에는 독성이 많으므로 이 부위는 섭취하지 않는다. 중독 시에는 바로 병원으로 가야 한다.

3) 시구아톡신

시구아톡신^{ciguatoxin}은 카리브해와 태평양 지역 등 난류 해역에 서식하는 약 300여 종의 어류에서 나타나는 독소이다. 이들 어류는 서식처 주변의 와편모조류 photosyntheic benthic dinoflagellates를 섭취하여 몸속에 시구아톡신을 축적하게 되며 특히 내장, 알에 많은 량의 독소를 축적한다. 시구아테라는 이 어류를 섭취한 사람에게 나타나는 식중독질환이다. 우리나라도 지구온난화의 영향으로 해수온도가 높아짐에 따라 남해 해역에 시구아톡신 독소를 함유한 어종 출현 가능성이 높아지고 있다.

시구아톡신은 수용성이며, 열에 안정한 수산기 지질분자이다. 가열, 냉동에 의해 파괴되지 않는다. 시구아톡신의 작용기전은 콜린에스테라아제의 활성 저해로 아세틸콜린이 축적되고 소디움채널의 **탈분극**과 활동전위가 낮아져 근육수축장애, 신경기능장애를 일으킨다. 시구아톡신에 중독되면 입술, 혀, 목의 얼얼함을 시작으로 다른 기관에 마비를 초래한다. 섭취 30분 후에 증세가 나타나고 메스꺼움, 구토, 장 경련을 동반한 복통, 설사를 보이며, 일부 환자는 두통을 호소하고 근육통, 시각장애, 피부염을 일으킨다. 100 ng 정도에 식중독을 일으킨다. 사망에 이르는 경우는 매우 낮으며, 호흡기계 마비나 심장혈관질환을 일으킨다.

꼬치고기류barracudes, 스내퍼snpper, 쥐치무리triggerfish에서 시구아톡신에 의한 식중독이 보고된 바 있다.

4) 패류독소

패류독소는 유독 플랑크톤, 주로 와편모조류가 생성하는 독소를 홍합, 가리비, 조개와 같은 패류가 섭취하여 기관에 축적된다그림 6.8. 여러 종류의 독소가 있지만 법적으로 규제하는 독소에는 삭시톡신과 같은 마비성 패류독소, 설사성 패류독소, 신경성 패류독소, 기억상실성 패류독소가 있다.

| 가리비 | 모시조개 | 대합조개 | 홍합 |

그림 6.8 삭시톡신 함유 식품

(1) 마비성 패류독소

마비성 패류PSP, paralytic shellfish poisoning에 의한 중독은 홍합, 대합조개, 가리비, 굴 등과 같은 조개류의 섭취와 연관이 있다. 이들은 **여과섭식생물**filter feeder로 와편모조류dinoflagellates, 특히 고닐로스Gonylaux를 섭취함으로써 삭시톡신saxitoxin을 축적한다. 삭시톡신은 수용성의 알칼로이드 신경독소이다. 특히, 적조현상이 나타나면 와편모조류가 급속히 성장하므로 적조 수역의 조개류의 섭취는 삼가야 한다.

여과섭식생물
물속의 유기생물을 여과하여 섭취하는 생물

삭시톡신에 오염된 식품을 섭취하면 독소 섭취량에 따라 다르나 대개 30분 이내에 증세가 나타나고, 3~4시간 후에 사망하는 것으로 알려진다. 호흡마비 증세가 나타나므로, 응급조치 시 구토에 의한 독성물질 배출, 심폐보조장치

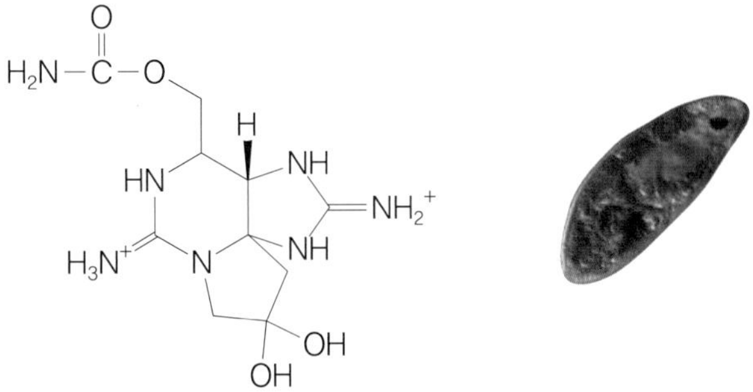

그림 6.9 삭시톡신 구조식과 와편모조류

지원과 수액 공급이 이루어진다.

삭시톡신은 위도 30° 이상에서 나타나며, 독소는 열과 산성에서도 안정하며, 일반 가열 조리, 세척, 냉동에 의해 제거되지 않는다.

쥐 대상 실험에서 삭시톡신의 LD_{50}은 10 μg/kg으로 강한 독성을 지니며, 심장에 직접적인 영향을 주며 신경과 근육에 작용한다그림 6.9. 우리나라 어패류의 허용기준은 조개 100 g당 80 μg이다. 삭시톡신은 20여 종의 독소로 구성된다.

(2) 설사성 패류독소

설사성 패류독소diarrhetic shellfish poison에 의한 중독은 플랑크톤 디노파이시스 포티Dinophysis fortii 등이 생산하는 독소가 패류에 축적되고 이를 사람이 섭취하여 나타나는 식중독이다. 생명을 빼앗아갈 정도로 강한 독성을 띠지 않으며, 독소량에 따라 다르지만 빠르면 30분에서 3시간 이내에 증세를 보인다. 경미한 위장관 질병으로 구토, 복통, 오한을 동반하며, 주요 특징은 심한 설사와 탈수현상이 나타난다는 것이다. 원인식품은 적조가 나타나는 계절이나 지역에서 채취한 큰 가리비, 굴, 모시조개, 홍합 등이다.

(3) 신경성 패류독소

신경성 패류독소Neurotoxic Shellfish Poison, NSP에 의한 식중독은 편모조류인 카렌니아 브레비스Karenia brevis가 브레베톡신brevetoxin을 생성하여 독화된 굴, 대합 등을 사람이 섭취하였을 때 나타나며, 신경성 패독증세를 보인다.

북반구 기준으로 1월에서 3월 사이에 진주담치, 굴, 대합에 이 독소가 많아지므로 이 시기에는 섭취를 삼간다. 이 신경독소에 의해 사망한 사례는 없으며, 오염된 식품을 섭취하면 수분에서 1~3시간 이내에 구토, 설사, 지각 이상 등의 증상이 나타난다. 얼굴, 입, 목에 저림현상과 마비, 통증이 있고, **온냉감각 역전**과 같은 특이한 증세를 보인다. 증세 지속지간이 상당히 짧아서 24시간 이내에 회복된다.

온냉감각 역전
뜨거운 것은 차게 느끼고, 찬 것은 뜨겁게 느끼는 감각 이상증세

(4) 기억상실성 패류독소

기억상실성 패류독소amnesic shellfish poison에 의한 식중독은 패류, 어류 등이 유독 규조류 슈도니츠키아Pseudonitzschia spp를 직접 섭취하거나, 독성물질인 도모산domoic acid이 축적된 어패류를 사람이 섭취할 때 나타난다.

신경독성을 지닌 도모산은 수용성의 비단백질물질이다. 사람이 섭취하면 기억상실이 나타날 수 있는데, 대부분 노인에게서 많이 나타난다. 원인식품은 홍합이며 드물지만 가리비, 오징어, 멸치의 섭취로 보고된다. 증세는 구토, 설사, 복통의 위장관 증세이며, 심하면 어지러운 두통을 동반하는 신경계 증세를 보인다. 위장관 증세는 24시간 이내에, 신경계 증세는 48시간 이내에 나타난다.

5) 피로페오포르바이드-A

피로페오포르바이드-Apyropheophorbide-A는 일부 전복의 간, 소화샘에 있는 독성물질이다. 이 물질은 엽록소의 유도체이며, 푸른 색소를 띠고, 전복이 섭취한 해조류의 엽록소 대사과정에서 형성되는 것으로 추정된다. 독소반응은 햇빛에 과다하게 노출된 피로페오포르바이드-A가 함유된 기관을 사람이 섭취하면 나타난다. 이 물질은 광과민성으로 인체에서 아미노산, 히스티딘, 트립토판, 티로진을 이용하여 아민과 같은 물질을 형성하여 염증과 유독반응을 일으킨다. 피로페오포르바이드-A의 작용으로 형성된 뮤렉신murexine, 엔터라민enteramine은 무스카

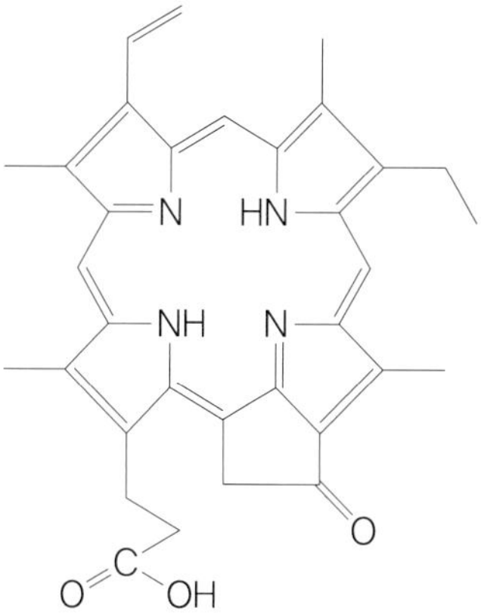

그림 6.10 전복 내장에 함유된 피로페오포르바이드-A 구조식

린, 니코틴과 유사한 증세를 보인다.

광민감성의 피로페오포르바이드-A 독소에 중독되면 얼굴에 지나친 홍조, 부종, 피부염이 유발된다. 중추신경계에 작용하여 도파민 수치가 증가되면 고혈압, 호흡 증가와 함께 심혈관대사의 변화를 일으킨다.

3 곰팡이 독소

곰팡이filamentous fungi는 실 모양의 균사체로, 인간에게 해로울 수도 유익할 수도 있다. 식품 발효, 약에 사용되는 곰팡이는 사람에게 유익하다. 그러나 곡류, 땅콩류, 견과류와 같은 농산물이나 목초, 종자, 사료, 가공식품을 높은 온도와 습도를 지닌 환경에서 보관하면 곰팡이가 잘 증식하고, 2차 대사산물로 곰팡이 독소mycotoxin를 생성한다.

곰팡이 독소는 일명 진균독이라고 한다. 이 독소는 발암성, 돌연변이성mutagenicity, **번식독성**teratogenicity을 갖는다. 특히, 아플라톡신aflatoxin은 간암Reye's syndrome 발암성이 확인된 곰팡이 독소이고, 푸모니신, 오크라톡신은 발암 가능성이 높은 2군으로 분류된다. 최근에는 국제무역의 증가로 푸사륨fusarium속의 독소인 제랄레논, 푸모니신 등의 검출이 빈번하게 보고되고 있다. 아스페르길루스Aspergillus, 페니실륨Penicillium, 푸사륨속의 일부는 곰팡이 독소로 작용한다. 유제품에 곰팡이가 생기면 눈으로 확인이 가능하지만, 일부 식품은 곰팡이 유무를 눈으로 확인할 수 없다. 유럽의 경우 땅콩에 아플라톡신, 그 외 콩류에 오크라톡신 A, 곡류 제품의 푸모니신류, 과일주스와 유아식의 파튤린 검출이 빈번하게 보고되고 있다.

곰팡이 독소는 열에 안정하기 때문에 일반적인 조리방법으로 파괴되지 않는 경우가 많으므로 곰팡이 오염이 의심되면 폐기처분해야 한다. 곰팡이 독소 형성을 방지하기 위해서는 식품의 수분활성도를 0.6 이하로 낮게 유지하는 것이 효과적이다. 곡류 저장 시 곰팡이가 핀 알갱이를 그대로 두면 곰팡이가 확산되므로 오염 부분을 빨리 제거해야 한다. 특히, 장마철에 곰팡이 피해가 일

번식독성
일명 최기성으로 기형 발생 유발

어나지 않도록 제습기, 에어컨을 가동하거나 햇빛이 좋은 날 충분히 환기시켜
습기를 제거해야 한다.

1) 아플라톡신

아플라톡신aflatoxin은 아스페르길루스 플라버스Aspegillus flavus, 아스페르길루스
파라시티쿠스Asp. parasiticus 등에 의해 생산되며 주로 열대, 아열대 지방에 많이
분포되어있다. 최적의 아플라톡신 생성조건은 16% 이상의 수분, 80~85% 이
상의 상대습도, 25~35℃ 온도에서 탄수화물이 많은 견과류, 두류, 쌀, 보리,
옥수수를 보관할 때이다. 특히, 습한 지역의 견과류, 오염된 가축 사료에서 쉽
게 나타난다.

　아플라톡신은 전 세계적으로 문제가 되는 곰팡이 독소로, 주로 땅콩에서 빈
번하게 검출된다. 인도의 경우 벼와 백미 1,200여 종 시료에서 67.8%가 아플
라톡신 B_1에 오염된 것으로 조사된 바 있다. 그러나 우리나라의 경우 국내에
서 유통되는 식품 원료 624건 중 4건의 시료에서만 아플라톡신이 검출되어 국
내 유통제품의 오염도는 매우 낮은 수준으로 보고되고 있다. 최근 발효식품인
고추장, 된장과 수입산 고춧가루에서 아플라톡신이 검출되어 B_1을 10 μg/kg
이하로 규제하고 있다.

　아플라톡신의 주요 종류는 B_1, B_2, G_1, G_2, M_1이다. 자외선에서 B_1, B_2는 청
색 형광색, G_1, G_2는 녹색 형광색을 띤다. M_1은 포유동물에서만 생성되는 대

사산물로 B$_1$에 오염된 식품을 포유동물이 섭취하면 유즙에서 이 독소가 검출된다. 특히, 유아, 어린이의 식이로 사용되는 원재료 우유의 곰팡이 독소는 M$_1$과 연관된다.

아플라톡신은 간암의 원인물질로 분류된다. 담낭의 부종, 면역체계와 비타민 K 기능 저하 등이 보고된다. 물에는 불용성이며, 유기용매에는 가용성, 산에는 안정하며, 알칼리에는 불안정하다. 내열성이 강해서 270~280℃로 가열해도 분해되지 않는 특성을 지니므로 오염되면 폐기해야 한다.

아플라톡신의 오염을 예방하기 위해서는 수확 직후 바로 건조하고, 보관 시에는 습도 60% 이하, 온도 10~15℃ 이하로 유지해야 한다.

2) 오크라톡신

오크라톡신ochratoxin은 아스페르길루스 어크라슈스$^{Aspergillus\ ochraceus}$가 생성하는 곰팡이 독소로 건조 저장식품(훈연, 염장 건조어류, 건조과실, 고춧가루 등), 건포도, 커피콩, 인스턴트 커피분말, 포도주스 등을 온도와 습도가 높은 곳에서 저장할 때 생성된다. 우리나라, 유럽연합, Codex에서는 오크라톡신 기준치를 5 μg/kg 이하로 정하고 있다.

오크라톡신은 동물실험에서 신장 독성을 지닌 것으로 보고된다. 우리나라는 수입산 밀, 호밀, 보리, 단순 곡류가공품에서 높은 수준으로 검출된 바 있다. 최근에는 곡류가공품, 볶은 커피 5 μg/kg 이하, 수입 고춧가루 7 μg/kg 이하, 포도주스 농축액, 포도주 2 μg/kg 이하를 기준에 추가해서 관리하고 있다.

3) 맥각중독

맥각^{Ergot}은 맥각균인 클래비세프 퍼피리아$^{Claviceps\ purpurea}$가 호밀, 보리, 밀, 귀리에 증식하여 생성되는 독소물질이다. 맥각에 중독되면 환각, 헛소리, 경련, 세동맥 경련이 나타나며 심한 경우에는 괴저를 동반한다. 괴저효과$^{gangrenous\ effect}$는 혈관을 수축시키는 맥각 알칼로이드, 즉 에르고타민^{ergotamine}, 에르고톡신ergotoxin, 에르고메트린ergometrine에 의한 것이다. 환각작용은 맥각 곰팡이 유도체인 할루시노겐 리제리그산hallucinogen lysergic acid 때문인 것으로 알려졌다. 그 외에 근육경직, 말초동맥수축, 신경질환, 사지의 얼얼함, 온냉감각 역전이 일어나며, 신경계 증세로 가려움증, 구토, 두통, 마비, 근육경련, 수축 등을 동반한다. 1951년 프랑스에서 맥각에 오염된 밀가루로 만든 빵을 먹고 중독 사고가 난 사례가 있다.

클래비세프 퍼퍼리아는 수확 전에 목축, 곡류의 초기 단계에 자라는 곡류 곰팡이다. 맥각 형성은 10~30℃ 온도와 비교적 높은 습도에서 이루어지며, 생육하기 어려운 조건에서 균핵을 형성하였다가 호적 조건에서 포자를 분산시켜 오염 피해를 확산시킨다. 최근에는 맥각중독ergotism 사고 예방을 위한 철저한 관리가 이루어지고 있어 피해 사례가 크게 줄었지만, 1977~1978년 에티오피아에서 호밀에 의한 맥각 중독 사례가 발생된 바 있다.

4) 페니실린 곰팡이 독소

페니실린 곰팡이에 의해 생성되는 독소에는 황변미 독소yellow rice toxin와 파튤린patulin이 있다.

(1) 황변미독소

황변미독소yellow rice toxin는 페니실륨Penicillium이 쌀, 특히 도정미에 오염되어 생성되는 독소이다. 쌀을 황색으로 변화시키는 원인물질은 시트리닌citrinin, 시트레오비리딘citreoviridin이다. 시트리닌의 LD_{50}은 50 mg/kg·bw이며 신장을 손상시킨다. 시트레오비리딘의 LD_{50}은 20 mg/kg·bw이며, 호흡계 질환, 사지마비 증세를 보인다. 쌀의 수분함량이 14~15%일 때 페니실륨 곰팡이가 성장할 수 있다.

황변미의 종류는 톡시카리움toxicarium 황변미, 아일랜디아Islandia 황변미, 태국 황변미가 있다. 톡시카리움 황변미는 동남아산 쌀에 많은데, 특히 대만과 이란 쌀의 경우 페니실륨 시트레오비리드Penicillium citreoviride에 의해 유해대사 생성물인 시트레오비리딘citreoviridin이 생산된다. 이 물질은 신경독소로 척추운 동신경세포의 기능을 억제한다. 아일랜디아 황변미는 페니실륨 아일랜디큠P. islandicum이 기생하여 루테오스카린luteoskyrin, 아일랜디톡신Islanditoxin이라는 간 장독소를 형성한다. 태국 황변미는 페니실륨 시트리늄P. citrinum이 쌀에 오염되 어 시트리닌citriunin이라는 신장독소를 형성한다.

(2) 파툴린

파툴린patulin은 페니실륨 익스팬슘Penicillium expansum이 생성하는 곰팡이 독소로 상한 과일에 생성되는 독소물질이다. 특히, 사과, 배, 포도, 체리 등으로 만든 주스 가공품에 함유될 수 있다.

파툴린은 인체뿐만 아니라 세균에도 독성이 강하며(LD_{50}: 15~35 mg/kg) 종 양을 형성한다. 알칼리에서 불안정하나 산성에서 안정하고, 비타민 C를 첨가 하면 곰팡이 독소의 활성을 잃게 된다.

우리나라의 경우 사과주스, 사과농축액, 과일주스에서 50 μg/kg 이하, 어린 이 사과제품 또는 영유아 곡류제품에 10 μg/kg 이하로 기준을 정해 관리하고 있다. 파툴린의 중독증세는 초조, 경련, 호흡곤란, 부종, 궤양 등이다.

(3) 푸모니신과 제랄레논

푸모니신fumonisin은 푸사리움 베틸로이더스Fusarium vetillioides와 푸사리움 프로리 퍼라튬F. proliferatum에 의해 생성되는 독소로 주로 옥수수에서 감지되는 것으로 보고된다. 동물실험에서 광범위한 폐부종, 신장독소, 간암 등의 다양한 증세 를 보였다. 우리나라와 유럽연합은 푸모니신 기준을 옥수수 4,000 μg/kg, 옥 수수 가공품 2,000 μg/kg로 정해 엄격히 관리하고 있다.

제랄레논zearalenone은 푸사리움 그레아미네아룸Fusarium graminearum, 푸사리움 로세움Fusarium roseum, 푸사리움 컬모룸Fusarium culmorum 등이 생성하는 독소 물 질이며, F-2 톡신이라고 불린다. 주로 수분이 많은 옥수수에서 발견되며, 그 외에 보리, 밀 등에서 증식하여 우리나라 농작물의 피해가 심각한 것으로 조 사된다. 이 물질은 에스트로젠과 유사작용을 하는 내분비계 장애물로 생식기

표 6.2 우리나라 곰팡이 독소 규격

대상독소	대상물질	한국(μg/kg)
총아플라톡신 (B₁ 포함) 락톤링 열림 아플라톡신 B₁ 아플라톡신 B₂ 쿠마린	곡류, 두류, 땅콩, 견과류 및 그것을 단순 처리한 것(분쇄, 절단 등)	15.0 이하 (단 B₁은 10.0)
	땅콩 또는 견과류 가공품류	
	장류 및 고춧가루 및 카레분	
	건조과일류	
	영아용조제식, 성장기용 조제식, 영유아용 곡류조제식, 기타 영유아식	0.10 이하 (B₁에 한함)
아플라톡신 M₁	제조, 가공 직전의 원유 및 우유류	0.50 이하
	특수용도식품(영아용 조제식, 성장기용 조제식, 영유아용 곡류조제식, 기타 영유아식, 영아용 특수조제식품) 중 유성분 함유제품	0.025 이하
파툴린	사과주스, 사과주스농축액	50 이하 (원료용 포함, 농축배수로 환산 적용)
	영아용 조제식, 성장기용 조제식, 기타 영유아식	10.0 이하
제랄레논	곡류 및 단순가공품(분쇄, 절단 등)	100 이하 (단 전분, 전분당 제조용 옥수수는 200 이하)
	과자, 시리얼류	50 이하
	영아용 조제식, 성장기용 조제식, 영유아용 곡류조제식, 기타 영유아식	20 이하
푸모니신	옥수수, 수수, 수수를 단순처리한 것 (분쇄, 절단 등)	4,000 이하 (B₁ 및 B₂의 합)
	옥수수 단순가공품(분쇄, 절단 등)	2,000 이하 (B₁ 및 B₂의 합)
	시리얼, 팝콘용 옥수수가공품, 옥수수 또는 수수를 단순 처리한 것이 50% 이상 함유된 곡류가공품	1,000 이하 (B₁ 및 B₂의 합)

(계속)

자연식품 유래 유해물질 및 곰팡이 독소

대상독소	대상물질	한국(μg/kg)
오크라톡신	곡류 및 단순가공품(분쇄, 절단 등)	5.0 이하
	인스턴트커피, 건조과일류	10.0 이하
	메주	20.0 이하
	고춧가루	7.0 이하
	포도주스, 포도주스농축액 원료	2.0 이하
	후추, 심황(강황), 육두구 및 이를 함유한 조미식품	15.0 이하
	영아용 조제식, 성장기용 조제식, 영유아용 곡류조제식, 기타 영유아식	0.50 이하

자료: 식품의약품안전처, 2018

능장애, 체중감소, 돌연변이 유발의 위험성이 있다. 외음부의 종창, 탈장, 유방 및 자궁의 비대 등이 관찰되며, 남녀 모두에게서 불임을 유발한다.

참고문헌

강길진, 김혜정, 이연경, 정경희, 한상배, 박선희, 오혜영. 2010. 식품 중 곰팡이독소 안전기준 관리. 식품위생안전성학회 25(4): 281–288.

국립수산과학원. 2019. 수산식품유해물질 어패류 독소, https://www.nifs.go.kr/page?id=fishnshellfishe_1_07/

권훈정, 김정원, 유화춘, 정현정. 2011. 식품위생학. 교문사. pp.132–161.

김영규, 김정현, 고재문, 박경진, 박성관, 박재산, 오영주, 윤선경. 2006. 최신공중보건학. 효일 출판사. pp.139–149.

농림축산식품부. 2018. 2017 특용작물 생산실적. 농림축산식품부, http://www.mafra.go.kr/mafra/358/subview.do?enc=Zm5jdDF8QEB8JTJGYmJzJTJGbWFmcmElMkY2NSUyRjMxODQyNCUyRmFydGNsVmlldy5kbyUzRg%3D%3D/

농촌진흥청. 2010. 버섯 재배품종 및 신품조 보급확대 방안. 농촌진흥청 국립원예특작과학원.

농촌진흥청. 2018. 벌초·성묫길 야생버섯 보기만 하세요!, http://www.rda.go.kr/board/board.do?boardId=farmlcltinfo&prgId=day_farmlcltinfoEntry&currPage=1&dataNo=100000748828&mode=updateCnt&searchSDate=&searchEDate=&totalSearchYn=Y/

농촌진흥청. 2018. 장마철 야생버섯 함부로 먹었다간 '낭패', http://www.rda.go.kr/viewer/doc.html?fn=farmprmninfo1000007472220&rs=/upload/board/farmprmninfo/result/201906/

방병호, 김종국, 윤원호, 이극로, 조갑연, 황성연, 황종현. 2011. 식품위생학. 도서출판 진로. pp.175–176.

산림청. 2018. 임업통계연보. 2018. 산림청, http://www.forest.go.kr/kfsweb/cop/bbs/selectBoardArticle.do?bbsId=BBSMSTR_1064&mn=NKFS_04_05_09&nttId=3122752/

송형익, 김정현, 박성진, 배지현, 배현수, 이미영, 이웅수, 조좌형, 최소례. 2015. 식품위생학. 지구문화사. pp.202–246.

식품안전정보원. 2019. 식품안전이슈 20가지: 자연독. 식품안전정보원, https://www.foodsafetykorea.go.kr/portal/board/boardDetail.do?menu_no=3409&bbs_no=bbs820&ntctxt_no=1064506&menu_grp=MENU_NEW05

식품의약품안전처. 2013. 식용으로 오인하기 쉬운 꽃, 독초의 구별법 및 주의사항(2013년 5월 13일 보도자료).

식품의약품안전처. 2013. 제철 맞은 봄나물, 보다 맛있고 안전하게 즐기세요!(2013년 3월 26일 보도자료).

식품의약품안전처. 2015. 야생버섯 함부로 섭취하지 마세요!, https://www.mfds.go.kr/brd/m_99/view.do?seq=28882/

식품의약품안전처. 2016. 즐거운 봄나들이, 식중독에 양보하지 마세요.

식품의약품안전처. 2018. 아플라톡신 기준 초과 검출 '과자' 회수 조치, https://www.mfds.go.kr/brd/m_99/view.do?seq=42964/

식품의약품안전청. 2009. 한약재 관능검사지침(III).

식품의약품안전청. 2010. 등산로 주변 산나물 오인 야생식물 주의하세요(2010년 3월 3일 보도자료).

식품의약품안전청. 2010. 제랄레논 리스크 프로파일.

식품의약품안전청. 2010. 푸모니신 리스크 프로파일.

식품의약품안전청. 2011. 생약 등의 잔류·오염물질 기준 및 시험방법. 고시 제2011-27호 (2011.06.24 개정)

식품의약품안전청. 2012. 가을철 산행, 야생 독버섯 섭취 주의(2012년 9월 17일 보도자료).

연합뉴스. 2011. 서해NLL 인근서 복어독 중독 중국인 선장 사망(2011년 5월 19일자).

영양사국가시험교육연구회. 2011. 영양사 국가시험 핵심요약집 3판. 교문사. pp.23-34.

이데레사, 이수형, 이정화, 윤종철, 오경석. 2012. 국내산 미곡에 발생하는 곰팡이와 곰팡이독소. 식물병연구 18(4): 261-267.

제주일보. 2019. 제주 펜션서 복어요리 먹은 3명 중독 증세, http://www.jejunews.com/news/articleView.html?idxno=2131140/

한겨레 뉴스. 2012. 굴비 축제장에서 복어도 중독사고(2012년 6월 17일자).

MBC 뉴스투데이. 2009. 복어독 조심 마비증세에 교통사고 발생(2009년 10월 17일자).

NEWS1. 2019. 거문도서 복어국 먹고 마비증상 30대 해경 긴급이송, http://news1.kr/articles/?3567762/

Omaye ST. 2004. *Food and Nutritional Toxicology*. CRC Press, Boca Raton, FL.

US FDA. Bad Bug Book. Foodborne Pathogenic Microorganisms and Natural Toxins.

YTN. 2010. 탤런트 현석·최영만 포항시 의장 중태(2010년 4월 21일자).

YTN. 2017. 영덕서 복어탕 끓여 먹은 주민 2명 숨져, https://www.ytn.co.kr/_ln/0115_201711091506037830/

YTN. 2018. 복어 먹은 선원 3명 전신마비로 병원 이송, YTN. 2018.1. 기사. https://www.ytn.co.kr/_ln/0115_201801010137112050/

http://www.cdc.gov/mmwr/preview/mmwrhtml/mm5334a4.htm#fig2/

http://www.kfda.go.kr/herbmed/index.do/

MEMO

CHAPTER 7

환경오염과 식품가공에 의한 유해물질

학습목표

1. 식품의 생산, 가공, 저장 및 환경적 요인 간의 상호작용을 설명할 수 있다.

2. 환경오염에 의해 유래되는 화학적 유해물질의 종류와 노출경로를 설명할 수 있다.

3. 식품의 생산, 가공, 저장 중에 생성되는 유해물질의 종류와 특성, 노출경로를 설명할 수 있다.

식품의 제조·가공·포장 과정에서 생성되는 유해물질과 환경오염에 의해서 잔류 또는 혼입되는 유해물질을 다룬다. 이 유해물질에 사람이 노출되었을 때 화학적 식중독 사고가 발생되며, 세균에 의한 식중독 사고보다 발생빈도는 낮지만, 발생강도는 높을 수 있다. 원인물질, 발생시기, 오염경로 또한 일정하지 않아서 역학조사에 어려움이 많고, 노출을 인지하지 못한 상태로 장기간 노출되어 만성적 중독현상을 보이는 경우가 많다.

이 장에서는 국내에서 발생한 환경 유래 혹은 식품 재배, 가공과정에서 유래되는 유해물질의 종류와 특성, 생성 원천, 노출경로, 피해 사례를 알아보고 이 물질에 의한 피해를 줄일 수 있는 방안을 알아본다.

1 화학적 유해물질의 인체 노출경로

자연환경이나 식품 섭취를 통해서 사람이 화학적 유해물질에 노출되는 경로는 다양하다그림 7.1. 사람이 유해물질에 노출되는 경로는 대기, 하천과 바다, 토양의 오염뿐만 아니라 식품을 저장 · 가공 · 조리 · 포장 · 유통하는 과정에서 유해물질이 생성되거나 혼입, 고의로 첨가되기도 한다. 자연재해에 의해 유해물질에 노출되기도 한다.

환경오염은 사람이 섭취하는 식품을 채취 · 재배하는 과정에서 식품에 유해물질의 혼입을 유발한다. 자동차 배기 매연, 공해, 황사로 대기가 오염되고, 오염물질의 침강에 의해 토양, 강, 바다가 오염된다. 대기오염은 주변 지역으로 쉽게 확산되며, 낙진에 의해 식품이 오염되고, 사람과 동물은 호흡을 통해 유해물질에 노출된다.

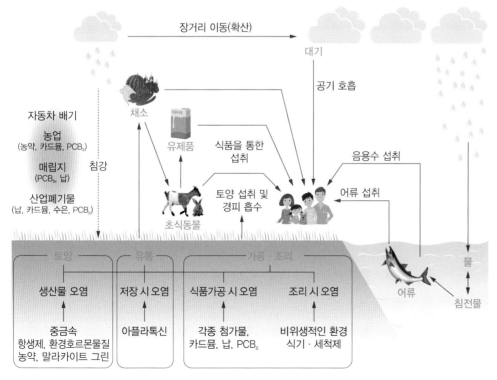

그림 7.1 화학적 유해물질의 노출경로

총식이섭취조사를 통한 유해물질 안전 강화

식품위해평가는 우리 국민이 섭취하는 식품의 90% 이상을 차지하는 400여 품목을 대상으로 총 226종 유해물질 함량을 대규모로 조사한다. 조사는 실제 식이 섭취 상태, 최신 독성기준값 등을 고려하여 실시된다.

　정보 공개는 ▲'16년 110종(중금속 6종, 곰팡이독소 8종, 제조·가공·조리 중 생성 유해물질 50종, 농약류 25종, 감미료 16종, 미생물 5종) ▲'17년 다이옥신 및 PCBs 등 49종 ▲'18년 황색포도상구균 등 20종 ▲'19년 멜라민 등 21종이었고 ▲'20년 납 등 26종이 계획 중에 있다.

　또한 자연환경 유래 중금속(6종)과 곰팡이 독소(8종), 제조·가공·조리 중 생성되는 유해물질(50종)과 같은 비의도적 유해물질 64종은 우리 국민의 식품 섭취 패턴 변화를 모니터할 필요가 있어 위해수준을 5년 주기로 재평가할 계획이다.

자료: 식품의약품안전처, 2019

　　토양오염은 농약, 항생제, 매립 쓰레기(PCBs, 카드뮴 등)에 의해서도 발생된다. 오염된 토양에서 자란 식물은 유해물질을 다량 함유하며, 이를 섭취한 초식동물이 오염되고, 사람은 오염된 토양에서 재배된 식물이나 이런 식물을 먹이로 먹은 동물의 고기를 식용할 때 노출된다.

　　수질오염은 비가 올 때 토양과 대기에 분산되어있던 유해물질이 토양, 하천으로 유입되거나 수중으로 버려지는 폐기물질에 의해 일어난다. 수질오염에 의해 수중생물에 유해물질이 축적되고, 이를 섭취하는 사람은 급성 혹은 만성 중독을 일으킬 수 있다. 식품의 생산·저장·가공·조리·포장·유통과정에서 의도적 혹은 비의도적인 오염, 자발적 생성에 의해서도 식품 중에 유해물질이 잔류할 수 있다.

2 환경오염에 의해 식품에 잔류, 혼입되는 유해물질

환경오염에 의해 식품에 잔류하는 유해물질로는 중금속, 잔류농약, 동물성 의약품, 환경호르몬 등이 있다. 이들 유해물질은 물, 공기, 토양을 오염시키고, 먹이사슬을 통해 사람의 경구, 호흡, 피부로 흡수되어 급성 및 만성 중독을 일으킨다.

1) 유해 중금속

(1) 카드뮴

특성 및 용도 카드뮴^{cadmium}은 부드러운 은백색 광택을 띠는 금속으로 맛이나 향이 없다. 공기, 물, 토양 등 자연환경에 소량 존재한다. 주로 배터리 제조 원료로 이용되며, 금속 판금, 페인트, 플라스틱, 금속 합금 제조에도 사용된다.

노출경로 공장 폐기물, 광산의 폐수 등의 배출로 인해 공기, 토양, 물이 오염되고 여기서 자란 곡류, 잎채소, 어패류에 다량 함유된다. 카드뮴은 육류, 어류의 지방 조직에 주로 축적되며, 특히 내장에 다량 축적된다. 따라서 갑각류, 내장육을 자주 섭취할 경우 카드뮴에 노출될 위험이 높아진다. 노후된 수도관을 통한 카드뮴 용출, 시멘트 분진, 카드뮴을 원료로 사용한 도자기를 통해서도 사람이 카드뮴에 노출될 수 있다. 주요 노출 식품은 곡류, 채소류, 견과류, 콩류, 감자류, 육류 및 육가공품, 내장류 등이다.

독성증세 독성에는 전신독성, 유전독성, 발암성이 있다. 급성증세로 설사 구토를 동반하며, 저농도의 카드뮴에 장기간 노출될 경우 신장에 이상을 초래하고, 간이나 뼈에도 축적되어 뼈를 약하게 한다. 인체 내 반감기는 26년 이상으로 길어 인체 유해성에 대한 심각도가 높다. 공기 오염으로 카드뮴에 장기간 노출되면 폐가 손상되고 힘이 빠지며 피곤함을 심하게 느끼고, 심하면 사망할 수 있다. 카드뮴 중독으로 나타나는 질환은 '이타이이타이병'이다. 일본어로

표 7.1 **카드뮴의 국내 기준**

구분	규격기준 및 규제
재질기준	100 mg/kg(합성수지제, 고무제, 전분제)
용출기준	0.1 μg/L(금속제, 0.1 μg/L), 유리제 등은 용량에 따라 다름
그 외	쌀/엽채류 0.2 mg/kg, 콩류/근채류 0.1 mg/kg, 육류 0.05 mg/kg

표 7.2 유럽의 식품군별 카드뮴 노출량

항목	함유량 평균 (mg/kg)	소비량 중간값 (g/day)	카드뮴 노출 (μg/day)
곡물 및 곡물 제품	0.0163	257	4.189
설탕 및 설탕 제품(초콜릿 포함)	0.0264	43	1.135
지방(식물성 및 동물성)	0.0062	38	0.236
채소류, 견과류, 콩류	0.0189	194	3.667
감자 및 전분류	0.0209	129	2.696
채소 및 과일주스, 소프트드링크 및 생수	0.0010	439	0.439
커피, 차, 코코아	0.0018	601	1.082
알코올 음료	0.0042	413	1.735
육류, 육가공품, 내장	0.0165	151	2.492
육류, 육가공품, 육류 대용품	0.0077	132	1.016
내장 및 내장가공품	0.1263	24	3.031
육류를 주재료로 한 조제용 물질	0.0076	84	0.638
어류 및 해산물	0.0268	62	1.662
달걀	0.0030	25	0.075
우유 및 유가공품	0.0039	287	1.119
기타/특별한 용도로 사용하는 식품	0.0244	14	0.342
수돗물	0.0004	349	0.140

자료: 식품의약품안전청, 2010

'아프다, 아프다'라는 의미를 가진 이 병은 심한 통증을 동반한다. 골연화증, 골다공증을 초래하고 단백뇨를 보이는 골격 계통 독성질환으로 남성보다는 여성에게 많이 발생한다.

(2) 납

특성 및 용도　납lead은 청회색 금속으로 배터리, 탄약, 금속제품(납땜, 파이프 등), X-ray 기기 제조에 사용된다. 페인트, 도자기에서 납이 검출되기도 하나

카드뮴 기준 초과 검출 농산물 '우슬' 제품 회수 조치

식품의약품안전처는 (주)○○약초(경기도 이천시 소재)가 포장·판매한 국내산 '우슬'의 2018년 12월 5일, 6일, 13일, 20일에 포장한 제품 중 중금속 '카드뮴'이 기준인 0.7 mg/kg 수준을 초과(1.7 mg/kg)하여 해당 제품을 판매중단 및 회수조치 하였다.

자료: 식품의약품안전처, 2019

폐광 관리 지역 밖 농지가 중금속 오염에 심각히 노출

토양오염유발시설 주변 토양의 중금속 오염 수준을 조사한 결과, 82개 광산 중 52개 광산 주변 농경지에서 ▲카드뮴 ▲납 ▲구리 ▲비소 ▲아연 ▲니켈의 중금속 오염이 확인됐다. 총 1,760필지 중 338필지에서 토양오염기준을 초과했으며, 총 2,317점의 시료를 분석한 결과 423점에서 토양환경보전법상 토양오염 우려기준을 초과하여 폐광 원거리까지 중금속 오염이 심각한 수준인 것으로 조사되었다. 중금속 오염물질별 기준 초과 필지수는 비소가 209필지로 가장 많았다. 다음으로는 ▲카드뮴 138필지 ▲아연 27필지 ▲니켈 22필지 ▲납 5필지의 순으로 조사됐다.

농산물 중금속 오염기준이 마련되어있는 카드뮴과 납의 경우에는 52개 지구 중 28개 지구 140필지로 나타났다. 또한 5년간 환경부에서 조사한 휴·폐광 주변에서 중금속 기준 초과로 인해 폐기한 농산물은 444건, 504.5톤이었으며 폐기 비용만 7억 5,300만 원에 달했다.

자료: 메디컬투데이, 2011

최근에는 납의 유해성이 알려지면서 사용이 줄고 있다.

독성 증세 납은 신경계통에 독성을 유발한다. 납에 장기간 노출되면 작업수행능력이 저하되고 손발 끝, 관절이 약해진다. 다량으로 노출될 경우 뇌, 신경 등이 손상될 수 있고, 심하면 사망할 수도 있다. 남성에게는 정자 활동능력을 저하시키고 여성에게는 배란장애를 유발할 수 있으며, 임신한 여성에게는 유산을 초래한다. 납은 발암가능물질로 분류되며, 동물실험에서 신부전, 신장암 유발물질로 보고되었다.

노출경로 인체 유입경로는 호흡기를 통하거나, 납에 오염된 식수와 식품 섭취에 의해 이루어진다. 납 오염 식수는 납땜한 낡은 수도관에서 납이 유출된 경우 발생한다. 폐광촌 근처의 토양이나 용수가 오염되면 그곳에서 재배된 농산물에서도 납이 다량 검출된다. 따라서 식품의약품안전처에서는 식품별로 납의 최대허용치를 설정하여 관리하고 있다(222쪽 알아두기 참조).

봄나물 중금속 오염

식품의약품안전처는 3월 2일부터 4월 10일까지 전국 지방자치단체와 함께 도심 하천, 도로변 등 오염우려지역에서 자라는 야생 봄나물 377건을 채취해 중금속(납, 카드뮴) 오염도를 조사하였다. 37건(9.8%)에서 농산물 중금속 허용기준보다 납, 카드뮴이 높게 검출됐다.

국제암연구센터(IARC)는 납을 발암가능물질로, 카드뮴은 발암물질로 분류하고 있다. 이번 조사는 봄철 야외 활동 시 국민들이 쉽게 접할 수 있는 쑥, 냉이, 달래 등 야생 봄나물을 도심 하천, 도로변 및 공단 주변 등 중금속 오염 우려지역에서 채취해 조사하였다.

그 결과 오염지역 내 쑥(152건) 17건, 냉이(111건) 7건, 돌나물(28건) 5건에서 농산물의 중금속 허용기준보다 높은 양의 중금속이 검출됐다. 부적합한 봄나물에서 납은 최고 1.4 ppm까지, 카드뮴은 최고 0.4 ppm까지 검출됐다. 농산물 중금속 기준은 쑥, 냉이, 민들레 등 엽채류의 경우 납 0.3 ppm 이하, 카드뮴 0.2 ppm 이하, 달래, 돌나물 등 엽경채류는 납 0.1 ppm 이하, 카드뮴 0.05 ppm 이하이다.   자료: 식품음료신문, 2015

예방법   납에 노출되는 것을 줄이기 위해서는 폐광촌 주변에서 재배된 농산물의 섭취를 금하고 도심 하천변, 도로변에서 봄나물을 채취하여 섭취하는 것을 삼간다.

(3) 니켈

특성   니켈nickel은 단단한 은백색의 금속으로, 스테인리스 스틸 제조에 이용된다. 또한, 철, 구리, 크롬, 아연 등의 금속과 결합해 합금을 형성하여, 도자기 착색, 조리기구나 배터리 제조에 사용된다.

노출경로   인체에 니켈이 노출되는 경로는 식품 섭취, 호흡, 피부 접촉 등이다. 경구 노출의 경우 식품보다는 음용수를 통해 약 40배 정도 더 많이 흡수된다. 니켈 노출 식품에는 녹차(홍차) 티백, 카카오, 초콜릿, 감자칩, 커피 원두, 견과류, 밀기울 등이 있으나 극미량이 함유되어있어 우려할 수준은 아니다.

독성증세   인체에 노출될 경우 알레르기 부작용이 나타나고, 피부염을 유발한다. 이러한 독성증세는 식품 섭취보다는 니켈을 함유한 장신구 착용으로 피부 접촉에 의해 일어나는 알레르기 반응이 주를 이룬다.

예방법 니켈에 인체 노출을 줄이기 위해서는 니켈이 다량 오염된 식품의 섭취를 제한하고 낡은 조리기구의 사용을 금지하고, 산이 많은 식품의 조리나 알루미늄 기구 사용을 삼가한다.

(4) 비소

특성 및 용도 비소^{arsenic}는 냄새와 맛이 없고 밀가루와 유사한 외관을 띤다. 비소는 토양, 물에 분포하며 산소, 염소, 황 등과 결합하여 무기비소 화합물 형태로 존재하거나, 동식물에서는 탄소, 수소와 결합하여 유기비소 화합물로 존재한다. 비산염^{arsenate}, 아비산염^{arsenite}은 음식, 음용수를 통해 섭취된다.

독성증세 인체 독성은 주로 무기비소에 의한 것이고 식품 중 유기비소의 독성은 낮다. 다량의 무기비소를 흡입할 경우 목과 폐에 자극이 생기고, 피부 접촉 시에는 피부가 붉게 변하고 습진성 피부염이 생긴다. 과량 섭취할 경우 사망할 수 있으며 피부암, 방광암, 폐암 위험성도 증가한다. 세계보건기구 산하 국제암연구센터$^{International\ Agency\ for\ Research\ on\ Cancer,\ IARC}$는 비소 및 비소화합물, 식수중의 비소를 1급 발암물질로 규정하고, 우리나라 노동환경건강연구소도 비소를 1급 발암물질로 분류한다.

노출경로 식품, 토양, 대기, 식수의 오염을 통해 인체에 노출된다. 토양에 비소 함량이 높은 지역, 광산지역 근처에서 자란 농작물과 지하수가 오염된 농

사례

J사 생수 '크리스탈'에서 비소 초과 검출 및 폐기 조치

환경부가 각 시도와 함께 전국에서 유통 중인 먹는 샘물에 대해 일제 점검을 실시한 결과, J사의 '크리스탈(2 L)'에서 수질기준 중 비소가 초과 검출됐다. 8월 4일 생산한 이 제품에서 비소가 0.02 mg/L 검출돼 먹는샘물 제품 수질기준인 0.01 mg/L을 초과했다. 비소는 급성중독(70~200 mg을 일시 섭취)의 경우 복통, 구토, 설사, 근육통 등을 일으킬 수 있다. 해당 제품은 생산이 중단되었다.

자료: NEWS1, 2017

작물에 경우가 주요 경로이다. 해산물, 쌀, 곡물에 오염될 수 있으나, 대부분은 안전한 수준이다. 수확량을 높이기 위해 재배 시 살충제, 살균제를 과량 사용하면 농작물에 비소 함량이 높아질 수 있다. 해산물 중 어류 및 갑각류에 함유된 비소는 대부분 아르세노베타인^{arsenobetaine}이라는 독성이 낮은 유기비소 화합물이며, 일부 해조류에는 독성이 강한 무기비소가 포함될 수 있다. 어린이의 경우, 먼지나 흙을 먹음으로써 소량의 비소에 노출될 수 있다. 그 외에도 비소화합물은 밀가루, 베이킹파우더와 외관이 유사하여 이를 오인하고 식품에 사용하여 화학적 식중독을 일으킨 국내 사례도 있다.

예방법 비소 화합물은 식품과 분리하여 보관하고 비소화합물을 담는 용기에 내용물 명칭을 표시한다. 비소에 노출되는 것을 줄이기 위해서는 비소에 오염된 물의 사용을 줄이고, 흙에 접촉되지 않도록 한다. 기구, 용기, 포장을 구매할 때는 표시기준을 확인한다. 기구, 용기, 포장의 기준·규격에 따른 셀로판, 종이제, 전분제의 비소 규격은 0.1 mg/L 이하이며, 용기류는 0.005 mg/L 이하로 규정된다. 캡슐류는 1.5 mg/kg 이하, 제제소금 및 가공소금류는 0.5 mg/kg 이하로 규정된다(식품의약품안전청, 2010). 먹는물관리법의 먹는 물 수질기준은 0.01 mg/L 이하이다.

(5) 수은

특성 및 용도 수은^{mercury}은 지각의 구성성분으로 가성소다공업, 전기제품, 도료, 약품, 농약제조 등에 이용된다. 환경 중에 배출되는 수은은 무기수은인 반면, 어패류 등 동물성 식품에서는 메틸수은 형태로 존재한다. 메틸수은은 토양, 하천, 해저에 존재하는 여러 종류의 세균, 진균류에 의해 무기수은이나 페닐수은으로부터 생성된다. 무기수은의 메틸화 반응은 코발라민^{cobalamine}의 메틸기가 전이되는 반응이다.

독성증세 사람이 수은에 중독될 경우 간과 신장에 축적되며, 심하면 뇌에 축적되어 중추신경계에 이상을 초래하고 운동 불능, 보행 곤란을 유발한다.

알아두기

총식이조사를 통한 중금속의 1일 섭취량

총식이조사를 통한 중금속의 1일 섭취량(µg/per/day)을 살펴보면 비소는 42.32, 카드뮴은 15.59, 납은 24.04, 수은은 2.20이었으며 평균 주간섭취량(µg/kg bw/week)을 잠정주간섭취한계량(PTWI, Provisional Tolerable Weekly Intake, µg/kg·bw/week)와 비교한 상대위해도는 전체 중금속에 있어 30% 이하로 나타나 중금속의 섭취수준은 전반적으로 안전하다고 할 수 있었다.

중금속의 섭취량

구분	비소	카드뮴	납	수은
1일 섭취량	42.3	15.6	24.04	2.2
평균 주간섭취량	5.3	2.0	3.1	0.3
PTWI	350	7	25	5
PTWI 대비	1.5	28.0	12.4	6.0

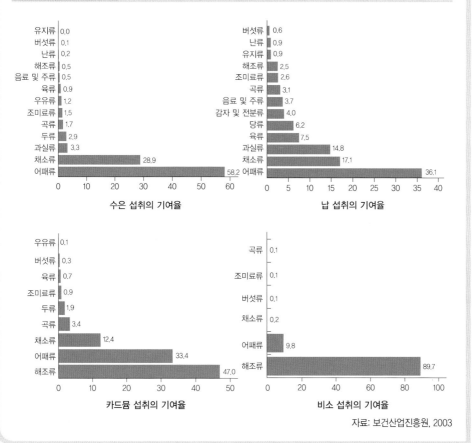

수은 섭취의 기여율

납 섭취의 기여율

카드뮴 섭취의 기여율

비소 섭취의 기여율

자료: 보건산업진흥원, 2003

노출경로 수은의 인체 흡수경로는 대부분이 식품 섭취에 의한 것이다. 식품에는 미량의 수은이, 심해 어류에는 다량의 수은이 함유되어있다. 하천의 물고기는 0.01~0.4 ppm 정도인 반면, 원양의 육식성 다랑어는 0.3~2.0 ppm 수준이며, 일부 심해어는 0.3~0.8 ppm으로 심해로 갈수록 함유량이 높다.

대표적인 중독 사례는 1968년 9월 일본의 구마모토현 미나마타시에서 발생한 메틸수은 중독사고이며, 이로 인해 '미나마타병'으로 명명되었다. 미국에

사 례

양식장 넙치에서 수은 기준 초과 검출, 전량 폐기 및 회수 조치

정부는 '2018년 수산용 의약품 사용 지도감독 점검계획'에 따라 부산, 제주, 완도 등의 양식장 98개소에 대해 약품과 중금속 검사를 진행하였다. 양식장 3개소에서 넙치의 수은 기준치(0.5 mg/kg)를 초과(0.6~0.8 mg/kg)한 것이 확인되었다. 정부는 해당 양식장에서 양식·보관 중인 모든 넙치를 출하 중지하고 폐기조치하였다. 이미 출하된 양식 넙치도 판매 금지하고 회수 등의 조치를 취했다. 자료: 식품의약품안전처, 2018

알아두기

우리나라의 식품별 중금속기준

농산물의 중금속기준

대상식품		납(mg/kg)	카드뮴(mg/kg)	무기비소(mg/kg)
곡류(현미 제외)		0.2 이하	0.1 이하(밀, 쌀은 0.2 이하)	0.2 이하(쌀에 한함)*
서류		0.1 이하	0.1 이하	−
콩류		0.2 이하	0.1 이하(대두는 0.2 이하)	−
견과종실류	땅콩 또는 견과류	0.1 이하	0.3 이하	−
	유지종실류	0.3 이하(참깨, 들깨에 한함)	0.2 이하(참깨에 한함)	−
과일류		0.1 이하	0.05 이하	−
엽채류(결구 엽채류 포함)		0.3 이하	0.2 이하	−
엽경채류		0.1 이하	0.05 이하	−
근채류		0.1 이하 (인삼과 산양삼은 2.0 이하, 도라지와 더덕은 0.2 이하)	0.1 이하 (양파는 0.05 이하, 인삼과 산양삼은 0.2 이하)	−

(계속)

대상식품	납(mg/kg)	카드뮴(mg/kg)	무기비소(mg/kg)
과채류	0.1 이하(고추, 호박은 0.2 이하)	0.05 이하(고추, 호박은 0.1 이하)	–
버섯류	0.3 이하	0.3 이하	–

* 총 비소 0.2 mg/kg 초과 검출 시에만, 무기비소로 시험하여 기준 적용
** 양송이버섯, 느타리버섯, 새송이버섯, 표고버섯, 송이버섯, 팽이버섯, 목이버섯에 한함

축산물의 중금속기준

대상식품	납(mg/kg)	카드뮴(mg/kg)
가금류고기	0.1 이하	–
돼지간, 쇠간	0.5 이하	0.5 이하
돼지고기, 쇠고기	0.1 이하	0.05 이하
돼지신장, 소신장	0.5 이하	1.0 이하
원유 및 우유류	0.02 이하	–

수산물의 중금속기준

대상식품	납(mg/kg)	카드뮴(mg/kg)	수은(mg/kg)	메탈수은(mg/kg)
어류	0.5 이하	0.1 이하(민물 및 회유어류에 한함) 0.2 이하(해양어류에 한함)	0.5 이하	1.0 이하
연체류	2.0 이하(오징어는 1.0 이하, 내장을 포함한 낙지는 2.0 이하)	2.0 이하(내장을 포함한 낙지는 3.0 이하)	0.5 이하	–
갑각류	0.5 이하(내장을 포함한 꽃게류는 2.0 이하)	1.0 이하(내장을 포함한 꽃게류는 5.0 이하)	–	–
해조류	0.5 이하(미역귀를 포함한 미역에 한함)	0.3 이하(조미김을 포함한 김 또는 미역귀를 포함한 미역에 한함)	–	–
냉동식용 어류머리	0.5 이하	–	0.5 이하	1.0 이하
냉동식용 어류내장	0.5 이하(두족류는 2.0 이하)	3.0 이하(어류의 알은 1.0 이하, 두족류는 2.0 이하)	0.5 이하	1.0 이하

자료: 식품의약처안전처 공고 제2019-16

서는 1969년 유기수은제 종자소독제인 파노젠에 오염된 돼지를 사육한 농가에서 양돈 폐사사고가 발생하였다. 원인물질은 곡물찌꺼기에 의한 것으로 나타났다(문창규 외, 2010).

예방법 주요 노출 식품으로 심해성 어류가 지적되고 있으나 우려할 수준은 아니다. 유아, 임산부, 가임기 여성은 참치, 황새치 등의 어류를 지나치게 많이 자주 섭취하는 것을 삼간다.

2) 잔류농약

농약은 농산물의 생산량 증대, 상품성 유지를 목적으로 사용되고 있으나 토양오염, 수질오염의 원인이 되기도 한다. 사람은 농약에 경구 혹은 경피 감염이 될 수 있다. 이러한 피해를 방지하기 위하여 우리나라 식품위생법에서는 농약의 식품 중 최대잔류허용기준Maximum Residue Limits, MRL을 제시하고 있다. 2019년을 기준으로 유기염소계, 유기인계, 카바메이트carbamate계 등 총 498종의 농약에 대한 기준이 설정·관리되고 있다.

우리나라는 2019년 1월 1일부터 모든 농산물 잔류농약을 불검출 수준으로 관리하는 PLSPositive List System(농약허용기준강화) 제도를 도입하였다. PLS관리제도는 식품의약품안전처에서 제시하는 식품공전의 식품기준 및 규격의 농약 잔류허용기준에 따라 농산물의 안전사용량을 관리하며, 별도로 잔류허용기준을 정하지 않은 농약은 0.01 mg/kg(0.01 ppm) 이하로 관리한다. 이 제도의 도입 목적은 농산물 안전 강화와 올바른 농약 사용 유도에 있다. 농민은 농약을 살포하기 전 제품의 표시사항(라벨)을 반드시 살펴보고 해당 농약이 사용할 농작물에 등록되어있는지 확인한 후 안전사용기준을 준수하며 농약을 살포해야 한다(식품의약품안전처, 2019).

유기염소계 유기염소계 농약은 매우 안정한 화합물이며, 잔류기간이 2~5년 이상인 잔류성 농약이다. 토양 중에 오래 잔류하며, 물을 오염시키고, 먹이사

슬에 의해 동물체에 농축된 다음 이를 섭취한 인체에 축적된다. 주로 살충제, 제초제로 이용되며 유기인제에 비해 독성은 적으나 지방조직에 축적되어 만성독성을 일으킨다. 중독증세로 신경 독성을 보이며 간질상의 발작을 일으킨다. 한 예로 헵타크로heptachlor 살충제의 경우, 농약 살포에 의해 토양과 물, 농작물에 잔류되고 수중생물, 육상생물에 축적된 것을 사람이 섭취하거나, 헵타크로에 오염된 농작물을 사람이 섭취함으로써 노출된다. 발암물질 2등급으로 분류된다. 우리나라에서는 감귤류, 곡류, 대두, 면실, 파인애플, 허브류(생)의 농산물에만 헵타크로의 사용이 허용된다.

유기인계 유기인계 농약은 잔류기간이 1~2주로 짧은 비잔류성 농약으로 파라티온parathion, 메틸파라티온methylparathion, 슈라단schradan 등이 있다. 유기염소계 농약에 비해 잔류성과 독성이 낮아 오염문제가 적은 편이다. 신경세포 내 콜린에스테라아제cholinesterase의 작용을 억제하여 아세틸콜린을 축적시켜 흥분을 유도하고 그 결과 부교감신경 증상(식욕부진, 메스꺼움 등), 니코틴 증상(전신경련, 근력감퇴 등), 교감신경 증상(혈압상승 등) 및 중추신경 증상(현기증, 두통, 발열, 혼수 등)을 나타낸다.

카바메이트계 카바메이트계 농약은 항곰팡이제로 이용된다. 유기인계 농약과 비슷하게 콜린에스터라아제 활성을 저해하여 신경흥분현상을 유발한다. 유기인계 농약과 다른 점은 이 반응이 가역적으로 일어나 체외로 빠르게 배출된다는 점이다. 신경 독성을 보이며, 경련, 침의 과다 분비, 사망을 유발한다.

잔류농약 제거법 농산물 재배 시 농가에서는 사용하는 농약의 표시사항을 확인하고 사용 가능한 농작물에 한해 안전 사용량 이하로 농산물에 살포하여야 한다. 소비자들은 식품을 물로 세척하거나 물에 담구어두는 과정에서 잔류농약을 제거할 수 있다. 또한 가열 조리과정에서도 잔류농약은 감소된다.

농약과 잔류농약 바로 알기

Q 농약과 잔류농약의 차이점은 무엇일까?

A 농약과 잔류농약은 엄연히 다르다. 그런데 많은 사람이 둘을 구분하지 못하고 농산물에 남아있는 극미량의 성분도 농약으로 받아들이고 있다.

| 농약 | 농산물에 사용하기 전, 병에 담겨 있는 그 자체의 '약' |
| 잔류 농약 | '농약'을 수천배 희석하여 사용 후 농산물에 남아있게 되는 '극미량의 농약' |

농약이 실제 농산물에 작용하는 것은 5∼20%에 불과하다.

Q 농산물에 뿌린 농약은 어디로 사라지는 것일까?

A 농약은 아래와 같이 이동하여 분해되거나 식물 내 효소에 의해서 분해 및 감소된다.

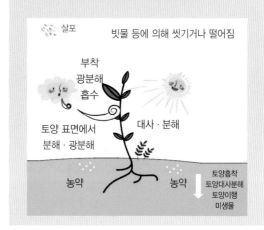

Q 세척하거나 껍질을 벗기면 농약이 제거될까?

A 과일의 껍질을 벗기면 94∼100%의 농약 제거효과가 생긴다. 또한 과일을 수돗물, 숯 담근 물(1%), 식촛물(1%), 소금물(1%)로 세척하면 잔류농약이 80% 이상 제거된다. 따라서 수돗물로만 세척해도 충분하다.

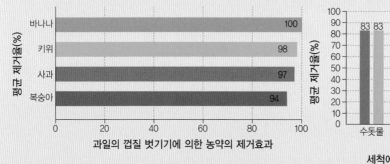

과일의 껍질 벗기기에 의한 농약의 제거효과

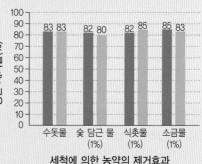

세척에 의한 농약의 제거효과

※ 완두, 감자 등 채소류는 데치기, 삶기를 했을 때도 대부분 제거됩니다.

즉, 식품을 통한 잔류농약이 몸에 축적되는 경우는 거의 없고, 잔류농약은 소변이나 대변으로 자연스럽게 배설된다.

자료: 식품의약품안전처, 2019

농산물 잔류농약의 유해성

식품을 통해 섭취되는 농약은 안전한 수준이다. 식품 섭취를 통한 잔류농약 노출량, 자주 먹는 농산물의 잔류농약의 자연감소율, 세척과 조리에 의해 잔류농약 감소율을 살펴보자.

생활 속 식품 섭취를 통한 잔류농약 위해도

- 1인 1일 섭취허용량(ADI): 인간이 평생 매일 섭취하더라도 해가 되지 않는다고 생각되는 화학물질의 1일 섭취량(mg/kg 체중/1일)
- 1근당 잔류농약 섭취수준 계산법: $\dfrac{1인 1일 섭취허용량(mg)}{모니터 결과 재료식품 1근당 농약의 잔류량(mg/근)}$

깻잎에 농약 살포 후 경과일에 따른 자연감소율

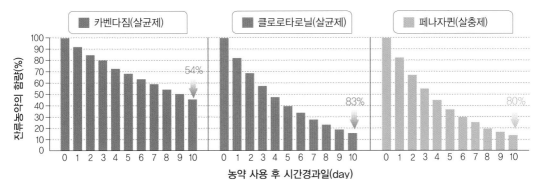

생활 속 식품 섭취를 통한 잔류농약 위해도 연구 결과

구분	농약명	농약 용도	1인 1일 섭취 허용량(ADI)	1근당 잔류농약 섭취수준 (1근＝200 g)
고춧잎	아세타미프리드(Acetamiprid)	살충	3,905	하루에 68근을 섭취하는 양
	디메토모르프(Dimethomorph)	살균	11	하루에 61근을 섭취하는 양
꽈리고추	디에토펜카브(Diethofencarb)	살균	23,65	하루에 2,190근을 섭취하는 양
붉은고추	피리다벤(Pyridaben)	살충	0,55	하루에 54근을 섭취하는 양
	테부코나졸(Tebuconazole)	살균	1,65	하루에 458근을 섭취하는 양
	프로시미돈(Procymidon)	살균	5,5	하루에 36근을 섭취하는 양

세척 및 조리방법에 따른 고추의 잔류농약 감소율

- 세척 시: 고추를 물에 1분간 담근 후, 새로운 물에 30초 동안 손으로 저어주면서 3회 세척(물 1 L)한다.
- 볶을 때: 세척 후 달구어진 프라이팬에 넣고 160℃에서 2분간 볶는다.
- 끓일 때: 세척 후 끓는 물에 고추를 넣고 1분간 끓인다.

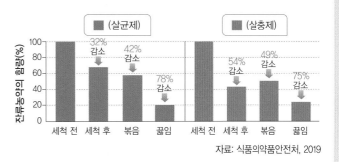

자료: 식품의약품안전처, 2019

3) 잔류 동물용의약품

동물용의약품은 식용생물인 소, 돼지, 닭, 어류 등의 질병 치료 및 예방을 위해 사용된다. 식용동물에 합성항균제, 항생제, 성장촉진호르몬제, 구충제 등의 약품을 사용함으로써 축산물 생산량을 증가시키는 것이다. 동물용의약품의 법적 사용기준과 휴약기준을 준수하여 가축에 사용할 경우, 투약 후 시간이 지남에 따라 체외로 배출되어 식품 중 잔류량은 안전한 수준이 된다. 그러나 일부 농가에서는 동물용의약품의 사용기준을 지키지 않아서 위해 발생 가능성이 있으며, 항생제의 경우 오용과 남용으로 병원성균의 내성 증가, 사람과 가축에서의 면역능력 감소, 항생물질에 대한 알레르기 발현 등의 부작용을 초래할 수 있다. 따라서 식품의약품안전처는 2019년 기준 194종의 동물용의약품에 대해 사용이 허용된 축산물, 어패류를 정하고 잔류기준을 설정하여 관리하고 있다.

잔류 동물약품에 의한 피해를 줄이기 위해 축산 농가는 동물용의약품 사용을 최소화하고 동물용의약품을 사용할 때는 사용설명서에 나와 있는 안전사용수칙(사용방법, 사용량 등)을 준수해야 한다. **휴약기간**을 정확히 산출하고, 휴약기간이 되면 사용기구, 축산, 사료저장고를 완전히 청소한 후 약제가 들어있지 않은 사료와 물만 가축에게 먹인다.

휴약기간
사용된 항생제가 동물 체내에서 분해·대사되어 충분히 제거되는 데 필요한 기간

표 7.3 **동물용의약품의 사용목적에 따른 분류**

분류	사용목적	형태
생산성 향상약	가축, 가금 등의 경제적 생산성 향상	주사제 등
질병 예방약	감염증 발생 예방	백신 등
질병 방제약	집단사육, 양식에서의 질병 예방 및 치료	사료첨가제, 음용수첨가제 등
질병 치료약	질병에 걸린 동물의 개체별 치료	주사제, 경구제 등
방역약	감염증 예방목적의 동물 사육장, 방목장, 어장에 사용	소독제, 연무제 등

표 7.4 동물용의약품 잔류허용기준 관리 대상 식품

대분류	분류 대상	식품
축산물	식육류	쇠고기, 돼지고기, 양고기, 염소고기, 토끼고기, 말고기, 사슴고기 등에 대하여 부위별(근육, 지방, 신장, 간)
	가금류	닭고기, 꿩고기, 오리고기, 거위고기, 칠면조고기, 메추리고기 등에 대하여 부위별(근육, 지방, 신장, 간)
	유	우유, 산양유 등
	난류	계란, 메추리알, 오리알, 타조알 등
수산물	어류	가다랭이, 가물치, 가오리, 가자미, 갈치, 고등어, 꽁치, 날치, 넙치, 노가리, 농어, 다랭이, 대구, 도루묵, 도미, 돔, 망둥어, 메기, 멸치, 미꾸라지, 민어, 방어, 뱀장어, 뱅어, 병어, 복어, 볼기우럭, 볼락, 붕어, 붕장어, 빙어, 삼치, 송어, 숭어, 연어, 우럭, 은어, 잉어, 장어, 참붕어, 향어 등
	갑각류	새우, 게, 바닷가재, 가재, 방게, 크릴 등
	패류	전복
기타	벌꿀	벌꿀, 로열젤리, 화분 등

(1) 아미노글리코사이드계

용도 및 종류　아미노글리코사이드계 항생물질에는 스트렙토마이신streptomycin, 디하이드로스트렙토마이신dihydrosterptomycin, 스펙티노마이신spectinomycin, 네오마이신neomycin, 겐타마이신gentamicin 등이 있다.

잔류기준　이들 항생물질의 식품 중 최대잔류허용기준은 소, 돼지, 닭, 양고기류의 근육 0.1~0.6 mg/kg, 간과 신장 1.0~5.0 mg/kg 이내이다. 가축의 부위에 따라 적용기준에 차이가 있으므로 반드시 식품공전을 확인하여 관리한다.

독성현상　아미노글리코사이드계 항생물질은 신장에 독성이 있고, 난청을 초래하는 것으로 보고된다.

노출량　국내에서 돼지고기, 쇠고기, 닭고기 등 총 250건의 시료에 아미노글리코사이드의 잔류량을 측정한 연구에서 검출시료 비율은 2%에 불과하였고, 돼지고기 한 개의 시료에서 겐타마이신, 디하이드로스트렙토마이신이 각 기준치 0.1 mg/kg, 0.6 mg/kg를 약간 초과한 것으로 나타나서 안전한 수준이었다.

쉬어가기

동물용의약품 안전관리 현황

잔류허용기준의 뜻

잔류허용기준이란 동물용의약품을 사용하여 동물 체내(근육, 간, 신장, 지방 등)에 잔류하게 되는 물질의 법적으로 허용되는 최대잔류농도이다.

식품 중에 검출되어서는 안 되는 동물용의약품

1) 니트로푸란{푸라졸리돈(Furazolidone), 푸랄타돈(Furaltadone), 니트로푸라존(Nitrofurazone), 니트로푸란토인(Nitrofurantoine), 니트로빈(Nitrovin) 등} 제제 및 대사물질*2
2) 클로람페니콜
3) 말라카이트 그린 및 대사물질
4) 디에틸스틸베스트롤
5) 디메트리다졸
6) 클렌부테롤
7) 반코마이신
8) 클로르프로마진
9) 티오우라실
10) 콜치신
11) 피리메타민
12) 메드록시프로게스테론 아세테이트

모니터링 결과

2009년 국내 유통 축산물, 수산물 중 잔류동물용의약품의 농도를 조사한 결과 1,305건의 시료 중 99.8%가 안전한 것으로 나타났다.

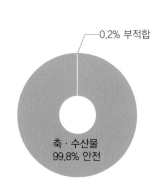

0.2% 부적합

축·수산물 99.8% 안전

범례: 수거건수 / 부적합수

	쇠고기	돼지고기	닭고기(오골계)	계란	우유	장어	넙치	조피볼락	돔	민물장어	새우	꽃게
수거건수	181	190	194	196	103	37	91	85	54	51	60	60
부적합수			2				1					

자료: 식품의약품안전처, 2019

(2) 옥시테트라사이클린

용도 및 종류 옥시테트라사이클린oxytetracycline은 폐렴, 이질, 티푸스, 임질 치료에 사용되는 항생물질로, 냄새가 없고, 쓴맛을 내며, 노란색의 결정을 띤다. 독성이 적으며, 그람양성균, 그람음성균, 스피로헤타, 리케차 등에 의한 감염 치료에 효과가 있다. 축산물뿐만 아니라 수산물에 광범위하게 사용되며, 세균성 질병 치료와 물고기 이동 시 검역에 사용된다.

노출경로 옥시테트라사이클린의 인체 노출경로는 질병 치료 목적으로 항생제를 투여한 가축에 이 물질이 잔류되고, 축산물 및 수산물을 사람이 섭취하는 것이다.

독성현상 동물실험에서 전신독성, 생식독성, 유전독성을 보인다. 옥시테트라사이클린의 부작용은 호흡기 독성, 위장관계 독성, 피부와 눈에 알레르기 반응이다. 식용 고기에서 근육의 잔류허용기준은 옥시테트라사이클린, 클로르테트라사이클린, 테트라사이클린의 합이 0.2 mg/kg, 벌꿀은 0.3 mg/kg 이내이다.

(3) 테트라사이클린

용도 및 종류 테트라사이클린tetracycline은 세균의 단백질 합성을 억제하여 항균작용을 하는 항생물질이다. 축수산물의 장내세균 감염증, 호흡기 질병, 원충성 감염질환 등의 치료제로 사용되며, 가축의 질병 예방과 사료 효율을 높이기 위해 사료첨가제로 이용되고 있다.

노출경로 테트라사이클린의 인체 노출경로는 동물의약품 오남용에 의해 축산·수산식품에 잔류하는 경우이다. 국내 노출 사례는 돼지에 테트라사이클린 내성을 갖는 대장균 검출과 넙치에서 검출된 예가 있다.

독성현상 테트라사이클린의 중독 증세로는 오심, 구토, 상복부 통증, 설사가 있다. 임신 중에 노출되면 태아의 치아 및 뼈에 침착되어 변형, 골격 발육 지연, 성장 억제를 유발할 수 있다. 신장독성이 나타날 수도 있다.

4) 환경호르몬 물질

환경호르몬 물질endocrine disruptors은 내분비계 장애추정물질이라고 불린다. 호르몬과 유사한 구조를 가지고 있어, 인체에서 호르몬으로 오인하고 메커니즘이 작동하나 실제로는 호르몬의 기능을 담당하지 못하는 물질이다. 종류로는 다이옥신류, 프탈레이트, 비스페놀 A, 폴리염화비페닐류, 알킬페놀류 등이 있다.

(1) 다이옥신류
특성 다이옥신류dioxins는 고리가 3개인 방향족 화합물에 여러 개의 염소가 붙어있는 화합물이다. 잔류성 유기오염물질Persistent Organic Pollutants, POPs이며, 자연적 또는 인위적으로 생성되어 환경으로 유입되면 장기간 분해되지 않고 생체 내에 축적되며, 생체 반감기가 약 7년이다. 다이옥신은 물에 거의 녹지 않고, 지방질에만 녹아 소변으로 잘 배설되지 않으며 지방 조직에 축적된다. 여러 가지 종류가 있지만, 대표적이고 독성이 강한 물질은 TCDD2,3,7,8-tetrachlorodibenzo-p-dioxin이다. 주로 소각로에서 염소화합물이 탄화수소와 결합할 때 생성된다.

노출경로 다이옥신의 노출경로는 환경으로부터 또는 식품 섭취, 피부 접촉에 의해 나타난다. 환경으로의 유입은 화학제품의 열분해, PCBsPolychorinated Biphenyls 함유 전기제품, 도시 쓰레기, 하수 슬러지, 유해 폐기물 등을 소각하는 과정, 펄프 및 제지공장 배출수, 자동차 배기가스 등 매우 다양하다. 체내로 들어오는 다이옥신류는 음식물이 97~98%, 공기 호흡이 2~3%이다. 주로 쇠고기, 닭고기, 돼지고기, 유제품과 같이 지방 함유 식품을 통해 섭취되며, 채소 및 과일류에 소량 함유되어있다.

표 7.5 환경호르몬 물질의 종류, 구조 및 인체 노출원

분류	구조식	노출원
다이옥신류		• 공기: 유해폐기물을 소각하는 연기, 자동차 배기가스, 담배 연기 • 물: 펄프 및 제지 공장 폐수 • 식품: 쇠고기, 닭고기, 돼지고기, 우유, 버터 등의 지방 함유 식품 • 피부 또는 식품: 염소계 살충제, 제초제
프탈레이트		• 플라스틱(Ployvinyl Chloride, PVC)을 유연하게 하는 가소제 • 장난감, 향수, 화장품, 접착제, 병마개의 물샘 방지용 패킹, 포장지 인쇄용 잉크 • 마가린, 치즈, 육류, 시리얼, 옥수수와 같은 식품(0.1 mg/kg 이하 존재)
비스페놀 A		• 유아용 젖병(젖병에 우유를 넣고 전자레인지에 가열), 플라스틱 포장재에 뜨거운 음식을 담는 경우, 식료품의 캔, 병마개 • 수질 오염된 생선류
폴리염화비페닐류		• 절연체, 윤활제, 무카본 복사용지, 방화재료, 가소제 등 수질오염으로 어패류에 축적된 것을 사람이 섭취
알칼페놀류		• 합성세제, 세척용 제품, 플라스틱, 머리 염색제, 세제, 페인트 작업과정 • 식품용기, 포장재, PVC 랩에 뜨거운 음식을 담는 경우 용출

표 7.6 국가별 다이옥신 규격기준

국가	규격기준 및 규제	최종 작성일(개정 고시일)
한국	• 쇠고기 4.0 pg TEQ/g fat • 닭고기 3.0 pg TEQ/g fat • 돼지고기 2.0 pg TEQ/g fat	식품의약품안전처 고시 제2019−16호(2019. 3. 8)
유럽연합	유지, 육류 및 유제품 기준 0.75~12.0 pg/g fat	유럽위원회 규정(1881/2006)
미국	식수 TCDD 최대 오염 수준 30 pg/L	2010. 11. 2 기준

TEQ(Toxic Equivalents)
독성등가값

주택가 염색공장에서 발암물질 '다이옥신' 수년간 초과 배출

대구 지역 주택가 인근의 한 염색공장에서 수년간 발암물질 다이옥신을 허용기준보다 초과 배출한 사실이 드러났다. 2014년부터 2018년까지 업체가 제출한 다이옥신 및 퓨란류 자가 측정 결과는 0.040~2.232 ng-TEQ/Sm²로 배출 허용치를 넘지 않았다. 그러나 대구지방환경청의 단속 결과 이 업체는 다이옥신(배출허용기준 5 ng-TEQ/Sm²)을 2016년 17.972, 2017년 24.881, 2018년 6.691 ng-TEQ/Sm² 배출한 것으로 나타났다. 업체는 조업 정지와 과태료 처분을 받았다.

자료: 연합뉴스, 2019

독성 독성은 생식계 교란이며, LD_{50}는 1 μg/kg이다.

예방법 다이옥신류의 노출을 줄이기 위하여 동물성 식품 중 지방의 섭취를 줄인다. 내장 부위를 제거한 어류나 육류를 섭취하고, 가금류와 생선의 껍질을 제거하여 섭취하는 것이 좋다.

(2) 프탈레이트

특성 프탈레이트류phthalate는 플라스틱을 유연하게 만드는 데 사용되는 가소제로 의약품 코팅제, 장난감, 향수, 화장품, 접착제, 병마개의 물샘 방지용 패킹, 포장지 인쇄용 잉크로 사용된다.

독성증세 프탈레이트는 동물이나 인체에서 호로몬의 작용을 방해하거나 혼란시키는 내분비계 교란물질이다. 특히, 남성 생식기관의 기능 저하, 남성호르몬 감소를 초래한다. 또한, 모유를 통해 유아의 성호르몬 변화를 유발할 수 있고 간, 신장, 폐, 혈액에 독성작용이 있다.

노출경로 프탈레이트의 인체 노출경로는 경구 섭취, 환경을 통한 호흡기 흡입, 피부 흡수이다. 마가린, 치즈, 육류, 시리얼, 옥수수 등에 1 mg/kg 이하의 프탈레이트가 소량 함유되어있으나 걱정할 수준은 아니다. 주의해야 할 경로는 플라스틱이나 코팅된 종이용기에 뜨거운 식품을 포장하는 경우이며, 포장

용기에서의 프탈레이트 용출이 우려된다. 유아의 경우 장난감 및 유아용품을 입으로 핥거나, 흙이나 먼지를 먹을 때 프탈레이트에 노출될 수 있다.

호흡기를 통한 환경 노출은 작업장, 자동차 내장재, 건축자재를 통해 프탈레이트류를 공기로 흡입하는 경우이다. 여성은 향수나 화장품에 의해 경피감염이 될 수 있다.

예방법 프탈레이트 노출을 줄이기 위해서는 해산물, 닭튀김과 같은 기름기가 많은 식품을 플라스틱류에 포장하는 것을 삼가고, 어린이가 플라스틱류 장난감을 핥지 않도록 돌본다.

식품의약품안전처는 기구 및 용기 포장의 기준 및 규격(식품의약품안전처 고시 제2019−2호)에 따라 잠정 일일 섭취 한계량을 설정하여 관리하고 있다. 랩 제조 시 DEHA^di-(2-ethylhexyl)-adipate, DEHA의 사용을 금하고, 기구 및 용기 포장 제조 시 디에틸헥실프탈레이트^di-(2-ethylhexyl)-phthalate 사용을 금지하고 있다.

(3) 비스페놀 A

특성 비스페놀 A^bisphenol A는 유아용 젖병, 플라스틱 그릇, 안경렌즈 등의 재료인 폴리카보네이트^Polycarbonate, PC 플라스틱에 함유되며, 통조림 내부 코팅, 병마개, 식품포장재, 치과용 수지 등에 주로 사용되는 에폭시 레진^epoxy resin을 합성하는 기본 원료로 사용된다.

노출경로 수질오염으로 비스페놀 A가 축적된 생선류를 인간이 섭취하는 경우와 비스페놀 A 함유 포장재에 접촉된 식품 섭취를 통해 이루어진다. 식품 포장용기에 뜨거운 식품을 담을 때 포장지에서 용출되는 경우가 문제이다. 유아의 경우 젖병, 장난감 등에 비스페놀 A가 포함될 수 있는데, 뜨거운 물에 우유를 타는 과정, 전자레인지에서 우유를 데우는 과정, 우유병을 끓는 물에 오랫동안 소독하는 과정에서 비스페놀 A가 용출될 수 있다. 식품의약품안전처는 폴리카보네이트 젖병의 비스페놀 A 기준을 0.6 mg/L 이하로 정하고 있다.

독성 인체에 흡수되었을 때 에스트로겐 호르몬과 유사한 역할을 하는 내분비계 교란물질이다.

예방법 비스페놀 A로 인한 피해를 줄이기 위해서는 폴리카보네이트 재질의 플라스틱 포장용기에 음식을 담아 전자레인지에서 데워 먹는 것을 삼간다. 전자레인지에서 조리하는 과정 중 포장지의 비스페놀 A가 유출될 가능성이 있으므로 가급적 도자기 용기에 음식을 담아 전자레인지에 가열하여 섭취한다.

유아용 우유 조제 시 젖병이나 컵에 흠집이 생기면 비스페놀 A 용출 가능성이 더 높아지므로 새것으로 교체하고, 끓인 물을 바로 사용하기보다는 조금 식혀서 이용한다. 또한 젖병을 5분 이상 끓는 물에서 소독하지 않도록 한다. 비스페놀 A의 피해를 줄이기 위해서 비스페놀 A 프리 용기를 사용한다. 캔음료나 통조림 식품의 사용을 줄이고, 특히 뜨거운 음식이나 액체는 가능하면 유리, 도자기, 스테인리스 재질의 용기에 담아 사용한다.

노출량 우리나라에서 2003년에 판매된 분유, 캔음료, 포도주의 비스페놀 A 농도는 분유 10 μg/kg, 캔음료 20 μg/kg, 포도주 9 μg/kg으로 조사되었다. 이는 식품위생법상의 비스페놀 A 기준치 2.5 mg/kg 이하보다 낮은 안전한 수준이었다.

표 7.7 **캔식품 중 비스페놀 A 식품 이행량**

캔식품	식품 이행량 (μg/kg, ppb)	캔식품	식품 이행량 (μg/kg, ppb)
탄산음료 1	0.27~0.92	과일주스류	1.51~4.63
탄산음료 2	0.13~0.31	맥주	불검출
소다류(향 첨가)	0.55~3.15	참치	3.72~13.66
다류	0.93~1.29	고등어	6.43~7.47
식혜	0.93~8.93	꽁치	6.15~9.45
커피	4.08~12.41	기타 육제품	1.41~4.83

자료: 양미희, 2003

(4) 폴리염화비페닐류

특성 및 용도 폴리염화비페닐류Polychlorinated Biphenyls, PCBs는 2개의 페닐기에 결합된 수소원자가 염소원자로 치환된 화합물이며 절연체, 윤활제, 무카본 복사용지, 방화재료, 가소제 등으로 사용된다. 그 밖에도 음용수의 염소 소독 시 또는 유기화합물의 분해에 의해 발생되기도 한다. PCBs는 의도적인 자연방출보다 공업용과 도시폐기물 처리과정에서 방출되어 공기, 물 등을 오염시킨다. 또한, 지용성으로 물에서 잘 분해되지 않기 때문에 토양과 지하수에 오랫동안 남아 유기체에 축적되고 먹이사슬을 통하여 인간에게 영향을 끼칠 수 있다.

노출경로 PCBs 오염은 어류, 곡류, 육류 및 유제품 순으로 높게 나타나며, 인체 노출은 식이, 호흡, 피부 접촉 등 다양한 경로로 이루어진다. PCBs는 동물 및 수산물 등의 체내 지방조직에 축적되며, 이들 식품을 섭취하면 인체에서 땀이나 소변으로 배출되지 않고 체내에 축적된다.

독성증세 PCBs에 과다 노출되면 간 기능 이상, 갑상선 기능 저하, 갑상선 비대, 피부발진, 피부착색, 면역기능장애, 기억력, 학습, 지능장애, 반사신경 이상, 생리불순, 저체중아 출산 등을 유발할 수 있다. 구이류를 요리할 때 식품을 그릴 위에 놓아 지방이 떨어지도록 하면 PCBs 섭취를 줄일 수 있다. 생선은 조리하기 전에 껍질 제거, 등, 배, 지방 제거, 특히 내장을 제거하여 섭취하는 것도 좋은 방법이다.

(5) 알킬페놀류

특성 및 용도 알킬페놀류alkylphenolic compounds는 페놀 벤젠 고리에 알킬기가 결합된 형태이다. 알킬페놀류및 알킬페놀 에톡실레이트류는 합성세제와 세척용 제품, 플라스틱과 고무제품, 농약, 윤활유, 모발 염색약이나 모발 관리제품 등에 사용되고 있다.

노출경로 알킬페놀류는 화합물 제조업체에서 대기 중으로 배출되어 사람에게 노출된다. 특수 페인트, 살충제, 머리 염색약을 다루는 작업에서 공기나 피부를 통해서도 사람에게 노출된다. 식품 접촉물질인 PVC 랩에 뜨거운 음식을 담는 경우 용출될 수 있다. 식품의약품안전처는 합성세제, 세척용 제품, 플라스틱, 머리 염색제, 세제, 식품용기 및 포장에 알킬페놀류를 사용하는 것을 금하고 있다.

독성 알킬페놀류에 속하는 노닐페놀과 옥틸페놀은 호르몬과 유사한 작용을 하거나 호르몬 작용을 방해하여 생식과 발달을 저해하는 것으로 보고된다.

예방법 어린이가 알킬페놀류 함유 제품을 만지지 못하도록 분리해서 보관하고, 설거지를 할 때 합성세제는 최소량만 사용하고 반드시 고무장갑을 착용한다. 플라스틱 재질 그릇에 음식을 담아 전자레인지에서 조리하는 것을 삼가며 가능한 일회용품의 사용을 자제한다.

5) 방사능에 의한 식품 오염

특성 방사능물질은 자연 속에 널리 존재한다. 1986년 소련의 체르노빌 원자로 폭발사고, 2011년 후쿠시마 원자력발전소 폭발사고로 인해 방사성 핵종 요오드 131(^{131}I), 스트론튬 90(^{90}SR), 세슘 134(^{134}Cs), 세슘 137(^{137}Cs)이 식품에서 높은 농도로 검출되어 우리 정부는 식품 중 방사능 오염에 대한 모니터링을

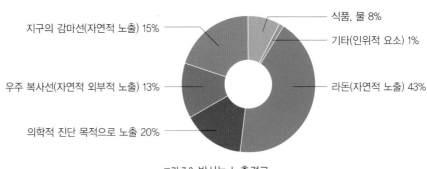

지구의 감마선(자연적 노출) 15%

식품, 물 8%

기타(인위적 요소) 1%

우주 복사선(자연적 외부적 노출) 13%

라돈(자연적 노출) 43%

의학적 진단 목적으로 노출 20%

그림 7.2 방사능 노출경로
자료: WHO, 2006

강화하고 있다.

노출경로   방사능이 인체에 노출되는 경로는 다양하다. 환경 중의 우라늄, 라돈, 칼륨 40 등에 의한 자연적 노출과 우주 복사선, 지구의 감마선에 의해서도 노출된다. 환경 중 방사능물질에 의한 식품과 물이 오염되고 이를 사람이 섭취하는 경우도 있고, 의학적 진단이나 치료목적으로 사용되는 과정에서 방사능이 피부에 노출되는 경우도 있다.

우리나라에서는 원자력연구소, 원자력안전기술원에서 지하수나 해조류, 어패류, 곡류, 우유, 달걀 등의 식품에 방사능 분석을 실시하여 식품공전에서 정하는 기준 범위인지를 모니터링한다.

독성   방사능물질에 오염된 식품이 인체에 미치는 영향은 만성적 장애이다. 조혈기관의 장애, 피부점막의 궤양, 암의 유발, 백혈병, 궤양의 암변성, 생식불능, 염색체의 파괴, 돌연변이 유발 등이 있다. 방사능물질의 종류에 따라서 조직에 침착되는 성질과 친화성이 다르기 때문에 장애의 부위가 다르다. **방사성 강하물** 중에 식품 오염과 문제가 되는 것은 ^{90}SR, ^{137}Cs, ^{131}I이다. 요오드 동위원소는 β선, γ선을 방출하며, 주로 침착되는 부위는 갑상선이다. 유효반감기는 7.6일 정도로 짧은 편이나 방사성 핵종의 생성률이 크기 때문에 문제가 된다. 세슘 동위원소는 근육조직에 축적되며, 반감기는 ^{134}Cs가 2.1년, ^{137}Cs는 30년에 달해 피해가 심각하다. ^{90}SR은 뼈조직에 침착하여 β선만을 방출하는 핵종이다. 배설이 느리고, 유효반감기(약 29년)가 길어 뼈의 표면에 흡착되며, 유

방사성 강하물
방사성 강하물은 일명 방사성 낙진으로 원자력발전소 사고로 인해 누출되는 방사성물질이 대기 중에 떠 다니다가 생활환경 속에 노출되는 물질

표 7.8 **국내 식품 중 방사능 기준**

핵종	대상식품	기준(Bq/kg, L)
^{131}I	모든 식품	100 이하
$^{194}Cs + ^{197}Cs$	영아용 조제식, 성장기용 조제식, 영유아용 이유식, 영유아용 특수조제식품, 영아용 조제유, 성장기용 조제유, 유 및 유가공품, 아이스크림류	50 이하
	위 항에 제시된 식품 이외의 모든 식품	100 이하

자료: 고시 제2018-98호, 2018. 11. 29.

방사능 오염식품과 방사선 조사식품은 어떻게 다를까

방사능 오염식품은 후쿠시마·체르노빌·스리마일 등 원전사고나 원폭실험 등으로 인해 발생한 인공 방사성 핵종(^{134}CS, ^{137}Cs, ^{131}I 등)에 오염된 식품을 의미한다. 1986년 소련의 체르노빌 원전사고가 발생한 지 30년이 넘었지만 사고 근접국가에서 수거된 동식물의 일부 시료에서 지금도 방사성 핵종이 검출되고 있다. 2011년 일본 후쿠시마 원전사고를 통해서도 주변 수산물 등 일부 식품이 방사성 핵종에 오염되었다.

반면에 방사선 조사식품은 식품의 살균·살충·발아 억제·숙성 지연 등을 위해 식품에 의도적으로 방사선을 조사한다. 이 경우 방사능 오염식품과는 달리 방사선이 식품에 잔류하지 않는다. 법적 한계량 10 kGy 이하로 조사처리한 식품은 안전하다는 것이 세계보건기구(WHO)·국제식량농업기구(FAO)·미국 식품의약국(FDA) 등의 공식 입장이다. 우리 정부도 감자·건조 향신료·특수의료용도 등 식품 등 29개 식품에 대해 방사선 조사를 허용하고 있다.

자료: 식품의약품안전처, 2019

전적으로 영향이 큰 것으로 알려졌다. 백혈병이나 조혈기능 장해, 골수암 등과 연관된다.

예방법 방사능 오염식품을 섭취하지 않는 것이 중요하다. 국가 차원에서 방사능 오염 가능성이 높은 지역에서 수입된 식품에 대해 법적기준치를 초과했는지 여부를 지속적으로 모니터링한다. 소비자 차원에서 방사성 물질의 피해를 예방하기 위해 흐르는 물에 충분히 씻어 조리한다. 방사능에 오염된 식품은 가열조리해도 제거되지 않으므로 생선을 조리할 때 내장을 제거한다.

3 생산, 가공, 포장 시 생성 또는 혼입되는 물질

1) 고의 또는 오용으로 첨가되는 유해물질

식품첨가물은 식품생산과정에서 품질 증진과 개선의 목적으로 사용된다. 우리나라는 법적으로 500여 종의 식품첨가물의 사용을 허가하고 사용량을 규제하고 있다. 자세한 내용은 5장 '화학물질의 작용기전과 안전성 시험'의 '식품첨가물'을 참조한다.

최근 어린이의 음료제품 소비가 증가하면서 영국 식품기준청Food Standard Agency, FSA은 유해성 논란이 끊이지 않고 있는 6가지 인공식품색소(식용색소 황색 제4호 타르트라진tartrazine E102, 황색 5호sunset yellow E110, 퀴놀린 옐로 13 quinoline yellow E104, 황색색소, 카아르모이신carmoisine E122, 판소우ponceau E124 4R, 적색 40호allura red E129)를 어린이의 과잉행동장애, 알레르기를 유발할 수 있는 착색제로 규정하고 제조업자들이 이 색소 사용을 자발적으로 금지할 것을 권고하고 있다. 국내에서는 법적으로 황색 4호, 황색 5호, 적색 40호의 사용을 허가하고 있으며, 최근 과자, 캔디, 초콜릿 가공식품 1,454개 제품의 사용 실태 조사에서 일일섭취허용량 대비 섭취수준이 황색 4호는 0.011%, 황색 5호는 0.134%, 적색 40호는 0.52%로 안전한 수준으로 평가되었다(식품의약품안전처, 2019). 여기서는 최근 사회적으로 이슈가 되었던 멜라민과 말라카이트 그린에 관해 살펴보자.

(1) 멜라민

특성　멜라민melamine은 염기성의 유기화학물질로 66%가 질소로 구성되며, 따뜻한 물에 녹는다. 수지와 혼합하여 멜라민 수지가 되면 열에 강해져 식기, 테

표 7.9 멜라민과 그 유사체의 기준

국가	멜라민 및 그 유사체	관리기준	
한국	멜라민	• 특수용도식품 중 영아용 조제식, 성장기용 조제식, 영유아용 곡류조제식, 기타 영유아식, 특수의료용도 식품 등 • 축산물의 가공기준 및 성분규격에 따른 조제분유, 조제우유, 성장기용 조제분유, 성장기용 조제우유, 기타 조제분유, 기타 조제우유	불검출 (검출 한계 0.5 ppm)
		상기 제품 이외의 모든 식품 및 식품첨가물	2.5 ppm 이하
미국	멜라민	식품	2.5 ppm 이하
	• 아멜린 • 아멜라이드시아뉼산	영유아식	1 ppm 이하

자료: 식품의약품안전청, 2010

이불 등에 다양하게 이용된다.

오용 사례　2008년 중국에서 우유에 멜라민을 고의로 첨가하여 이를 섭취한 유아들이 혈뇨, 신장 이상을 보이는 사건이 발생하였다. 우유의 생산량을 부풀리기 위한 목적으로 원유에 물을 넣어 용량을 늘리고 멜라민을 첨가하여 질소 함량을 높임으로써 경제적 이득을 취했던 것이다.

독성　멜라민은 신장 결석과 비뇨기질환을 유발한다. 인체에 흡수된 멜라민은 신장을 거쳐 뇨로 배설되며, 일부는 신장 및 방광에 잔류하여 혈뇨를 유발한다. 국제암연구센터는 멜라민을 발암물질로 분류하지 않고 있다.

(2) 말라카이트 그린

특성　말라카이트 그린malachite green은 밝은 청록색의 염기성 염료로 물에 잘 녹아 의류, 가죽, 종이 염색에 사용된다. 특히, 곰팡이와 그람양성균에 항균력을 지녀 양식 생물의 물곰팡이, 기생충 구제목적으로 사용되었으나, 유럽연합, 미국, 캐나다, 우리나라에서는 식용 어류에 사용하는 것을 금지하고 있다.

노출경로　국내에서는 중국 수입산 농어, 홍어, 민어 등에 말라카이트 그린이 오염된 사례가 보고되었다. 중국에서 식용 어류의 양식, 운송과정에의 세균

쉬어가기

수산물 검사시스템

국립수산물품질관리원에서는 안전한 수산물을 소비자에게 제공하기 위하여 수산물에 중금속, 패류독소, 식중독균, 항생물질 등의 유해물질을 총리령에서 정하는 허용기준 및 식품위생법 등의 관계법령에 따라 조사하여 고시하고 있다.

　검사항목은 중금속, 항생물질, 식중독균(장염비브리오균), 패류독, 복어독, 말라카이트 그린 등이다. 조사 결과 부적합품으로 판명될 경우 생산, 저장, 출하자에게 기준 초과 사실을 공지하고, 개선 명령과 폐기 명령 등의 행정조치를 취한다.

자료: 국립수산물품질관리원

억제, 비늘 떨어짐을 방지할 목적으로 말라카이트 그린을 오용한 것이다. 국내에서는 관상용 어류에 한해 말라카이트 그린의 사용을 허용하고 있다. 이 물질이 하수로 방출되면 수질이 오염되고, 어류의 지방조직에 축적되어 사람에게 피해를 줄 수 있다.

독성　국제암연구센터는 말라카이트 그린을 발암물질로 등록하지 않고 있으나, 미국 식품의약품안전청에서는 간암 발암물질로 간주하고 있다. 말라카이트 그린은 어류의 아가미나 피부에 흡수되면 류코말라카이트 그린 물질로 대사되며, 이 물질은 지방조직에 쉽게 축적된다. 이 어류를 사람이 섭취할 경우 독성이 나타난다. 독성현상은 급성·만성독성을 띠며 확실하지는 않지만, 생식독성, 발생독성, 유전독성, 발암성이 있다고 보고된다. 동물실험에서는 위장관의 출혈이 보고되었다.

예방법　식품 중 말라카이트 그린의 잔류허용기준은 불검출이다. 따라서 어류 양식업, 판매 유통업체는 어류의 양식과정 중 말라카이트 그린의 오용을 삼가야 한다.

2) 제조·가공 시 생성되는 유해물질

(1) 아크릴아마이드

특성　아크릴아마이드acrylamide는 무향의 무색결정체로, 탄수화물 식품에 존재하는 아스파라긴과 당이 화학적 반응을 일으켜서 생기는 물질이다. 아크릴아마이드는 전분 함량이 많은 식품을 160℃ 이상의 높은 온도에서 가열 조리할 경우 급격히 생성되며, 120℃ 이하에서 찌거나 끓이는 경우에는 생성되지 않는다. 생성량은 가열 조리시간이 길수록, 가열온도가 높을수록 증가된다. 따라서 프렌치프라이, 포테이토칩, 시리얼, 건빵, 비스킷 등의 식품에 많이 함유될 수 있다.

독성 국제암연구센터, 국내 노동환경건강연구소는 아크릴아마이드를 인체발암물질로 규정하고 있다. 그러나 세계보건기구, 국제식품규격위원회Codex Alimentarius Commissions, 유럽연합, 미국 등에서는 관리기준을 설정하여 규제하지는 않고 있다. 국내 아크릴아마이드의 검출은 가공식품 0.042 mg/kg, 축산물 0.006 mg/kg, 농산물 0.005 mg/kg으로 안전한 수준이었다. 국내 식품업계에서는 아크릴아마이드 생성량을 1 mg/kg 이하로 자율적으로 관리하고 있다.

예방법 조리과정 중 아크릴아마이드의 생성량을 줄이기 위해서는 튀김을 조리할 때 기름 온도가 160℃ 이상을 넘지 않도록 하며, 오븐을 이용할 때는 200℃ 이상에서 조리하지 않도록 한다. 빵, 시리얼 등의 제품은 지나치게 갈색화되지 않도록 조리하고, 갈색 부분은 제거하고 섭취하는 것이 좋다.

(2) 벤조피렌

특성 벤조피렌benzopyren은 다환방향족탄화수소PAHs 화합물로 유기물질이 350~400℃에서 불완전 연소될 때 생성된다.

노출경로 벤조피렌은 고온에서 조리하여 검게 탄 부위, 고온에서 착유된 식

사례

벤조피렌 기준 초과

벤조피렌 기준 초과 '참기름' 회수

식품의약품안전처는 (주)Y사가 제조한 '기름과장 참기름'(유형: 참기름)에서 벤조피렌이 기준치(2.0 μg/kg 이하)를 초과(4.6 μg/kg)하여 검출되자 판매 중단 및 회수 조치하였다. 회수 대상은 유통기한이 2020년 5월 13일로 표시된 제품이었으며, 해당 제품을 구매한 소비자는 판매 또는 구입처에 반품 요청할 수 있게 했다.

자료: 식품저널, 2019

벤조피렌 기준 초과 '고추씨기름' 회수

식품의약품안전처는 중국 식품기업에서 제조한 '고추씨기름' 제품에서 벤조피렌이 기준(2 ppb)을 초과하자 해당 제품을 회수 폐기하였다. 또한, 부적합 고추씨기름을 직접 수입하여 원료로 사용 제조한 ○○농산(주)의 '복음양념분 1호·2호' 제품에 대해서도 자진 회수를 권고하고 해당 업체에 시정명령을 하였다.

자료: 식품의약품안전처, 2013

표 7.10 벤조피렌 기준 규격 설정 현황

구분	검출기준(μg/kg)
식용유지	2.0 이하
훈제어육(건조품 제외)	5.0 이하
훈제건조어육	10.0 이하
어류	2.0 이하
연체류 및 갑각류(패류 제외)	5.0 이하
특수용도식품 중 영아용 조제식, 성장기용 조제식, 영유아용 곡류조제식, 기타 영유아식	1.0 이하
훈제식육제품 및 그 가공품	5.0 이하
흑삼(분말 포함)	2.0 이하
흑삼농축액	4.0 이하

자료: 식품의약품안전처, 2019

품에 많이 들어있다. 불꽃에 직접 조리하는 숯불고기의 탄 부위에 다량 함유되어있으며, 훈제식품류에도 들어있다. 또한, 올리브유, 참기름, 들기름 등 식용유지류의 정제과정에서 발생할 수 있고, 볶음 견과류, 커피 제조과정에서 발생할 수도 있다. 이외에도 벤조피렌은 환경오염된 농산물과 어패류에도 함유될 수 있다.

독성 벤조피렌에 다량 노출되면 적혈구 파괴, 빈혈, 면역력이 저하되며, 장기간 노출 시 암을 유발할 수 있다. 국제암연구센터는 벤조피렌을 인체발암물질로 규정하고 내분비계장애 추정물질로 보고 있다. 우리나라 식품의약품안전처는 벤조피렌 규격기준을 훈제식육 및 그 가공품 5 μg/kg, 훈제어육 5 μg/kg, 어류 2 μg/kg, 식용유지 2 μg/kg, 특수용도식품 중 영아용 조제식, 성장기용 조제식, 영유아용 곡류조제식, 기타 영유아식 1 μg/kg 이하로 정하고 있다표 7.10.

예방법 육류를 조리할 때는 태우지 말고, 탄 부분은 제거하고 섭취한다. 고기를 불판에 구울 때는 불판을 충분히 가열한 후 고기를 올려 굽는 게 좋고, 고기를 구울 때 숯불 가까이에서 연기를 마시지 않도록 주의해야 한다.

(3) 퓨란

특성 퓨란^{furan}은 5원족 방향족 헤테로고리화합물(C_4H_4O)로 무색의 휘발성 액체이다. 식품 제조나 조리과정에서 탄수화물, 아미노산의 열변성으로 식품의 갈색화 반응^{Maillard reaction} 비타민 C 산화로 생성되는 물질이다.

노출평가 휘발성이 강해서 가열 시 대부분 공기 중으로 제거되지만, 캔이나 병 포장식품의 경우는 밀폐과정에서 잔류된다. 따라서 밀봉된 채 가열되는 수프, 소스, 통조림 식품, 유아용 이유식과 이온음료 등에서 퓨란이 검출되므로 주의해야 한다. 간장절임 깻잎, 원두커피, 레토르트 카레, 짜장 소스 등에서도 검출되고 있다. 2016년 퓨란 노출평가 자료에 따르면 식품 중 퓨란의 평균 노출량은 0.21 μg/kg bw/day로 나타나 안전한 것으로 조사되었다.

독성 국제암연구센터는 퓨란을 발암 가능성이 있는 물질로 분류(Group 2B)하고 있다. 그러나 국내 식품에는 퓨란 규격이 설정되어있지 않다.

예방법 퓨란 섭취를 줄이기 위해서는 통조림, 밀봉 조리식품의 섭취를 줄이고, 이들 식품을 섭취할 때는 재가열 조리과정에서 퓨란이 휘발될 수 있도록

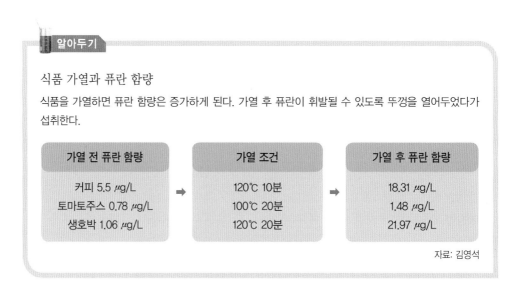

알아두기

식품 가열과 퓨란 함량

식품을 가열하면 퓨란 함량은 증가하게 된다. 가열 후 퓨란이 휘발될 수 있도록 뚜껑을 열어두었다가 섭취한다.

가열 전 퓨란 함량	가열 조건	가열 후 퓨란 함량
커피 5.5 μg/L	120℃ 10분	18.31 μg/L
토마토주스 0.78 μg/L	100℃ 20분	1.48 μg/L
생호박 1.06 μg/L	120℃ 20분	21.97 μg/L

자료: 김영석

5분간 두었다가 먹는다. 음료, 통조림의 경우 냉장보관해두면 퓨란 함량이 줄어든다.

3) 기구, 용기, 포장에 의한 유해물질

식품 생산과정에 사용되는 기구, 용기, 포장재 등이 식품의 원료와 접촉하면 인체에 유해한 물질을 생성할 수 있다. 구리, 아연, 카드뮴, 납, 주석 등으로 만든 용기에 산성식품을 첨가하여 통조림을 만들면 금속 원료와 산성식품이 반응하여 유해물질이 식품에 용출될 수 있다. 도자기, 법랑피복제품의 안료에서 중금속이 용출되는 경우도 있다. 종이제품에 음식을 포장하는 경우, 종이 포장지 제조 시 비위생적 원료 사용, 혹은 접착물질에 의한 유해 가능성이 있다. 플라스틱 포장재의 경우 열에 불안정하며, 포장용기의 가소제·안정제 등이 뜨거운 식품에 반응하거나 포장과정에서 프탈레이트, 비스페놀 A와 같은 환경호르몬 물질이 용출되어 나올 수 있다.

우리나라는 식품위생법 제9조 제1항과 축산물위생관리법 제5조 제1항의 규정에 따라 기구 및 용기 포장의 제조방법에 관한 기준과 기구 및 용기 포장원료에 관한 규격을 제시하고 있다. 기구, 용기, 포장의 제조에 사용되는 원료 재질을 합성수지제, 가공셀룰로스제, 고무제, 종이제, 금속제, 목재류, 유리제, 도자기제, 법랑 및 옹기류, 전분제로 구분하고, 잔류될 수 있는 유해물질에 관한 기준을 제시하고 있다.

식품을 담는 포장재에서 용출될 수 있는 유해물질의 규격은 다음 표와 같다 표 7.11. 폴리아미드 수지는 뒤집개, 국자 등 식품 조리기구의 원료로 사용되는데, 폴리아미드 수지의 첨가제로 사용되는 1차 방향족아민은 0.01 mg/L 이상 용출되어서는 안 된다. 법랑 제조 시 유약성분으로 사용되는 안티몬은 용출기준이 0.1 mg/L 이하이다. 금속 조리기구(오븐팬, 구이팬 등)에서 니켈이 용출되어 식품을 오염시킬 수 있으므로 용출 규격을 0.1 ppm 이하로 규정한다.

예방법 이들 유해물질로 인한 피해를 줄이기 위해서는 낡은 조리기구의 사용을 금하고, 용기 중에 금속물질이 용출되지 않도록 유의한다.

표 7.11 국내 포장용기 및 합성수지제의 안전기준과 규격

종류		용도	용출규격(mg/L)
합성 수지제	폴리염화비닐	합성수지	1) 납: 1 이하, 3) 총용출량: 30 이하, 8) 디이소노닐프탈레이트 및 디이소데실프탈레이트: 9 이하 등
	폴리아미드	합성수지	납 1 이하, 일차방향족아민 0.01 이하, 과망간산칼륨소비량 10 이하, 총용출량: 30 이하 등
가공셀룰로스제		표면 코팅	비소 0.1 이하, 납 1 이하, 총용출량 30 이하
종이제		식품용 왁스	비소 0.1 이하, 납 1 이하, 포름알데히드 4 이하, 형광증백제 불검출
도자기제 옹기류		가열조리용 (깊이 2.5 cm 이상)	납 0.5 카드뮴 0.05 이하 비소 0.05 이하
범랑		가열조리용(깊이 2.5 cm 이상, 용량 3 L 미만)	납 0.4 이하, 카드뮴 0.07 이하, 안티몬 0.1 이하
금속제		금속기구, 용기	납 0.4 이하, 카드뮴 0.1 이하, 니켈 0.1 이하, 6가크롬 0.1 이하, 비소 0.2 이하

참고문헌

국립수산물품질관리원, http://www.nfqs.go.kr/certify/safty_law.asp/

권훈정, 김정원, 유화춘, 정현정. 2011. 식품위생학. 교문사.

김미옥, 황혜신, 임무송, 홍지은, 김순선, 도정아, 최동미, 조대현. 2010. LC/MS/MS를 이용한 국내 유통 농산물의 잔류농약 실태조사. 한국식품과학회지 42(6): 664–675.

김영석. 2019. 식품첨가물을 활용한 커피 중 퓨란저감효과 규명. 식품의약품안전처.

김현옥. 2015. 도심 하천변 봄나물 중금속 오염 심각. 식품음료신문, http://www.thinkfood.co.kr/news/articleView.html?idxno=63004/

문창규, 박민경, 박영서, 박영현, 박훈, 송은승, 이숙경, 이효구, 장영상, 조영희, 홍재훈. 2010. 식품위생학 2판. 보문각.

미국 질병관리본부, Cadmium –NIOSH resources, http://www.cdc.gov/niosh/topics/cadmium

백완숙. 2008. 한약재 중 벤조피렌 함유량 모니터링 연구, 한국의약품시험연구소.

송형익, 김정현, 박성진, 배지현, 배현수, 이미영, 이웅수, 조좌형, 최소례. 식품위생학. 지구문화사. 202–246.

식품의약품안전처. 2010. 유해물질 총서: 말라카이트그린. 식품의약품안전처.

식품의약품안전처. 2010. 유해물질 총서: 멜라민. 식품의약품안전처.

식품의약품안전처. 2010. 유해물질 총서: 방사능 오염. 식품의약품안전처.

식품의약품안전처. 2016. 식품안전수준 바로 알 수 있게, https://www.foodsafetykorea.go.kr/portal/board/boardDetail.do?menu_no=2859&bbs_no=bbs082&ntctxt_no=1058980&menu_grp=MENU_NEW05/

식품의약품안전처. 2018. 일부 양식장 넙치에서 수은 기준초과 검출–검출된 양식장 넙치는 전량 폐기 및 회수 조치 추진 중(보도자료 2018. 7. 2).

식품의약품안전처. 2019. 기구 및 용기·포장의 기준 및 규격[시행 2019. 1. 9.] 식품의약품안전처 고시.

식품의약품안전처. 2019. 농산물의 농약 잔류허용기준(Pesticide MRLs in Agricultural Commodities).

식품의약품안전처, http://www.foodsafetykorea.go.kr/residue/prd/progress/list.do?menuKey=1&subMenuKey=581/

식품의약품안전처. 2019. 시중 유통 가공식품 중 착색료 사용실태 조사. 2019.2.27. 보도자료.

식품의약품안전처. 2019. 식품공전: 식품의 기준 및 규격(식품의약품안전처고시 제2019–81호, 2019. 9. 23. 일부개정).

식품의약품안전처. 2019. 식품 중 동물용의약품 걱정하고 계십니까? 식품의약품안전처.

식품의약품안전처. 2019. 잔류물질 정보: 동물용의약품, http://www.foodsafetykorea.go.kr/residue/vd/mrls/list.do?menuKey=2&subMenuKey=83#none. 2019.09.25/

식품의약품안전처. 2019. 중금속 기준초과 검출 농산물 '우슬' 제품 회수 조치. 식품의약품안전처 보도자료

2019. 5. 1.

식품의약품안전청 위해예방정책국, http://safefood.kfda.go.kr/safefood/user/db/riskRead.jsp?pre/

식품저널. 2019. 벤조피렌 기준 초과 '참기름' 회수, http://www.foodnews.co.kr/news/articleView.html?idxno=70213/

신동화 오덕환 우건조 정상희 하상도. 2011. 식품위생안전성학. 도서출판 한미의학.

양미희. 2003. 비스페놀 A 안전관리 방안 수립을 위한 조사연구. 식품의약품안전청.

연합뉴스. 2019. 대구 주택가 염색공장서 발암물질 '다이옥신' 수년간 초과 배출.

이광근. 2006. 가공 식품 중 퓨란 모니터링. 식품의약품안전처 최종보고서.

이지현. 2019. 농산물 및 그 가공식품을 통한 에틸카바메이트 실태 조사 및 유효성 검증. 식품의약품안전처.

최원석. 2011. 폐광관리 지역 밖 농경지 중금속 오염 심각. 메디컬투데이, http://www.mdtoday.co.kr/mdtoday/index.html?no=165208/

한국보건산업진흥원. 2003. 한국인의 대표식단 중 오염물질 섭취량 및 위해도 평가. 식품의약품안전처.

ATSDR Toxic substance portal, cadmium, http://www.atsdr.cdc.gov/substance.asp?toxid=16/

ICRP 국제방사선방호위원회, http://kin.naver.com/qna/detail.nhn?d1id=6&dirId=60105&docId=127727907&qb=67Cp7IKs64qlIOyYpOyXvCDsi53tkog=&enc=utf8&section=kin&rank=1&search_sort=0&spq=0&pid=Rb2a/c5Y7uZsssXMQu8ssc--073986&sid=UG2F-HdQbVAAAAuOZAQ/

NEWS1. 2017. (주)J사 생수 '크리스탈'에서 비소 초과 검출, http://news1.kr/articles/?3115934/

Stanley T. Omaye. 2004. Food and Nutritional Toxicology. CRC Press 1st ed.

Takayuki Shibamoto, Leonard F. Bjeldanes. 2009. *Introduction to Food Toxicology, Second Edition*(Food Science and Technology). Food Science and Technology, International Series. Elsevier Burlington MA, USA.

Tamar Lasky. 2007. *Epidemiologic Principles and Food Safety*. Oxford University Press, Inc. New York, USA.

MEMO

CHAPTER 8

식품 알레르기

CHAPTER

>> **학습목표**

1. 식품 알레르기의 정의를 설명하고 종류를 구분할 수 있다.

2. 식품 알레르기 원인물질과 증상을 설명할 수 있다.

3. 식품산업에서 식품 알레르기 통제기법을 설명할 수 있다.

식품 알레르기는 식품 섭취 후 발생하는 비정상적인 면역반응이다. 과거 식품 알레르기는 천식, 알레르기 비염 혹은 아토피피부염에 비해 유병률이 낮았으나, 최근 식품 알레르기 유병자가 증가하면서 식품 알레르기에 대한 관심이 증가하고 있다. 식품 알레르기의 증상이 대체로 심각하지는 않지만 어떤 식품 알레르기는 생명을 잃을 정도로 치명적이기도 하다. 식품 알레르기 유병자의 증가는 식품 및 급식산업, 식품 안전관리에서 또 하나의 도전이 되고 있다. 이 장에서는 식품 알레르기를 이해하고 식품 알레르기 관리에 대해 학습한다.

푸자 파텔 씨의 아들
15살 라케시 파텔과,
16살 프라자카 파텔 형제는
미국에서 서울을 경유해
필리핀 마닐라로 향할
예정이었다.

심한 땅콩 알레르기를 가진 프라자카 군은 서울
출발–마닐라 도착 항공기에 탑승하기 전 항공사
직원에게 자신의 상태를 밝혔다.

탑승 전 비행기에서
땅콩 서비스를 하지 않아 줄 수 있는지 묻자
직원은 그렇게 하겠다고 답했다.

그런데 갑자기,
다른 승객들도 간식 서비스를 누려야 한다며
운항 중 땅콩 서비스가 제공될 예정이라는
이야기가 들렸다.

결국 파텔 형제는 탑승을 포기하고 서울에 머물다
미국으로 돌아갔다.

이에 파텔 가족은 항공사 측에
환불과 보상을 요구했다.

항공사는 기내에서
땅콩을 간식으로
제공하지 않기로 결정했다.

하지만 벌어진 일을
되돌릴 수는 없었다.

자료: 또 땅콩 악몽? ○○항공 알레르기 승객 대처 미흡 '논란'. SBS 뉴스(https://news.sbs.co.kr/news)

1 식품 알레르기의 이해

1) 식품 알레르기의 정의와 종류

알레르기allergy는 염증증상으로 발생하는 비정상적인 반응성 또는 과도한 면역적 반응성을 지닌 병증으로, 식품 알레르기, 천식, 아토피피부염, 알레르기비염 등이 있다. 이 중 **식품 알레르기**는 식품이 원인이 되는 알레르기의 일종이며, 여기서 식품에는 음료, 식품첨가물, 영양보충제를 포함하여 사람이 섭취하는 모든 것이 포함된다. 대부분의 사람들은 이상반응 없이 다양한 식품을 섭취하지만, 일부는 특정 식품을 섭취했을 때 이상반응adverse reaction을 보인다. 식품 이상반응, 즉 특정 식품이나 식품 성분을 섭취한 후 반복적으로 나타나는 불편한 반응의 증상에는 발진, 두통, 천식, 소화기계 증상 등이 있다. 식품으로 인한 이상 반응은 면역반응의 관여 여부에 따라 면역 매개이상반응immune-mediated adverse reaction과 비면역 매개이상반응nonimmune-mediated adverse reaction으로 구분되고 각각은 다시 4가지 종류로 나뉜다표 8.1.

> **식품 알레르기**
> 특정 식품을 섭취한 후 발생하는 이상반응 중 면역반응에 의한 건강상 장애

표 8.1 식품 이상반응의 분류

분류	구분	대표 증상
면역 매개이상반응 (식품 알레르기)	IgE-매개반응	두드러기, 혈관부종, 아나필락시스, 과민성대장염, 구강알레르기신드롬, 식품의존성 운동유발 아나필락시스
	비IgE-매개반응	직장결장염, 소장결장염, 글루텐유발성 장병증(celiac disease)
	Ig-E, 비IgE-복합반응	아토피피부염, 호산구성 식도염, 위장염, 천식
	세포 매개반응	포진피부염, 접촉성 피부염
비면역 매개이상반응 (식품불내증)	대사적 반응	유당불내증
	약리적 반응	혈관활성아민, 살리실산염, 카페인, 테오브로민
	식중독반응	히스타민 중독(scombroid poisoning)
	기타 특이 반응	식품첨가물 과민증

자료: National Institute of Allergy and Infectious Diseases, 2010

식품 이상반응 중 비정상적인 면역반응이 원인이 될 때만 식품 알레르기라고 한다. 식품 알레르기는 면역글로불린Immunoglobulin E, IgE이라는 항체 단백질의 관여 여부에 따라 IgE-매개반응과 비IgE-매개반응으로 구분된다. 그 외에 IgE와 비IgE-매개반응이 복합적으로 관여되는 반응과 세포 매개반응이 있다. IgE-매개식품 알레르기가 있는 사람은 식품 이상반응을 보이는 사람 중 매우 일부분이고, 그런 반응은 원인식품을 섭취한 후 증상이 바로 나타나므로 즉각적 과민증이라고도 한다. 비면역 매개식품 이상반응의 증상은 식품 알레르기와 유사하지만 효소 부족이나 물질 운반의 결함 등이 원인이며 식품불내증food intolerance이라고 한다. 즉, 우유 내 단백질이 원인이 되는 이상반응은 식품 알레르기인 반면, 유당 분해효소가 부족하거나 결핍되어 우유 내 유당을 분해하지 못해 발생하는 이상반응은 식품불내증이라고 한다.

2) 식품 알레르기의 유병률

식품 알레르기는 대부분 출생 후 1~2년 내에 처음 발생하여, 생후 1세경 유병률은 5~8%이고 성인기 유병률은 약 2%로 보고된다. 아동에서 식품 알레르기 발병률이 높은 이유는 소화기 상피세포의 미성숙으로 인한 단백질 흡수 문제로 추정하고 있으며, 성장하면서 식품 알레르기는 감소한다. 최근 출생 직후부터 3~6세까지를 추적 관찰한 연구에 따르면 식품 알레르기 유병률은

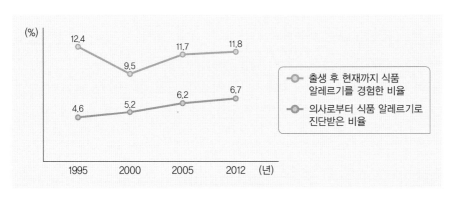

그림 8.1 우리나라 초등학생의 식품 알레르기 유병률 추이
자료: 곽동경 외, 2012

3.7~6%였다. 우리나라 초등학생 중 식품 알레르기 진단을 받은 학생의 비율은 1995년 4.6%에서 2012년 6.7%로 증가 추세를 보이고 있다그림 8.1.

영유아에서는 식품 알레르기와 아토피피부염이 많이 발생하지만, 천식과 알레르기성 비염은 십대와 성인기에 최고조에 이르는 것으로 알려져 있다. 어릴 때 식품 알레르기나 아토피피부염을 앓은 아이가 성장하면서 식품 알레르기와 아토피피부염은 소실되고, 십대 이후 천식이나 알레르기 비염을 앓게 되는 것을 알레르기 행진allergic march이라고 한다. 달걀과 우유에 대한 알레르기는 성장하면서 감소되는 반면, 견과류·생선·새우류에 대한 알레르기는 성인이 되어도 줄어들지 않는다. 그동안 식품 알레르기에 대한 진단과 관리가 대부분 소아들을 대상으로 이루어져왔으나 최근에는 성인의 식품 알레르기 역시 관심의 대상이 되고 있다.

2 식품 알레르겐과 알레르기 원인식품

식품 알레르기를 일으키는 원인물질을 식품 알레르겐allergen이라고 한다. 식품 알레르겐은 10~70 kD 크기의 단백질로 알려져 있으나 알레르겐으로 작용하기 위한 독특한 구조는 밝혀지지 않았다. 따라서 특정 식품들이 다른 식품에 비해 알레르기 항원성이 더 높은 이유 역시 알려지지 않았다. 식품 알레르겐은 구조적 상동성에 의해 교차반응을 일으킬 수도 있는데, 분류학적으로 유사한 식품들, 예를 들어 두류에 속하는 대두, 땅콩, 두류 등이나 갑각류에 속한 새우, 게, 가재 등은 교차반응을 보이는 것으로 알려져 있다표 8.2.

약 160개 이상의 식품이 알레르기 반응을 유발하는 것으로 알려져 있으나 대표적인 식품 알레르기 유발식품은 국가별로 약간의 차이를 보인다. 우리나라의 대표적인 식품 알레르기 원인식품은 난류(가금류), 우유, 메밀, 땅콩, 대두, 밀, 고등어, 게, 새우, 돼지고기, 복숭아, 토마토 등이고, 미국의 경우 우유, 달걀, 생선(농어, 넙치, 대구 등), 갑각류(게, 가재, 새우 등), 견과류(아몬드, 호두, 피칸 등), 땅콩, 밀, 대두로 알려져 있다. 이들 식품은 식품 알레르기의

표 8.2 알레르기 식품의 교차반응

원인 식품	교차반응을 일으킬 수 있는 식품	교차 반응률
땅콩	완두콩, 렌즈콩, 대두 등 콩류	5%
호두	브라질너트, 캐슈너트, 헤이즐너트 등 견과류	37%
연어	황새치, 가자미 등 생선	50%
새우	게, 바닷가재 등 갑각류	75%
밀	보리, 호밀 등 곡류	20%
우유	햄버거 등 육류	10%
우유	염소젖	92%
자작나무, 돼지풀	사과, 배, 감로 등 과일과 채소	55%
복숭아	사과, 자두, 체리, 배 등 장미과 과일	55%
라텍스 장갑	키위, 아보카도, 바나나	35%

자료: 한영신, 이윤나, 2016

90% 정도를 차지하며, 이 식품들을 원료로 하는 다른 식품도 알레르기 원인식품이 될 수 있다.

식품 알레르기의 원인식품은 연령에 따라 차이를 보이는데 소아에서는 우유, 달걀, 땅콩, 콩, 밀 등이, 성인에서는 땅콩, 견과류, 어패류, 갑각류 등이 대표적이다. 주요 원인식품은 지역적인 특징을 보이는데 그 원인은 식습관의 차이 때문으로 여겨진다. 예를 들어 땅콩 알레르기는 미국에서 유병률이 높으나 중국에서는 문제가 되지 않는데, 중국에서는 땅콩을 주로 튀기거나 삶는 조리 방법을 이용하는 반면 미국에서는 볶는 조리법을 이용하는 것이 그 원인으로 추정된다. 또한, 갑각류 알레르기 유병률은 캐나다에 비해 싱가포르와 필리핀에서 높고 참깨 알레르기는 이스라엘에서, 메밀 알레르기는 한국과 일본에서 유병률이 높다.

3 식품 알레르기의 발생 기전

식품 알레르기의 발생은 크게 감작sensitization 단계와 유발provocation 단계로 구분된다. 감작 단계는 알레르겐과의 접촉 초기 단계로 차후 그 알레르겐 접촉에 대비하는 과정이고, 유발 단계는 그 후 동일한 알레르겐에 접했을 때 반응을 보이는 단계로, 실제 알레르기 증상이 나타나는 단계이다. 즉, 많은 사람들이 알레르겐과 처음 접촉할 때 알레르기가 생겼다고 보고했는데 실은 자신도 모르는 과거에 이미 알레르겐에 접촉했던 것이다.

감작반응은 알레르겐이 체내에 흡수되고 림프절로 이동되면, T림프구와 B림프구가 이를 인지하면서 시작된다그림 8.2. 식품 알레르기 중 IgE-매개반응에서 식품 알레르겐에 노출되면 B림프구가 형질세포로 증식한다. 형질세포는 알레르겐 특이성이 있는 IgE항체를 생성하고, 생성된 IgE항체는 비만세포mast cell와 혈액 내 호염구 표면 수용체와 결합하여, 조직에 있는 비만세포가 IgE로 반응할 준비가 된다.

그 후 같은 알레르겐에 노출될 때 반응 준비가 된 비만세포의 IgE와 알레르

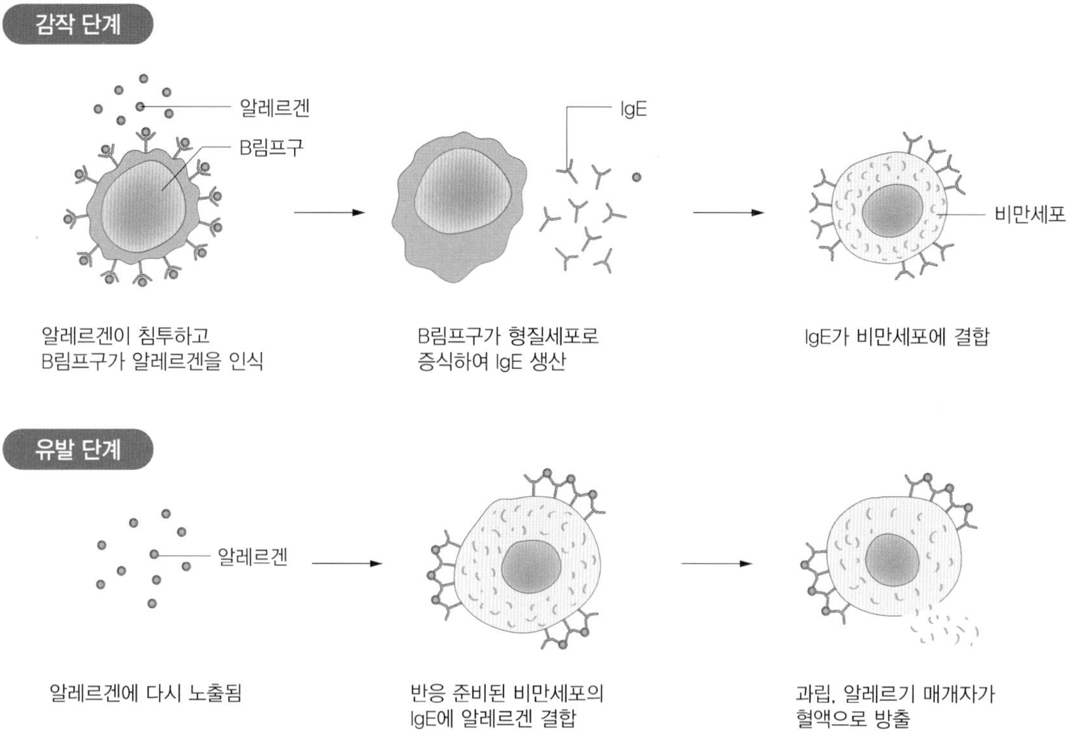

그림 8.2 식품 알레르기 반응의 기전

겐이 결합하면, 과립 분비와 알레르기 매개자가 방출되어 혈액을 통해 전신으로 분배되고 눈의 충혈, 염증, 콧물 등 알레르기 증상을 보이게 된다. 비만세포와 호염구에서 방출되는 알레르기 매개자로는 히스타민histamin, 프로스타글란딘prostaglandin, 류코트리엔leukotrien 등이 있다. 비IgE-매개식품 알레르기 반응은 일반적으로 알레르겐에 노출된 후 일정 시간이 지난 후 증상이 나타나는 것이 특징이다.

4 식품 알레르기의 증상과 진단

1) 식품 알레르기의 주요 증상

알레르기 반응의 강도는 섭취한 식품의 양보다는 그 식품을 섭취한 사람의 민감성과 식품의 특성에 달려 있다. 일반적으로 식품 알레르기가 있는 사람들이 보이는 증상은 몇 가지에 국한되는데, 증상은 개인에 따라 메스꺼움, 복통 등의 일반적인 장관계 증상부터 생명을 위협할 수 있는 중증 아나필락시스anaphylaxis까지 다양하다. 아나필락시스 증상에는 일반적인 장관계 증상 외에 기도가 부어 숨쉬기 어렵거나 급격한 혈압저하, 불규칙한 심박동, 의식불명 등의 갑작스러운 전신적 증상이 포함되고, 신속한 처치가 없을 경우 사망에 이를 수 있다. 어떤 사람들은 갑각류, 밀, 셀러리 등을 먹기 전후에 운동을 했다가 심각한 아나필락시스를 포함한 식품 알레르기 증상을 보이기도 했다. 이러한 식품의존성 운동유발 아나필락시스의 기전은 완전히 밝혀지지는 않았는데, 물리적 자극에 대한 비만세포 반응이 활성화된 것으로 여겨진다.

표 8.3 식품 알레르기의 증상

호흡기	피부	장관계	순환계
콧물, 기침, 천명, 호흡곤란	아토피피부염, 두드러기, 혈관부종	구토, 복통, 설사, 메스꺼움	아나필락시스 쇼크

2) 식품 알레르기의 진단

식품 알레르기 진단의 첫 번째 단계는 원인식품과 알레르기 증상과의 연관성을 찾는 것이다. 식품 알레르기를 환자 스스로 진단하거나 아이의 경우 부모가 하는 것은 심각한 문제를 초래할 수 있으므로 전문의의 진단이 필요하다. 전문의의 지도하에 식사일기 작성을 포함한 병력 청취를 실시하여, 발생했던 식품 이상반응이 식품 알레르기가 맞는지, 식품 알레르기가 맞다면 면역반응 기전이 IgE-매개성인지 비IgE-매개성인지를 어느 정도 파악할 수 있다. 병력 청취에서 환자의 식품 알레르기 증상이 IgE-매개성으로 의심되면 식품에 대한 특이 IgE를 찾기 위해 CAP-FEIA^{Fluorescent Enzyme Immunoassay}, RAST^{Radioallergosorbent Test}, MAST^{Multiple Allergen Simultaneous Test} 등의 혈청검사와 피부단자시험을 실시한다.

경구 식품 유발검사는 직접 환자에게 의심되는 식품을 섭취하도록 한 후 임상 증상이 유발되는 것을 관찰하여 진단하기 위해 시행된다. 경구 식품 유발검사 중 이중맹검유발시험^{double-blind placebo controlled food challenge}은 검사자와 환자가 구분하지 못하도록 음식 추출물을 캡슐에 넣어 투여하거나 주스, 시리얼, 푸딩 등에 섞어서 환자에게 섭취시키는 방법이다. 이 방법은 식품 알레르기를 확진하는 황금법칙으로 간주되나 시간과 노력이 많이 필요하고 어린이의 경우 검사 기간 동안 세심한 배려와 인내심이 요구된다. 식품 알레르기의 치료방법은 현재까지는 없다. 따라서 식품 알레르겐을 피하는 것이 가장 중요한데, 이를 위해서는 초기에 알레르기 유발식품에 대한 정확한 진단과 그에 따른 관리가 중요하다.

5 식품 알레르기의 관리

1) 식품 알레르기 관련 제도

식품 알레르기는 증상을 가진 사람의 일상생활에 불편을 줄 뿐만 아니라 심각한 경우 생명을 위협할 수도 있다. 그러나 식품 알레르기는 관리만 잘 하면 예방이 가능하므로 개인적인 차원뿐만 아니라 사회적 차원에서도 모니터링과 관리가 필요하다. 식품 알레르기는 지역에 따라, 식품 종류에 따라 유병률에 차이가 있으므로 각 국가별로 식품 알레르기 유병률 조사를 위한 정기적인 역학조사가 요구된다. 또한, 각국의 정부 및 관련 기관에서는 국민들을 식품 알레르기로부터 보호하기 위해 법률을 마련하여 시행하고 있는데, 이는 대부분 표시제도와 관련되어있다.

(1) Codex와 외국의 식품 알레르기 유발식품 표시제도

국제적인 식품규격기준인 Codex에서는 포장식품에 대한 알레르기 유발식품 표시 대상 식품으로 총 8가지를 제시하고 있다표 8.4. 그 외에 국가별로 자국 국민의 식습관 등을 고려하여 표시해야 할 알레르기 유발식품의 항목을 정하였다. 미국에서는 식품 알레르기에 의한 건강상의 위험을 감소시키기 위해 2004년 식품 알레르기 표시제도 및 소비자보호법Food Allergen Labeling and Consumer Protection Act, FALCPA을 제정하여 미국 FDA가 규제하는 식품 표시를 하는 모든 수출입 식품에 적용하고 있다. 미국 FDA는 가금류, 육류, 특정 난류제품, 대부분의 주류를 제외한 모든 식품의 표시제도를 관장하고 있다. 이 법안에서는 8가지 주요 식품 알레르기 원인식품을 규정하고, 주요 알레르기 유발식품의 단백질을 함유한 모든 가공식품에 유발식품명을 표시하도록 하였다. FALCPA는 포장식품에 대한 알레르겐의 표시제도이고, 비포장식품에 대한 표시의무는 포함하고 있지 않다. 그러나 2010년 미국 매사추세츠주에서는 주법을 통해 주내 음식점에서 판매하는 비포장식품에 대해 알레르기 원인물질 표시를 의무화한 바 있다. EU에서는 알레르기 유발물질 표시제를 포장식품 뿐만 아니

표 8.4 Codex와 외국의 표시 대상 알레르기 유발식품

국가	표시 대상	표시성분
Codex	포장식품	글루텐을 포함한 시리얼, 갑각류, 달걀, 생선, 땅콩, 대두, 우유, 견과류, 셀러리, 겨자, 참깨, 아황산염(SO$_2$로 10 mg/kg 이상 시)
유럽연합	포장식품 및 비포장식품	글루텐을 포함한 시리얼, 갑각류, 달걀, 생선, 땅콩, 대두, 우유, 견과류, 셀러리, 겨자, 참깨, 아황산염(SO$_2$로 10 mg/kg 이상), 루핀, 연체동물
미국	포장식품	우유, 달걀, 생선, 갑각류, 견과류, 밀, 땅콩, 대두
일본	포장상태의 가공식품	• 의무표시: 밀, 메밀, 식용 조류의 알, 우유, 땅콩, 새우, 게 • 권장표시: 전복, 오징어, 연어알, 쇠고기, 돼지고기, 닭고기, 연어, 고등어, 대두, 호두, 오렌지, 키위, 복숭아, 사과, 참마, 젤라틴, 바나나, 송이버섯

라 소매점과 패스트푸드점, 패밀리레스토랑 등 외식업체와 단체급식업체에서 판매하는 비포장음식에까지 확대 적용하고 있다.

(2) 우리나라의 식품 알레르기 유발식품 표시제도

식품의약품안전처가 고시한 식품 등의 표시기준에 따르면 알레르기 유발물질은 함유된 양과 관계없이 원재료명을 표시하여야 하며, 표시 대상 식품은 알류(가금류), 우유, 메밀, 땅콩, 대두, 밀, 고등어, 게, 새우, 돼지고기, 복숭아, 토마토, 아황산류(이를 첨가하여 최종제품에 SO$_2$로 10 mg/kg 이상 함유한 경우), 호두, 닭고기, 쇠고기, 오징어, 조개류(굴, 전복, 홍합 포함), 잣을 원재료로 사용한 경우이다. 그 외에도 표시 대상 식품으로부터 추출 등의 방법으로 얻은 성분을 원재료로 사용한 경우와 이들을 함유한 식품 또는 식품첨가물을 원재료로 사용한 경우에도 반드시 원재료명을 표시해야 한다. 포장에 원재료명을 표시할 때는 근처의 바탕색과 구분되도록 별도의 알레르기 표시란을 마련하여 알레르기 표시 대상 원재료명을 표시하여야 한다(단, 단일 원재료로 제조·가공한 식품, 포장육 및 수입하는 식육의 제품명이 알레르기 표시 대상 원재료명과 동일한 경우에는 알레르기 표시를 생략 가능). 또한, 알레르기 유발성분을 사용하는 제품과 그렇지 않은 제품을 같은 제조시설 등을 통하여 생산하는 영업자는 불가피하게 혼입 가능성이 있을 경우 이를 표시해야 한다.

식품 등의 표시기준에 따른 알레르기 유발식품 표시

- 달걀을 함유한 과자: 달걀
- 달걀을 원료로 하여 추출한 난황을 원료로 하여 제조한 과자: 난황(달걀)
- 달걀이나 난황을 원료로 하여 제조한 과자를 원료로 제조한 가공식품: 달걀, 난황(달걀)
- 식품첨가물: 카제인나트륨(우유), 레시틴(대두) 등

소비자 안전을 위한 식품 알레르기 주의사항 표시

"이 제품은 메밀을 사용한 제품과 같은 제조시설에서 제조하고 있습니다."

포장가공식품 외에도 단체급식 및 외식메뉴에도 알레르기 유발식품을 표시하여 소비자의 안전한 식품 선택을 돕고 있다. 학교급식법 제16조에 의해 학교식단에 알레르기 유발식품을 표시하고 있고, 어린이식생활안전관리특별법 제11조에 의해 '식품위생법'에 따른 식품접객영업자 중 주로 어린이 기호식품 (제과·제빵류, 아이스크림류, 햄버거, 피자)을 조리·판매하는 점포 수 100개 이상 프랜차이즈 매장에서는 알레르기 유발식품을 의무적으로 표시를 해야 한다. 그 외 외식업체에서도 소비자의 안전을 위해 자발적인 유발식품 표시제도를 시행하고 있어 향후 외식 및 단체급식에서 알레르기 관련 표시제도 적용이 확대될 것으로 전망된다.

그러나 표시제 확대만이 식품 알레르기 관리의 해결책은 아니고, 합리적인 표시 제도가 필요하다. 최근 화학적 위해요소에 대한 소비자들의 불안이 높아지면서 식품첨가물 등을 넣지 않은 식품이 품질이 좋은 식품으로 여겨져 선호되고 있다. 이는 우리나라만의 이야기가 아니다. 미국의 경우 밀의 글루텐으로 인한 알레르기의 일종인 글루텐 유발성 장병증(지방변증celiac disease)에 대한

서울시 중구
어린이급식관리지원센터
Center for Children's Foodservice Management

1월 유치원 식단 (만 3~5세)

작 성 자 : 중구 센터
감 수 자 : 중구 식단감수위원 6인

요일	1월 6일 (월)	1월 7일 (화)	1월 8일 (수)	1월 9일 (목)	1월 10일 (금)	1월 11일 (토)
오전간식	과일(귤)	해바라기씨, 떠먹는요구르트 ②	파프리카죽 ⑤⑥	과일(감)	과일(방울토마토) ⑫	(오곡)시리얼, 우유 ②
점심	잡곡밥 안매운북어김칫국 ⑤⑥⑨ 돼지갈비찜 ⑤⑥⑩ 상추사과무침 ⑤⑥ 김치 ⑨	쌀밥 근대된장국 ⑤⑥ 갈치살구이 ⑤⑥ 오이무침 ⑤⑥ 김치 ⑨	쌀밥 콩비지찌개 ⑤⑨⑩ 순살닭고기튀김 ⑤⑥⑮ 미나리나물 ⑤⑥ 김치 ⑨	쇠고기콩나물밥*양념장 ⑤⑥⑯ 버섯맑은국 ⑤⑥ 어묵채소볶음 ⑤⑥ 연두부*참깨드레싱 ①⑤⑥ 김치 ⑨	쌀밥 유부된장국 ⑤⑥ 레몬소스탕수육 ⑤⑥⑩⑮ 시금치나물 ⑤⑥ 김치 ⑨	김치볶음밥 ⑤⑨ 달걀국 ① 과일무샐러드 ①②⑤
오후간식	미니핫도그 ①②⑥⑩, 우유 ②	떡(백설기), 차	우엉주먹밥 ⑤⑥, 우유 ②	고구마맛탕 ⑤, 우유 ②	빵(크림빵) ①②⑥, 우유 ②	과일(키위)
열량, 단백질 (kcal, g)	592.9	23.8	595	22.3	620.6	18	624.6	22.3	600.5	21	532.4	14.2
요일	1월 13일 (월)	1월 14일 (화)	1월 15일 (수)	1월 16일 (목)	1월 17일 (금)	1월 18일 (토)
오전간식	과일(딸기)	채소스틱(오이), 치즈 ②	누룽지죽	과일(바나나)	과일(사과)	우유미숫가루 ②⑤
점심	잡곡밥 감자양파국 ⑤⑥ 쇠고기불고기 ⑤⑥⑯ 열무나물 ⑤⑥ 김치 ⑨	쌀밥 양배추된장국 ⑤⑥ 훈제오리채소구이 ⑤⑥ 맛살피망조림 ①⑤⑥⑧ 김치 ⑨	잡곡밥 애호박(새우살)맑은국 ⑤⑥ 함박스테이크*소스 ①⑤⑥⑩⑫ 숙주무침 ⑤⑥ 김치 ⑨	마파배추덮밥 ⑤⑥⑩ 쇠고기무국 ⑯ 치즈스틱 ②⑤ 파래무침 ⑤⑥ 김치 ⑨	잡곡밥 황태콩나물국 ⑤ 안동식찜닭 ⑤⑥⑮ 취나물무침 ⑤⑥ 김치 ⑨	칼국수 ⑥ 채소달걀말이 ①⑤ 김치 ⑨
오후간식	딸기샌드위치 ①②⑥, 우유 ②	떡(약식), 차	떡꼬치 ⑤⑥⑫, 요구르트 ②	찐감자, 우유 ②	빵(단팥빵) ①②⑥, 우유 ②	과일(귤)
열량, 단백질 (kcal, g)	596.8	18.9	594.3	23.1	617.8	21.3	604.2	36.1	617.9	25.2	583.2	20.4

| 알레르기 표시 | 알레르기 유발 대표식품을 아래와 같이 표시하였습니다. 알레르기 반응을 보이는 유아에게는 해당식품을 제한해주시기 바랍니다.
①난류 ②우유 ③메밀 ④땅콩 ⑤대두 ⑥밀 ⑦고등어 ⑧게 ⑨새우 ⑩돼지고기 ⑪복숭아 ⑫토마토 ⑬아황산류 ⑭호두 ⑮닭고기 ⑯쇠고기
⑰오징어 ⑱조개류(굴, 전복, 홍합 포함) ⑲잣 | | | | | | | | | | |

원산지 표시	쌀 (○표시)			콩 (○표시)			쇠고기 (○표시)			돼지고기	닭고기	오리고기	김치		수산물	
	밥	죽	누룽지	두부	콩비지	콩국수	한우	육우	젖소				배추	고춧가루	동태	오징어
			산			산			산	산	산	산	산	산	산	산

※ 건강 안전 및 소비자의 알권리 확보를 위해 식단표에 원산지 기재
▶ 농산물 − 쇠고기, 돼지고기, 닭고기, 오리고기, 양(염소)고기, 배추김치 중 배추와 고춧가루, 쌀(밥, 죽, 누룽지), 콩(두부류, 콩국수, 콩비지)
▶ 수산물 − 고등어, 갈치, 명태(황태, 북어 등 건조 제외, 코다리의 경우 기입), 낙지, 넙치, 조피볼락, 참돔, 미꾸라지, 뱀장어, 오징어, 꽃게, 참조기

그림 8.3 알레르기 유발식품 표시제가 적용된 단체급식 식단의 예
자료: 서울시 중구 어린이 급식관리지원센터

일반인들의 인식이 높아지면서, 무글루텐gluten-free 식품이 글루텐에 알레르기가 없는 일반인들에게도 건강에 좋은 식품으로 인식되는 경향이 보고되고 있다. 특히, 식품의약품안전처가 제시한 19종의 식품 알레르기 유발식품과 그 식품을 함유한 모든 식품을 표시할 경우 외식 및 급식 음식의 상당 부분이 알레르기 유발식품으로 표시될 우려가 있는데, 적절한 교육 없이 전면적인 표시제를 도입할 경우 식품에 대한 불필요한 불신을 초래할 우려가 있다. 따라서 표시제 도입과 함께 이를 정착시키고 활성화하기 위한 소비자 교육이 필요하다.

2) 식품 제조기업의 식품 알레르겐 관리

식품 알레르기 유병률 및 증가 추세에 대한 이건이 있으나, 이러한 사실과 관계없이 소비자들은 스스로의 인식에 따라 식품을 구매하므로 식품산업에서 식품 알레르기는 중요한 관리 사안이다. 최근 식품 알레르기와 관련된 회수 사례가 증가하면서 식품 제조기업은 식품 알레르기의 특성을 이해하고 위해 분석에 기반을 둔 알레르겐 관리 전략을 개발하도록 요구받고 있다.

식품 알레르기가 있는 소비자들이 알레르기 원인물질 섭취를 피하기 위해서는 제품의 포장에 제공되는 식품성분정보를 이용해야 한다. 따라서 식품 포장에 알레르기 유발식품이나 그 식품에서 유래된 모든 성분이 명시되어야 한다. 또한, 알레르기 유발성분을 사용하는 제품과 그렇지 않은 제품을 같은 제조시설에서 생산하는 업체는 알레르기 유발성분이 다른 제품에 오염되지 않도록 관리해야 한다. 불가피한 혼입 가능성이 있는 경우에는 이를 표시해야 하는데, 교차오염의 철저한 방지 대신 이러한 표시에 의존하는 것은 식품 알레르기가 있는 소비자의 식품 선택의 폭을 제한하게 된다. 더욱이 식품 알레르기가 있는 소비자들의 상당수가 이러한 예방적 표시를 무시하고 식품을 섭취하여 소비자와 식품업계 모두에게 문제가 되고 있다.

알레르겐 통제계획Allergen Control Plan, ACP은 알레르겐 관리를 위한 기법인 동시에 식품안전관리의 한 부분이다. 알레르겐 통제계획을 적용하고 실천함으로써 알레르기 원인식품이나 재료가 의도하지 않은 제품에 혼입되지 않도록 관리하여 식품 회수나 이로 인해 피해를 입는 소비자가 발생하는 것을 예방할 수 있다. 또한, 알레르겐 통제계획을 수행함으로써 기업의 재정적 건전성을 확보하고 신뢰를 얻을 수 있다. 알레르겐 통제계획은 HACCP 시스템에 통합하여 운영할 수 있다. 식품 제조기업에서 적용할 수 있는 알레르겐 통제계획의 일부 전략은 표 8.5에 제시되어있다. 알레르겐 통제계획은 일회성 프로그램이 아니며, 현장에 적용 후 주기적으로 타당성을 검증하고 수정·보완해나가야 한다.

표 8.5 식품 제조기업의 알레르겐 통제계획

단계	전략
제품 개발	• 알레르겐 사용으로 제품의 품질 향상이 가능한 경우에만 알레르겐 포함 원료를 신제품에 적용하고 대체 재료가 있는 경우 대체 재료 이용 • 신제품 내 알레르겐 검토 절차 수립
공급업체 관리 및 검수	• 원료 공급업체로부터 제품의 성분분석표를 받고 교차오염의 가능성 파악 • 공급업체를 직접 방문조사하여 ACP 확인 또는 알레르겐 시험 키트로 알레르겐 오염 여부 확인 • 공급업체에 납품하는 원료의 성분 변화 전 반드시 공지하도록 요구
저장	• 알레르겐을 포함한 원재료는 다른 원재료와 분리된 창고 또는 공간에 보관하고 라벨을 부착 • 알레르겐을 포함한 원재료를 다른 원재료와 같은 창고에 보관할 경우 알레르겐을 포함한 원료를 수축 필름으로 감싸 가루가 날리지 않도록 하고, 다른 재료보다 아래 칸에 보관하여 교차오염을 방지 • 대용량 탱크 사용 시 분리 사용이 가장 적합하지만, 그렇지 못한 경우 원재료가 바뀔 때 완전히 세척
생산	• 교차오염 방지를 위해 한 라인이나 하나의 생산실에서 한 가지 제품만을 생산 • 분리작업이 불가능한 경우 작업 일정을 조정하여 알레르겐을 포함하는 제품을 생산 일정의 가장 마지막 단계에 생산 • 종업원들이 기물을 구분하여 사용할 수 있도록 식재료를 취급하는 기물에 색상 라벨을 부착하거나 칠을 함 • 식품 가공과정 중 발생하는 반제품을 다시 이용하는 경우(예: 쿠키 성형 후 남는 반죽 부분을 쿠키 반죽에 다시 섞는 경우), 반드시 원래 제품에만 반제품을 넣어 재가공
유지관리	• 위생적인 디자인 원칙에 적합한 기기를 구입하거나 설치 • 한 기기로 여러 제품을 생산할 경우 물과 세제로 청소하는 것이 가장 바람직하지만, 제품이나 기기에 따라 물 세척이 불가능한 경우 닦아내는 방법을 적용 • 바람을 일으켜 먼지를 청소하는 것은 알레르겐을 단순히 다른 장소로 이동시키므로, 중앙진공청소 장비를 이용하는 것이 효과적인 청소방법임 • 위생관리 후 실제로 알레르겐이 효과적으로 제거되었는지 해당 성분용 효소면역 측정법(ELISA) 키트 등을 이용해 확인
포장 및 표시관리	• 알레르겐이 포함된 자료를 이용한 경우 식품 등의 표시기준에 적합하게 알레르겐을 표시 • 제품의 성분이 바뀐 경우 포장에 반드시 반영
종사원 교육	• 조직 내 모든 종사원을 대상으로 알레르겐 관리의 중요성과 적절한 관리방법에 대한 훈련을 실시

자료: Taylor & Hefle, 2005 자료를 이용하여 저자가 표 작성

3) 집단급식소·외식업체의 식품 알레르기 예방

식품 알레르기를 예방하는 가장 분명한 방법은 알레르기 원인식품을 섭취하지 않는 것이므로, 식품 알레르기를 가진 고객은 집단급식소나 외식업체 이용 시 음식과 식재료에 대한 정확한 정보를 얻고자 한다. 고객은 이를 근거로 주문할 음식을 결정하므로 부정확한 정보가 제공될 경우 고객이 위험해질 수 있다. 푸드서비스 관리자는 제공하는 메뉴와 레시피, 사용되는 식재료 목록, 식품 저장과 취급방법, 세척 및 청소방법 등에 대해 전반적인 검토를 실시하여 알레르기 원인물질의 혼입 가능성을 판단하고 이들이 혼입되지 않도록 관리할 책임이 있다. 병원이나 학교급식의 경우 영양(교)사 외에 의사, 간호사, 보건교사, 교사 등 조직 내 관련자와 팀을 이루고 식품 알레르기 관리방침을 수립하여 실천하는 것이 도움이 된다. 푸드서비스 관리자들은 또한 조리종사원과 서비스 종업원을 대상으로 식품 알레르기의 위험성과 매장에서 판매되는 식품, 식재료와 관련된 알레르기 원인물질의 취급방법 등에 대한 훈련 프로그램을 개발하고 수행해야 한다.

푸드서비스 업장의 모든 조리종사원은 식품 표시를 정확히 읽고 이해할 수 있도록 교육받아야 한다. 가공식품의 경우 식품 표시를 통해 알레르기 유발식품의 존재 여부를 알 수 있는데, 제조업체가 재료 배합을 변경할 수 있으므로 항상 식품 표시를 확인하는 것이 중요하다. 주문을 받는 종사원은 알레르기 유발식품이 포함된 메뉴를 고객이 주문할 때 특정 식품에 대한 알레르기가 있는지를 확인한 후 그 결과를 주문 메뉴와 함께 주방에 전달할 수 있어야 한다. 예상하지 못한 음식에 알레르기 유발식품이 포함되어있기도 하고(예: 파이 크러스트에 견과류), 넣지 않아도 무방한 알레르기 유발식품이 재료로 이용되기도 한다(예: 샐러드 드레싱이나 소스의 부재료). 특히, 알레르기와 관련하여 주의를 기울여야 하는 음식은 튀김음식, 디저트류, 소스, 복합조리식품 등이다. 튀김음식에서는 사용하는 기름이 문제가 되는데, 알레르기 원인식품을 튀긴 기름에 다른 식품을 튀기는 경우 알레르겐에 오염될 수 있다.

조리과정 중 **교차접촉**cross contact으로 알레르기 유발식품이 다른 식품에 유입

교차접촉

알레르겐은 가벼운 접촉에 의해서도 다른 식품으로 옮겨갈 수 있음

될 수 있다. 따라서 조리와 배식 중 식품별로 조리도구를 구분하는 것이 필요하고, 교차접촉을 예방하기 위해 조리도구를 사용한 후 완전히 세척 소독해야 한다. 한 번 사용한 도마나 칼 등을 단순히 행주나 종이타월로 닦아내는 것만으로는 교차접촉을 예방할 수 없으므로, 알레르기를 유발하는 단백질을 제거하기 위해서는 반드시 세제를 이용해 세척해야 한다. 작업대 역시 조리작업이 바뀔 때 반드시 세척 소독해야 하고, 가능하면 구분된 작업대를 구비하는 것이 바람직하다. 식품위생 차원에서 도마를 분리하여 사용하는 것 역시 식품 알레르기 교차접촉 예방에 도움이 된다. 식품 알레르기 고객을 위한 메뉴 조리 전에 조리종사원은 반드시 손을 씻어야 한다. 알레르기 유발물질의 교차접촉 방지는 일반적인 식품위생 프로그램의 일부로 관리할 수 있다. 알레르기 원인물질에 오염되지 않도록 주의하여 조리된 음식은 포장하거나 뚜껑을 덮어 고객에게 전달되는 과정 중 오염될 가능성을 차단할 수 있다.

의무사항은 아니지만 주된 알레르기 유발식품으로 규명된 재료를 포함하는 메뉴에 대해 자발적인 표시제도를 도입하는 것은 소비자를 식품 알레르기로부터 보호하는 데 도움이 된다. 만일 모든 음식에 알레르기 유발식품 표시를 하기 어렵다면, 특정 식품에 알레르기가 있는 고객은 주문 시 종업원에게 알려줄 것을 요청할 수 있다. 음식명을 보다 구체화함으로써 특별한 표시 없이도 식품 알레르기가 있는 고객에게 유용한 정보를 제공할 수도 있다(예: 사과 케이크 → 사과 호두 케이크, 파스타 샐러드 → 아몬드를 곁들인 파스타 샐러드). 만일 고객이 제공된 음식을 먹고 알레르기 반응을 보일 경우를 대비해 알레르기 원인물질을 포함한 식품의 라벨을 서비스 이후 하루 이상 보관한다.

학교나 유치원, 보육시설 등에서는 식단을 미리 계획하여 가정에 전달하여 부모가 자녀의 식사지도에 활용하고, 식품 알레르기가 있는 식단이 제공되는 경우 대체 메뉴를 요청하도록 할 수 있다. 교사는 식사시간 동안 식품 알레르기 유병 아동이 다른 친구와 음식을 바꾸어 먹지 않도록 지도하고, 음식으로 장난을 치지 않도록 지도하는 것이 필요하다. 또한, 다양한 식품에 알레르기 증상을 보이는 어린이가 적절한 영양 섭취로 정상적인 성장 발달을 할 수 있도록 집단급식소의 영양사는 식품 알레르기에 대한 교육과 영양상담을 실시하는 것이 바람직하다.

4) 소비자 교육

국내 연구 자료에 따르면 혈관 부종과 아나필락시스 증상으로 병원을 방문하고 알레르기 전문의가 치료를 권유했음에도 일부만이 알레르기 관련 진단과 치료를 받았다고 한다. 이는 식품 알레르기 증상의 반복 가능성과 위험성에 대한 일반인의 인식이 부족하기 때문이다. 전문의의 진단 없이 식중독이나 식품불내증을 식품 알레르기로 오인하는 경우도 많고, 많은 식품 알레르기 환자들이 알레르기 증상이 다시 나타나는 것을 우려하여 원인식품에 대한 정확한 진단 없이 제한 식사를 시행하는 것이 문제로 지적되고 있다. 특히, 성장기 영유아의 경우 이러한 행동이 영양결핍과 성장장애를 초래할 수 있다.

식품 알레르기 전문가들은 소비자들이 식품 알레르기로부터 스스로를 보호하기 위한 방법으로 자가진단이 아닌 전문의의 진단을 받도록 권장한다. 알레르기 원인식품이 밝혀진 이후에는 식품 선택 시 표시 확인 등을 통해 주의해야 한다. 따라서 일반 소비자들을 대상으로 식품 알레르기에 대한 정보와 표시의 확인방법을 전달하는 교육 프로그램이 필요하다. 또한, 심각한 알레르기 증상 발현을 대비하여 식품 알레르기가 있는 소비자는 자신이 알레르기를 가지고 있음을 나타내는 목걸이나 팔찌를 착용하는 것도 바람직하다.

참고문헌

강영재. 2004. 식품산업에서 알레르기원 통제 계획의 수립과 적용. 식품과학과 산업 37(2): 35-39.

곽동경, 김규언, 이경은, 김성희, 이아현. 2012. 학교급식 알레르기 유발식품 표시제 도입 연구 보고서.

서원희, 장은영, 한영신, 안강모, 정지태. 2011. 영유아 보육시설과 응급실에서의 식품 알레르기 관리 현황. 소아알레르기 호흡기 21(1): 32-38.

서울특별시 식품안전추진단. 식품 알레르기 교육 및 급식관리매뉴얼.

식품의약품안전처. 2018. 식품 등의 표시기준(식품의약품안전처고시 제2018-108호).

안강모. 2011. 식품알레르기: 진단과 관리. 천식 및 알레르기 31(3): 163-169.

한영신, 이윤나. 2016. 어린이시설에서의 관리 매뉴얼: 식품알레르기의 올바른 이해. 서울중구어린이급식 관리지원센터.

American Academy of Allergy Asthma & Immunology. 2011. Food allergy vs food intolerance.

Food Allergy Research & Resource Program, University of Nebraska. 2008. *Components of an effective aller gen control plan: A framework for food pr ocessors*.

Massachusetts Department of Education. 2002. *Managing Life Threatening Food Allergies in Schools*. MA.

Schierer SH, Mahr T, the Section on Allergy and Immunology. 2010. Clinical report management of food allergy in the school setting. *Pediatrics 126*: 1232-1239.

Skypala I. 2011. Adverse food reactions-an emerging issue for adults. *Journal of the American Dietetic Association 111*: 1877-1891.

Taylor SL, Hefle SL, Gauger BJ. 2000. Food allergies and sensitivities. Edited by Helferich W. *Winter CK: Food Toxicology*. CRC Press: Boca Raton, FL.

Taylor SL, Hefle SL. 2005. Allergen control. *Food Technology 59*(2): 40-43, 75.

The Food Allergy & Anaphylaxis Network. 2005. Food Allergy Training Guide for College and University Food Services.

The Food Allergy & Anaphylaxis Network. 2006. *Food Allergy Training Guide for Hospital and Food Service Staff*.

US FDA Consumer Health Information. 2009. Food allergies: reducing the risks.

US FDA Consumer Health Information. 2010. Food allergies: what you need to know.

http://www.aaaai.org   http://www.foodallergy.org

http://www.farrp.org   http://www.fda.gov

MEMO

PART 04

식품위생 안전관리

CHAPTER

9

미생물의
통제기술

>>**학습목표**

1. 미생물의 물리적 통제방법을 이해하고 종류를 구분할 수 있다.

2. 미생물의 화학적 통제방법을 이해하고 설명할 수 있다.

3. 식품산업에서 사용되는 허들기술과 최신 기술을 설명할 수 있다.

식품의 변질과정이나 정도는 식품의 종류나 주변 환경, 존재하는 미생물의 종류 등에 따라 현저하게 달라지므로 식품에 따라 변질을 방지하는 방법도 달라야 한다. 식품의 변질 방지의 원칙은 식품을 미생물의 오염으로부터 보호하고 미생물의 대사활동을 억제함과 동시에 식품의 품질을 손상시키지 않는 것이다. 미생물 통제의 기본 원리는 미생물 오염의 차단, 미생물 생육의 억제, 그리고 오염된 미생물의 살균, 멸균이다. 미생물은 물리적인 방법과 화학적인 방법으로 생육을 억제시킬 수 있다. 또한, 허들기술과 최신기술의 도입으로 미생물을 통제하여 식품에 적용할 수 있다.

1 물리적 방법

전통적으로 내려온 식품의 저장기술은 대부분 물리적 통제기법이다. 물리적 통계기법의 종류로는 냉장·냉동과 같이 온도 저하에 의한 방법, 건조와 같이 수분을 제거하는 방법, 열처리나 식품조사처리와 같이 에너지 수준을 일시적으로 높여 미생물을 사멸하는 방법들이 있다.

1) 가열

가열처리방법은 미생물을 제거하거나 감소시키는 전통적이고 중요한 방법이다. 통조림이나 병조림이 대표적인 가열처리방법으로 식품을 용기에 넣고 가열·멸균하여 밀봉하면 안전해진다. 가열 온도가 높을수록 많은 종류의 미생물을 살균할 수 있지만 단백질의 변성, pH의 변화, 효소 및 비타민 파괴, 유지 및 탄수화물 분해, 중량 감소, 풍미 저하 등의 식품의 품질 저하 가능성이 커진다. 그러므로 가열 처리 시 식품 품질을 유지하기 위해서는 가급적 저온으로 처리하는 것이 바람직하다.

미생물의 내열성은 D값$^{D value, decimal reduction time}$, Z값(열저항상수), F값$^{Thermal Death Time, TDT}$, 가열치사온도$^{thermal death temperature}$로 나타낸다. D값은 일정 온도에서 미생물을 90% 사멸시키는 데 소요되는 시간으로 온도에 따라 달라지므로 반드시 온도를 표시한다. D값이 높으면 열저항성이 높다. $D_{121℃}$란, 121℃에서 90%의 미생물을 사멸하는 데 소요되는 시간이다. Z값은 D값을 90% 감소시키는 데 필요한 상승 온도이며, Z값이 높으면 열저항성이 높다. 예를 들면 100℃에서 100분 가열로 사멸되는 미생물이 110℃에서 10분을 가열해야 사멸되었다면 Z값은 10℃가 된다$^{그림 9.1}$. F값은 일정 온도(일반적으로 121℃)에서 일정 농도의 미생물을 사멸시키는 데 소요되는 가열시간(분)이다. 특히, 250℉(121℃)에서 미생물을 100% 사멸시키는 데 필요한 시간을 F_0로 표기한다. 가열치사온도는 10분 만에 일정 농도의 미생물을 완전히 사멸시키는 최적 온도를 말한다.

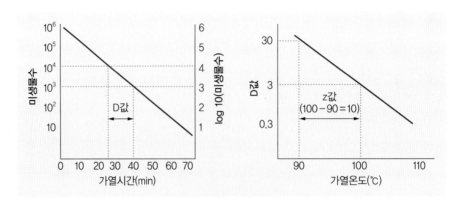

그림 9.1 사멸곡선과 가열치사곡선

식품에서 사용되는 대표적인 가열방법은 저온 장시간 살균법, 고온 단시간 살균법, 초고온 순간 살균법, 고온 장시간 멸균법 등이다표 9.1. 통조림과 같이 가열하여 멸균하는 경우 품질 유지를 위해 완전 멸균하지 않고 열처리에 생존한 균이 있어도 증식하지 못해 품질에 영향을 미치지 않을 정도로 멸균하는 기법을 상업적 멸균commercial sterilization이라고 한다.

표 9.1 식품의 가열살균방법

살균방법	가열조건	특징
간헐멸균법 (tyndallization)	• 100℃ • 30분 • 반복	세균의 영양세포를 죽이고, 살아남은 포자는 발아시킨 후 다시 가열하여 죽이는 것을 반복함
저온 장시간 살균법 (LTLT, low temperature long time heating method)	• 60~65℃ • 30분	• 우유, 술, 주스, 소스, 간장 등 살균 • 식품의 영양소나 향미가 보존되는 장점이 있으나 존재하는 미생물의 완전한 멸균은 불가능
고온 단시간 살균법 (HTST, high temperature short time heating method)	• 72~75℃ • 15초	• 과즙, 우유 살균 • 살균효과가 크고 영양성분 파괴가 적음
초고온 순간 살균법 (UHT, ultra high temperature heating method)	• 130~150℃ • 1~2초	• 과즙, 우유 살균 • 높은 온도로 살균되기 때문에 미생물 증식에 의한 변질 가능성이 거의 없음 • 일부 영양소의 파괴, 변형이 일어남
고온 장시간 멸균법 (HTLT, high temperature long time heating method)	• 95~120℃ • 30~60분	• 통조림, 레토르트 파우치 멸균 • 장기간 보존 가능

알아두기

식육·알·유가공품의 멸·살균 열처리 동등성 평가 원리

식육가공품, 알가공품 및 유가공품을 가열처리하여 멸·살균하는 경우 F값을 이용하면 '식품의 기준 및 규격'에서 정하고 있는 멸·살균 조건과 동등한지 여부를 판단할 수 있다.

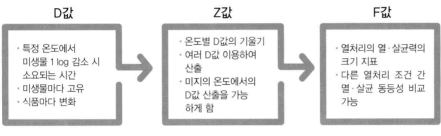

D값
- 특정 온도에서 미생물 1 log 감소 시 소요되는 시간
- 미생물마다 고유
- 식품마다 변화

Z값
- 온도별 D값의 기울기
- 여러 D값 이용하여 산출
- 미지의 온도에서의 D값 산출을 가능하게 함

F값
- 열처리의 열·살균력의 크기 지표
- 다른 열처리 조건 간 멸·살균 동등성 비교 가능

열처리 동등성 평가 흐름

$$F_T = D_T (\log N_0 - \log N)$$

- F_T: 특정 온도(T)에서의 F값으로 단위는 시간(분)
- D_T: 목표 미생물에 대한 특정 온도(T)에서의 D값
- N_0: 가열 전 초기 미생물의 수
- N: 가열 후 살아남은 미생물의 수

따라서 '식품의 기준 및 규격'에서 정하고 가열 멸·살균조건을 F값으로 표현하면 다음과 같다.

대상식품	가열처리조건	F_T값
살균식육가공품	중심부 온도를 63℃ 이상에서 30분	$F_{63℃ 이상} = 30분$
멸균식육가공품	제품의 중심부 온도를 120℃ 이상에서 4분 이상	$F_{120℃ 이상} = 4분 이상$
통·병조림축산물, 레토르트축산물	제품의 중심온도가 120℃에서 4분	$F_{120℃} = 4분$
전란액	중심부 온도를 64℃ 이상에서 2분 30초	$F_{64℃} = 2분 30초$
난백액	중심부 온도를 55℃ 이상에서 9분 30초	$F_{55℃} = 9분 30초$
난황액	중심부 온도를 60℃ 이상에서 3분 30초	$F_{60℃} = 9분 30초$
유가공품	(1) 중심부 온도를 63~65℃에서 30분 (2) 중심부 온도를 72~75℃로 15~20초 (3) 중심부 온도를 130~150℃로 0.5~5초	$F_{63~65℃} = 30분$ $F_{72~75℃} = 15~20초$ $F_{130~150℃} = 0.5~5초$
유크림류	(1) 중심부 온도를 65~68℃에서 30분 (2) 중심부 온도를 74~76℃에서 15~20초	$F_{65~68℃} = 30분$ $F_{74~76℃} = 15~20초$
아이스크림류	중심부 온도를 68.5℃에서 30분	$F_{68.5℃} = 30분$

자료: 식약처, 2018

가열로 미생물을 제어할 때 포자를 단시간 가열 처리하면 휴면상태의 포자가 활성화되어 발아율이 증가하는 열쇼크heat shock현상이 나타나므로 주의해야 한다.

2) 냉장과 냉동

냉장refrigeration은 빙점 이상의 저온을 유지하여 식품을 보존하는 방법이다. 우리나라 식품공전에서는 고시에 따로 정해진 것을 제외하고는 냉장은 0~10℃, 식육, 포장육 및 식육가공품의 냉장제품은 −2~10℃(다만, 가금육, 가금육 포장육, 분쇄육, 분쇄가공육제품은 −2~5℃), 신선편의식품 및 훈제연어는 5℃ 이하에서 보관하여야 한다. 미국 Food Code에서는 냉장 보관 온도를 5℃ 이하로 관리하고 있다. 냉장 온도 범위에서는 유도기가 증가해 성장속도가 감소함으로써 실온에 식품을 저장하는 것보다 식품 저장기간이 증가한다. 식품을 0℃ 부근에서 냉장하면 대부분의 식중독 세균 증식을 억제할 수 있으나 5℃ 정도에서도 저온균이 증식할 위험이 있으므로 주의해야 한다. 예를 들어 리스테리아 모노사이토지니스Listeria monocytogenes와 같은 균에 인한 오염의 위험도가 높은 식품은 냉장 유통 중에 오염된 균의 증식이 가능하므로 오염을 완벽하게 차단해야 한다.

냉동freezing은 식품을 영하의 온도로 동결시키는 방법으로 식품 중 수분의 일부를 얼게 하여 수분활성도를 낮춤으로써 세균의 생육을 억제시키는 방법이다. 우리나라 식품공전에서는 냉동이란 −18℃ 이하를 말한다. 냉동 온도에서 미생물의 증식이 억제되는 것은 생리활성이 저하되고, 식품 중의 수분이 동결하여 수분활성이 낮아지기 때문이다. 냉동 온도와 속도에 따라 차이는 있지만 냉동으로 미생물의 사멸을 기대할 수 없다. 포자는 전혀 영향받지 않으며 대부분의 영양세포는 일부 사멸할 뿐이다. 냉동 중 얼음 결정이 커져 세포벽이 파괴되므로 해동된 식품은 부패의 위험이 크며, 재해동 시 품질상의 문제가 발생할 수 있으므로 재냉동은 삼간다. 냉동식품이라도 가공 중 위생적으로 처리가 되지 않으면 장기간 보존할 수 없으며, 위생적으로 안전하지 않을 수 있다.

따라서 냉동식품 구입 시 녹았다가 다시 언 흔적이 있는 식품은 구입하지 말아야 하며, 냉동식품은 유통과정에서 냉동상태를 잘 유지하여야 한다.

3) 건조

건조는 식품에서 수분을 제거하여 미생물의 생육을 억제하는 방법으로 오래 전부터 식품 보존에 이용되어왔다. 수분활성도가 낮아지면 미생물의 성장속도가 낮아지고 사멸기에 있는 미생물의 사멸속도가 빨라지는 원리를 이용한 것이다. 식품을 건조하는 방법은 식품의 종류, 처리량, 열감수성에 따라 달라진다. 식품 건조법은 자연건조와 인공건조로 나눌 수 있으며 인공건조는 건조원리에 따라 공기순환건조법, 캐비닛건조법, 터널건조법, 분유 및 인스턴트커피의 **분무건조법**, 드럼건조법, 진공건조법, 동결건조법 등이 있다. 이 중 분무건조법은 식품산업에서 유제품(탈지유, 분유), 커피, 과일주스, 달걀 단백질, 전분 분해물 등의 분말 제조 등에 사용된다.

　동결건조법은 식품을 동결상태로 감압 건조하는 방법으로 원형 유지와 장기 보존, 빠르고 완전한 복원력을 나타냄으로써 식품산업에 많이 이용된다. 건조시킨 식품은 미세한 **다공성**porosity 조직을 가지므로, 물을 넣었을 때 기존의 상태로 복원된다. 이 방법은 건조채소, 분말제품, 커피 등에 적용되며, 캠핑이나 해외여행뿐 아니라 편리하여 일반 가정식으로도 각광받고 있다. 무엇보다 건조 후 밀봉을 철저히 하여 건조상태를 유지하여야 한다.

분무건조법
식품 등 재료의 액체를 열풍 속에 분무시켜 미세한 물방울 상태로 기류에 동반시키면서 건조시키는 방법

다공성
내부에 많은 작은 구멍을 가지고 있는 성질

4) 전자기파

전자기파를 이용해 미생물을 제어할 때의 효과는 파장에 따라 달라진다그림 9.2.

(1) 마이크로파

마이크로파microwave 살균은 마이크로파의 유전가열을 이용한 살균방법이다. 마이크로파가 식품에 조사되면 식품 중의 물 분자가 1초당 약 24억 5,000만

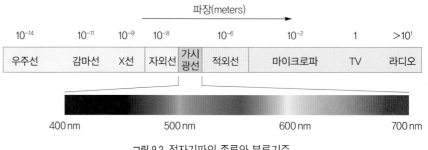

그림 9.2 전자기파의 종류와 분류기준

회의 **분자배향**molecular orientataion에 의해 회전운동을 일으키며 이때 분자 간의 마찰열이 발생하는데, 이러한 열에너지를 이용하여 살균하는 방법이다. 마이크로파는 기존 열처리방법과 비교할 때 식품의 온도를 매우 빠르게 증가시키며, 원하는 온도에 빨리 도달하게 한다. 반면, 식품의 온도가 균일하지 않은 단점이 있어 Food Code에서는 74℃에서 15초 이상 가열 후 2분 이상 정치해둘 것, 중간에 식품을 젓는 것을 권장하고 있다.

(2) 자외선

자외선ultraviolet radiation은 단파장의 높은 에너지를 가지고 있어 미생물에 대한 살균작용을 하며 미생물의 유전자 변이를 일으킨다. 식품에는 가장 살균력이 강한 260~280 nm의 파장을 사용하며, 자외선에 대한 미생물의 저항성은 그람 음성균인 대장균과 살모넬라의 감수성이 가장 높으며, 포자형성균은 비교적 저항성이 크다. 일부 미생물의 경우 자외선과 가시광선의 중간 파장 영역인 365~450 nm의 파장 범위에서 자외선을 조사하지 않은 처리에 비해 생존균수가 높게 나타나는 광재활성화photoreactivation 현상을 일으키기도 한다. 이 방법은 빛이 닿는 면만 살균되며 투과력이 낮다는 단점이 있다. 식품제조용수, 생수, 음료 등의 살균에 이용되며, 자외선 살균소독기는 단체급식·외식업체 등에서 컵, 칼, 도마, 행주, 위생복, 앞치마, 장화 등에 이르기까지 폭넓게 사용되고 있다. 자외선 소독기에 넣는 것만으로 소독효과가 있는 것은 아니고, 살균되는 제품면에 자외선이 닿아야 효과가 있으므로 사용 시 주의가 필요하다.

(3) 식품조사처리

식품조사처리food irradiation란 감마선, 전자선가속기에서 방출되는 에너지를 복사radiation방식으로 식품에 조사하는 것이다. 선종과 사용목적 또는 처리방식(조사)에 따라 감마선 살균, 전자선 살균, 감마선 살충, 전자선 살충, 감마선 조사, 전자선 조사 등으로 구분하거나 통칭하여 방사선 살균, 방사선 살충, 방사선 조사 등으로 구분할 수 있다.

방사선은 물질을 통과할 때 물질의 원자나 원자단, 분자 등을 전리시켜 이온을 생성하게 되는데 이와 같은 성질을 지닌 방사선을 이온화 방사선이라 한다. X선, γ선 또는 코발트 60(^{60}Co)과 같은 방사선 동위원소로부터 방사되는 투과력이 강한 선을 이용하는데, 이는 포장된 식품이나 약품 등의 멸균에 이용되며 허용된 품목별 **조사선량**을 초과하지 않도록 하여야 한다. 세계보건기구, 국제식량농업기구FAO, 국제원자력기구International Atomic Energy Agency, IAEA, 미국 FDA 등이 50년 이상에 걸친 연구 결과를 바탕으로 안전성을 인정하고 있다. 10 kGy 이하로 방사선을 조사할 경우 다른 식품살균법보다 식중독 발생 위험이 적고 안전하며, 방사선을 적절히 조사하면 조사된 식품에서 병원성 세균의 독소가 더 이상 증가되지 않는다. 방사선에 대한 미생물의 감수성은 미생물의 종류와 환경에 따라 달라지며, 포자는 영양세포에 비해 훨씬 높은 내성을 갖는다. 특히, 보툴리눔Clostridium botulinum A형의 포자는 방사선 저항이 높아서 식품조사 멸균의 지표균으로 이용된다.

> **조사선량(방사선량)**
> 식품이 조사될 때 흡수하는 방사선의 에너지양으로 그레이(Gy, gray)가 사용되며 1 Gy=100 rad에 해당

표 9.2 **조사선량에 따른 식품미생물의 제어효과**

구분	조사선량(kGy)	이용목적
Radurization (조사부분살균)	1~5	부패균의 수를 감소시켜 식품의 저온보존기간 연장(예: 신선육, 육가공품, 가금육, 어패류, 수산가공품, 딸기 등)
Radicidation (조사병원균살균)	2~10	비포자형성 병원균, 식중독균, 경구전염병균 사멸(예: 육류, 가금육, 어패류, 낙농제품 등)
Radappertization (조사완전멸균)	10~50	미생물을 완전히 멸균하는 것으로 바실루스(Bacillus)속 및 클로스트리디움(Clostridium)속 등 아포세균과 내열성 아포까지 사멸(예: 통조림 식품, 환자용 무균식, 우주인 식품, 실험동물용 무균사료 등)

자료: 식품의약품안전처, 2015, 조사식품의 분석 지침서 Ⅲ

우리나라에서 허가된 식품조사 목적은 발아억제, 숙도조절, 살충, 살균의 4가지이다. 발아억제는 저선량의 방사선을 조사하는 것으로 감자, 양파, 마늘 등의 발아나 발근이 억제된다. 적정선량은 대상이 되는 농산물의 종류에 따라 다르지만 보통 0.03~0.15 kGy이다. 숙도조절은 과실이나 채소에 방사선을 조사하는 것으로, 성숙이 지연되고 품질수명이 연장될 수 있다. 0.5~1.0 kGy 조사에 의해, 망고는 1주간, 바나나는 2주간 품질수명이 길어진다. 살충은 0.1~1 kGy의 방사선을 조사하는 것으로 곡식이나 과실의 해충 및 축육에 오염된 기생충을 구제할 수 있다.

한 번 조사 처리한 식품은 다시 조사해서는 안 되며, 조사식품irradiated food을 원료로 사용하여 제조 가공한 식품도 다시 조사해서는 안 된다. 국내 허용 대상 식품별 흡수선량은 다음 표에 제시하였다표 9.3.

흡수선량(absorbed dose)
방사선에 피폭된 물질의 단위 질량당 그 물질에 흡수된 방사선 에너지양.
흡수선량의 단위는 1 kg당 줄 또는 그레이(Gy)를 표준단위로 사용함(건조한 공기는 약 0.00867 Gy 정도에 값을 가짐)

표 9.3 식품별 조사처리 허용대상 및 식품별 흡수선량

품목	조사목적	선량(kGy)
감자, 양파, 마늘	발아억제	0.15 이하
밤	살충·발아억제	0.25 이하
생버섯 및 건조버섯	살충·숙도조절	1 이하
난분	살균	5 이하
곡류, 두류 및 그 분말	살균·살충	5 이하
전분	살균	5 이하
건조식육	살균	7 이하
어류, 패류, 갑각류 분말	살균	7 이하
된장, 고추장, 간장분말	살균	7 이하
건조채소류	살균	7 이하
효모·효소식품	살균	7 이하
조류식품	살균	7 이하
알로에 분말	살균	7 이하
인삼(홍삼 포함) 제품류	살균	7 이하
건조향신료 및 이들 조제품	살균	10 이하
복합조미식품	살균	10 이하
소스류	살균	10 이하
침출차	살균	10 이하
분말차	살균	10 이하
환자식	살균	10 이하

자료: 식품의약품안전처, 2015, 조사식품의 분석 지침서 Ⅲ

방사선 조사식품과 방사능 오염식품

- 방사선 조사식품: 발아억제, 숙도조절, 식중독균 및 병원균의 살균, 기생충 및 해충사업을 위해 이온화 에너지로 처리한 식품
- 방사능 오염식품(Radioactive contamination food): 체르노빌 원자력 폭발사고, 후쿠시마 원전폭발 등으로 누출된 방사능 물질이나 핵실험에서 발생된 방사능 물질이 혼입되어 오염된 식품

자료: 식품의약품안전처

쉬어가기

래듀라 로고의 의미

래듀라 로고에서 가운데 점은 방사선원(source of radiation)을 뜻하며, 2개의 잎은 작업자와 환경을 보호하기 위한 생물학적 방어막을 의미한다. 바깥 원은 운송시스템을 의미하며, 아래의 반원은 생물학적 방어막에 의한 방사선 조사로부터 보호되며 위의 깨진 반원은 운송시스템에서 대상 제품이 조사되는 선을 상징한다.

　미국 FDA와 농무부USDA는 안전성을 평가하여 돼지고기, 육류제품, 육가공품, 달걀껍질, 씨앗, 조개류, 양상추, 시금치, 신선식품, 가금류, 조미료, 갑각류 등에 조사처리기술을 허용하고 있다. 캐나다에서는 향신료 품목에 조사처리기술이 상업적으로 많이 이용되고 있다. 조사처리식품은 '원재료명 및 함량' 표시란의 해당 원재료명 옆에 괄호로 '방사선 조사'를 표시{예: 양파(방사선 조사)}하여야 하고, 완제품에 조사한 경우는 조사 처리된 식품임을 나타내는 문구와 래듀라radura 로고를 표시하여야 한다그림 9.3.

국제 & 우리나라

미국 FDA

그림 9.3 래듀라 로고

생활 곳곳에 쓰이는 방사선: 의학·농업·산업·환경 분야에서의 이용

생활 속에서 다양하게 활용되는 방사선

- 의학 분야: 병원에 가면 X선 검사, CT(컴퓨터단층촬영) 등 여러 가지 검사 장비를 볼 수 있다. 이런 기술이 모두 방사선을 이용한 것이다. 물질을 자유롭게 통과할 수 있는 방사선의 특징을 이용해서 숨겨진 질병을 찾고 암세포만을 선택적으로 치료하는 등 방사선은 의료 분야에서 다양하게 사용되고 있다.

- 농업: 생명공학기술과 융합된 '방사선 돌연변이 육종기술'이 대표적인 활용 분야이다. 방사선 돌연변이 육종기술은 식물의 종자나 묘목에 방사선을 쬐었을 때 일어나는 돌연변이 과정을 이용해서 품종을 개량하거나 새로운 품종을 만들어내는 기술이다. 자연상태에서는 드물게 일어나는 돌연변이의 발생 빈도를 방사선 자극을 통해 높여주는 육종기술로, 외래 유전자를 집어넣는 유전자변형기술과 달리 안전성이 입증돼 세계적으로 식량 작물,

화훼류 및 과수류 신품종 개발에 활발하게 이용되고 있다. '혹시 방사선 육종으로 개발된 품종에는 방사선이 남아있지 않을까?'라고 걱정할 수 있지만 방사선 육종에 주로 쓰이는 감마선, X선 등은 자연에 있는 빛과 같아서 쬘 때만 식물에 에너지를 주고 방사선이 전혀 남지 않아 안전하다.

- 비파괴 검사: 금속 등의 불투명한 물체를 부수지 않고 내부를 검사하는 방법이다. 방사선을 이용하면 비행기의 날개나 교량 등의 내부를 간단히 들여다볼 수 있어 눈에 보이지 않는 결함을 쉽게 발견할 수 있다.

- 이 밖에도 방사선을 이용해 화합물을 분해하고 살균할 수 있어서 공기 중 오염 물질 제거, 폐수 처리 등 환경 분야에서 활용되고 있다.

자료: 한국원자력연구원 첨단방사선연구소

생활 속에서 항상 함께하는 방사선

하늘과 땅, 음식물 등 자연에서 나오는 방사선을 자연방사선이라고 하고, CT 촬영, 엑스레이 검사 등에서 나오는 방사선을 인공방사선이라고 한다. 우리는 생활 주변에서 1년에 약 2.4 밀리시버트(mSv)*의 자연방사선을, 병원에서 흉부 엑스레이를 촬영할 때는 약 0.1 밀리시버트의 인공방사선에 노출된다. 이 정도의 양은 인체에 별다른 영향이 없다. 즉, 방사선이라고 해서 무조건 걱정할 필요는 없다.

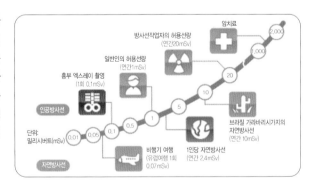

* 방사선의 단위는 '시버트(Sv)'이며 1시버트(Sv)는 1,000밀리시버트(mSv), 1밀리시버트(mSv)는 1,000마이크로시버트(μSv)이다.

자료: 한국원자력안전기술원

5) 여과

여과filtration는 균의 크기보다 작은 다공성 필터로 균을 걸러 제거하는 방법이다. 미생물은 여과장치에 걸러져서 여과액(여과장치를 통과한 액)은 미생물이 없는 무균상태가 된다. 현재는 박테리아를 제거하기 위해 여과막을 주로 사용하며, 0.45 μm 혹은 0.22 μm의 구멍이 있는 필터를 많이 이용한다. 열에 약한 물질을 포함하는 액체에 여과방법을 적용하고 있으며, 의약품, 아미노산, 비타민 등을 멸균할 때 사용한다.

2 화학적 방법

식품에서 화학적으로 미생물을 통제하는 방법으로는 염장, 당장, 산장, 훈연, 가스치환저장 등이 있다.

1) 염장과 당장

염장salting은 식염을 첨가함으로써 식품의 탈수화, 즉 수분활성도를 낮추어 미생물의 생육을 억제하는 방법이다. 식품에 소금을 첨가하였을 때의 미생물 증식 억제효과는 탈수작용에 의한 식품 내 수분 감소, 산소의 용해도 감소, 삼투압 증가, pH 변화에 의한 단백질 변성, 식염의 용해에 의해 생성된 염소이온의 작용, 단백질 분해효소 작용의 억제 등이 있다. 염장은 식품 보존에 널리 이용되나 호염세균, 일부 내삼투압성 곰팡이 및 효모는 고농도 염도에서도 생육하므로 이러한 균에 오염되면 염장 시에도 변질이 가능하다. 염분에 내성이 큰 미생물도 pH를 낮게 하면 생육이 저지되므로 산과 함께 사용하면 효과가 크다. 최근에는 건강한 식생활을 위해 저염화 추세가 늘고 있어 저장성을 높이기 위해 유기산으로 pH를 저하시키거나(초절임), 저온에서 보관하는 방법이 병행되고 있다.

당장sugaring은 식품에 당을 첨가하여 삼투압을 상승시켜 수분활성을 낮추고 미생물 세포의 탈수로 원형질 분리가 일어나 미생물의 생육을 억제하는 방법이다. 대표적으로 잼, 젤리, 마멀레이드, 양갱, 과일청 등에 많이 이용되고 있다. 보통 50% 이상의 당 농도에서는 일반세균이 거의 증식하지 못하나, 특수한 효모나 곰팡이는 67%의 설탕용액에서도 잘 생육하는 호당성 진균saccharophilic mold이 있으므로 염장과 같이 소량의 산을 병행 사용하면 낮은 당 농도에서의 곰팡이 생육을 저지할 수 있다. 서당보다 분자량이 작은 전화당이나 포도당이 저장효과가 크다.

2) 산장

산장pickling(초절임)은 식품에 구연산, 젖산, 초산, 프로피온산 등의 유기산 등을 첨가하여 미생물의 번식을 억제하는 방법이다. 주로 채소 및 과일 등의 저장에 이용된다. 미생물의 생육은 pH에 크게 영향을 받아 pH가 4.5 이하가 되면 생육이 어렵고 pH가 3~4가 되면 미생물 대부분의 세포 내 단백질이 변성되어 사멸한다. 식염, 당, 보존료 등을 같이 사용하면 보다 효과적으로 식품 보존할 수 있다.

3) 훈연

훈연smoking은 목재를 불완전 연소시켜서 발생되는 연기를 식품에 침투·흡착시켜 건조와 살균하는 방법이다. 주로 어류와 육류의 저장과 가공에 이용된다. 훈연재는 활엽수인 벚나무, 떡갈나무, 참나무 등이 좋다. 연기 중의 살균 물질인 아세트알데히드acetaldehyde, 포름알데히드formaldehyde, 아세톤acetone, 페놀phenol, 초산 등이 식품의 육조직 중에 침투되어 미생물의 발육을 억제하고 훈연에 의해 식품이 건조되어 저장성을 높인다. 연기 중의 살균물질 중 포름알데하이드는 맹독성 발암물질이고 페놀도 맹독성 물질이지만 이들의 함량이 매우 적어 인체에 독성을 나타내지 않아 훈연식품은 안전한 것으로 인정되고 있다.

4) 가스치환저장

가스치환저장은 이산화탄소나 질소 등의 가스를 사용하여 호기성 세균의 번식을 억제시키는 방법으로 CA저장Controlled Atmosphere Storage과 MA저장Modified Atmosphere Storage으로 나누어진다. CA저장은 공기 조성을 인위적으로 조작하여 원하는 산소와 탄산가스 농도로 유지하는 방법이다. 식품은 저장하는 도중에도 호흡작용을 계속하기 때문에 품질이 저하되는 것을 막기 위해서는 공기 조성을 조절할 필요가 있다. 수확 시 품질을 그대로 유지하기 위해서는 온도를 낮추어 산물의 대사를 억제시켜야 하며, 저장고 내부의 가스 조성을 기계적으로 조정하거나 포장 내에 탈산소제를 넣는 방법으로 호흡 및 대사를 효과적으

쉬어가기

'월동배추', 저장기간 늘려 봄부터 여름까지 맛본다

농촌진흥청은 16주 가량이던 월동배추의 저장기간을 24주까지 늘릴 수 있는 팰릿 단위 기체조성(MA) 포장기술을 개발했다. 이번에 개발한 기술은 기존 배추 저장 시 수분 손실을 막기 위해 비닐덮개를 이용하던 것과 달리 완전히 밀폐해 호흡을 억제하는 방식이다. 실험에 사용된 배추는 올해 1월 수확한 월동배추로, 팰릿 단위로 MA 포장을 적용해 저온저장고(2℃)에 24주간 저장했다. 그 결과, 팰릿 MA 포장을 적용한 경우 배추의 호흡에 의한 내부 기체 조성은 산소 2~6%, 이산화탄소 17~22%로 안정화됐다. 기존 비닐덮개만 씌우는 방식은 중량이 줄면서 당이 농축돼 초기 당도는 오르지만 부패가 진행되면서 당도가 급격히 떨어졌다. 반면, MA 포장 배추는 24주까지 통계적인 차이 없이 유지되었다. 농촌진흥청은 이번에 개발한 기술을 배추뿐만 아니라 시금치 등 다른 엽채류에도 적용할 수 있도록 연구 중이다.

저장 중 배추의 외관

저장 기간(주)	구분	표면	절단면
8	대조구		

(계속)

저장 기간(주)	구분	표면	절단면
8	MA		
16	대조구		
	MA		
24	대조구		촬영 불가
	MA		

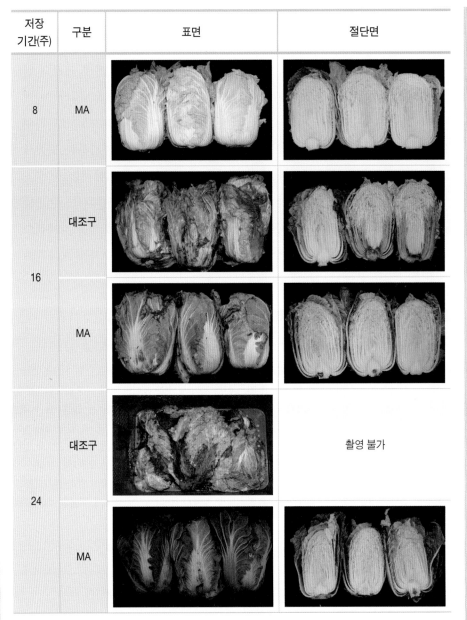

　　MA포장은 저장고 내부의 온습도 변화를 완화시켜 증발에 의한 중량 감소를 줄인다. 낮은 산소농도와 높은 이산화탄소 농도는 호흡속도를 늦추는 동시에 저장에 가장 영향을 미치는 잿빛곰팡이의 증식을 억제하여 저장기한을 연장하는 데 효과가 있다.

자료: 농촌진흥청 보도자료, 2019. 8. 7

로 조절할 수 있다. 식물성 식품은 호흡작용을 억제하고 동물성 식품은 부착되어있는 호기성 세균의 증식을 억제하는 효과가 있다.

　MA저장은 대기의 가스 조성과는 다른 조성으로 바꾸어 저장하는 것이다. 과채류의 경우 MA저장에 의한 공기 조성을 조절하여 호흡속도를 늦출 수 있다. 이 방법은 단감 저장에 실용화되었으며, 기능성 포장재가 개발됨에 따라 이용이 점차 확대되고 있다.

5) 보존료

보존료는 식품에 오염되어있는 미생물을 사멸시키거나 성장을 억제시켜 식품의 저장기간을 연장시켜준다. 식품의 부패나 지질 산화 방지의 목적으로 보존료, 산화방지제 등을 이용하는 방법이다. 미생물에 의한 변질을 방지하기 위해 데히드로초산dehydroacetic acid, 안식향산benzoic acid, 소르빈산Sorbic acid 등 산형 보존료를 사용하며 산화방지제로 토코페롤, 비타민 C, 몰식자산, 레시틴 등이 있다. 합성 산화방지제 등의 식품첨가물은 5장에서 설명하였다.

3 허들기술 및 기타 신기술

식품의 보존성을 향상시키기 위해 전통적으로 사용된 방법에는 맛, 영양소, 조직감, 색, 향기 등 품질 손실이 수반된다. 오늘날에는 허들기술과 초고압기술 등으로 이러한 문제를 감소시키고 있다.

1) 허들기술

허들기술hurdle technology or combined methods or barrier technology이란 품질 변화에 영향을 미치는 미생물들이 극복하기 어려운 장애조건을 복합적으로 제공하여 식품의 저장성을 향상시키는 방법이다표 9.4. 즉, 개별적인 하나의 기술이라기

표 9.4 저장식품에서의 장애요인

분류	장애요인
물리적 장애요인	높은 온도 가열, 낮은 온도 처리(냉장, 냉동), 자외선 조사, 마이크로파 에너지, 초고압, 포장필름(활성물질 코딩, 식용 필름), 무균 포장, 포장(가스 충진, 진공) 등
이화학적 장애요인	낮은 수분활성도, 낮은 pH, 낮은 산화환원 전위, 염, 이산화탄소, 산소, 유기산, 페놀, 계면활성제, 에탄올 등
기타	유리 지방산, 키토산, 염소, 항생물질, 보호배지, 경쟁균

자료: Ohlsson & Bengtsson, 2002

그림 9.4 미생물 억제에 적용 가능한 허들기술

알아두기

허들기술을 이용한 저장식품: 소시지의 숙성시간 중 적용된 장애요인

장애요인의 순서	질산염 → Eh(산화환원전위) → K-F(competitive flora, 경쟁균) → temp(냉장/냉동) → pH → a_w → 훈연
미생물의 저해	• 질산염: 보툴리눔 • pH, Eh, temp(냉장/냉동): 살모넬라, 포도상구균, 보툴리눔 • pH, a_w: 살모넬라, 보툴리눔 • 훈연: 살모넬라, 포도상구균, 보툴리눔, 곰팡이

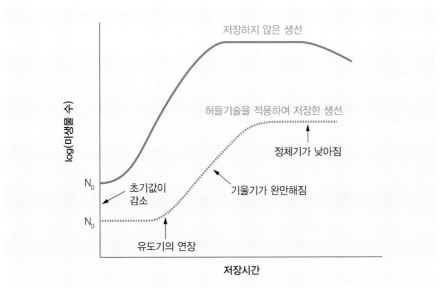

그림 9.5 허들기술을 이용한 생선저장 미생물의 성장곡선 변화

보다는 여러 억제방법의 최소량을 사용하면서 식품의 품질 손실을 최소화하고 저장효과를 얻을 수 있도록 하는 개념이다그림 9.4. 허들기술을 이용하여 생선을 저장하면 초기의 유해 미생물 수가 감소하며, 유해 미생물의 성장곡선에서 유도기가 연장되고 미생물 성장곡선의 기울기가 완만해짐을 알 수 있다. 최종균의 수가 감소된 상태에서 정지기 상태를 유지하여 미생물의 번식과 성장이 완만하게 이루어지게 됨을 알 수 있다그림 9.5.

2) 기타 신기술

초고압가공기술high pressure processing, HPP은 1,000~10,000기압의 고압에서 미생물의 살균 및 효소반응 조절과 불활성화를 유도하는 기술이다. 식품품질에 영향을 거의 미치지 않으면서 살균, 가공, 조리가 가능한 새로운 식품가공기술이다. 초고압가공기술은 열처리에 비해 적은 열에너지를 소비하면서 상온과 저온에서 실행이 가능하며 압력이 균일하게 작용하여 처리 정도에 차이가 존재하지 않는다. 식품 본연의 품질을 유지하면서 미생물 및 효소를 불활성화시키는 데 큰 효과가 있으며 고품질·고기능성 제품에서 활용도가 높다. 식품가공 분야에서는 햄, 사과농축주스 등에 사용된다.

고전압펄스 전기장high-intensity Pulsed Electric Fields, PEF은 두 전극 사이에 식품을 놓고 고전압 펄스 전기장을 적용하는 방법이다. 식품에 사용하면 미생물의 수를 감소시켜 식품의 유통기한을 늘릴 수 있다. 냉장 오렌지주스는 수개월 동안 안정하고, 사과주스는 상온에서 1개월 정도는 안정하나 널리 이용되지는 않는다.

진동 자기장oscillating magnetic fields은 최근 식품의 미생물을 제어하기 위한 하나의 방법으로 가능성이 대두되고 있다. 식품에 진동 자기장의 충격을 주는 시간은 1,000분의 1초millisecond이며 진동수는 최대 500 MHz, 그 이상의 진동수에서는 미생물의 제어효과가 없는 것으로 알려져 있다. 식품에 존재하는 미생물의 살균에 미치는 자기장의 영향은 자기장의 밀도와 펄스의 수, 진동수 및 식품의 특성에 따라 달라진다. 일부 연구에서 진동 자기장이 식품의 병원균 제어에 가능성을 보였으나, 실용화되지는 않았다.

참고문헌

농촌진흥청. 2019. '월동배추' 저장기간 늘려 봄부터 여름까지 맛본다(보도자료).

민경찬, 전정일, 박상기, 조남철, 정수현, 유현주. 2008. 필수 식품미생물학. 광문각.

박신영, 최송이, 정세희, 이나영, 오세라, 박건상, 하상도. 2012. 수산식품 중 위해미생물 제어법. Safe food 7(3): 37-46.

박현진, 변명우, 강일준, 김준태, 한재준, 김명곤, 이철호. 2008. 식품저장학. 고려대학교출판부.

삼양사 http://www.samyangcorp.com/

식품나라 http://www.foodnara.go.kr/

식품음료신문. 2017. 식품 유통기한 연장하는 신공법 각광, https://www.thinkfood.co.kr/

식품의약품안전처. 2015. 조사식품의 분석 지침서 III.

식품의약품안전처. 2018. 식육 · 알 · 유가공품의 멸 · 살균 열처리 동등성 인정을 위한 안내서(민원인 안내서).

한국원자력안전기술원 http://www.kins.re.kr/

한국원자력연구원 http://www.kaeri.re.kr/

Leistner L. 1995. "Principles and applications of hurdle technology" In Gould GW (Ed.) *New Methods of Food Preservation*. Springer. pp.1-21.

Ohlsson T and Bengtsson N. 2002. "The hurdle concept" *Minimal Processing Technologies in the Food Industry*. Woodhead Publishing. pp.175-195.

Ray B, Bhunia A. 2013. *Fundamental Food Microbiology*. 5th Edition. CRC Press.

Yaldagard M, Mortazavi SA, Tabatabaie F. 2008. The principles of ultra high pressure technology and its application in food processing/preservation: A review of microbiological and quality aspects. *African Journal of Biotechnology* 7(16): 2739-2767.

10 선행요건 관리

식품 생산현장에서 식품의 오염과 변질을 막고 품질을 확보하기 위해 행하는 제반활동을 일반위생관리라고 한다. 일반위생관리를 제대로 수행하려면 기준과 표준절차가 수립되고 문서화되어 모든 작업자가 이를 잘 알고 실천할 수 있어야 한다. 또한 동시에 많은 사람에게 식사를 제공하는 단체급식소는 대형 식중독 사고 예방을 위해 그 시설과 설비가 위생을 고려하여 오염과 교차오염을 막을 수 있도록, 또한 청결상태가 유지될 수 있도록, 급배수와 환기, 식품의 온도관리가 제대로 될 수 있는 충분한 용량의 각종 시설이 구비·관리되어야 한다.

HACCP 시스템의 선행요건 프로그램을 구성하는 SSOP는 일반위생관리 기준에, GMP는 시설·설비위생기준에 해당한다. 아직도 많은 급식소나 식품공장이 비용과 인력 제한 등 여러 가지 애로 사항으로 HACCP 시스템을 적용하지 못하는 실정이지만 선행요건을 제대로 준수한다면 위생관리수준을 높일 수 있다.

이 장에서는 급식소의 위생관리자나 식품취급자가 일반위생관리를 잘 실천할 수 있도록 내용을 개인위생관리, 식품위생관리, 환경위생관리의 세 분야로 나누어 구성하였다. 식품생산현장에서는 이러한 기준을 준수하기 위한 표준절차를 개발하려는 노력이 요구된다. 또한 급식소 조리장에서 식품을 위생적으로 취급하기 위해 꼭 필요한 건축, 시설, 설비와 운영상의 위생적인 면을 살펴보고자 한다.

1 일반위생관리

1) 개인위생관리

개인위생이란 식품취급자의 신체를 포함한 복장과 식품취급습관 등이 안전한 식품 생산에 적합하도록 관리하는 것을 의미한다. 위생관리자는 과학적 근거에 기초한 개인위생 원칙을 알고 위생교육을 통해 식품취급자가 원칙 준수에 대한 필요성을 인식하고 실천할 수 있도록 해야 할 것이다.

(1) 건강진단

미국 Food Code 2017에서는 식품매개질병의 전파를 감소시키기 위해 식품취급자에게 구토·설사·황달·발열을 동반한 인후염, 데거나 감염되어 생긴 염증성 상처 등의 증상이 있거나 노로바이러스Norovirus, A형 간염 바이러스, 이질균Shigella spp, 장출혈성 대장균, 살모넬라균Salmonella spp, 장티푸스균Salmonella Typhi 등에 의한 질병이 있으면 반드시 보고하도록 하였다. 이와 같은 증상이나 질병을 보유한 식품취급자가 걸러지지 않은 채 식품 생산현장에 투입되면 식중독 사고가 발생할 가능성이 클 것이다.

국내에서는 안전한 식품 생산을 위해 식품위생법 제40조를 통해 식품취급자가 정기적으로 건강진단을 받도록 의무화하고 있다. 건강진단을 받지 않거나 건강진단 결과 타인에게 위해를 끼칠 우려가 있는 질병을 가진 자는 식품취급을 금해야 한다.

건강진단에서는 주로 결핵검사와 채변검사를 통해 특정한 균의 존재 유무를 검사하는데, 우리나라에서는 채변검사로 장티푸스 보균자를 확인한다. 그러나 검사 항목에 이질과 장출혈성대장균, 노로바이러스가 빠져 있고, 당시의 건강상태 파악에 불과할 뿐 다음 검사 때까지 동일한 상태가 보장되지 않기 때문에 현재 서구에서는 거의 실시하지 않는다. 따라서 식품 생산현장에서는 매일 개인위생상태에 대한 점검이 철저하게 이루어져야 한다.

식품취급자의 건강진단을 위한 관리기준은 다음과 같다.

Food Code
미국 FDA에서 4년마다 개정 발행하는 조리장 식품위생 기준서

- 신규 종업원은 건강진단을 통해 건강상태를 확인한 후 채용한다.
- 종업원은 연 1회의 건강진단으로 건강상태를 확인하고, 필요한 경우 수시로 건강진단을 받게 한다.
- 건강진단 결과서를 항상 식품 생산현장에 비치하고, 2년간 보관한다.

알아두기

식품취급자의 건강진단에 관한 법규

식품위생법 제49조 2항

건강진단을 받아야 하는 영업자 및 그 종업원은 영업 시작 전 또는 영업에 종사하기 전에 미리 건강진단을 받아야 한다.

식품위생 분야 종사자의 건강진단규칙(시행, 2018. 12. 31)

대상*	건강진단 항목	횟수
식품 또는 식품첨가물(화학적 합성품 또는 기구 등의 살균·소독제는 제외한다)을 채취·제조·가공·조리·저장·운반 또는 판매하는 데 직접 종사하는 사람. 다만, 영업자 또는 종업원 중 완전 포장된 식품 또는 식품첨가물을 운반하거나 판매하는 데 종사하는 사람은 제외한다.	1. 장티푸스(식품위생 관련 영업 및 집단급식소 종사자만 해당함) 2. 폐결핵 3. 전염성 피부질환(한센병 등 세균성 피부질환을 말함)	매년 1회 (건강진단 검진을 받은 날을 기준으로 함)

* 식품위생법 제49조 1항

학교급식의 위생·안전관리기준(학교급식법 시행규칙 제 6조 1항 관련 별표 4)

식품취급 및 조리작업자는 6개월에 1회 건강진단을 실시하고, 그 기록을 2년간 보관하여야 한다. 다만, 폐결핵검사는 연 1회 실시할 수 있다.

조리업무에 종사할 수 없는 사람{식품위생법 시행규칙 제 50조(영업에 종사하지 못하는 질병의 종류)}

영업에 종사하지 못하는 사람은 다음의 질병에 걸린 사람으로 한다.

1. 제1군 감염병 (콜레라, 장티푸스, 파라티푸스, 세균성이질, 장출혈성대장균감염증, A형간염)
2. 결핵(비감염성인 경우는 제외)
3. 피부병 또 그 밖의 화농성 질환

(2) 개인위생 일일 점검

위생관리자는 개인위생에 대한 일일 점검표를 마련하고 식품취급자가 개인위생관리 기준을 준수하는지 확인한 후 작업에 투입시킨다.

건강상태 식품취급자가 설사, 복통, 감기 등 소화기 계통에 이상이 있는지 여부를 파악하고, 자신의 건강에 이상이 있다고 느끼는 즉시 위생관리자에게 보고할 의무가 있음을 항상 주지시킨다. 이상증상을 보고받은 관리 책임자는 해당자의 식품 취급을 금하며, 의사의 진단을 받게 한다.

- 식품취급자의 소화기 계통 이상증상 여부를 확인한다.
- 본인뿐만 아니라 동거인 중에 소화기계 감염병의 감염자가 발생한 경우, 의사의 확인이 있을 때까지 작업장에 나오지 않게 한다.

피부 상처 손이나 얼굴 등에 화농성 상처와 종기, 피부질환이 있는지를 살핀다. 이러한 경우, 곪은 상처 부위의 포도상구균*Staphylococcus aureus*이 식품을 오염시켜 식중독의 원인이 될 수 있으므로 식품에 상처 부위가 직접 닿지 않게 한다. 손가락의 상처는 소독·치료한 다음, 항균밴드로 감싸고 골무를 끼게 한다. 이 상태로 위생장갑이나 고무장갑을 착용하게 한다그림 10.1. 손 이외의 상처는 상처 부위를 항균밴드로 보호하고 손이 닿아 오염되지 않게 한다.

용모와 복장상태 식품취급자가 안전한 식품 생산에 적합한 용모와 복장을 갖추고 있는지를 확인한다.

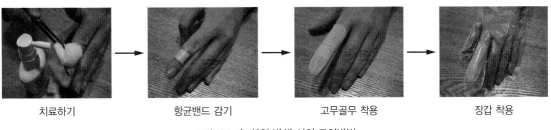

치료하기 → 항균밴드 감기 → 고무골무 착용 → 장갑 착용

그림 10.1 손 상처 발생 시의 조치방법

- 목욕: 매일 샤워하여 청결한 몸 상태를 유지한다.

- 두발과 위생모: 두발상태는 청결하고 단정해야 한다. 긴 머리는 반드시 묶고, 머리카락이 빠져나오지 않게 두발을 감싸듯이 위생모를 착용한다. 위생모를 올바르게 착용하면 낙모가 방지되어 이물 발생을 차단함은 물론, 손이 무의식적으로 머리카락에 접촉하는 것도 방지된다.

- 얼굴: 진한 화장은 물론 향이 강한 화장품과 향수의 사용도 금하여 향이 음식에 영향을 미치지 않게 한다. 턱수염이나 콧수염이 있는 식품취급자에게는 면도를 권장하거나 부득이한 경우, 그물망을 착용하게 한다. 조리와 배식 시에는 마스크를 착용하여 기침이나 재채기로 인한 음식의 오염을 방지한다. 마스크는 청결한 것으로 자주 교체한다.

- 위생복: 상의와 하의 모두 더러움을 쉽게 확인할 수 있는 흰색이나 옅은 색으로 선택한다. 단추가 없이 찍찍이나 지퍼로 여닫는 디자인에 주머니도 가급적 달리지 않은 것이 좋다. 떨어진 단추나 주머니에 넣은 내용물이 음식에 들어갈 수 있기 때문이다. **청결구역**과 **일반구역**별로 위생복의 색상을 달리하여 구별해 착용한다. 식품취급자는 위생복을 착용한 채 작업장을 벗어나지 않아야 한다. 화장실을 가거나 외출하면 위생복이 오염되기 때문이다. 위생복은 매일 세탁해 착용하는 것이 바람직하다. 작업 상황에 따라 면이나 비닐 소재의 앞치마를 착용하며, 사용한 앞치마는 매일 세탁한다.

- 위생화: 방수 및 미끄럼 방지 처리가 된 위생화를 착용하되 외부용 신발과 구별해 착용하게 한다. 위생화 바닥을 깨끗이 세척해 식품이 끼지 않게 한다. 물을 많이 사용하는 경우 고무장화를 착용해도 무방하며, 작업 종료 후 고무장화는 세척·소독한 후 건조한다.

- 장신구: 반지, 목걸이, 귀고리 등 각종 장신구는 이물로 혼입될 수 있으므로 착용을 금한다. 특히 반지를 낀 상태로 손을 세척하면 반지를 낀 부분이 제대로 세척되지 않기 때문에 착용하지 않아야 한다.

손 관리 사람의 피부에는 상주 미생물과 비상주 미생물이 존재한다. 상주 미생물은 외피, 모근 주위나 땀샘, 지방샘 속에 분포되어있는 정상균총으로 손

청결구역
바로 먹을 수 있는 음식이나 세척 소독된 기물이 취급되는 곳으로 공중부유 미생물이 적은 장소

일반구역
식재료를 전처리하는 곳과 그 밖의 탈의실, 식재창고 등으로 공기의 미생물적 질이 관리되지 않아 오염 가능성이 있는 곳

씻기만으로는 제거할 수 없다. 상주 미생물에는 식중독균인 포도상구균이 포함되므로 잘 씻은 손으로 음식을 취급한 경우에도 오염이 일어날 수 있어 맨손으로 음식과 접촉하지 말아야 한다. 비상주 미생물은 피부가 접촉하는 환경으로부터 획득되어 표면에 주로 부착되며, 생식재료를 다룰 때 손을 오염시키는 병원성 미생물과 화장실 사용 시 손을 오염시키는 분변성 미생물이 여기에 속한다. 화장지로 용변을 처리할 때 상당량의 미생물이 손으로 전이될 가능성이 있다. 손의 미생물을 제거하기 위해서는 올바른 손 씻기가 중요하므로 손 씻기가 필요한 시점 및 방법 설정, 세정제와 살균소독제의 선택, 손 세척 시설의 배치 등이 요구된다. 손 씻기가 필요한 시점은 식품 취급작업의 시작 전, 화장실 이용 후, 미생물 오염원으로 우려되는 식재료나 기구를 접촉한 경우, 쓰레기나 청소도구를 취급한 후, 신체 다른 부위를 접촉한 경우 등이다. 세척만으로 손의 미생물을 안전한 수준으로 감소시키기 어려우므로 필요시, 손 소독을 실시할 수 있다. 두 번 손 씻기나 20초간 손 씻기를 실시하면 손의 미생물을 안전한 수준으로 감소시키는 데 도움이 된다. 권장되는 올바른 손 세척법(두 번 손 씻기법)은 다음과 같다그림 10.2.

식품취급자가 다음과 같이 손을 관리하는지에 대해서는 일일점검에서 확인한다.

- 손톱 밑에는 이물이 끼거나 세균이 잠복하기 쉬우므로 손톱을 짧게 깎는다.
- 매니큐어를 바르지 않으며, 인조 손톱의 부착도 금한다.
- 올바른 손 세척법을 알고 준수한다.
- 손의 세척과 소독이 필요한 경우를 알고 실천한다.

(3) 위생교육

식품위생법 시행령 제27조 규정에 의한 식품위생교육의 대상자로는 식품제조·가공업자, 즉석판매제조·가공업자, 식품첨가물제조업자, 식품운반업자, 식품소분·판매업자, 식품보존업자, 용기·포장류제조업자, 식품접객업자가 해당된다. 식품위생법 제56조에 따르면 식품의약품안전처장은 식품위생수준

(1)

따뜻한 수돗물에 손을 적신다.

(2)

손 세척제를 제조사가 권장하는 양만큼 손에 묻혀 거품을 낸다.

(3)

손톱솔에 비누를 묻혀 손톱 밑과 손톱 주변을 잘 씻은 다음 물로 비눗기를 잘 헹군다.

(4)

다시 손 세척제를 묻히고 20초 이상 잘 문질러 거품을 낸다.

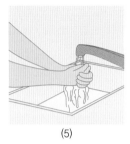

(5)

흐르는 깨끗한 물로 비눗기를 헹궈낸다.

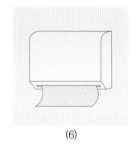

(6)

일회용 종이타월로 잘 말린다.

그림 10.2 올바른 손 세척법
자료: FDA

및 자질의 향상을 위하여 필요한 경우 조리사와 영양사에게 교육을 받을 것을 명할 수 있다. 다만, 집단급식소에 종사하는 조리사와 영양사는 2년마다 교육을 받아야 한다. 이러한 위생교육은 외부교육으로 교육의 대상자·실시기관·내용 및 방법 등에 관하여 필요한 사항은 총리령으로 정하게 되어있고, 식품의약품안전처장은 교육 등 업무의 일부를 대통령령으로 정하는 바에 따라 전문기관이나 단체에 위탁할 수 있다. 식품위생교육의 내용은 식품위생, 개인위생, 식품위생시책, 식품의 품질관리 등으로 하게 되어있다. 식품위생법 제52조2항에 따르면 집단급식소에 근무하는 영양사의 직무에 종업원에 대한 식품위생교육이 제시되어있다.

위생교육의 효과를 높이려면 위생교육 담당자가 연간 교육계획을 수립하고, 주제에 따른 교안을 확보하며, 필요한 경우 위생교육 내용에 대한 시험을 실시하여 피교육자의 이해 정도를 확인해야 한다. 신입이나 임시직원의 경우, 반드시 위생교육 후 생산현장에 투입해야 한다.

(4) 방문객관리

조리장에는 조리원 이외에는 출입을 금하는 것이 원칙이나 식재료 납품업자, 위생점검자, 견학자 등 방문객이 오기 때문에 이들에 대한 관리방법을 수립해야 한다. 방문자용 위생가운, 위생모, 위생화를 준비하여 청결하게 관리하고, 방문객이 조리실을 출입할 때는 반드시 이를 착용하게 한다. 또 출입·검사기록부를 비치하여 방문객이 작성한 후 보관한다. 어떤 방문객이 다녀갔는지, 어떤 지도를 받았는지를 후에 알 수 있기 때문이다.

2) 식품위생관리

식재료를 포함한 식품 중심의 위생관리로 생산 단계별 위생관리기준과 절차 및 방법을 확립해 실천함으로써 안전한 식품 생산이 가능해진다.

(1) 제품(식단)관리

식품공장에서는 식품공전에 제시된 해당 제품의 기준 및 규격에 적합하게 제품을 생산하면 안전성에 큰 문제가 없다. 그러나 급식소에서 생산하는 음식의 종류는 다양하고 매일 달라질 수 있기 때문에 식단관리가 필요하다. 식단 작성 시에는 독성 함유 식품과 동물성 생식품 등 급식으로 제공하기 부적절한 식품을 우선 배제한다. 또한 식재료나 음식이 안전을 위해 온도-시간 관리가 필요한 식품Time-temperature Control for Safety Food, TCS Food인지 식단을 검토하여 확인한다. 주로 수분 함량이 높거나(수분활성도 0.85 이상) 중성 또는 약산성(pH 4.6~7.5)인 식품이 여기에 속하며, 조리 후 보관, 배식까지의 온도-시간 관리가 가능한 음식인지를 처음에 식단을 정할 때부터 고려해야 한다. 안전을 위해 온도-시간 관리가 필요한 식품을 다음 표에 정리하였다표 10.1.

표 10.1 안전을 위해 온도−시간 관리가 필요한 식품

- 생 혹은 익힌 동물성 식품

- 익힌 식물성 식품
- 병원성 미생물의 증식과 독소 형성을 억제하도록 조절되지 않은 새싹 채소, 자른 멜론(산도가 낮은 과일류), 자른 엽채류, 자른 토마토나 자른 토마토가 혼합된 채소, 채친 채소
- 개봉한 상업적 멸균제품(통조림, 레토르트 식품)

- 식품의 수분활성도와 pH값의 상관관계에 의해 제품 평가가 필요한 식품 등
  - 수분활성도 0.88∼0.90은 pH 5.0 이하이면 안전을 위해 시간−온도 관리가 필요한 식품이 아니나, pH 5.0 이상이면 안전을 위해 시간−온도관리가 필요한 식품 여부 판단을 위해 제품 평가가 필요함
  - 수분활성도 0.90∼0.92는 pH 4.6 이하이면 안전을 위해 시간−온도 관리가 필요한 식품이 아니나, pH 4.6 이상이면 안전을 위해 시간−온도 관리가 필요한 식품 여부 판단을 위해 제품 평가가 필요함
  - 수분활성도 0.90 이상은 pH 4.2 이하이면 안전을 위해 시간−온도 관리가 필요한 식품이 아니나, pH 4.2 이상이면 안전을 위해 시간−온도 관리가 필요한 식품 여부 판단을 위해 제품 평가가 필요함

자료: 미국 Food Code, 2017. 학교급식위생관리지침서 4차 개정(2016)

(2) 구매 및 검수

식재료의 안전성과 품질은 완성된 제품의 위생 및 안전성 확보와 직결되므로 구매 시 구매명세서specification의 규격기준(부록 1 참조)을 명시하고 이에 따라 엄격하게 검수한다.

공급업체 선정 및 관리기준 식재료관리를 위한 핵심 사항 중 하나는 공신력 있는 공급업체를 선정하는 것이므로 공급업체의 선정 및 관리기준 요건(부록 2 참조)을 마련한다. 주기적으로 공급업체를 방문하여 위생관리능력을 평가하며, 배달 담당자를 대상으로 반드시 위생교육을 실시하도록 요구한다. 냉장·냉동식품용 배송차량에 온도 기록계(타코메타)를 부착하도록 요구하는 것도 냉장·냉동식품의 온도 기준 준수 확인에 도움이 된다.

검수 절차 및 기준 식재료의 위생적 관리를 위한 검수 절차 및 기준은 다음과 같다.

- 청결한 복장과 위생장갑을 착용한 후 검수를 시작한다.

검수대와 검수도구 준비

유통기간, 표시사항 등의 확인

납품된 식재료의 온도 측정

검수일지 작성

그림 10.3 검수 단계의 위생관리

- 검수도구(온도계, 소독액, 저울, 가위, 칼, 검수일지 등)를 준비한다그림 10.3.
- 식재료 운송차량의 청결상태 및 온도 유지 여부를 확인한다.
- 식재료를 바닥에 두지 말고 검수대나 파렛트 위에 올린 상태로 검수한다.
- 식재료명, 품질, 온도, 표시사항, 유통기한, 원산지, 중량, 포장상태, 이물 혼입 등을 확인 검사하고 검수일지에 기록한다그림 10.3.
- 검수가 끝난 식재료는 외포장이나 박스를 제거한 후 곧바로 전처리하거나 적합한 장소에 보관한다.
- 부적합품으로 판단된 식재료는 별도의 용기에 담고 반품용 표시를 하여 반품될 때까지 적합한 식재료와 구별되게 하며, 반품사항을 검수일지에 기록한다.
- 축산물위생관리법에 따라 검사를 받지 아니한 축산물 또는 실험 등의 용도로 사용한 동물은 음식물의 조리에 사용할 수 없다. 따라서 검수한 축산물이 여기에 해당되지 않음을 입증하기 위해 관련 증명서(도축검사서, 등급판정 확인서 등)를 받는다.
- 원산지 증명이 요구되는 식재료를 검수할 때는 원산지가 기재된 영수증이나 거래명세서 등을 보관한다.

식재료 검수에서 가장 중요한 사항은 냉장·냉동 온도가 준수되는지를 확인하는 것으로 검수 온도기준은 다음 표와 같다표 10.2. 국내에서는 식품위생법에 의한 고시와 학교급식위생관리지침서의 기준을 따라야 할 것이다. 다만, 미국 FDA의 Food Code 2017에서는 냉장식품의 검수온도를 5℃ 이하로 제시하고 있다.

표 10.2 **검수 온도기준**

식품 종류	학교급식위생관리지침서(2016)	식품공전(2016)
냉장식품	10℃ 이하	10℃ 이하[2]
전처리된 농산물	10℃ 이하	
생선 및 육류	5℃ 이하	
냉동식품	냉동상태 유지[1]	−18℃ 이하[2]

1) 냉동식품 구매 시 식품공전에서는 −18℃ 이하로 운반, 검수하여야 하나 실제 이 온도로 운반이 어렵고 이 온도의 제품을 받으면 당일 사용이 어려운 실정이므로 얼어있으나 완전 해동이 아닌 상태로 배송 받는 것이 바람직함〈근거〉식품 위생법 시행규칙 [별표 17] 식품접객업영업자 등의 준수사항(제57조 관련) 4. 집단급식소 식품판매업자의 준수사항: 냉동식품을 공급할 때에 해당 집단급식소의 영양사 및 조리사가 해동을 요청할 경우 해동을 위한 별도의 보관장치를 이용하거나 냉장 운반을 할 수 있다. 이 경우 해당 제품이 해동 중이라는 표시, 해동을 요청한 자, 해동 시작시간, 해동한 자 등 해동에 관한 내용을 표시하여야 한다.

2) 식품의 기준 및 규격 고시에서 별도로 보관온도를 정하지 않고 있는 냉장제품과 냉동제품에 한함

(3) 저장

식품취급자는 검수한 식재료를 저장하는 동안 신선도나 품질 저하가 일어나지 않도록 저장기준을 확립하여 관리하고 기록한다.

일반적인 저장기준 식재료의 위생적 관리를 위해 저장장소에 관계없이 준수해야 하는 일반적인 저장기준은 다음과 같다.

- 선입선출first-in, first-out 원칙에 따라 같은 품목 중 먼저 구입한 것을 먼저 사용한다(공산품은 유통기간 만료가 가까운 것을 먼저 사용). 따라서 먼저 입고된 것을 선반 앞쪽에, 새로 입고된 것을 뒤쪽에 진열한다.
- 불투명한 외포장이나 봉지에 담긴 식재료는 내용물을 식별할 수 있도록 저장한다.
- 식재료의 저장온도는 식품에 따라 다르므로 표시기준의 보관방법(냉장, 냉동, 냉암소 등)에 맞게 보관한다표 10.3.
- 교차오염 방지를 위해 생식재료와 바로 먹는 식품의 용기와 덮개를 색, 크기, 모양 등으로 구분해 보관한다.
- 사용하고 남은 가공식품이나 직접 조리한 식품을 저장할 때는 제조일자와

알아두기

식품의 보존 및 유통 기준

식품 생산현장에서 검수·보관 시 준수해야 하는 식품온도기준은 '식품의 기준 및 규격' 고시에 포함된 '보존 및 유통기준'에 따르며 중요 사항을 발췌하면 다음과 같다.

- 따로 보관방법을 명시하지 않은 제품은 직사광선을 피한 실온에서 보관 유통하여야 하며, 상온에서 7일 이상 보존성이 없는 식품은 가능한 냉장 또는 냉동시설에서 보관 유통하여야 한다.
- 이 고시에서 별도로 보관온도를 정하고 있지 않은 냉장제품은 0~10℃에서 냉동제품은 −18℃ 이하에서 보관 및 유통하여야 한다.
- 우유류, 가공유류, 산양유, 버터유, 농축유류 및 유청류의 살균제품은 냉장에서 보관하여야 하며 발효유류, 치즈류, 버터류는 냉장 또는 냉동에서 보관하여야 한다.[1]
- 제품 원료로 사용되는 동물성 수산물은 냉장 또는 냉동 보존하여야 하며, 압착올리브유용 올리브과육 등 변질되기 쉬운 원료는 −10℃ 이하, 원유는 냉장에, 원료육은 냉장 또는 냉동에서 보존하여야 한다.
- 냉장제품을 실온에서 유통시켜서는 아니된다(단, 과일·채소류 제외).
- 냉동제품을 해동시켜 실온 또는 냉장제품으로 유통할 수 없다.[2]
- 실온 또는 냉장제품을 냉동제품으로 유통하여서는 아니된다.[3]
- 별도로 보관온도를 정하고 있는 냉장식품은 다음과 같다.

온도기준	내용
0~15℃	• 식용란
0~10℃	• 즉석섭취편의식품류의 냉장제품 • 세척한 달걀
10℃ 이하	• 어육가공품류(멸균제품 또는 기타어육가공품 중 굽거나 튀겨 수분함량이 15% 이하인 제품은 제외) • 두유 중 살균제품(pH 4.6 이하의 살균 제품 제외) • 양념젓갈류 • 가공두부(멸균제품 또는 수분 함량이 15% 이하인 제품 제외) • 알가공품 • 생식용 굴
−2~10℃	• 식육, 포장육 및 식육가공품의 냉장제품
−2~5℃	• 가금육 및 가금육포장육제품의 냉장제품
5℃ 이하	• 신선편의식품 및 훈제 연어 • 액란제품

1) 다만, 수분 제거, 당분 첨가 등 부패를 막을 수 있도록 가공된 제품은 냉장 또는 냉동하지 않을 수 있다.

2) 다만, 식품제조·가공업 영업자가 냉동제품인 빵류, 떡류, 초콜릿류, 젓갈류, 과·채주스, 또는 기타 수산물가공품(살균 또는 멸균하여 진공 포장된 제품에 한함)에, 축산물가공업 중 유가공업 영업자가 냉동된 치즈류 또는 버터류에 냉동포장완료일자, 해동일자, 해동일로부터 유통조건에서의 유통기한(냉동제품으로서의 유통기한 이내)을 별도로 표시하여 해동시키는 경우는 제외한다.

3) 다만, 아래에 해당되는 경우 그러하지 아니할 수 있다.
① 냉동식품을 보조하기 위해 함께 포장되는 소스류, 장류, 식용유지류, 향신료가공품의 실온 또는 냉장제품은 냉동으로 유통할 수 있다. 이때 냉동제품과 함께 포장되는 소스류, 장류, 식용유지류, 향신료가공품의 포장 단위는 20 g을 초과하여서는 아니되며, 합포장된 최종 제품의 유통기한은 실온 또는 냉장제품의 유통기한을 초과할 수 없다.
② 살균 또는 멸균 처리된 음료류와 발효유류(유리병 용기 제품과 탄산음료류 제외)는 당해 제품의 제조·가공업자가 제품에 냉동하여 판매가 가능하도록 표시한 경우에 한하여 판매업자가 실온 또는 냉장제품을 냉동하여 판매할 수 있다. 이때 한 번 냉동한 경우 해동하여 판매할 수 없다.

자료: 식품의약품안전처, 2019, 식품첨가물의 기준 및 규격(제2019-81호, 2019. 9. 23)

표 10.3 식품 보관온도

구분	냉장	냉동	실온	상온	냉암소[2]
온도(℃)	1~10[1]	-18	1~35	15~25	0~15

1) 미국 Food Code 2017, 학교급식위생관리지침서 4차 개정(2016)에는 냉장고 온도가 5℃ 이하로 제시됨

2) '차고 어두운 곳' 또는 '냉암소'라 함은 따로 규정이 없는 한 0~15℃의 빛이 차단된 장소를 말함

냉장고에 보관 중인
양념류의 라벨 부착

상온창고 보관식품의
라벨 부착

조리식품의 라벨 부착

그림 10.4 저장 식재료의 표시사항 관리

사용기한을 표시한 라벨을 부착한다그림 10.4.
• 대용량 제품을 소분하여 저장할 때는 제품명, 개봉날짜, 유통기한, 원산지, 제조업체명을 표기한 라벨을 부착하여 무표시 제품이 되지 않게 한다.

상온저장기준
• 잘 보이는 곳에 온·습도계를 설치하고 온도 25℃ 이하, 습도 50~60%를 유지하도록 관리한다. 사실상 습도관리는 불가능한 측면이 있으므로 통풍이 잘 되도록 주의한다.
• 통풍이 잘되어 습기가 차지 않고 해충 번식을 막거나 청소를 원활히 하기

표시사항과 무표시 제품

표시사항은 소비자에게 식품에 관한 올바른 정보를 제공하기 위한 제도이다. 식품위생법 제10조에 따르면 표시에 관한 기준이 정해진 식품 등은 그 기준에 맞는 표시가 없으면 판매하거나 판매할 목적으로 수입·진열·운반하거나 영업에 사용해서는 아니된다고 명시되어있다. 표시사항에는 제품명, 제품 유형, 업소명 및 소재지, 제조연월일, 유통기한, 내용량, 원재료명 및 함량 등 기타 식품 등의 세부표시기준에서 정하는 사항(보관법, 재냉동 금지 등)이 표시되어있어야 한다. 따라서 1차 농

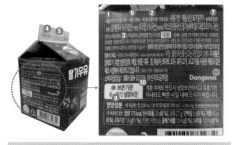

1. 제품명 2. 식품의 유형 3. 업소명 및 소재지 4. 제조년월일
5. 유통기한 또는 품질유지기한 6. 내용량 7. 원재료명 및 함량
8. 성분명 및 함량 9. 영양성분 10. 그 외에 포장재질, 보관방법, 주의사항 등

산물을 제외하고 가공제조자 표시가 없는 식품이나 식재료를 사용하지 않도록 하며, 검수 시 표시사항이 없는 가공식품은 무표시 제품으로 간주하여 반드시 교환 또는 반품한다. 저장 중인 가공식품에는 반드시 표시사항이 남아있어야 한다.

자료: 식품의약품안전처 식품첨가물정보사이트, 2017

위해 식품을 보관하는 선반은 벽과 바닥으로부터 15 cm 이상 거리를 둔다.
- 생식재료는 미생물 증식 우려가 크므로 냉장보관하고 절대로 상온창고에 보관하지 않는다.
- 식품 품목별로 구분해서 혼재되지 않도록 저장한다.
- 비식품류(세제, 소독제, 소모품 등)는 보관장소를 따로 마련해 식품과 함께 두지 않는다.
- 유통기한이 임박한 식재료를 모아두는 장소를 별도로 지정해 관리한다.

냉장저장기준

- 냉장고 온도가 적정하게 유지되는지를 별도의 외부 온도계를 부착하여 1일 2회 이상 확인하고 기록한다.
- 냉각에 필요한 공기 순환을 원활히 하기 위해 식품의 양이 냉장고 용량의 70% 이상을 넘지 않게 한다.
- 교차오염 방지를 위해 식품 종류별(날 식재료, 조리된 음식, 달걀 등)로 별

도의 냉장고에 저장하는 것이 좋으나 여의치 않은 경우, 날 식재료는 냉장고 하단에, 조리된 음식은 상단에 둔다.
- 냉장고 손잡이, 고무패킹, 선반 등을 자주 세척하여 청결히 관리한다.

냉동저장기준
- 냉동고 온도가 적정하게 유지되는지를 별도의 외부 온도계를 부착하여 1일 2회 이상 확인하고 기록한다.
- 찬 공기의 순환을 위해 적정량만 채우고, 필요한 때만 문을 열며 한꺼번에 식품을 꺼내도록 훈련한다.
- 자동 성에 제거 기능이 있는 냉동고가 아니라면 성에 제거를 정기적으로 실시하되 다른 냉동고로 식품을 옮긴 후에 한다.

(4) 전처리

전처리란 조리작업 전에 식재료를 필요한 상태나 규격으로 만들기 위해 다듬고, 씻고, 절단 등을 실시하는 단계로 식재료에 따라 해동이나 생채소 세척·소독이 포함된다.

교차오염 방지 교차오염cross-contamination이란 미생물의 오염 수준이 낮은 식품에 여러 매개체를 통해 미생물이 전이되는 현상을 말한다. 흔히 일어나는 교차오염 사례는 조리되지 않은 식재료로부터 조리된 식품으로 균이 전이되는 것으로 식품 간의 직접적인 접촉은 물론 조리원의 손, 기구 및 기기 등을 매개로 일어난다. 교차오염 방지를 위한 기준은 다음과 같다.

- 전처리실이 구분된 경우, 전처리는 전처리장(일반구역)에서만 실시하여 조리장(청결구역)을 오염시키지 않도록 하며, 식품별(채소, 육류, 어류)로 구분하여 작업한다. 만약 구분되어있지 않다면 작업대를 구분 사용한다.
- 칼·도마 등의 조리도구, 용기와 기기, 고무장갑, 행주, 앞치마, 작업대와 세정대 등은 구역별·용도별로 구분해 사용하고 수시로 세척·소독하거나

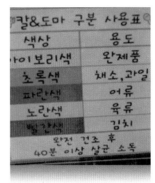

구분 보관된 고무장갑　　　　색으로 구별한 칼·도마　　　　칼·도마의 색상별 구분 사용 표식

그림 10.5 교차오염 방지를 위한 용도 구별 사용

필요시 교체한다.

- 세정대에서 작업 시 물이 튀어 다른 식품을 오염시키지 않게 한다
- 물이 튀어 식품을 오염시키지 않도록 바닥으로부터 60 cm 이상 높이에 식품을 보관하거나 취급한다.
- 바닥을 가급적 건조상태로 유지하기 위해 작업대와 세정대의 물이 직접 바닥으로 떨어지지 않게 한다.

생채소·과일의 세척·살균　　재배와 수확, 유통을 거치면서 생채소와 과일에 다양한 이물과 미생물이 부착되게 되므로 조리 전에 여러 번 세척해야 한다. 그러나 세척만으로는 생채소 품질을 안전한 상태로 만드는 것이 쉽지 않기 때문

알아두기

살균제와 소독·살균제의 용어 구분

식품첨가물 공전에 따르면 살균제란 식품 표면의 미생물을 단시간 내에 사멸시키는 작용을 하는 식품첨가물을 말한다. 기구 등의 살균·소독제는 기구 및 용기·포장(이하 "기구 등"이라 함)의 살균·소독 목적으로 개별 품목에서 정해진 사용기준에 적합하게 사용하여야 하고, 사용한 살균·소독제 용액은 식품과 접촉하기 전에 자연건조, 열풍건조 등의 방법으로 제거하여야 한다. 따라서 생채소에는 살균제를, 기구 등에는 살균·소독제를 사용하는 것으로 용어를 통일할 필요가 있다.

에 가열 처리를 거치지 않는 생채소 음식의 전처리에는 살균이 포함되어야 한다. 살균은 생채소가 원래 지니고 있던 미생물 수를 감소시킬 뿐만 아니라 전처리할 때 조리도구나 취급자의 손을 거쳐 생채소로 교차오염된 미생물 수도 감소시킨다. 세척에 의해 생채소의 균수가 어느 정도까지 감소될 수 있지만 초기 균수가 많은 경우, 세척만으로 충분한 감소효과를 가져올 수 없기에 살균이 권장된다. 살균은 식품위생법 제7조1항에 따라 식품의약품안전처장이 식품에 대한 살균제로 승인하여 고시한 식품첨가물로 표시된 제품을 사용한다. 염소계 살균제를 사용하는 생채소의 살균효과는 살균 전과 비교해 80~90% 정도의 저감화 효과가 있는 것으로 알려져 있다. 생으로 먹을 채소와 과일의 세척·살균 절차는 다음과 같다.

- 전처리용 세정대를 깨끗이 세척·소독한 다음 생채소의 애벌세척을 실시하고, 다듬기를 통해 이물을 선별한다.
- 사용 직전에 살균액을 제조하고 제조자가 권장하는 농도인지 확인한다.
- 제조자가 권장하는 시간 동안 생채소를 살균액에 침지한다.
- 살균액 냄새가 나지 않을 때까지 물로 헹군다.

비용 대비 살균효과가 좋아 가장 널리 쓰이는 차아염소산나트륨에 의한 살균과정은 다음 그림과 같다그림 10.6.

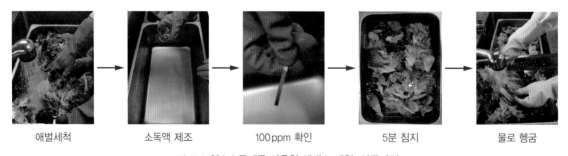

| 애벌세척 | 소독액 제조 | 100ppm 확인 | 5분 침지 | 물로 헹굼 |

그림 10.6 염소소독제를 이용한 생채소 세척·살균과정

해동 냉동식품은 조리 전 다음과 같은 기준에 따라 해동하여 사용한다그림 10.7.

- 냉장해동의 경우, 10℃ 이하의 해동 전용 냉장고에서 한다. 일반 냉장고에서 할 경우, 가장 아래쪽 선반을 해동칸으로 지정하여 해동 중에 나온 물이 다른 식품을 오염시키지 않게 하며 '해동 중'이라는 표식을 부착한다.
- 유수해동의 경우, 21℃ 이하의 흐르는 물에서 포장상태로 녹이며 식품의 온도가 5℃ 이상 올라가지 않도록 한다. 4시간 이내에 해동시킬 수 있는 크기의 식재료에 한해 사용한다.
- 소량의 냉동식품을 즉시 해동시켜 조리에 사용할 경우, 전자레인지를 이용할 수 있다.
- 탐침온도계로 해동이 적절하게 되었는지, 중심 온도와 얼음 결정이 녹았는지를 확인한다.
- 냉동된 튀김류, 채소류, 햄버거 패티 등은 조리의 연속으로 해동할 수 있다.
- 실온에 두거나 온수를 이용해 해동하지 않는다.
- 해동된 식품을 즉시 사용하지 않을 경우, 반드시 냉장 보관한다.

| 냉장 해동 | 유수 해동 | 전자레인지 해동 | 실온 해동 금지 |

그림 10.7 해동방법

(5) 조리

조리란 전처리된 식재료를 비가열 또는 가열하여 처리함으로써 먹을 수 있는 상태로 만드는 과정이다. 소독을 거치거나 가열 처리하면 식품에 내재되거나 오염된 미생물을 제거 혹은 감소시키므로 더 이상의 오염이 일어나지 않도록 청결구역 내에서 조리한다. 전처리 단계처럼 교차오염이 일어나지 않도록 주의해야 하며, 특히 맛보기를 위생적으로 실시하도록 식품취급자를 교육한다.

표 10.4 조리공정 분류

종류	내용	음식의 예	관리기준
비가열조리 공정	가열공정이 전혀 없는 조리공정	무침, 겉절이, 냉채, 샐러드, 과일 등	소독을 마친 식재료는 청결구역에서 조리
가열조리 공정	가열조리한 후 바로 배식하는 조리공정	국, 찌개, 탕, 찜, 볶음, 조림, 튀김, 전 등	식품 중심온도 75℃(패류 85℃) 1분 이상을 확인그림 10.8
가열조리후처리 공정	식재료를 가열조리한 후 수작업을 거치는 조리공정, 가열조리 후 냉각과정을 거치는 공정	볶음밥, 비빔밥, 잡채, 나물 등	• 식품 중심온도 확인은 가열조리공정과 동일 • 무침 등 후처리 시 손이나 기구로부터의 2차 오염 방지

자료: 학교급식위생관리지침서 4차 개정, 2016

미국 FDA에서 제시한 급식에 대한 공정접근법process approach을 참조하여 국내 학교급식을 비롯한 집단급식에서는 조리공정을 비가열조리공정, 가열조리공정, 가열조리후처리공정의 3가지로 구분한다표 10.4.

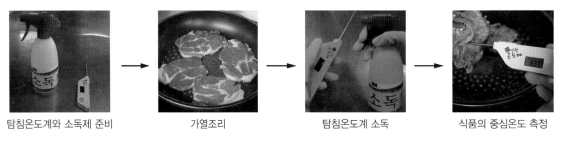

탐침온도계와 소독제 준비   가열조리   탐침온도계 소독   식품의 중심온도 측정

그림 10.8 식품 중심온도 확인

(6) 조리완료음식의 보관 · 냉각 · 재가열

조리완료음식을 보관, 냉각, 재가열할 경우에는 2차 오염이나 잔존하는 미생물의 증식을 막을 수 있도록 다음과 같은 위생관리기준을 준수하여야 한다.

- 찬 음식은 5℃ 이하, 뜨거운 음식은 57℃ 이상으로 보관한다.
- 세척 · 소독한 용기에 음식을 담고 뚜껑을 닫아 보관한다.
- 조리완료음식을 즉시 제공하지 않거나 차게 해서 제공하는 경우, 빨리 냉각시키고 냉장보관한다. 특히, 안전을 위해 온도-시간관리가 필요한 식품

쉬어가기

미국 FDA의 공정접근법(process approach)

미국 FDA는 급식업체가 제공하는 음식의 생산공정을 분석하여 위험온도대(temperature danger zone) 5~57℃를 통과하는 횟수를 기초로 공정을 분류하였다.

공정 1. 비가열 조리공정(food preparation with no cook step)
• 특징: 가열 단계가 없으며 위험온도대에 들어서지만 통과하지 않음
• 공정흐름도 예: 검수 → 저장 → 조리 → 보관 → 배식

공정 2. 당일제공조리공정(prepararion for same day service)
• 특징: 음식이 위험온도대를 단 1번만 통과
• 공정흐름도 예: 검수 → 저장 → 전처리 → 가열 조리 → 보관 → 배식

공정 3. 복합조리공정(complex food prepaation)
• 특징: 음식이 위험온도대를 2번 이상 통과
• 공정흐름도 예: 검수 → 저장 → 전처리 → 가열 조리 → 냉각 → 재가열 → 열장 보관 → 배식

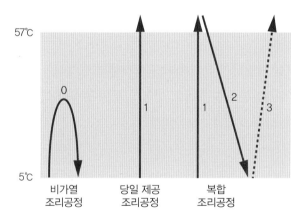

자료: FDA, 2005

TCS Food을 냉각할 경우, 2시간 이내에 57℃에서 21℃로 냉각하거나 총 6시간 이내에 57℃에서 5℃로 냉각한다.

• 냉장 보관한 음식을 따뜻하게 해서 섭취해야 할 경우, 반드시 가열 조리 온도로 재가열한다.

식품가열 조리온도 규정

미국 Food Code 2017의 생 동물성 식품가열 조리온도 규정은 포자를 형성하지 않는 식중독 미생물(바이러스 포함)의 열 저항성, 각 식재료에 존재하는 균의 종류, 균수를 근거로 중심온도가 아래의 온도 시간 조건 혹은 이와 동일한 열처리를 하도록 되어있다.

• 63℃ 15초 이상으로 가열 조리해야 하는 음식: 개별 날달걀, 생선류, 온전한 육류
• 68℃ 17초 이상으로 가열 조리해야 하는 음식: 가금류, 분쇄육이나 기계적 연화 처리한 고기, 분쇄 생선과 육류 혼합물, 여러 개의 날달걀을 섞어 만든 음식
• 74℃ 혹은 그 이상으로 1초 이상(순간적) 가열 조리해야 하는 음식: 가금류, 속을 채운 생선·육류·파스타·가금류, 그리고 채우는 속에 생선, 육류, 가금류가 들어가는 식품

그러나 우리나라 음식의 경우 식재료의 종류에 상관없이 이 중 가장 높은 온도 조건인 74℃ 혹은 그 이상으로 1초 이상(순간적) 가열 조리해도 음식의 맛과 품질에 나쁜 영향을 미치지 않으므로 모든 식재료에 대해 74℃ 혹은 그 이상임을 확인하도록 하고 있다.

(7) 운반 및 배식

조리완료음식을 안전하게 운반하거나 배식하려면 배식원·기구 등에 의한 미생물 오염과 부적절한 온도관리로 인한 미생물 증식이 일어나지 않도록 다음과 같은 위생관리기준을 준수해야 한다.

• 여건상 냉장보관 혹은 열장보관이 어려운 음식 중 안전을 위해 온도-시간 관리가 필요한 식품TCS Food은 가열조리 완료부터 배식 완료까지의 소요시간을 2시간 이내로 관리한다.
• 따뜻하게 제공해야 하는 음식은 57℃ 이상의 온도로 제공하거나 10℃로 냉각 보관 후 현장에서 재가열한다.
• 운반에 사용하는 카트나 차량은 청결하게 관리한다.
• 배식에 이용되는 용기와 도구는 세척·소독·건조한다.
• 배식원은 손을 청결하게 씻고, 배식 전용 위생복이나 앞치마, 위생장갑 및 마스크를 착용한다.
• 배식 도중 남은 음식을 새 음식과 혼합하지 않는다.

(8) 보존식

식품위생법 제88조 및 동법 시행규칙 제95조에 의하면 보존식이란 식중독 사고 발생에 대비하여 원인을 규명할 수 있도록 검체용으로 음식을 남겨두는 것이다. 하지만 보존식이 제공된 전체 음식을 대표하기 힘든 경우가 많으므로 보존식 분석 결과의 해석과 활용에 주의해야 한다. 보존식의 관리기준은 다음과 같다그림 10.9.

- 제공한 모든 음식의 일부를 보존식으로 남긴다.
- 음식 종류별로 분리·보관할 수 있는 소독된 전용 용기 혹은 멸균 비닐봉지를 사용한다.
- 보존식 용기는 세척·소독·건조 후 밀폐된 장소에 보관하였다가 사용한다.
- 손을 세척·소독한 후 위생장갑을 착용하고 음식을 매회 1인 분량(1인 분량이 적을 경우 100g 이상)을 용기 등에 담고 보존식 라벨을 부착한다.
- 우유 등과 같이 완제품을 제공하는 경우, 개봉하지 않은 온전한 포장상태로 보관한다.
- 보존식은 −18℃ 이하에서 144시간 이상 보관한다.
- 보존식 전용 냉동고에 보관할 것을 권장한다.
- 보존기간이 경과하면 폐기한다.

밀폐고에 보관한 사용 전
보존식 용기

당일 제공한 모든 음식의
1인 분량

라벨 부착 후 −18℃ 이하의
온도로 144시간 이상 보관

보존식 기록지와 외부 온도계가
부착된 전용 냉동고

그림 10.9 보존식의 관리

3) 환경위생관리

(1) 용수관리

식품 제조·가공·조리에 사용되거나, 식품에 접촉할 수 있는 시설·설비, 기구·용기, 종사원 등의 세척에 사용되는 용수는 수돗물이나 '먹는물 관리법' 제5조의 규정에 의한 먹는물 수질기준에 적합한 지하수여야 한다. 지하수를 사용하는 경우, 취수원은 화장실, 폐기물·폐수처리시설, 동물사육장 등 기타 지하수가 오염될 우려가 없도록 관리하여야 하며, 필요한 경우 용수 살균 또는 소독장치를 갖추어야 한다. 수질검사를 실시한 결과, 부적합으로 판정된 지하수는 먹는 물 또는 식품의 조리·세척 등에 사용해서는 아니된다. 특히, 노로바이러스 항목은 수질검사에 포함되어있지 않으나 최근 상당수의 노로바이러스 식중독 사고가 오염된 지하수 사용에 의해 발생하는 것으로 파악되었다. 따라서 수질검사 결과가 적합하더라도 노로바이러스에 안전하다는 것을 의미하지 않으므로 주의가 요구된다.

(2) 식품접촉표면의 세척 및 소독

식품접촉표면이란 식품과 접촉하는 모든 표면(조리도구, 식기, 용기 등)으로 식품접촉표면이 위생적으로 관리되지 못하면 식품을 직접 오염시키므로 세척 및 소독해야 한다.

세척cleaning   표면에서 식품과 다른 여러 형태의 오염물을 제거하는 과정 또는 기구와 용기의 표면을 세제를 사용하여 유기물과 오염물을 제거하는 과정이다. 세척작업이 충분히 잘 이루어져야 소독의 효과가 보장된다.

　세척제detergent는 유기물이나 오염물을 씻어서 제거할 때 사용하는 화학물질을 말한다. 세척제의 용도별 종류표 10.5와 식품위생법상의 구분을 다음에 제시하였다그림 10.10. 식품위생법상 1종 세척제는 사람이 그대로 먹을 수 있는 채소 또는 과일에 사용되는 세제, 2종은 식기류 등 식품의 용기, 3종은 식품의 가공·조리기구 등에 사용되는 세척제를 말한다. 세척제의 사용기준에 따르면

표 10.5 세척제의 용도별 종류

종류	특성 및 용도
비누, 일반합성 세제	• 지방, 기름을 유화시켜 쉽게 세척되게 함 • 주로 pH 8~9.5의 알칼리성 • 세척시간을 길게 늘이면 피부로부터 지방을 제거하여 거칠어짐 • 일반적인 손 세척, 청소작업 등 모든 세척 용도로 사용
중성세제	• 냉수, 경수, 염분을 함유한 물에도 비교적 잘 녹아서 세정작용을 발휘 • 세정작용은 침투, 흡착, 팽윤, 유화, 분산의 5가지 작용에 의함 • 집단급식소의 식기, 기구 및 채소 세척에 사용 가능
솔벤트 (용해성 세척제)	• 알코올을 기본 성분으로 하며, 석유제품에 의한 오염물질(윤활유나 진한 기름때 등)에 잘 들음 • 오븐, 가스레인지 등 자주 사용하지 않는 기구의 표면에 묻은 오염물질 세척에 사용
산성세제	• 경수가 80℃ 이상으로 가열될 때, 미네랄 성분이 축적되어 광물질(scale)을 형성 • 산성세제는 광물질의 미네랄을 녹여줌으로써 쉽게 제거 • 세척기의 광물질, 알칼리성 세제 찌꺼기에 의한 때를 제거할 때 유용 • 기구나 설비에 손상을 줄 수 있으므로 산성 내구성을 확인 후 사용

자료: Marriott & Gravani, 2006 재구성

1종	2종	3종
채소용 또는 과일용 세척제	식기류용 세척제 (자동 식기세척기용 또는 산업용 식기류 포함)	식품의 가공기구용, 조리기구용 세척제

1종은 2종 및 3종(또는 2종3종)으로 사용 가능하나, 3종은 2종(또는 2종1종)으로는 사용 불가

그림 10.10 식품위생법상 세척제 구분

자료: 식품의약품안전청, 2009

1종 세척제는 세척제의 용액에 채소 혹은 과일을 5분 이상 담가서는 안 되며, 채소, 과일 혹은 식기를 씻은 후에는 반드시 음용수로 씻어야 한다. 이때 흐르는 물을 사용하면 채소 또는 과일을 30초 이상, 식기류는 5초 이상 씻고, 흐르지 않는 물을 사용할 때는 물을 교환하여 2회 이상 씻어야 한다. 2종, 3종 세척제를 사용한 후에는 조리기구 등에 세척제가 잔류하지 않도록 음용에 적합한

표 10.6 기구 등의 살균·소독방법

종류	대상	살균방법	비고
열탕	식기, 행주	끓는 물에 30초 이상	그릇을 포개어 소독하는 경우는 끓이는 시간 연장
건열	식기	160~180°C에서 30~45분간	–
자외선	소도구, 용기	살균력이 가장 강한 2,537 Å의 자외선에서 30~60분 조사	자외선은 빛이 닿는 부분만 살균됨에 유의
화학 살균·소독제	칼, 도마, 식기	용도에 맞는 '기구 등의 살균·소독제'를 구입하여 용법, 용량에 맞게 사용	사용 직전 조제/농도 확인(test paper), 유통기한 확인

자료: 식품의약품안전처, 2018, 제조업자를 위한 도시락의 제조위생 가이드

물로 씻어야 하며, 용도 외로 사용하거나 규정 사용량 이상을 사용해서는 안 된다. 1종은 2종, 2종은 3종의 목적에 사용할 수 있으나 3종으로는 2종, 2종으로는 1종의 목적으로 사용할 수 없다.

살균·소독disinfecting　기구·기기 및 음식이 접촉하는 표면에 존재하는 미생물을 안전한 수준으로 감소시키는 과정이다. 식품위생법 시행규칙 '별표 11. 식품 등의 위생적인 취급에 관한 기준'에서는 식품 등의 제조·가공·조리에 직접 사용되는 기계·기구 및 음식기는 사용 후에 세척·살균하는 등 항상 청결하게 유지·관리하도록 규정하고 있다. 또한, '별표 17. 식품접객업자 등의 준수사항'에서는 물수건, 숟가락, 젓가락, 식기, 찬기, 도마, 칼, 그 밖의 주방용구는 살균·소독제 또는 열탕, 자외선살균 또는 가열살균의 방법으로 소독한 것을 사용하도록 되어있다. 따라서 다음 표에 제시된 바와 같이 대상에 적합한 방법을 선택하여 살균·소독하되 화학·소독의 경우, 다음의 기준을 준수한다표 10.6.

- 식품위생법에 명시된 '기구 등의 살균·소독제'로 표시된 제품을 구입하고 제품별 용량, 용법 및 주의사항을 지켜 사용한다.
- 세척 및 소독그림 10.11의 첫 단계는 물로 기구 및 용기에 붙은 찌꺼기를 제거하고 애벌 세척하는 것이다. 그다음에 세척제를 수세미에 묻혀 이물질을

음식물 찌꺼기 제거

세척제로 세척

헹굼

살균·소독

건조 보관

그림 10.11 기구의 올바른 살균·소독 방법
자료: 식품의약품안전처

완전히 닦아내고 흐르는 물로 세척제를 헹군다. 이후 적정 농도의 살균·소독제로 소독한 후 건조시킨다.

소독효과는 세척으로 미생물의 바이오필름bio-film이 제거되어야 제대로 발휘된다. 살균·소독제 사용 후 헹구지 않고 바로 건조하는 이유는 소독 후 헹굼하면 헹굼물에 의해 재오염될 수 있기 때문이다. 2가지 살균·소독제 혹은 살균·소독제와 세제를 혼합·사용하면 화학반응이 일어나 위험할 수 있고, 오히려 소독력이 감소될 수 있으므로 임의로 혼합·사용하지 않는다. 살균·소독제는 미리 만들어놓으면 소독력이 감소할 수 있으므로 사용 직전에 1회 사용량을 물로 희석하여 제조하되 시험지test paper나 농도 측정기 등을 사용하여 적정 농도인지 확인한다.

알아두기

어린이집 대상 집단 급식소 위생·안전체크리스트
식품의약품안전처에서는 집단급식에 해당하는 어린이 급식소의 위생·안전관리 순회방문 지도를 위한 체크리스트(어린이급식관리지원센터 가이드라인, 2019)를 총 6개 영역 45문항으로 구성하여 제시하고 있다(부록 3 참조). 6개 영역은 시설 등 환경, 개인위생, 원료사용, 공정관리, 보관관리, 기타 사항으로 구성되어있다. 이 중 시설 등 환경 영역은 시설설비(GMP), 다른 영역들은 일반위생관리(SSOP)에서 준수되어야 하는 사항들을 제시함으로써 선행요건(prerequisite program)의 관리기준으로 실천할 수 있다. 특히 각 항목별 근거가 되는 관련 법규가 제시되어있어 위생관리 실무자에게 도움이 될 것이다.

(3) 청소

청소 프로그램을 확립하여 작업장 설비와 환경을 대상으로 청소와 소독을 정기적으로 빠짐없이 실시한다. 청소 프로그램에는 청소 대상별 주기, 청소방법, 청소상태 확인방법 등이 포함된다. 또한, 청소관리대장을 만들어 매일의 청소상태를 점검·기록하는 것이 바람직하다표 10.7.

표 10.7 **주기별 청소계획 예시**

시기	청소구역	비고
일별	• 전처리실, 조리실 및 식당 • 쉽게 오염되는 벽 및 바닥 • 냉장.냉동고의 내.외부(손잡이 등) • 배수구 및 트랜치, 찌꺼기 거름망 • 내부 설치된 그리스 트랩 • 식재료보관실 및 화장실	
주별	• 배기후드, 닥트 청소 • 보일러 및 가스, 기화실 • 조명·환기설비	• 지정일(1회 이상) • 지정일(1회 이상) • 지정일(1회 이상)
월별	• 유리창 청소 및 방충망 청소 • 식재료보관실 대청소	• 지정일(1회 이상) • 쌀 입고 전(1회 이상)
연간	• 개학 및 방학 대비 대청소 • 식판 및 기기 스케일 제거(약품 사용) • 위생 관련 시설.설비.기기 점검 및 보수 • 외부 그리스 트랩 청소	• 연 1회 이상(방학 중) • 연 4회(2, 7, 8, 12월) • 연 2회(방학 중) • 연 2회(방학 중)

자료: 학교급식위생관리지침서 4차 개정판, 2017

(4) 폐기물 관리

쓰레기는 반드시 주방용 쓰레기통, 잔반 수거통, 일반 쓰레기통으로 분리하여 사용한다. 쓰레기통은 뚜껑이 발로 자동 개폐되는 페달식 구조와 곤충이 침입할 수 없는 내수성 자재로 만들어진 것을 선택하고, 파손된 부분이 없어 더러운 냄새가 나거나 액체가 새지 않게 관리한다. 쓰레기통과 잔반 수거통은 지정된 장소에 보관하며, 운반할 때 쏟아지지 않도록 찰 때마다 수시로 비운다. 쓰레기통이 놓였던 장소는 수거 후에 세척·소독을 실시한다.

(5) 방역

방역은 식품취급구역에 위생곤충이나 쥐가 취입하는 것을 방지하는 활동과 발생 징후를 검사하여 이를 제거하는 활동으로 이루어진다. 조리장에는 방충 및 방서시설을 갖추어 밀폐관리를 해야 한다. 쥐나 곤충의 흔적이 발견될 때에는 관리책임자에게 즉시 보고하여 개선조치를 취하도록 한다. 유인 포충/살충등과 에어커튼air curtain 설치, 살충제 살포와 더불어 방역전문가pest control officer나 업체와 계약을 체결해 정기적으로 방역을 실시한다. 특히, 위생해충의 방제를 위해 '감염병의 예방 및 관리에 관한 법률 제51조(소독 의무), 동 법률 시행규칙 별표 7. 소독횟수 기준'에서 정한 바에 따라 소독을 실시해야 하며, 방역필증을 발급받아 보관한다.

쉬어가기

방역 규정

감염병의 예방 및 관리에 관한 법률 시행규칙 별표 7. 소독횟수 기준

소독해야 하는 시설의 종류*	소독횟수	
	4월부터 9월까지	10월부터 3월까지
• 「식품위생법 시행령」 제21조제8호에 따른 식품접객업 업소 중 연면적 300제곱미터 이상의 업소	1회 이상/ 1개월	1회 이상/ 2개월
• 「식품위생법」 제2조제12호에 따른 집단급식소(한 번에 100명 이상에게 계속적으로 식사를 공급하는 경우만 해당) • 「식품위생법 시행령」 제21조제8호마목에 따른 위탁급식영업을 하는 식품접객소 중 연면적 300제곱미터 이상의 업소 • 「영유아보육법」에 따른 어린이집 및 「유아교육법」에 따른 유치원(50명 이상을 수용하는 어린이집 및 유치원만 해당)	1회 이상/ 2개월	1회 이상/ 3개월

* 식품위생상 소독을 해야하는 시설을 추려서 제시

2 시설설비위생

1) 시설설비위생의 확보

학교나 병원, 군부대, 교도소, 사업체 등에서 동시에 많은 사람에게 식사를 제공하는 단체급식소는 대형 식중독 사고를 예방하기 위하여 그 시설과 설비를 위생을 고려하여 구비하고 관리해야 한다. 미국의 경우 레스토랑을 포함한 모든 조리장은 설계 단계부터 보건당국에 계획서를 제출하고 검토를 받아 허가를 받은 다음, 내부 공사와 설비를 설치하고, 영업 개시 전까지 허가된 대로 시공·설치되었는지 관계 공무원의 현장 실사를 통해 확인받은 다음에야 조리장을 운영할 수 있다. 이처럼 허가제도를 운영하기 위해서는 정확한 규정이 제시되어야 하는데 일반적인 내용은 미국 FDA의 Food Code에 기술되어있고 전문적이고 상세한 내용은 FDA의 《Food Establishment Plan Review Guide》에 잘 기술되어있다. 미국의 경우 이 가이드를 따라 계획하고 진행하면 기본적인 위생을 유지하는 데 문제 없는 조리장을 만들 수 있다.

우리나라는 '식품위생법 시행규칙 제36조 업종별 시설기준'에 식품접객업의 시설기준이 언급되어있는데 내용에는 "조리장 안에는 취급하는 음식을 위생적으로 조리하기 위하여 필요한 조리시설, 세척시설, 폐기물 용기 및 손 씻는 시설을 각각 설치하여야 하고"와 같은 구체적이지 못한 기술이 있을 뿐, 설계 시 활용할 수 있는 가이드가 없다. 그렇기 때문에 조리장의 시설이 제각각인데, 대형 종합병원이나 일부 위탁급식업체의 HACCP 제도 적용 시범사업장의 경

표 10.8 종류와 규모별 급식소 적정 조리장 면적 범위(단위: m²/식)

구분	시간당 최대 생산 식 수 추정량				
	200 이하	200~400	400~800	800~1300	1300~7500
학교급식소	0.372~0.366	0.306~0.024	0.279~0.186	0.232~0.149	0.186~0.149
산업체 급식소	0.679~0.465	0.372~0.279	0.325~0.186	0.279~0.186	0.232~0.158
병원급식소	1.67~0.418	1.11~0.418	1.02~0.418	0.929~0.372	0.743~0.372

자료: Almanza 등, 2000

우 비교적 시설이 양호하나 나머지 급식소들은 환기도 잘되지 않는 하나의 공간에서 식재료 취급, 조리, 분배, 식기와 기물 세척 등이 이루어져 조리된 식품이 오염되고, 온도와 시간 관리가 되지 않아 미생물이 증식하여 음식이 변질되거나 식중독 사고를 유발하게 된다. 조리장의 시설설비는 위생적인 식품 취급에 큰 영향을 미치므로 제대로 구비된 조리장의 시설설비는 대단히 중요하다.

기본적인 위생상태를 유지할 수 있는 급식소 시설설비는 생산 식수, 음식의 종류, 제공 형태와 방법, 식재료나 식품의 저장기간 등에 따라 달라진다.

2) 조리장

(1) 조리장의 면적
조리장의 면적은 음식 생산능력과 직결되는 중요한 제한요인이다. 우리나라

알아두기

조리장의 면적

식품의약품안전청 식품안전국에서 1999년 2월에 펴낸 대량조리식품 및 도시락제조 위생관리규범의 제4조 6항에서는 "작업장(원재료, 제품의 보관실 및 검수실을 제외)의 면적은 제조에 사용하는 기구류 등의 설치 면적의 약 3.5배 이상이 바람직하다."라고 되어있는데, 이는 생산 식수 대비 적정 면적보다는 조리종사원이 조리기구 주변에서 활동하기 적당한 활동공간을 확보해주는 의미로 보인다. 학교급식소의 경우 지금은 없어졌지만 2007년 이전의 학교급식법 시행규칙 제3조1항 관련 급식시설의 세부기준에 조리실의 면적기준이 나와 있었는데 오덕성 등은 이 면적이 적정 면적에 미치지 못하는 좁은 면적임을 지적하고 1,500식 생산조리장의 경우 208 m²로 0.14 m²/1식, 1,000식의 경우 147 m²로 0.15 m²/1식, 500식의 경우 108 m²로 0.22 m²/1식을 권유한다. 이는 알만자(Almanza) 등이 제시한 적정 조리장의 면적의 적정 범위에는 들지만 하한선에 근접하여 전처리된 식재나 오븐과 같은 대량조리기구를 사용하지 않는 우리나라 대부분의 조리장의 여건을 고려해 보면 좁은 경향이 있다. 병원은 치료식 등 다양한 메뉴로 운영되는 만큼 상대적으로 넓은 면적이 필요하고 미국의 산업체 중식은 메뉴가 다양하여 선택의 폭이 넓은 이유로 학교급식소 조리장보다는 넓은 면적이 요구된다.

조리장 면적은 생산 식수가 증가할수록 면적 증가율은 감소하는 관계에 있으며 한 공간에서 모든 작업을 다 하는 조리장에 비해 구획된 공간이 많은 조리장은 상대적으로 넓은 면적이 필요하다. HACCP 제도를 적용하는 조리장을 한국식품안전관리인증원의 HACCP 인증업소라는 개념으로 볼 때 청결구역과 일반구역은 반드시 구분되어야 하므로 현재 대부분의 조리장보다 넓은 면적이 요구된다.

의 경우 급식소나 식당의 조리장, 냉장 냉동실, 상온 저장실 면적 대비 생산능력에 관한 기준이나 제한이 없어 상황에 따라 생산능력을 초과하는 음식을 생산하기 위해 장시간이 소요되며, 만들어진 음식을 미생물 증식을 억제할 수 있는 적정 온도 범위에 보관하였다가 제공할 수 없기 때문에 식중독 사고 발생 위험이 높아지게 된다.

(2) 식품 저온저장 공간의 용량

식품의 저온저장에는 냉장과 냉동이 있는데 냉장식품을 구매하여 냉장보관만 한다면 보통의 냉각기 성능으로 충분하지만, 가열 조리된 식품을 냉각하여 보관하는 경우 고성능 냉각기를 설치하여 57℃ 이상의 뜨거운 음식을 5℃ 이하로 6시간 이내에 냉각할 수 있어야 한다. 냉동도 마찬가지로 가열 조리식품을 자가 냉동하는 경우 구입한 냉동식재를 냉동 보관만 하는 경우보다 고성능의 냉동기가 필요하다.

냉장 저장소에는 일반형 냉장고reach-in type와 창고형 냉장실walk-in type이 있는데 대량조리를 하는 단체급식소에서는 식품을 카트에 실어 운반해야 하므로 창고형 냉장실이 필수이다. 냉장고의 경우 저장 용량은 전체 용적의 70% 이내여야 하고 냉장실의 경우 40% 이내여야 한다. 냉장시설의 적정 내부 용량 계산법은 아래와 같다.

냉장시설의 적정 용량 = 1식당 부피 × 저장 식수 ÷ 가용 용량(40% 혹은 70%)

1식당 부피는 양식의 경우 육류, 가금류, 어패류, 유제품, 채소, 과일류에 따라 200~850 cm³/식으로 추정된다. 한식의 경우 육류와 어패류, 채소를 섞어 600~650 cm³/식으로 주방설계업체에서 사용되는데 이 추정치의 적정성에 대해서는 과학적인 검증이 필요하리라 생각된다. 냉장 및 냉동 저장 공간의 용량은 구입하는 식재료의 종류뿐만 아니라 전처리 여부와 급식시스템과도 관계가 깊다.

(3) 식품 상온저장공간의 용량

식품 상온저장공간의 면적도 1식당 저장품목의 부피와 생산식수, 저장일수를 근거로 계산한다. 바닥에 쌓을 경우 아래와 같이 계산할 수 있다.

$$필요 \ 저장 \ 면적 = 필요 \ 저장량 \div (유효 \ 실내 \ 높이 \times 유효 \ 바닥 \ 사용률)$$

일반적으로 곡류, 서류, 유지류, 조미료, 통조림류 등을 합하여 1식당 500 g 으로 보고, 하루 500식을 생산하는 경우 5일분을 저장하고 사용한다면 필요 저장량은 2,500 L가 된다. 상온 저장실의 유효 바닥 사용률을 40%로 보고 높이 1.5 m까지 적재한다면 2,500 L÷(1.5 m×0.4)＝4 m²가 필요하게 된다. 그러나 선반을 사용하여 식품을 저장해야 하므로 선반의 규격에 따라 적재할 수 있는 용량을 계산하고 몇 개의 선반을 설치하느냐를 계산한 다음 저장실의 크기를 정해야 한다.

3) 구조

조리장의 구조는 식품의 흐름이 한 방향으로 흐르고, 청결구역과 일반구역이 분리되어 조리 후 바로 먹을 수 있는 음식이 전처리되지 않은 식재로부터 오염되지 않도록 하는 것이 핵심이다. 청결구역이란 바로 먹을 수 있는 음식이나 세척 소독된 기물이 취급되는 곳이며, 일반구역이란 식재료를 전처리하는 곳과 그 밖의 탈의실, 식재창고 등을 말한다.

(1) 흐름

식재료와 식품의 흐름이 한 방향으로 흘러가야 한다. 한 방향이란 흐름이 교차되지 않음을 뜻한다. 식재료가 조리장에 반입되면 일시 저장되었다가 전처리, 조리, 분배, 저장, 배식의 순으로 흘러가야 한다. 조리원의 동선도 이와 함께 흘러가야 한다. 이 흐름이 서로 교차되거나 역행하지 않아야 교차오염을 예방할 수 있다. 아울러 폐기물의 동선도 고려하여 식품을 오염시키지 않도록 다른 경로를 사용하거나 시차를 두어 폐기할 수 있도록 하여야 한다.

(2) 분리

장소 구획은 크게 식품취급, 세척, 종사원 편의시설 혹은 사무실 공간으로 구획하고, 식품의 흐름에 맞게 공간을 구획 및 배치해야 한다그림 10.12. 이런 공간들은 청결구역과 일반구역으로 나누어 벽과 문으로 분리하여 생식품과 조리되어 바로 먹을 수 있는 식품 간에 교차오염이 일어나지 않도록 하여야 한다. 벽과 문으로 분리가 불가능할 경우 간이 칸막이를 설치하여 작업 시 발생하는 미세한 물방울이 다른 식품에 튀지 않도록 주의하여야 한다.

식품취급장의 경우 전처리장과 조리장의 분리가 중요하며 고도의 위생관리가 요구되는 **기내식**이나 병원급식의 경우, 저장과 전처리 공간도 식품 종류별로 육류, 어패류, 가금류, 채소, 과일 구역으로 구분하고 더 엄격하게 하는 경우 세척 소독 전 과일, 채소를 소독 후의 것과 다른 공간에 저장하고 취급하기도 한다.

그러나 일부 조리장을 제외하고 대부분 급식소 조리장은 하나의 공간에서

기내식

항공여행 시 기내에서 제공되는 음식

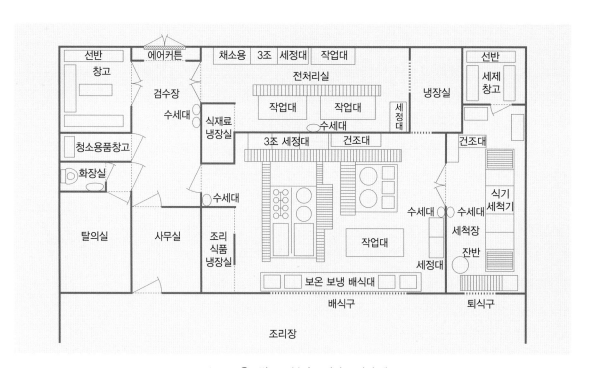

그림 10.12 용도별로 구분된 조리장 도면의 예

자료: 학교급식 위생관리지침서

전처리부터 조리 분배와 세척기 가동까지 행해지고 종사원 편의시설까지도 조리장 내부를 통하여 접근하도록 되어있는 곳이 많다. 이러한 구분이 되지 않으면 전처리나 세척 작업 중 발생하는 많은 미생물을 함유한 미세 입자들이 조리된 음식이나 세척 소독된 기물을 오염시킬 수 있다. 만약 전처리된 식재만 구입 사용하는 조리장의 경우 전처리실이 따로 구분되어있지 않아도 된다.

4) 건축재질과 시공방식

조리장의 건축재질은 위생상태 유지에 큰 영향을 미치므로 대단히 중요하다. 공통적인 요구사항은 내구성이 있고 표면이 흡수성 없이 매끈하여 세척 소독이 가능하고 부식되지 않으며 작업자와 식품에 유해한 성분을 전이시키지 않는 재질이어야 한다.

　조리장의 모든 표면은 청소가 가능하여 유기물 침착에 의한 미생물 서식을 막을 수 있어야 한다. 그러므로 바닥이나 벽, 문, 천장 등의 재질을 선택할 때 위 조건을 고려하고 색상은 밝은색으로 해야 하는데, 이는 음식성분이 튀어 묻거나 더러워진 것을 쉽게 보고 청소할 수 있기 때문이다. 수분을 흡수할 수 있는 나무나 석고보드와 같은 경우 내구성도 없고 곰팡이를 위시한 미생물 서식뿐만 아니라 쥐, 흰개미, 바퀴벌레 등에 의해 쉽게 손상된다. 표면이 매끈하지 않은 시멘트 벽돌의 경우 표면에 묻은 음식성분이나 이물질의 제거가 어려워 세균이나 곰팡이가 자라게 되고 이 미생물의 제거 또한 어려워 미생물이 공중 부유균의 형태로 퍼져 음식과 식품접촉표면을 오염시킬 가능성이 커진다.

(1) 바닥

바닥은 적절한 경사를 유지하여 물이 고이지 않고 빨리 배수구로 흘러야 한다. 물이 많이 배수되는 곳에는 적정한 크기의 배수구나 트렌치를 설치하여 가급적 바닥을 적시지 않고 배수될 수 있도록 한다. 조리장 바닥용 건축재질에는 다양한 제품이 있으므로 재질의 선택과 시공방법이 중요한 영향을 미친다. 보통 시멘트 바닥은 쉽게 갈라지고 표면도 거칠며 충격에 약하여 깨지기

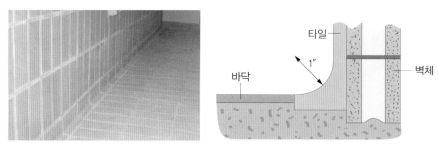

그림 10.13 벽과 바닥의 경계가 둥글게 시공된 예

쉬우므로 사용을 피하는 것이 좋다. 그리고 손상되었을 때 쉽게 보수가 가능한지를 고려하여 선택해야 하는데 지금은 우수한 바닥마감재가 많이 개발·판매되고 있으므로 전문가와 상의하여 결정하는 것이 좋다.

바닥의 재질은 세척성을 고려할 때 매끈해야 하나 이 경우 물이나 기름 성분에 미끄러워져 조리종사자의 안전사고 위험이 커진다. 표면을 거칠게 하여 미끄러움을 방지하면 거친 표면에 묻은 음식성분 세척이 어려워져 위생문제를 야기하게 되므로 안전을 고려하여 잘 미끄러지지 않으면서도 세척이 용이한 표면을 만들어야 한다. 두 가지를 동시에 충족시킬 수 있는 방법은 없다. 그러므로 시공 시 어느 정도로 미끄럼방지non-slip 처리를 할 것인지 잘 결정해야 한다.

(2) 벽

벽도 수분을 흡수하지 않는 표면이 매끈러운 내구성 재질을 사용해야 하는데 벽돌로 쌓거나 콘크리트로 만들 때에는 표면의 미장을 잘 하여 작은 구멍들이 없도록 해야 한다. 이 위에 스테인리스 판이나 유약 처리된 타일을 최소 1.5 m 이상 부착하면 좋고 밝은 색상을 선택하여 청결을 유지해야 한다.

타일을 부착하지 않을 경우 페인트칠을 하게 되는데, 일반 건물에 많이 사용하는 수성 페인트의 경우 표면에 식품이 묻었을 때 물과 비누로 세척이 불가능하고 곰팡이가 발생할 수 있으므로 유성 혹은 아크릴 페인트를 사용해야 한다. 조립식 패널로 벽을 만들기도 하는데 패널을 바닥에 바로 세울 경우 틈새가 생기기 쉽고 틈새로 흘러들어간 물이 부패하거나 냄새문제를 야기하므로 바닥에 15 cm 이상의 기초를 벽돌로 만들고 그 위에 패널을 올리는 것이 바람직하다. 바닥과 벽, 벽과 벽이 만나는 곳은 청소가 용이할 수 있도록 직경 2.54 cm(1 inch) 이상의 반경을 갖도록 곡면으로 처리한다그림 10.13.

(3) 문과 창문

외부로 통하는 문과 창문은 쥐나 날벌레가 들어오지 못하도록 틈새가 없어야 하고, 재질이 수분을 흡수하지 않아 세척이 가능해야 하며, 창문에는 방충망을 달아 벌레의 유입을 막아야 한다. 외부 출입문은 이중으로 설치하여 외부의 영향을 최소화하며 에어커튼air curtain을 설치하여 사람과 식재료 반입, 폐기물 반출 시 날벌레의 유입을 차단하는 것이 좋다. 에어커튼은 문 외부에 달아야 하는데, 내부에 달 경우 에어커튼의 바람에 의

그림 10.14 경사진 창문 턱

해 떠오른 바닥 먼지가 조리장으로 퍼져 음식을 오염시키는 원인이 되기 때문이다.

조리장 내부를 구획하는 문은 손을 대지 않고 출입할 수 있는 스윙도어swing door로 하는 것이 바람직하다. 재질이나 구조는 공히 내구성이 있는 비흡수성으로 청소가 가능해야 한다. 공조가 제대로 되는 조리장의 경우 창문은 채광만 가능한 고정창으로 하고 창문턱은 없거나 경사를 주어 물건을 올려놓지 못하게 하는 것이 좋다그림 10.14.

(4) 천정

천정은 금속판이나 내화성 합성수지판과 같이 표면이 매끄러워 더러워졌을 때 비누와 스펀지로 세척이 가능한 재질로 설치해야 하고, 틈새가 없도록 시공하여 틈새로 천정 위 공기가 들어오지 않는 구조이어야 한다. 환기와 단열이 잘되어 천정에 수분이 응축되어 식품이나 식품접촉표면에 떨어지지 않아야 한다. 분리 가능한 금속판을 사용할 경우, 주기적으로 판을 빼서 식기세척기로 세척하면 쉽게 청결을 유지할 수 있다.

그림 10.15 천정

5) 조리장 기구 및 기기

조리활동을 위한 설비로 작업대, 가열 조리기구, 냉장·냉동실, 일반 조리기구, 선반, 세정대 등을 열거할 수 있는데, 이 중 세정대는 세척 소독과 관련되므로 별도로 언급한다.

(1) 재질과 구조

조리장 기구 및 기기의 재질은 독성 용출이 없거나 허용치 이하이고, 부식되지 않으며, 구조는 식품이 접촉하는 모든 면이 세척과 소독을 쉽게 할 수 있어야 하며 필요시 세척을 위해 분해와 조립이 용이해야 한다. 또한 세척 후 물이 고이지 않아야 한다.

설비의 재질과 구조는 미국을 위시한 선진 외국의 예와 같이 국가나 공공단체에서 재질과 구조의 위생성을 심의하여 인증된 제품만을 사용하도록 하는 제도의 도입이 바람직하다(미국의 ANSI, NSF 인증제품 등). 현재 조리장에 보급되어있는 많은 국산 장비들은 표면이 거칠거나 물이 고이고, 분해 세척이 될 수 없는 것이 많아 조리용 기구나 기기의 위생성을 확인해주는 제도적 장치가 필요하다.

ANSI, NSF

American National Standards Institute(www.ansi.org)와 National Sanitation Foundation International(www.nsf.org)의 다양한 업무 중 식품취급기물의 위생성을 심사 인증해주고, ANSI NSF 로고를 부착해줌

(2) 설치방식

미국의 경우 각각의 설비는 바닥, 벽, 인접 설비로부터 최소 15 cm의 간격을 두어 주변 청소가 가능하도록 되어있다그림 10.16. 우리나라의 경우 좁은 공간에 많은 설비를 설치해야 하므로 간격이 없어 위생적인 상태를 유지하기 어렵다. 그러므로 틈새나 청소하기 어려운 부분까지 청소를 철저히 해야 한다.

주방설비는 바퀴가 있는 이동식을 제외하고는 바닥에 단을 설치하여 밀착시키거나, 최소 15 cm 이상의 발을 달아 하부의 관찰과 청소가 가능하도록 해야 하고, 벽이나 인접 장비와 적절한 거리를 두어 청소가 가능해야 한다. 현재 대부분의 가열 조리장비가 이러한 여건을 갖추지 못하여 회전 국솥 아래, 가스레인지 아래에 기름때와 음식 찌꺼기가 묻어도 물로만 씻어 내는 정도의 세

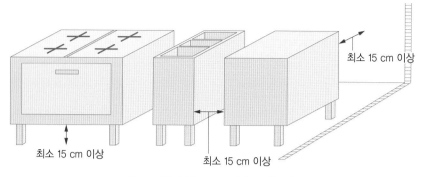

최소 15 cm 이상

최소 15 cm 이상

최소 15 cm 이상

그림 10.16 장비 설치 시 유지해야 하는 간격
자료: Food Establishment Plan Review Guide

척을 하므로 위생적인 환경이 유지되지 못하고 있다.

(3) 냉장 냉동기기

냉장고는 식재나 음식의 보관, 가열 조리한 음식의 냉각, 해동에 사용되어야 하는데 우리나라의 조리장 대부분에서 냉각과 해동을 실온에서 하고 있어 음식의 온도관리에 심각한 문제가 있다. 미국에서는 냉각과 해동 조건에 관한 규정이 있어 냉장실walk-in-cooler을 설치하지 않으면 영업을 할 수 없게 되어있으나, 우리나라에서는 냉장실이 있는 조리장을 찾아보기 어렵고 업소용 냉장고를 사용하므로 가열조리된 음식의 냉각을 냉장고 속에서 할 수 없는 경우가 많아 신속한 냉각이 불가능하다. 대량 급식을 하는 조리장의 냉장·냉동은 냉장냉동고가 아닌 창고형 냉장냉동실에서 이루어져야 한다. 대부분의 식재료나 음식을 호텔 팬hotel pan에 담아 카트를 이용하여 운반하므로 카트째로 집어넣을 수 있는 냉장실이 필요하다. 문턱은 없어야 하고 내부의 조명은 바닥에서 75 cm 높이에서 110 lux 이상이어야 제품 식별과 오염상태가 쉽게 파악되고 청소가 가능해진다.

냉장실이나 냉장고의 내부 온도는 내부에서 가장 높은 곳이 5℃ 이하여야 하고 냉동고의 경우 −18℃ 이하로 유지되어야 한다. 그러므로 온도계의 설치는 감온 부위가 냉장냉동실이나 고내에서 가장 온도가 높은 곳에 위치해야 하며 온도계 본체는 냉장고 외부에서 쉽게 읽을 수 있는 곳에 부착되어야 한다.

lux
조도의 강약를 재는 국제실용단위. 1 lux의 조도는 1촉광의 전등이 1 m 떨어진 수직면(1 m²)에 비치는 밝기를 말함

온도계는 0.1℃를 읽을 수 있는 전자식 온도계로 온도 자동기록장치와 온도가 설정 범위를 초과할 경우 경보를 울려 주는 장치의 설치를 권한다. 단, **제상** 중일 때 일시적으로 이 온도 이상 올라가는 것은 허용된다.

냉장실이나 냉동실의 경우 냉각기에 결빙이나 응축수가 생겨 하부의 음식을 오염시키는 경우가 많이 있으므로 이를 구조적으로 개선하여 오염을 방지해야 한다. 냉각기의 열교환판과 선풍기 날개와 보호망에는 먼지가 많이 붙으므로 청소하기 편리한 구조로 만들어 먼지로 오염된 냉기에 의한 식품오염을 막아야 한다.

(4) 상온창고

상온창고는 여름철 높은 온습도에 의해 곰팡이가 발생하지 않도록 공조나 환기가 제대로 되어야 한다. 여러 자료에 상온창고의 적정 온습도가 제시되어있으나 이를 위해 에어컨이나 제습기를 설치할 수 없으므로 무의미하다. 창고에는 선반을 설치하여 식품을 바닥과 벽에서 최소 15 cm 이상 띄워 보관하여야 하며, 식품과 비식품을 구분 보관하고 비식품 중에서도 세제나 소독제와 같은 독성물질은 식품이나 기물을 오염시키지 않는 곳에 아무나 손댈 수 없도록 안전하게 보관되어야 한다.

(5) 작업대

작업대의 경우 충분한 면적의 확보가 중요하다. 작업대가 협소하면 생식재 처리와 조리된 음식 취급을 한 작업대에서 동시에 수행하여 작업 도중 생식재에 있던 식중독균이 조리된 음식으로 옮아 식중독 사고를 면하기 어려울 것이다. 작업대는 스테인리스 스틸로 된 제품을 사용하여야 한다. 작업대를 여러 개 연결하여 사용하는 경우 매번 분리하여 연결 부위를 청소할 수 있어야 한다. 일부 조리장에서 작업대 상판 전체를 백색 플라스틱 도마 재질로 만들기도 하는데, 이 경우 상판의 크기와 무게로 적절한 세척과 소독이 불가능하므로 바람직하지 않다.

(6) 가열 조리기구

대량으로 조리하기 위해서는 대량조리장비가 필수적이다. 대량조리장비란 취반기나 오븐 같은 것인데 학교나 병원, 기업체의 단체급식소의 경우 식수가 많은 경우 3단 가스 취반기나 연속 취반기를 사용하여 밥을 짓거나 콤비오븐을 사용한다. 그렇지 못한 경우 재래식 부침기나 튀김솥으로 배식 때까지 장시간에 걸쳐 반복 조리하는 현장을 흔히 볼 수 있다. 대부분의 구이, 튀김, 부침류를 재래식 조리장비로 조리하는 경우 처음 만들어진 음식은 장시간 상온에 방치되는데 이때 조리에서 생존한 포자형성 식중독균과 식중독균의 교차오염이 일어날 경우 증식하여 사고로 직결된다. 따라서 생산 식수의 규모에 따라 적정한 오븐의 규격을 정하여 구비하거나 오븐의 규격을 기준으로 급식 최대 생산능력을 제한하여야 한다.

　가열 조리기구는 주변이 가장 쉽게 더러워지는 곳이므로 기구와 주변을 쉽게 청소할 수 있도록 설치와 배치를 잘해야 한다. 또한, 많은 열이 발생되는 곳이므로 냉장설비로부터 가급적 멀리 설치해야 한다. 가열 조리기구의 설치 방법도 문제다. 우리나라에서는 가스 배관의 안전을 고려하여 움직이지 못하게 고정 설치하고 있으나, 미국의 경우 바퀴를 달아 기구를 움직여 하부를 청소할 수 있도록 하고 있으며 가스 배관이 당겨져 빠지지 않도록 가스 배관보다 짧은 쇠사슬로 벽과 연결해두도록 하고 있다그림 10.17.

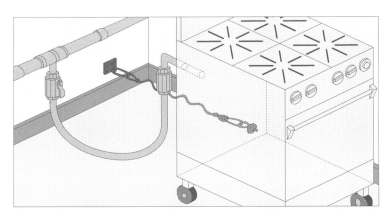

그림 10.17 가스 배관의 위생적인 설치방식
자료: Food Establishment Plan Review Guide

그림 10.18 급냉기

(7) 도시락 업종의 급냉기

도시락 업종의 경우 다른 업종과 달리 가열 조리된 대부분의 음식을 10℃ 정도로 냉각하여 도시락에 담아야 한다. 급냉기가 없는 조리장의 경우 음식을 선풍기 앞에 펴놓고 식히는 경우가 많은데, 이는 공기 중의 먼지와 균을 음식 표면에 농축시키는 부작용이 있으므로 삼가야 한다. 그러므로 도시락 업종에서는 신속하고 위생적으로 냉각하기 위해 급냉기 설치를 의무화하고 급냉기의 냉각능력이 도시락 업체 생산능력과 같거나 크도록 해야 한다그림 10.18.

(8) 식품의 열장기구

열장기구는 가열 조리된 음식을 고객이 섭취할 때까지 뜨겁게 유지하는 장치로 이때 음식의 온도는 57℃ 이상으로 유지되어야 한다. 온도 확인 없이 따뜻하게만(57℃ 이하로) 보관하는 것은 미국에서 발생하는 클로스트리디움 퍼프린젠스*Cl. perfringens* 식중독 사고 원인 중의 하나로 밝혀져 있다. 뷔페 식당의 음식 진열 시, 순대나 핫도그와 같은 음식 판매 시, 급식소의 자율 배식대의 경우 적정 온도 유지와 확인이 잘될 수 있도록 설비하여야 한다.

(9) 기타 기구 기물의 설치

냉장고나 선반과 같은 일반 조리장에 필요한 기구는 필요시 이동시켜 바닥을 청소하고 원위치 시킬 수 있어야 한다. 바닥에 고정시키는 회전솥의 경우 발사이에 솔질과 걸레질이 가능하도록 설치되어야 한다.

6) 공조

(1) 실온 관리

적정 실온을 유지할 수 있는 시설이 없으면 조리기구에서 발산되는 열에 의해 실온이 높아져서 냉장고에서 꺼내어 준비 중인 식재나 음식이 단시간에 세균 증식에 적합한 온도로 되고 조리자가 땀을 흘리며 일하게 되어 청결한 위생상태를 유지하지 못하는 어려움이 있다. 조리장은 공조기나 냉방설비로 실온을 가급적 낮추어야 하는데, 작업 특성에 따라 완전 냉장상태가 유지되어야 하는 작업장은 5℃로 유지되기도 하나 일반적으로 18~25℃가 바람직하다.

(2) 급배기

안전을 위해 온도 시간 관리가 필요한 식품^{TCS Food, Time/Temperature Control for Safety Food}을 포함한 조리된 식품이 노출되어있는 조리장의 공기는 부유물질이 적은 여과된 공기, 온도가 조정된 냉각된 공기여야 한다. 이러한 공기는 에어컨으로도 얻을 수 있다. 용도별로 구획된 조리장의 경우 여러 대의 대용량 에어컨을 설치·운영해야 하며, 에어컨의 필터나 냉각기 관리를 철저히 하여야 한다. 그러므로 에어컨보다는 공조기를 설치하여 닥트로 각 구역에 냉각되고 여과된 공기를 분배하는 방식을 취하는 것이 바람직하다.

조리장이 큰 건물의 한 부분인 경우 건물 전체의 공조기에 함께 연결되어있으면 공조기를 통해 조리장의 음식 냄새가 건물의 다른 부분에 퍼지고 조리장에 맞는 온도 유지도 어려우므로 독립 공조기를 설치하는 것이 바람직하다.

공조기 없이 환풍기나 후드로만 배기하는 경우 적절한 급기가 고려되지 않으면 다양한 틈새로 오염된 공기가 빨려 들어오게 된다. 그러므로 반드시 급기의 질과 양도 고려하여야 한다. 급기구의 위치는 가장 깨끗한 공기가 들어올 수 있는 곳에 필터를 부착한 급기구를 만들고 급기량을 조절하여 청결구역에 가장 많은 공기가 들어가고 일반구역에 적은 양의 공기가 공급되어 자연스레 청결구역에서 일반구역 쪽으로 공기의 흐름이 형성되도록 한다.

(3) 후드

가열 조리기구 상부에 설치되는 후드는 외국 혹은 설비를 제대로 갖춘 호텔 조리장의 경우 급배기 기능 외에도 후드 내부에 유분 수집과 자동 세척기능, 화재 시 소화기능, 조명 등이 달려 있는 고가의 장비가 사용된다^{그림 10.19}. 그러나 우리나라에서는 대부분 후드가 단순 배기기능만 갖고 있다.

그림 10.19 조리장의 후드 시스템

단순 배기기능의 후드는 주변의 공기를 빨아들이면서 많은 오염물질을 조리 기구 위로 모으는 기능을 할 뿐만 아니라 유분과 연기가 함유된 공기를 방출함으로써 외부 대기오염의 원인이 되기도 한다.

후드는 최소한 급배기와 배기 쪽의 필터, 조명등이 구비되고 배기의 용량은 발생되는 증기와 열기를 조리장 공간에 확산시키지 않을 정도의 크기와 흡입력을 지녀야 한다. 후드 내부는 주기적으로 강한 알칼리성 기름 제거제로 부착된 유분을 세척해도 부식되지 않는 스테인리스 재질로 만들어져야 하며 구조는 응축수, 세제와 헹굼물이 경사면을 타고 흘러내려야 하고 세척 후 세척수가 쉽게 배수될 수 있도록 홈통의 경사를 잘 주어야 한다.

낮은 천정에 설치된 후드 중에는 내부가 수평으로 되어 응축수, 탄화물, 녹 등이 달려 아래의 조리기구와 속의 음식에 떨어지는 곳이 있다. 후드의 경사면이 철판을 연결시켜 만들어진 경우 이음새 부위에 물방울이 맺혀 하부로 떨어지므로 이음새가 없어야 하고, 후드의 수직 배기 부위도 조리기구의 상부를 피하여 설치되어야 응축수나 탄화물 같은 이물질의 낙하를 방지할 수 있다. 후드의 청소는 주 1회 이상 꾸준히 실시해야 청결도를 유지할 수 있다.

7) 급수

급수에는 크게 음용수, 온수, 스팀 공급이 있다. 급식소에서 조리와 식수로 사용하는 물은 음용수 기준에 적합해야 한다. 이를 위해 조리장의 책임자는 물 관련 자료, 저수조 유무, 수질관리 상황을 파악하고 있어야 한다. 상수도 사용이 권장되며 상수도가 들어오지 않는 지역에서는 지하수를 사용할 수밖에 없으므로 이 경우 연 1회 공인기관에 수질검사를 의뢰하여 적합성을 인증하는 성적서를 구비하고 있어야 하나, 수질 적합 판정을 받더라도 수인성 질환의 발생 가능성이 상존하므로 정수장치나 수살균장치 운영이 필요하다.

저수조를 사용할 경우 짧은 단수 시에도 물 사용에 문제가 없지만, 저수조는 6개월에 1회 내부 청소와 소독을 실시하고 실적을 유지해야 한다. 종종 상수도와 지하수를 병행 사용하는 조리장에서 상수를 사용해야 할 곳에 실수로 지하수를 사용하여 사고가 일어나는 사례가 있으므로, 배관이나 수도꼭지에 확실한 표시를 하여 구분 사용할 수 있도록 하여야 한다.

급식소에서 사용하는 물의 양은 세정대 용량과 물을 채우는 횟수, 바닥청소 시 사용되는 물의 양과 청소 횟수, 식기세척기의 물 사용량, 조리용 물의 양, 일반 위생용 물의 양, 종사원당 30 gal(약 113 L)로 계산할 수 있고 여기에 부합하도록 배관되어야 한다.

(1) 조리용수

음용수의 수질은 법에 의해 관리되므로 별 문제가 없을 것으로 생각하기 쉬우나 《Food Establish Plan Review Guide》 기준에서는 배관의 결함에서 나타나는 오수가 식수로 역류하는 현상을 방지하기 위한 역류방지장치를 전문 배관공의 판단에 따라 필요한 곳에 설치할 것을 강조하고 있다그림 10.20. 우리나라는 상수도 배관에 이러한 역류방지장치를 부착하는 것에 대한 필요성 인식이 부족하여 역류방지장치가 공급되지 않고 있다. 따라서 국가적으로 역류현상에 의한 식수오염을 막을 수 있도록 대책과 제도를 수립해야 할 것이다.

그림 10.20 역류방지장치의 예

(2) 온수

적절한 온도의 온수를 적량 공급하기 위해서는, 온수 사용량을 계산하고 적합한 용량의 온수 제조장치를 가동하여야 한다. 온수 사용량 계산도 피크 시간대에 온수를 사용하는 세정대의 용량, 수세대, 식기세척기, 애벌 세정대, 조리용 싱크대, 중탕조, 세탁기, 샤워장 등에서 사용되는 온수의 사용량을 고려하여 용량을 정하여야 한다.

(3) 스팀

식품의 가열 조리법 중에 직접 스팀을 이용하여 조리하는 경우나 식품접촉표면에 닿는 스팀의 경우 보일러에는 방청제, 청관제 등 일체의 첨가물을 사용하지 않는 것이 좋으나 보일러 배관 내의 스케일 형성과 배관 부식현상이 생겨 보일러 수명이 단축될 수 있다. 사용이 불가피하다면 환경부의 '먹는물관리법 제21조2항'에 따라 부식억제제의 수처리제 기준과 규격 및 표시기준을 확인할 필요가 있다.

8) 배수

(1) 배수구

물을 많이 사용하는 조리장의 배수는 주로 트렌치에 의해 이루어진다. 이 트렌치 내부의 구조가 세척 청소가 불가능한 경우가 많아 미생물의 서식, 악취의 근원이 되고 있다. 트렌치의 내부를 스테인리스 스틸로 성형하고 경사를 잘 주어 청소와 배수를 용이하게 하여야 한다. 건물 외부로 연결되는 트렌치의 끝 부분에는 고형 찌꺼기를 회수할 수 있는 거름망을 설치하여 매일 제거할 수 있도록 해야 하며 이 부분을 통하여 쥐나 벌레가 들어오지 못하도록 망을 설치해야 한다.

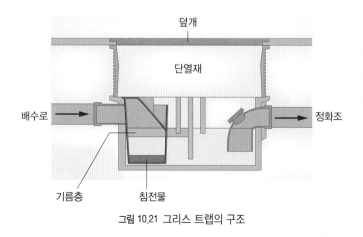

그림 10.21 그리스 트랩의 구조

(2) 그리스 트랩

조리장에서 배출되는 기름성분이 배수관 내부에 침착되어 관을 막거나 정화조에 바로 들어가서 정화조의 기능에 문제가 발생하지 않도록 그리스 트랩grease trap을 설치하여야 한다그림 10.21. 현재 우리나라 대부분의 조리장 내부에 설치된 그리스 트랩에는 기름성분 회수 기능은 없고 단순 고형 찌꺼기

회수만 할 수 있다. 기름성분을 적절하게 회수하기 위해서는 유입수의 유속을 낮추고 구조를 분리하여 유화된 상태의 작은 지방구가 서서히 부상하여 표면에 충을 이룰 수 있어야 하고, 이렇게 떠오른 기름을 주기적으로 제거하고 청소해 주어야 한다.

기름을 제거할 수 있는 그리스 트랩을 조리장 내부에 설치할 경우 악취가 문제가 되므로 외부에 설치해야 하며 부득이 내부에 설치해야 할 경우 밀폐하여 냄새를 예방하여야 한다. 트렌치 형태가 아닌 배수구를 설치할 때에는 배수구 아래의 배관에 반드시 찌꺼기를 회수하는 거름망을 설치하고, 공기의 역류를 막을 수 있는 구조여야 하며 개폐식 뚜껑을 덮어 주기적인 청소 소독이 가능하게 해야 한다.

9) 조명

조명은 밝기와 등의 위치, 등 보호장치를 고려해서 설치해야 한다.

(1) 밝기
WHO의 관련 자료에 따르면 검수Inspection와 음식 준비food preparation를 하는 곳은 540 lux, 작업장은 220 lux, 기타 지역은 110 lux 이상이 권유된다. 검수에는 구매 검수뿐만 아니라 배식도 포함된다. 조도의 측정 위치는 실제로 식품이 위치하는 작업대 표면 높이면 적당하다.

(2) 전등의 위치
전등의 위치는 식품이나 식품접촉표면 직상부를 피하는 것이 좋다. 날벌레가 조명등으로 유인되어 전등 주위에서 날아다니다가 죽으면 등 아래에 노출된 식품이나 식품접촉표면에 떨어져 식품에 혼입될 가능성이 많기 때문이다. 그러므로 조명등의 위치를 고려하여 작업대나 식품 혹은 식품접촉표면의 위치를 정하는 것이 바람직하다.

그림 10.22 전등 보호장치

(3) 전등 보호장치

전등 보호장치란 등을 보호하는 것이 아니고 등의 파손 시 유리가 음식에 혼입되는 것을 예방하기 위해 등 아래 아크릴판을 대거나 전구나 등을 플라스틱 케이스로 씌워 유리의 식품 혼입을 예방하는 조치이다. 전등뿐만 아니라 조리장에 노출된 모든 유리(벽시계, 거울, 유리창 등)에 대해서도 동일한 보호대책을 수행해야 한다.

10) 세정대

세정대는 식품용과 기물 세척용, 손 씻기 용으로 구분하여 설치하는 것이 바람직하나 식품용과 기물 세척용은 겸용으로 사용할 수 있으며 손 씻기 용은 전용으로 설치하여야 한다. 세정 시 많은 수의 미생물을 함유한 미세한 물방울들이 만들어지므로 음식을 오염시키지 않도록 가급적 세척실을 조리실과 분리 설치하는 것이 바람직하다.

(1) 식품 세정대

대량 급식소의 식품 세정대는 채소와 과일의 경우 3조 세정대를 설치하여 세척, 소독, 헹굼의 순서로 작업할 수 있도록 하고 다른 식품들은 1조 혹은 2조 세정대에서 세정하면 되는데 이들 세정대가 작업대에 부착되는 것은 바람직하지 않다. 왜냐하면 세정 시 형성된 물방울들이 튀어 작업대 위에서 취급 중인 식품을 오염시킬 수 있기 때문이다. 기존 조리장에 세정대가 작업대와 붙어있다면 사이에 격벽을 설치하여 물이 튀기는 것을 막아주는 것이 좋다. 외국에서는 세정대를 벽에 배치하고 조리용 작업대는 조리실 중앙에 위치하게 하는 것이 일반적이다.

(2) 기구 기물 세정대

기구 기물 세정대도 3조가 권장된다. 첫 번째 칸은 따뜻한 비눗물을, 두 번째

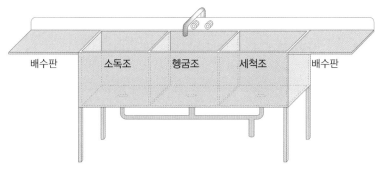

그림 10.23 3조 세정대

칸은 깨끗한 수돗물을, 세 번째 칸은 적정 농도로 희석된 소독액 혹은 77℃ 이상의 뜨거운 물을 담아둔다그림 10.23. 사용이 끝난 기물이나 그릇을 가져오면 맨 먼저 남아있는 음식 찌꺼기를 긁어내거나 샤워방식으로 가능한 한 많이 제거한 다음 첫 번째 칸의 비누액에 담가 스펀지로 문질러 제거한 후 두 번째 칸에 넣는다. 두 번째 칸에 모인 기물은 흐르는 깨끗한 수돗물로 비눗기를 최대한 제거하고 마지막 칸인 희석 소독액이나 뜨거운 물에 담가두었다가 꺼내어 건조시킨다. 이런 방식으로 세척·소독하지 않으면 기물 표면의 미생물들이 완전히 제거되지 않아 다음에 닿는 음식에 균을 넣어주는 결과가 초래된다.

기구 기물 세정대의 경우 양쪽에 배수판drain board이 필요한데, 세척조 옆의 배수판은 세척할 기구 기물을 올려 두고 기물 속의 식품 찌꺼기를 쓰레기통에 버리는 작업을 하는 곳이고 소독조 옆의 배수판에는 소독된 기구 기물을 엎어 두어 물기를 빼는 곳이다. 기물은 어느 정도 물기가 빠진 다음 선반으로 옮기면 된다. 배수판에는 약간의 경사를 주어 물이 세정조로 흘러들어가도록 유도해야 한다.

세정대에서는 세척과 소독효과를 높이기 위해 온수가 공급되어야 하고 배수도 원활히 이루어져야 한다. 많은 조리장에서 배수가 빨리 되지 않아 배수 호스를 빼놓아 물이 바닥에 쏟아지며, 이때 발생하는 여러 작은 물방울들이 주위를 오염시키는 경우가 많다. 따라서 적당한 굵기의 배수 호스로 물방울의 비산을 막고 빨리 배수될 수 있도록 고려해야 한다.

그림 10.24 도마 소독조

(3) 소독조

칼이나 도마, 행주와 같은 제품은 별도의 소독조를 운영하는 것이 바람직하다. 도마는 전체가 잠길 수 있는 크기의 소독조그림 10.24를 만들어 밤새 담가두는 것이 좋고, 칼이나 행주는 조리작업 도중에도 소독조 속에 담가놓고 사용할 수 있도록 하는 것이 바람직하다.

일반적으로 많이 보급되어있는 자외선 소독고의 경우, 소독효과가 자외선에 직접 노출되는 일부 면에 국한되므로 소독하지 않은 기물을 자외선 소독고에 넣는다고 해서 소독효과를 기대하기는 어렵다. 그러므로 화학적 소독이나 열수 소독 후 보관 중 추가 오염을 막기 위한 목적 정도로 사용하는 것이 바람직하다.

(4) 건조대

아무리 세척과 소독이 잘된 기물이라도 건조되지 않아 밤새 물이 고여있다면, 물에서 많은 미생물이 증식하게 된다. 그러므로 세척 소독된 기물에 물이 고이지 않도록 건조·보관해야 하는데, 이를 위해서는 충분한 면적의 깨끗한 선반이 필요하다. 우묵한 그릇류의 경우 세척 후 바로 포개놓으면 속에 물방울이 맺힌 채 마르지 않고 있게 된다. 건조만 잘되어도 대부분의 미생물이 사멸되어 위생상태 유지에 도움이 되기 때문에 기물이 신속히 건조될 수 있도록 충분한 공간의 확보와 진열방식을 고려해야 한다.

(5) 손 세정대

손 세정대는 조리장 입구, 조리장 내부, 화장실 등에 설치해야 한다. 미국 식중독 사고의 주요 원인 중 하나가 분변-경구오염인데, 이는 깨끗이 씻지 않은 손에 의한 식품오염이다. 우리나라 대부분의 조리장에서 전용 수세대를 보기 어려운 현실을 감안할 때 시급히 설치하고 사용해야 할 설비이다. 수세대에는 비누의 성능과 지방 용해성 향상, 추운 겨울을 대비해 40℃ 정도의 온수가 나와야 하고 수도꼭지는 온수와 냉수가 섞여서 공급되는 방식이어야 한다그림 10.25.

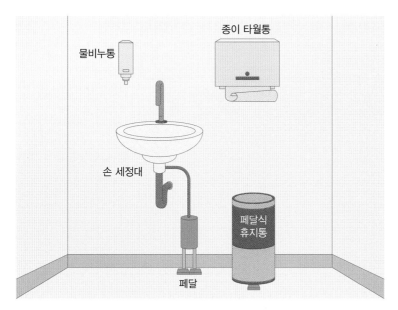

그림 10.25 잘 구비된 수세대

　수도꼭지는 손을 사용하지 않고 물이 나오게 혹은 멈추게 할 수 있는 수도꼭지가 권장된다. 전자감응식이나 페달식, 무릎으로 조작하는 레버식, 한 번 누르면 일정량의 물이 나오고 끊어지는 미터식 등을 사용하여 씻은 손으로 수도꼭지를 잡아 잠그고, 이때 다시 오염되는 일이 없도록 해야 한다. 미터식의 경우 1회에 최소 15초 이상 물이 나오도록 조정되어야 한다. 이 수도꼭지는 거위의 목 형태로 높아서 손뿐만 아니라 팔꿈치까지도 쉽게 씻을 수 있어야 한다.

　손 세정대에는 물비누나 고형비누를 비치해두고, 손톱 주위를 문지를 수 있는 손톱솔과 세척 후 손을 건조시킬 수 있는 종이타월 및 손 건조기를 설치해야 한다. 종이타월을 사용할 경우 페달식 휴지통을 비치하여 사용한 휴지를 모을 수 있도록 해야 한다.

　손 세정대는 조리장 입구뿐만 아니라 내부에도 설치되어야 하는데, 조리장 내부에서는 작업대에서 너무 멀지 않은 곳에 있어야 작업 도중 손을 씻게 된다. 미국에서 조리사들의 행동을 연구한 결과 7.5 m 이상 떨어져 있을 때에는 수세대까지 가지 않고 가까운 기물 세정대에서 손을 씻거나 씻지 않고 일하는 경우가 많아짐을 근거로 하여 7.5 m를 기준으로 하고 있다. 기준보다 가까이에 있어도 다른 물품이나 장비로 접근이 어렵다거나 사람이나 장비의 통행로에 있어 사용이 제한되면 손을 씻을 수 없게 되므로 위치 선정을 잘해야 한다.

11) 방충·구서를 위한 시설설비

출입문이나 창문의 방충망 설치, 에어커튼을 설치 운영하더라도 사람과 식품 출입 시 날벌레 유입을 완전히 막을 수 없으므로 추가적인 방충·구서 시설설비가 필요하다.

(1) 유인 포충/살충등

유인 포충/살충등은 날벌레들이 좋아하는 **장파장 자외선등**을 이용하여 벌레를 유인한 후 끈끈이판에 부착되거나, 저전압 충격을 준 뒤 아래에 있는 끈끈이판에 떨어지게 하여 깨어나도 다시 날아가지 못하게 하는 저전압방식, 고전압 전극에 닿게 하여 감전사시키는 방법으로 날벌레를 관리하는 장비이다. 유인 살충등의 경우 고압전류에 감전될 때 곤충의 몸체가 터져 주위에 비산되므로 식품이 노출된 곳에 설치해서는 안 된다. 유인 포충/살충등의 부착 위치도 중요한데 유인광선이 외부에서 보이지 않도록 하여 외부의 벌레를 내부로 끌어들이지 않도록 위치를 잘 선정해야 한다. 이 장비는 전등 수명을 고려하여 장파장 자외선이 잘 발산될 수 있도록 관리해야 하며, 낮보다 밤에 가장 효과적으로 유인할 수 있으므로 24시간 켜두는 것이 바람직하다.

(2) 먹이상자 설치

침입해 들어온 쥐나 바퀴벌레를 잡기 위해서는 먹이상자를 설치해야 한다. 이때 독극물을 이용하는 경우 약을 먹은 후 물이나 음식 속에 들어가 오염시킬 수 있으므로 쥐덫이나 끈끈이판을 이용하는 것이 바람직하다.

장파장 자외선등

유인 포충등에 사용되는 자외선등의 파장은 352 nm 정도로 UV-A에 해당되지만 가시광선에 가장 가까운 파장으로 장시간 단거리에서 조사하지 않는 한 건강에 해를 끼치지 않음. 반면, 자외선 소독고 속의 자외선등은 UV-C로 파장은 100~280 nm 범위이며 강한 살균력과 동시에 피부 화상, 각막 손상에 의한 시력 상실 등을 조심해야 함

12) 화장실 등의 편의시설

수세대 외에도 개인물품을 보관하고 깨끗한 위생복으로 갈아입을 수 있으며 개인용품을 안전하게 보관할 수 있는 로커 룸과 청결한 화장실, 청소도구실을 제공해야 한다.

(1) 편의시설의 환기와 조명

화장실, 탈의실, 샤워실 등의 편의시설은 조리공간과 분리되어 조리장에 영향을 미치지 않아야 한다. 이를 위해서는 화장실을 조리장과 완전 분리하거나 중간에 완충지대를 두어야 한다. 그리고 외부로 배출되는 환기시설로 음압이 발생되도록 하여 화장실 문을 열 때 공기가 빨려 들어가도록 해야 한다. 이들 편의시설은 청소와 관리가 잘될 수 있도록 충분히 밝아야 하고, 건축 재질도 표면이 밝고 매끄러워야 한다.

(2) 화장실

화장실은 출입 시 위생복과 신발을 오염시키지 않도록 청결상태를 유지하고 화장실의 문이 바로 조리장으로 열리지 않게 하며 배기장치로 화장실의 공기를 조리장이 아닌 건물 외부로 바로 배출할 수 있게 한다. 화장실에는 잘 구비된 수세시설과 손 건조시설이 있어야 한다. 수세대가 화장실 내부에 위치한 경우, 화장실 출입문은 자동문이나 어깨로 밀어 열 수 있는 스윙도어로 하여 화장실 사용 후 씻은 손을 오염시키지 않도록 하여야 한다. 화장실 내부의 휴지통은 필요한 경우 페달식으로 구비하여야 한다.

(3) 탈의실

탈의실에는 안전하게 잠글 수 있는 로커를 제공하고 개인용품을 조리장에 가져가지 않도록 하여 개인용품 혼입에 의한 이물사고를 막는다. 로커에는 음식을 넣어두지 못하게 하여 바퀴벌레 등의 발생을 막아야 한다. 외국에서는 로커 윗면에 30° 이상 각도를 주어 그 위에 아무 물건도 올려놓지 못하게 하고

그림 10.26 상판이 경사지고 다리가 달린 로커

바닥에 15 cm 이상의 다리를 부착하여 아래쪽을 청소할 수 있게 한다_{그림 10.26}.

(4) 청소도구실

조리장에는 조리장 전용 청소도구실을 만들어 청소도구를 세척하고 보관하는 공간이 확보되어야 한다. 청소도구실에는 막대걸레 전용 싱크대가 있어야 하고, 청소에 필요한 각종 도구와 세제 및 약품을 보관할 수 있어야 한다. 청소도구실에는 외부로 배기되는 환풍기를 설치하여 환기를 돕는다.

참고문헌

강영재. 2004. 식품 취급장의 설계·설비 위생. 한국식품정보원.

교육부. 2016. 학교급식위생관리지침서 4차 개정판.

교육부. 2016. 4. 20. 학교급식법 시행규칙.

민지현·이종경·김현정·윤기선. 2016. 고등학교 급식식단의 엽경채류 식재료 사용 빈도 및 조리방법 분석 연구. 한국식품위생안전성학회지 31(4):250-257.

식품의약품안전처. 2019. 식품공전, http://www.foodsafetykorea.go.kr/foodcode/01_01.jsp

식품의약품안전처. 2019. 식품첨가물공전, http://www.foodsafetykorea.go.kr/foodcode/04_00.jsp/

식품의약품안전처. 2014. 집단급식소 HACCP 관리.

식품의약품안전처. 2018. 제조업자를 위한 도시락의 제조위생 가이드.

식품의약품안전처. 2019. 식품첨가물의 기준 및 규격(제2019-134호, 2019. 12. 19), https://www.mfds.go.kr/brd/m_211/view.do?seq=44107/

식품의약품안전처. 2019. 2019 어린이급식관리지원센터 가이드라인.

식품의약품안전청 식품안전국. 1999. 대량조리식품 및 도시락제조 위생관리규범.

오덕성 외. 2000. 학교급식 조리실 표준설계안 연구. 2000년도 교육부 정책연구개발 연구보고서.

Almanza, B. A., Kotschevar, L. H. & Terrell, M. E. 2000. *Foodservice Planning, Layout, Design, and Equipment*. Upper Saddle River. NJ: Prentice-Hall, Inc.

Northeast Region Plan Review Development Committee for the Conference for Food Protection. 2000. Food Establishment Plan Review Guide, https://www.fda.gov/food/retail-food-industryregulatory-assistance-training/food-establishment-plan-review-guide/

US FDA. 2017. Food Code 2017. Public Health Service·Food and Drug Administration. College Park, MD 20740, https://www.fda.gov/food/fda-food-code/food-code-2017/

WHO. 1993. Code of Hygienic Practice for Precooked and Cooked Foods in Mass Catering.

11

HACCP 시스템

HACCP(Hazard Analysis and Critical Control Point) 시스템은 식품의 원재료부터 제조, 가공, 보존, 유통, 조리 단계를 거쳐 최종 소비자가 섭취하기 전까지의 각 단계에서 내재하거나 오염 혹은 증식할 우려가 있는 위해요소를 규명하고, 이를 중점적으로 관리하기 위한 중요관리점을 결정하여 식품의 안전성을 확보하기 위한 위생관리제도이다. HACCP 시스템은 국제적으로 권고되는 사전예방적 제도로 국내에서는 1995년 처음 도입된 이후 농축수산물 생산 등 1차 산업은 물론 식품의 제조·가공 등 2차 산업, 판매·유통·소비 등의 3차 산업을 종합적으로 연계하는 위생관리 제도로 자리 잡았다. 최근에는 4차 산업으로서 ICT나 IoT를 활용한 스마트 HACCP이 공장이나 급식소에 적용되는 추세이다. 식품위생법에서는 HACCP을 '식품안전관리인증기준'이라 부른다. 이 장에서는 HACCP 시스템의 원리와 절차에 대해 이해하고 식품 생산현장에서 어떻게 적용되는지 알아보고자 한다.

>> **학습목표**

1. HACCP 시스템의 도입 필요성을 설명할 수 있다.

2. HACCP 시스템의 선행요건 프로그램에 대해 설명할 수 있다.

3. HACCP 시스템의 적용 절차에 대해 설명할 수 있다.

똑똑한 식품안전관리시스템
스마트 HACCP

요즘 제조업 분야에서 많이 등장하는
스마트공장(Smart Factory)이란 무엇일까?

기획 · 설계 / 생산 / 유통 · 판매

사람이 일일이 제품을 조립 · 포장하고 기계를
점검할 필요 없이 전 과정을 디지털 데이터에
기반하여 의사 결정을 내리는 시스템을 구현한
공장이다.

4차 산업혁명 기술은 안전과 위생이 중요한
식품업체에도 적용될 수 있는데,
그게 바로 **스마트 HACCP**이다.

스마트 HACCP은 IoT 기술을 활용하고,
기록일지 데이터를 디지털화, 중요관리점과
주요 공정 모니터링을 자동화하는 등
데이터 수집 · 관리 · 분석을 총망라한
실시간 HACCP 시스템이다.

IoT(Internet of Things)
여러 사물에 정보통신기술이
융합되어 실시간으로 데이터
를 인터넷을 통해 주고받는
기술

안전한 제품 생산
신뢰성 증가

기록관리
인원 감소

클레임 발생 시 등의
근거 자료

생산기능
개선 가능

CCP 공정의
자동 또는 반자동화

자동화

데이터
교환

자동화된 모니터링
도구를 통해 데이터 전송

스마트 HACCP

전송된 데이터를
분석, 자동 기록화

ICT
융합

지능형

기준 이탈 시 경고 또는
자동 개선 조치
(공정 자동화 시)

ICT(Information and communications technology)
정보통신기술

자료: 생생해썹 홈페이지(https://magazine.haccp.or.kr)

1 HACCP 시스템 도입의 필요성

기존의 위생관리방식은 최종 제품을 무작위로 표본 검사함으로써 정해진 불량률 이하로 관리하는 품질관리Quality Control, QC나 품질보증Quality Assurance, QA 방식으로 수행되어 문제 발생 후의 사후 조치에 불과한 한계를 지니고 있다. 그러나 식품안전에는 원재료 생산부터 가공, 조리, 유통, 소비에 이르기까지 여러 단계가 연관되기 때문에 사소한 부주의에 의해서도 문제가 커질 수 있다. 따라서 전 과정에 걸쳐 사전에 위험을 예상하여 통제할 수 있는 사전예방적 감시체계가 요구되었고 HACCP 시스템이 그 해결책으로 대두되었다. HACCP 시스템은 해당 식품에 생존·오염·증식이 가능하다고 여겨지는 모든 위해요소를 사전에 분석하여 예방하고 제거하는 종합적이고 효율적인 방식으로 기존의 위생관리방식과의 차이점을 다음 그림에 제시하였다그림 11.1.

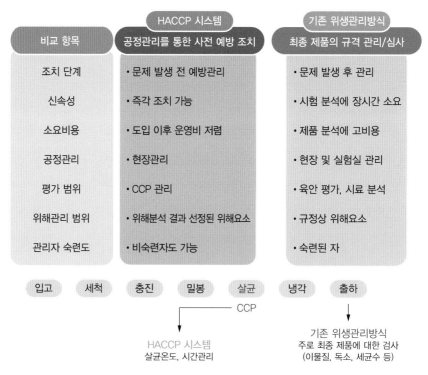

그림 11.1 HACCP 시스템과 기존 위생관리방식의 차이점
자료: 한국보건산업진흥원, 2013

② HACCP 시스템의 발전과정

HACCP의 개념은 1959년 미국 항공우주국^{NASA}에서 유인우주비행용 식품을 납품하는 필스버리^{Pillsbury}사에 엄격한 품질보증을 요구하며 시작되었다. 우주비행 중 식인성 질환이 발생할 경우 업무 수행에 차질이 생길 뿐만 아니라 우주비행사의 생명을 위태롭게 할 수 있기 때문에 'zero-defect' 프로그램을 적용하였다. 그러나 기존의 최종 제품 검사만으로는 안전성 확보가 어려움을 깨닫고, 미 육군 네이틱^{Natick} 연구소가 개발한 'mode of failure' 개념을 식품 생산에 적용하게 된다. 이를 통해 실패의 원인(위해요소)과 실패가 생기는 과정이나 단계를 예측할 수 있게 됨으로써 공정이 통제되는지의 여부를 알려주는 지점을 파악하게 되었고, 이를 관리하는 방식으로 발전하였다. 현재 HACCP은 식품안전과 동의어로 사용될 만큼 세계적으로 널리 알려졌고, 급식 분야를 비롯한 식품산업 전반에서 식품안전 보증과 식중독 예방을 위해 적용되고 있다.

> **mode of failure**
> 식품의 제조·공정에 관한 지식과 경험을 축적함에 따라 무엇이 실패의 원인이 되는가, 어떻게 해서 실패가 생기는가, 어느 과정에서 실패가 발생하는가를 알 수 있음

쉬어가기

HACCP 발전을 주도한 기관과 활동

보편적으로 적용되는 HACCP 시스템의 7원칙을 포함한 12절차가 제시되기까지 HACCP 발전을 주도한 기관과 활동 내용은 다음과 같다.

연도	기관	활동 내용
1971	미국 국립식품안전회의 (Conference for Food Protection, CFP)	'위해분석 및 위험평가', '중요관리점 결정', '중요관리점 감시'의 3원칙이 포함된 HACCP 개요를 발표
1989	미국 식품미생물기준자문위원회 (National Advisory Committee on Microbiological Criteria for Foods, NACMCF)	'식품 생산을 위한 HACCP 원칙'을 발표함. 3원칙에 4원칙이 추가된 7원칙에 따른 위해분석이 제시됨. 선행요건과 HACCP 계획을 처음으로 분리
1993	국제식품규격위원회 (Codex)	'HACCP 시스템 적용을 위한 가이드라인'을 채택하여 7원칙 12절차를 제시, 각국에 HACCP 도입을 권고

자료: 한국의 HACCP 연구회, 1997, 재작성

3 국내 HACCP 제도 적용 현황

우리나라는 1993년 Codex의 도입 권고에 따라 1995년 12월 식품위생법에 HACCP 시스템 도입의 법적 근거를 마련하였다. 초기에는 보건복지부에서 HACCP을 일괄적으로 관장하였으나 전문성을 높이기 위해 식품의약품안전청과 농림수산식품부로 나누어 관리하였다. 2013년 3월 식품의약품안전처가 출범하면서 축산물 중 일부는 다시 식품의약품안전처 소관으로 넘어와 관리되고 있다. 2014년 11월부터 HACCP 인증업무의 담당기관으로 한국식품안전관리인증원이 발족하였다. 식품과 축산물의 HACCP 적용 품목을 다음 표에 제시하였다 표 11.1~2.

HACCP은 자율 적용을 근간으로 하나 식품의약품안전처에서는 식품별 기준을 고시하여 **의무적용품목**을 확대해나가고 있다. 식품에서는 2003년 어묵류, 냉동식품(피자류, 만두류, 면류), 냉동수산식품(어류, 연체류, 조미가공품), 빙과류, 비가열음료, 레토르트식품 등 6개 품목에 의무 적용하도록 한 이래로 2008년 배추김치, 2014년 과자 · 캔디류, 2016년 순대 · 떡볶이떡(떡류)에 대해 의무 적용하도록 관리하고 있다. 축산물의 경우, 도축장, 집유장에 HACCP을 의무 적용하고 있으며, 유가공장은 2018년도까지 단계별 의무적용 대상으로

의무적용품목
'식품위생법', '건강기능식품에 관한 법률', '축산물 위생관리법'에 따라 의무적으로 HACCP 인증을 받아야 하는 식품

표 11.1 식품의 HACCP 적용 대상

적용 업종	세부 업종 및 적용 품목
식품제조 · 가공업소	과자류, 빵 또는 떡류, 코코아가공품류 또는 초콜릿류, 잼류, 설탕, 포도당, 과당, 엿류, 당시럽류, 올리고당류, 식육 또는 알함유가공품, 어육가공품, 두부류 또는 묵류, 식용유지류, 면류, 다류, 커피, 음료류, 특수용도식품, 장류, 조미식품, 드레싱류, 김치류, 젓갈류, 조림식품, 절임식품, 주류, 건포류, 기타 식품류
건강기능식품제조업소	영양소, 기능성 원료
식품첨가물제조업소	식품첨가물, 혼합제제류
식품접객업소	위탁급식영업, 일반음식점, 휴게음식점, 제과점
즉석판매제조 · 가공업소, 식품소분업소, 집단급식소식품판매업소, 기타식품판매업소, 집단급식소	

자료: 한국식품안전관리인증원, 2019

표 11.2 축산물의 HACCP 적용 대상

적용 업종		적용 품목
안전관리통합인증		돼지, 한우, 젖소, 육계, 식용란, 오리, 메추리
가축사육업(농장)		돼지, 한우, 젖소, 육우, 육계, 산란계, 오리, 부화업, 메추리, 산양
도축업		소, 돼지, 닭, 오리
축산물 가공업	유가공업	우유류, 저지방우유류, 유당분해우유, 가공유류, 산양유, 발효유류, 버터유류, 농축유류, 유크림류, 버터류, 자연치즈, 가공치즈, 분유류, 유청류, 유당, 유단백가수분해식품, 조제유류, 아이스크림류, 아이스크림분말류, 아이스크림믹스류, 무지방우유류
	식육 가공업	햄류, 소시지류, 양념육류, 베이컨류, 건조저장육류, 분쇄가공육제품, 갈비가공품, 식육추출가공품, 식용우지, 식용돈지
	알가공업	전란액, 난황액, 난백액, 전란분, 난황분, 난백분, 알가열성형제품, 염지란, 피단
식육포장처리업		포장육
축산물판매업		식육판매업, 소규모식육판매업, 식용란수집판매업, 소규모식용란수집판매업, 식육즉석판매가공업, 축산물유통전문판매업
집유업		집유업
축산물보관업		축산물보관업
축산물운반업		축산물운반업
배합사료		고기소, 젖소, 돼지, 닭, 개, 양식용 어류, 사육하는 동물, 프리믹스용 배합사료, 오리, 사슴, 토끼, 말, 칠면조, 애완동물-기존, 메추리, 꿩, 오소리, 대용유용 배합사료, 면양, 산양, 농가자가 배합사료 원료, 실험용 동물, 반추동물용 섬유질 배합사료, 타조, 뉴트리아, 애완동물-간식영양보충용
단미사료		반추동물용섬유질
보조사료		보조사료

자료: 한국식품안전관리인증원, 2019

그림 11.2 HACCP 마크

자료: 한국식품안전관리인증원, 2019

관리되고 있다. HACCP 적용업소로 인증받은 업소나 집단급식소는 **우대조치**를 받을 수 있으며, 식품 포장이나 급식소 현판에 인증마크를 표시할 수 있다 그림 11.2.

식품의약품안전처의 HACCP 인증과는 별도로 교육부에서는 HACCP 방식에 근거한 학교급식위생관리지침서를 2000년에 개발하였고, 이에 준해 직영급식학교에서는 2001년부터, 위탁급식학교에서는 2002년부터 적용하도록 뒷받침하였다. 현재 학교급식위생관리지침서 4차 개정판(2016)에 의해 모든 급식학교에서 HACCP을 적용한 위생관리가 실시되고 있다.

쉬어가기

국내 HACCP 제도의 변화 및 현황

국내에서의 HACCP 제도는 적용시기, 정착시기, 확대시기를 지나며 발전해왔다. 2019년 12월 31일 기준 식품인증업소는 6,566개소, 축산물인증업소는 1만 2,213개소에 달한다.

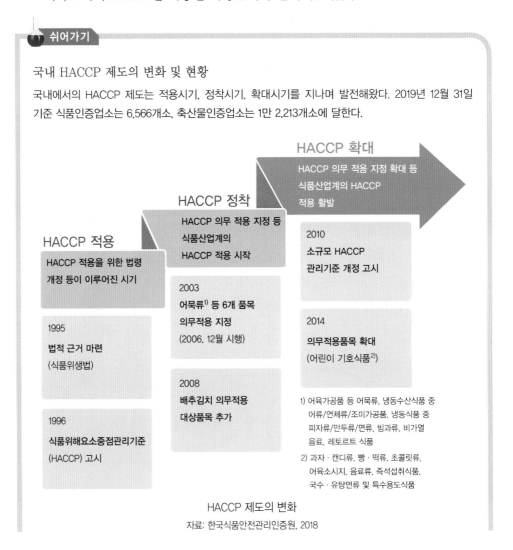

HACCP 제도의 변화
자료: 한국식품안전관리인증원, 2018

HACCP 인증업소 현황(2019년 12월 31일 기준)

식품		축산물*	
구분	업체 수	구분	업체 수
식품제조가공업	6,254	가공업	3,426
집단급식소	15	유통업	1,020
집단급식소식품판매업	15	생산 단계	7,548
기타식품판매업	5	사료	219
식품접객업	181	합계	12,213
식품소분업	60	* 의무 적용 작업장(도축 · 집유 · 식용란선별포장 ·	
건강기능식품전문제조업	27	유가공 · 알가공) 미포함	
식품첨가물	6		
즉석판매제조가공업	3		
합계	6,566		

④ HACCP 시스템의 개념과 구조

HACCP 시스템은 식품을 만드는 전 과정에서 생물학적 · 화학적 · 물리적 위해요소를 과학적으로 분석해 위해요소가 내재하거나 오염 혹은 증식할 우려를 사전에 차단함으로써 소비자에게 안전한 제품을 공급하기 위한 시스템이다. HACCP는 **위해요소분석**Hazard Analysis, HA과 **중요관리점**Critical Control Point, CCP의 영문

위해요소분석

식품 안전에 영향을 줄 수 있는 위해요소와 이를 유발할 수 있는 조건이 존재하는지 여부를 판별하기 위하여 필요한 정보를 수집하고 평가하는 일련의 과정

중요관리점

HACCP을 적용하여 위해요소를 예방·제어하거나 허용수준 이하로 감소시켜 당해 식품이나 축산물의 안전성을 확보할 수 있는 중요한 단계·과정 또는 공정

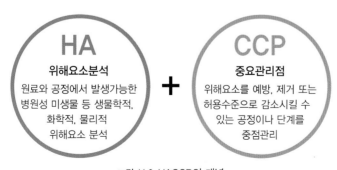

그림 11.3 HACCP의 개념

자료: 한국식품안전관리인증원, 2019

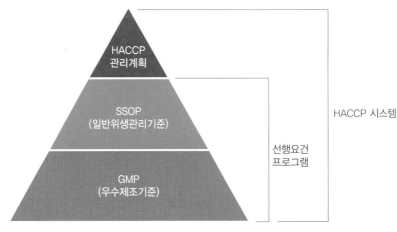

그림 11.4 HACCP 시스템의 구조

약자를 합성한 용어로 '해썹'이라고 발음한다그림 11.3.

　해당 식품의 안전을 위협하는 위해요소가 무엇인지 분석한 다음, 그 위해요소를 어떤 공정이나 단계에서 어떻게 관리할 것인지에 대해 계획하고 지속적으로 이를 수행하는 것이다. 위해분석을 통해 CCP가 규명되면 이를 체계적으로 관리할 **HACCP 관리계획**HACCP plan이 수립된다. HACCP 시스템이란 HACCP 관리계획과 이를 뒷받침하기 위한 선행요건 프로그램prerequisite program인 **SSOP** Sanitation Standard Operating Procedure와 **GMP**Good Manufacturing Practice가 함께 운영되는 것을 말한다그림 11.4.

HACCP 관리계획

위해요소분석, 중요관리점 결정, 한계기준설정, 모니터링방법, 개선조치, 검증, 기록유지 및 문서관리 등의 종합적 관리계획

SSOP(일반위생관리기준)

물의 안전성, 식품접촉표면의 조건 및 청결, 교차오염방지, 손세척 및 위생시설, 비식품 물질의 유입 방지, 독성물질의 라벨링과 보관 및 사용, 종업원의 건강, 방역 등의 관리기준

GMP(우수제조기준)

위생적인 식품생산을 위한 시설·설비요건 및 기준, 건물의 위치, 장비, 생산 및 공정 관리기준

5 HACCP 시스템 적용원리

1) 선행요건 프로그램

선행요건은 원재료의 반입부터 완성된 제품이 출하되는 전 공정에 걸쳐 식품의 오염과 변질을 방지하는 프로그램으로 HACCP 관리계획을 수립하기 전부터 잘 준수되어야 한다. 선행요건은 GMP와 SSOP로 구성된다. GMP란 위생적인 식품을 생산하기 위한 시설 위생 및 공정에 관한 기준이고, SSOP는 생산

현장에서 식품의 오염과 변질을 막고 품질을 확보하기 위해 제반 위생관리를 수행하는 것을 일컫는다. 예를 들면 '청결구역과 일반구역의 구분'은 GMP에, '청결구역과 일반구역의 위생수칙 준수'나 '오염 정도에 따른 작업의 구분'은 SSOP에 해당된다.

선행요건을 준수하지 않은 채 HACCP 관리계획만을 운영한다면 위해저감화에 의한 식중독 예방효과가 제대로 발휘될 수 없다. 선행요건 프로그램을 잘 준수할수록 현장의 CCP 수가 줄어들 수 있으며, 반면 불충분하게 준수할수록 늘어나게 된다. 따라서 HACCP 적용에 앞서 각 식품 생산현장에 적합한 선행요건 프로그램을 개발하고 관련 법적 요구사항을 준수하면서 위생적으로 식품을 생산하기 위한 기본 바탕을 다져야 한다. 한국식품안전관리인증원의 HACCP 인증을 받으려면 영업자·종업원·제조시설·냉동설비·용수·보관·검사·회수관리 등을 포함하여 위생관리를 위한 선행요건 프로그램을 개발해야 한다. 영업자는 이들 분야별로 작업담당자, 작업내용, 실시빈도, 실시상황의 점검 및 기록방법을 정하여 구체적인 관리기준서를 작성함으로써 종업원이 준수하도록 시행해야 하고 그 기록을 유지해야 한다.

2) HACCP 7원칙 12절차

HACCP 시스템 수립을 위해 전 세계 공통적으로 사용되는 접근방식은 Codex에서 제안한 HACCP 적용을 위한 가이드라인 7원칙 12절차에 따르는 것이다 그림 11.5.

(1) 절차 1: HACCP팀 구성

HACCP 시스템 개발과 적용을 주도할 지식과 전문 기술을 가진 HACCP 팀이 잘 구성되어야 원활하게 HACCP 시스템을 구축할 수 있다. HACCP 팀은 7원칙 12절차에 따라 HACCP 관리계획을 수립하여 운영하는 중요한 역할을 담당한다표 11.3. HACCP 팀은 일반적으로 HACCP 팀장, HACCP 팀원, HACCP 위원회로 구성된다. HACCP 팀장은 해당 식품과 HACCP 실무를 잘 아는 품질관리

준비 단계

12절차

HACCP 7원칙

- HACCP 팀 구성
- 제품설명서 작성
- 용도 확인
- 공정흐름도 작성
- 공정흐름도 현장 확인
- 위해요소분석 　원칙 1
- 중요관리점(CCP) 결정 　원칙 2
- CCP 한계기준 설정 　원칙 3
- CCP 모니터링 체계 확립 　원칙 4
- 개선조치방법 수립 　원칙 5
- 검증절차 및 방법 수립 　원칙 6
- 문서화, 기록유지방법 설정 　원칙 7

그림 11.5 HACCP 7원칙 12절차
자료: 한국식품안전관리인증원, 2019

책임자가 주로 맡지만 때로는 HACCP 추진에 탄력을 받기 위해 최고경영자나 공장장이 맡기도 한다. 생산관리, 품질관리, 시설관리, 실험실 등의 인력이 HACCP 팀원으로 참여하는 것이 바람직하며, 특히 CCP에 대한 모니터링을 수행할 현장종사자는 반드시 참여한다. HACCP 위원회는 외부의 HACCP 전문가가 참여하여 식품안전성에 대한 기본 방향을 제시하고 계획 수립이나 검증 등에 조언하는 역할을 담당한다. HACCP 팀의 조직 및 인력 현황, 책임과 권한, 인수인계방법 등이 문서화되어야 한다.

(2) 절차 2: 제품설명서 작성

제품설명서를 작성하는 목적은 해당 제품의 안전성 관련 특성을 알려주는 데 있다. Codex 원칙에 의하면 제품, pH, 수분활성도a_w, 보존료 유무, 사용된 보존료의 종류와 함량, 포장방법, 유통조건 등을 포함하도록 되어있으며, 이에 근거해 해당 제품이 미생물적으로 안전한지 여부를 알려주게 되어있다. 국내 HACCP 지정을 위해 제출하는 제품설명서에는 제품명, 제품의 유형, 식품의 특성, 제조·가공·유통·판매와 관련된 방법이나 절차, 포장 형태 및 조건, 사용상의 주의사항, 제품의 식품안전성과 관련된 규격까지 포함한다. 완제품 규격은 식품공전에 제시된 법적 기준과 위해요소 항목이 포함된 자사 기준으로 나누어 제시한다 표 11.3.

표 11.3 HACCP 팀의 역할

구분	역할	비고
HACCP 팀장	• HACCP 팀의 총괄 책임자로 HACCP 시스템 실행 • HACCP 관리계획 및 선행요건의 승인과 재평가 • HACCP 교육·훈련 계획의 수립·실시 • 협력업소의 위생관리 상태 점검과 기록 유지	HACCP 교육을 이수하여 일정 수준의 전문성이 확보되어야 함
HACCP 팀원	• HACCP 팀 활동을 통해 HACCP 시스템 구축을 위한 자료 수집 및 의견 개진 • CCP 모니터링, 개선 조치, 기록 유지 실행	
HACCP 위원회	• 식품안전성에 대한 방향 설정 • HACCP 관리계획에 대한 조언 • 검증에 대한 조언	

표 11.4 제품설명서 예시

1. 제품명	○○두부		
2. 식품 유형	두부		
3. 품목제조 보고연월일	2019. 1. 1		
4. 작성자 및 작성연월일	홍길동, 2019. 1. 1		
5. 성분배합비율	대두(원산지: 국산 00%, 수입산 00%) 00%, 응고제(글루코델타락톤 00%), 소포제(식물성 유지 00%, 글리세린지방산에스테르 00%, 레시틴 00%, 탄산마그네슘 00%)		
6. 제조(포장)단위	300 g, 550 g		
7. 완제품의 규격	구분	법적 규격	사내 규격
	성상	고유의 색택과 향미를 가지고 이미·이취가 없어야 함	
	생물학적 항목	대장균군 1 g당 10 CFU 이하(충전·밀봉한 제품에 한함)	
		–	*Listeria monocytogenes*: 음성
		–	장출혈성 대장균: 음성
	화학적 항목	중금속(mg/kg): 3.0 이하 타르색소: 검출되어서는 안 됨	
	물리적 항목	이물 불검출	
8. 보관·유통상 주의사항	• 직사광선을 피하여 냉장(10℃ 이하) 보관 • 개봉 후 가급적 빠르게 섭취		
9. 포장방법 및 재질	• 포장방법: 내포장(실링), 외포장(테이프) • 포장재질: 내포장(PE, PP), 외포장(골판지)		
10. 표시사항	제품명, 식품 유형, 제조원 및 판매원, 소비자상담실, 반품 및 교환장소, 제조일자 또는 유통기한, 내용량, 원재료명, 성분명 및 함량, 포장재질, 유의사항, 바코드, 부정불량식품 안내문구, 분리배출표시, 소비자피해보상규정		

(계속)

11. 제품의 용도	찌개용, 부침용, 생식용
12. 섭취방법	그대로 섭취 또는 조리하여 섭취
13. 유통기한	제조일로부터 00일

(3) 절차 3: 용도 확인

해당 제품의 소비자와 의도된 사용방법을 파악하는 단계이다. 이를 통해 공급되는 식품의 위해성을 평가하고 한계기준을 결정하는 데 반영한다. 최종 제품의 소비자가 민감한 집단인지 식별한다. 잠재적으로 제품에 포함될 수 있는 위해물질에 민감한 소비자집단(영유아, 노인, 임산부, 면역저하자 등)이 제품을 사용할 가능성이 있다면 위해성 평가에 이를 반영한다. 의도된 사용방법은 소비자가 구매하여 섭취하는 방법을 의미한다. 가열 조리 후 섭취하는지, 그대로 섭취하는지, 다른 식품의 원재료로 사용되는지 등을 예측하여 제품설명서에 용도를 표시하고 CCP 결정 시 반영한다.

(4) 절차 4: 공정흐름도 작성

공정흐름도를 작성하는 목적은 원재료 입고부터 완제품 출하까지의 전 공정을 파악함으로써 제품이 어떤 환경에서 어떤 공정을 통해 만들어지며 위해요소가 어디에서 발생할 수 있을 것인가를 보여주는 데 있다. 투입물(원·부재료, 용수, 포장재 등), 공정활동(원료반입, 보관, 해동, 전처리, 가공이나 조리, 내포장, 외포장, 검사, 완제품 저장, 운송 등), 출력물(최종 제품, 공정 중 제품, 폐기물 등)로 분류한 후 공정흐름도를 작성하는 것이 정확도를 높이는 방법이다(그림 11.6). 그 외 작업 특성별 구획과 기계기구의 배치, 제품의 흐름 과정을 표시한 작업장 평면도와 환기시설 계통도, 용수 및 배수처리 계통도도 작성한다.

(5) 절차 5: 공정흐름도 현장 확인

작성한 공정흐름도가 실제 현장의 작업공정과 일치하는지를 확인하는 과정이 반드시 필요하다. HACCP팀은 공정흐름도를 지참하고 작업현장에 나가 공정

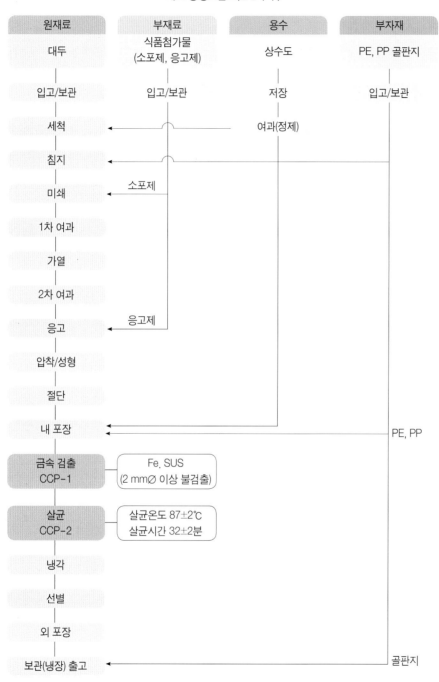

제조 공정흐름도(○○두부)

원재료	부재료	용수	부자재
대두	식품첨가물 (소포제, 응고제)	상수도	PE, PP 골판지

입고/보관   입고/보관   저장   입고/보관

세척 ← 여과(정제)

침지

미쇄 ← 소포제

1차 여과

가열

2차 여과

응고 ← 응고제

압착/성형

절단

내 포장   PE, PP

금속 검출
CCP-1 → Fe. SUS
(2 mmØ 이상 불검출)

살균
CCP-2 → 살균온도 87±2℃
살균시간 32±2분

냉각

선별

외 포장

보관(냉장) 출고 ← 골판지

그림 11.6 공정흐름도 예시

자료: 식품의약품안전청, 2011, 재작성

순서에 따라 이동하면서 대조한다. 공정흐름도가 현장과 일치하지 않으면 위해요소분석에서 누락될 수 있다. 따라서 공정이 변경될 때마다 공정흐름도를 재작성하고 현장 확인을 거친다.

(6) 절차 6: 위해요소분석

식품안전에 영향을 줄 수 있는 위해요소와 이를 유발할 수 있는 조건이 존재하는지 여부를 판별하기 위해 필요한 정보를 수집하고 평가하는 과정이다. 위해요소분석은 원·부재료별, 공정별로 실시하여 가능한 모든 위해요소를 확인하고 이에 대처하는 관리방법을 검토한다. 위해요소분석 절차는 다음과 같다.

- 원료 및 공정별 위해요소 도출 및 원인 규명
- 위해요소의 심각성과 발생 가능성 분석
- 예방조치 및 관리방법 결정
- 종합적 평가
- 위해요소분석표 작성

위해요소에 관한 정보는 관련 연구문헌, 유사업체 정보, 식중독 역학 조사자료, 미생물 검사 결과 등을 활용한다. 위해요소 목록이 만들어지면 각 요소의 심각성과 발생 가능성을 따져본다. 심각성이란 그 위해요소가 발생했을 때 얼마나 심각한 피해가 인체에 미칠지, 발생 가능성은 그 위해요소가 해당 현장에서 얼마나 발생할 가능성이 있는지를 평가하는 것이다표 11.5~6.

발생 가능성 평가기준은 국내외 발생 사례와 고객 배상 청구 통계 등을 조사하고, 작업장의 위생관리 수준 및 각 위해요소별 미생물 검사 결과를 반영하여 결정한다. 심각성 판단 시에는 주로 FAO^Food and Agriculture Organization가 제시하는 것과 같은 공인된 자료를 활용한다.

위험도는 발생 가능성과 심각성을 점수화하고 곱해서 구하며 경결함 이상의 위해요소는 CCP 결정도에 반영한다표 11.7. 위해분석의 최종 결과물로 위해요소 분석표를 작성한다표 11.8.

표 11.5 FAO에 의한 심각성 평가기준

구분	분류	위해의 종류
높음[1]	B[4]	클로스트리디움 보툴리눔, 장티푸스균, 리스테리아 모노사이토지니스, 장출혈성대장균 0157:H7, 비브리오콜레라, 비브리오 불니피쿠스
	C[5]	마비성 패독, 기억상실성 패독
	P[6]	유리조각, 금속성 이물 등
보통[2]	B	브루셀라, 캠필로박터, 살모넬라, 이질균, 스트렙토코쿠스 A형, 여시니아 엔테로콜리티카, A형간염 바이러스
	C	곰팡이독소, 시구아테라독, 항생물질, 잔류농약
	P	경질이물(플라스틱, 돌, 뼛조각 등)
낮음[3]	B	바실루스, 클로스트리디움 퍼프린젠스, 포도상구균, 노로바이러스, 기생충
	C	히스타민 유사물질, 중금속, 허용 외 식품첨가물,
	P	연질이물(머리카락, 비닐, 지푸라기 등)

[1] 높음: 보건상의 위험이 높은 위해(식중독 및 급성질병 발생, 영구장애 유발, 치사율이 높은 경우에 해당)
[2] 보통: 심각성 구분에서 '높음'과 '낮음'의 중간에 해당하는 위해
[3] 낮음: 인체에 미치는 영향이 낮은 상태의 위해
[4] B: 생물학적 위해   [5] C: 화학적 위해   [6] P: 물리적 위해

자료: 식품의약품안전청, 2011

표 11.6 발생 가능성의 정의

구분	발생 가능성
높음	해당 위해요소가 지속적으로 자주 발생하였거나 가능성이 높음
보통	해당 위해요소가 빈번하게 발생하였거나 가능성이 있음
낮음	해당 위해요소의 발생 가능성이 거의 없음

자료: 식품의약품안전청, 2011

표 11.7 심각성 및 발생 가능성에 의한 위해 평가방법

발생가능성	낮음(1)	보통(2)	높음(3)
높음(3)	3(경결함)	6(중결함)	9(치명결함)
보통(2)	2(불만족)	4(경결함)	6(중결함)
낮음(1)	1(만족)	2(불만족)	3(경결함)
	낮음(1)	보통(2)	높음(3)
		심각성	

자료: 식품의약품안전청, 2011

표 11.8 원·부재료 위해요소 분석표(OO두부) 예시

구분	위해요소		발생원인	위해평가			예방관리
				심각성	발생 가능성	결과	
농산물	생물학적	*Staphylococcus aureus*	• 원료 자체에서 오염 • 포장재 훼손 등으로 인해 식중독균이 혼입될 수 있음 • 재배 및 유통과정에서 토양 및 종업원 등으로 인해 식중독균이 혼입될 수 있음 • 유통과정에서 온도관리 미흡(냉장, 냉동제품의 경우)으로 인한 식중독균이 증식될 수 있음	1	2	2	• 포장재 훼손 여부에 대한 육안검사 실시 • 냉장·냉동운송 차량의 온도 기록 확인·관리
		Salmonella spp.		2	1	2	
		Bacillus cereus		1	1	1	
		Listeria monocytogenes		3	1	3	
		E. coli O157:H7		3	1	3	
		Clostridium perfringens		1	1	1	
	물리적	비닐, 연질 플라스틱	• 재배 및 유통과정에서 토양 및 종업원 등으로 인해 위생 해충, 흙, 비닐 등 이물이 혼입될 수 있음 • 포장재 훼손 등으로 인해 이물이 혼입될 수 있음	1	2	2	• 철저한 선별(육안검사)과 에어세척 실시 • 포장재 훼손 여부에 대한 육안검사 실시
농산물	화학적	중금속	• 재배과정에서 농약의 과다 살포로 인해 잔류될 수 있음 • 토양으로부터 중금속에 오염될 수 있음	1	1	1	시험성적서 확인·관리
		잔류농약		1	1	1	
		아플라톡신		2	1	2	
부재료 (소포제, 응고제 등)	생물학적	*Staphylococcus aureus*	• 원료 자체에서 오염 • 포장재 훼손 등으로 인해 식중독균이 혼입될 수 있음 • 유통과정에서 온도관리 미흡(냉장, 냉동제품의 경우)으로 인한 식중독균이 증식될 수 있음	1	2	2	• 포장재 훼손 여부에 대한 육안검사 실시 • 냉장, 냉동 운송 차량의 온도 기록을 확인·관리
		Salmonella spp.		2	1	2	
		Bacillus cereus		1	1	1	
		Listeria monocytogenes		3	1	3	
		E. coli O157:H7		3	1	3	
		Clostridium perfringens		1	1	1	
	물리적	비닐, 연질 플라스틱	포장재 훼손으로 인해 이물이 혼입될 수 있음	1	2	2	포장재 훼손 여부에 대한 육안검사 실시
	화학적	중금속	제조과정에서 부적절한 첨가물의 사용 및 허용치 이상의 첨가물 사용으로 인해 잔류될 수 있음	1	1	1	시험성적서 확인·관리
		잔류농약		1	1	1	
		허용 외 식품첨가물		1	1	1	
용수	생물학적	분원성 대장균 등 수질 관련 병원성 미생물 (살모넬라, 이질균 등)	• 원수 자체 오염 • 저수 청결상태 불량으로 인한 교차오염이 발생될 수 있음	2	1	2	• 상수도 사용 • 저수조를 주기적으로 청소·관리 • 시험성적서 확인·관리

(계속)

구분		위해요소	발생원인	위해평가			예방관리
				심각성	발생 가능성	결과	
용수	화학적	중금속(납, 불소, 비소 등)	제조과정에서 부적절한 첨가물의 사용 및 허용치 이상의 첨가물 사용으로 인해 잔류될 수 있음	1	1	1	• 상수도 사용 • 시험성적서 확인·관리
		유해물질(페놀 등)		1	1	1	
		소독제(잔류염소 등)		1	1	1	
포장재	화학적	납,카드뮴,수은 및 6가크롬(재질)	부적절한 포장재 사용으로 인하여 화학물질이 제품에 오염될 수 있음	1	1	1	포장재에 대한 재질 확인 및 시험성적서 등 확인·관리
		중금속(용출)		1	1	1	

자료: 식품의약품안전청, 2011

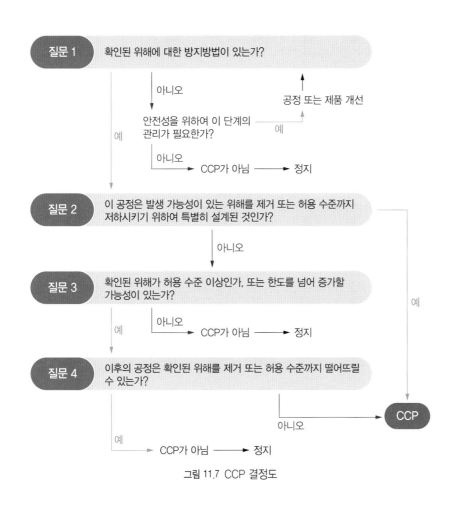

그림 11.7 CCP 결정도

(7) 절차 7: 중요관리점 결정

중요관리점CCP이란 식품위해요소를 예방·제거하거나 허용 수준 이하로 감소시켜 안전성을 확보할 수 있는 단계 또는 공정이다. CCP가 되려면 한계기준을 설정해 모니터링하는 것이 가능하며 한계기준에서 이탈 시 즉각 개선조치를 취할 수 있어야 한다. CCP를 결정할 때는 위해요소분석 결과, 위험도가 낮은 결함(경결함) 이상으로 평가된 위해요소가 있는 원부재료 및 공정의 CCP 여부를 CCP 결정도를 사용하여 판단한다그림 11.7. CCP를 통해 주로 결정되는 것은 다음과 같다.

- 미생물 증식을 최소화할 수 있는 냉각공정이나 냉장·온장(온도)
- 병원성 미생물을 사멸시키기 위하여 특정 시간 및 온도에서 가열 처리(온도, 시간 등)
- pH 및 수분활성도a_w의 조절
- 금속검출기에 의한 금속이물 검출공정(검출기 감도)
- 필터에 의한 여과공정(필터 사이즈) 등

(8) 절차 8: CCP 한계기준 설정

CCP **한계기준**은 위해요소가 관리될 수 있는 범주로 과학적 근거를 기초로 하여 설정된다. 이 기준은 모니터링 결과의 적합과 부적합을 쉽게 판단할 수 있도록 계량화되거나 명확해야 한다. 현장에서 육안 관찰이나 간단한 측정만으로 확인할 수 있는 지표를 활용하는 것이 바람직하다. 한계기준을 결정할 때 고려해야 하는 조건은 다음과 같다. 먼저, 법적인 요구조건(예: 식품위생법에 명시된 법적 조건)이 있는 경우, 반드시 법적 조건을 충족시킬 수 있도록 설정되어야 한다. 법적 기준이 없다면 CCP 공정의 조건별 실제 생산라인에서의 자체 실험을 통해 데이터를 구해 설정하며, 주로 시간, 온도, 수분활성도a_w, pH 등 현장에서 바로 측정할 수 있는 검사에 근거한 수치를 활용한다.

한계기준
중요관리점에서의 위해요소 관리가 허용범위 내로 충분히 이루어지고 있는지 여부를 판단할 수 있는 기준이나 기준치

표 11.9 CCP 한계기준 예시

공정명	CCP	위해요소	위해요인	한계기준
가열	CCP-1B	리스테리아, 장출혈성대장균	가열온도 및 가열 시간 미준수로 병원성 미생물 잔존	• 가열온도: 85~120℃ • 가열시간: 3~5분(품온 80~110℃ 품온 유지시간 3~5분) 등
세척	CCP-1BCP	리스테리아, 장출혈성대장균, 돌, 흙, 모래, 잔류농약	세척방법 미준수로 병원성 미생물, 잔류농약, 이물 잔존	• 세척횟수: 3~6단 • 세척가수량: 20L/분 • 세척시간: 5~10분 등
소독	CCP-1BC	리스테리아, 장출혈성대장균, 잔류염소	소독농도 및 소독 시간, 소독수 교체주기 미준수로 병원성 미생물 잔존, 헹굼방법·시간 미준수로 소독제 잔류	• 소독농도: 50~100 ppm • 소독시간: 1분~1분 30초 • 소독수 교체주기: 10 kg당 • 헹굼방법: 흐르는 물 • 헹굼시간: 30~40분 등
최종 제품 pH 측정	CCP-1B	리스테리아, 장출혈성대장균	최종제품 pH 초과로 인한 병원성 미생물 잔존 및 증식	최종 제품 pH 4.0 이하
최종 제품 수분 활성도 측정	CCP-1B	리스테리아, 장출혈성대장균	최종제품 a_w 초과로 인한 병원성 미생물 잔존 및 증식	최종 제품 a_w 0.6 이하
금속검출	CCP-1P	금속 Fe 2.0mmφ, SUS 2.0mmφ 이상	금속검출기 감도 불량으로 이물 잔존	금속 Fe 2.0 mmφ, SUS 2.0 mmφ 이상 불검출

자료: 한국식품안전관리인증원, 2017

(9) 절차 9: CCP 모니터링 체계 확립

CCP를 효율적으로 관리하기 위한 **모니터링** 체계를 확립한다. 모니터링은 CCP 공정을 담당하는 종업원이 한계기준을 벗어나지 않고 안정적으로 관리되고 있음을 확인하는 HACCP 관리계획에서의 가장 핵심적인 부분이다. 연속적으로 모니터링을 수행할 수 없는 경우, 주기적으로 관리한다. 모니터링 대상과 방법, 주기(빈도), 담당자를 정하여 모니터링 방법을 구체화한다. 모니터링을 연속적으로 수행함으로써 작업과정에서 발생하는 위해요소의 추적이 용이하고, 한계기준 이탈이 일어난 시점을 확인할 수 있으며, 문서화된 기록을 남김으로써 검증과 위생사고 발생 시의 증빙자료로 활용할 수 있다. 모니터링 수행에 사용되는 장비의 정확도를 유지하는 것도 필수적인 사항이다. 온도계를 사용하는 경우, 정기적으로 검·교정을 실시하고 그 기록을 유지한다.

모니터링

중요관리점에 설정된 한계기준을 적절히 관리하고 있는지 여부를 확인하기 위하여 수행하는 일련의 계획된 관찰이나 측정 행위

(10) 절차 10: 개선조치방법 수립

모니터링 결과, CCP가 한계기준에서 이탈한 경우가 발생했다면 신속히 **개선조치**를 취해야 한다. 그러기 위해서는 상황별로 개선조치방법이 수립되어있어야 함은 물론이고, 담당자는 이를 이해하고 실행할 수 있도록 훈련되어야 한다. 개선조치는 즉각적 조치와 재발방지조치로 나뉜다. 즉각적 조치란 관리기준에서 CCP가 이탈할 때 제품의 생산을 중단하거나 재작업하는 등의 적절한 조치를 즉각적으로 취하는 것을 말한다. 재발방지조치는 이탈이 재발하지 않도록 문제점을 미리 파악해 제거하는 것을 의미한다. 개선조치가 취해진 후의 결과는 반드시 문서화하여 기록으로 남긴다.

(11) 절차 11: 검증절차 및 방법 수립

해당 업장에서 HACCP 계획이 적절하게 운영되는지를 평가하는 것을 **검증**이라 한다. 검증은 HACCP 계획이 적절한지를 따지는 유효성 평가와 유효하다고 평가된 HACCP 계획을 제대로 실행하는지를 검토하는 실행성 평가로 나뉜다. 검증은 과학적·사실적이고 정확히 실행되어야 하며 이를 위해 서류검증, 현장검증, 실험검증을 단독 혹은 병행 실시한다표 11.10.

표 11.11 HACCP 관리계획표(OO두부) 예시

중요 관리점	원료/ 공정	위해요소	한계기준	모니터링	
				대상	방법
CCP1-B	살균 공정	병원성 미생물잔존 (리스테리아 모노사이토지니스, 장출혈성대장균 등)	살균온도 87±2℃	살균 온도	살균기 판넬 온도 확인
			살균시간 32±2분	살균 시간	타이머로 시간 확인
CCP2-P	금속검출 공정	금속검출기 감도 저하 및 고장으로 인한 금속물질 잔존	금속이물 불검출	금속검 출기	금속검출기 감도 모니터링
					금속검출기에 의한 공정품 확인

자료: 식품의약품안전청, 2011, 재구성

표 11.10 검증방법

종류	구체적 방법
서류검증	• HACCP 관리계획 관련 보고서, 현장기록(체크리스트) 및 문서의 내용 확인 • 검증된 기록과 문서를 비교 • 공정흐름도, 도면, 기준서, 일지, 점검표, 시험성적서 등 확인 • 고객 배상 청구 데이터베이스, 이전의 검증보고서 확인
현장검증	• 설정된 CCP의 유효성 • 담당자의 CCP 운영, 한계기준, 감시활동 및 기록관리 및 이해도 확인 • 한계기준 이탈 시 담당자가 취해야 할 조치사항에 대한 숙지상태 확인 • 모니터링 담당자의 업무 수행상태 관찰 • 공정 중 모니터링 활동기록의 일부 확인 • 제조공정 및 작업장 평면도의 현장일치 확인
실험검증	• 미생물 실험(공정품, 최종 제품, 설비 표면, 환경 등) • 이화학적 분석(pH, 유효염소 농도 등) • 관능검사를 통한 검증도 가능 • 공정품의 품온 측정, 모니터링 계측장비의 비교 측정 등

(12) 절차 12: 문서화, 기록 유지방법 수립

HACCP 시스템을 효율적으로 운영하기 위해 문서화 및 기록 유지방법을 설정하는 단계이다. HACCP 시스템의 절차, 방법, 기준 등을 문서화하여 선행요건

주기	담당자	개선조치	기록물	검증
작업 시작 전 작업 중 2시간마다 작업 중 2시간마다	살균 담당자 (○○○)	• 살균온도 및 시간 미달 시 재살균을 실시 • 기계 고장 시 생산 중단 • 즉각적인 수리가 불가능할 경우, 공정품을 교차오염이 되지 않도록 냉장고에 보관한 후 수리가 끝나면 제품 생산	중요관리점 점검표	• 중요관리점 점검표 확인 • 살균기 온도계는 연 1회 검교정 • 월 1회 모니터링실행성 검증
작업시간 전 작업시간 중 4시간마다 작업 중 상시	금속검출 담당자 (○○○)	• 고장 확인 시 담당자는 즉시 수리하고, 이전 모니터링 시점부터 고장 확인 시점까지 금속검출기를 통과한 공정품을 재통과시키고 그 결과를 기록 • 즉각적 수리가 불가능할 경우, 공정품을 냉장창고에 보관한 후, 수리가 끝나면 금속검출기의 정상작동을 확인 후 제품 생산	중요관리점 점검표	• 중요관리점 점검표 확인 • 폐기, 선별 등 기록 확인 • 월 1회 모니터링실행성 검증

프로그램 관리기준서와 HACCP 관리기준서를 만든다. HACCP 관리계획표는 CCP, 위해요소, 한계기준, 모니터링방법, 개선조치, 검증방법, 기록방법 등을 넣어 일목요연하게 볼 수 있도록 하나의 표로 만든 것이다표 11.11. 현장에서 담당자가 업무에 쫓기다 보면 모니터링을 수행한 후 기록을 소홀히 하는 경우가 많다. HACCP 기록유지방법을 처음 수립할 때 이전에 관리하던 기록 형식을 변형하여 HACCP 결과가 담길 수 있도록 작성하는 것이 가장 효율적이다. 모니터링 일지나 개선조치 결과 기록지 등은 검증을 위한 증거가 되므로 실시간 내용을 사실적으로 정확하게 기록한다. HACCP 시스템 관련 문서와 기록은 별도의 장소에 최소 2년 이상 보관한다.

6 급식소에서의 HACCP 시스템 적용

HACCP을 적용하려면 제품 품목별로 제품설명서를 작성하는 것이 원칙이다. 그러나 급식소에서는 매번 음식이 달라지기 때문에 식품업체와 같은 모든 음식에 대한 제품설명서 기술이 불가능하므로, 조리공정별로 음식을 분류하고 기존의 표준 레시피를 활용한다. 미국 FDA에서 제시한 공정접근법process approach을 참조하여 국내 학교급식을 비롯한 집단급식에서는 비가열 조리공정, 가열 조리공정, 가열조리 후 처리 공정의 3가지로 분류하여 HACCP 적용에 활용하고 있다표 10.4.

사 례

단체급식소의 HACCP 시스템 적용

식품의약품안전처로부터 HACCP 시스템 인증을 받은 한 병원급식소의 HACCP 시스템 적용 사례이다. 이 대형 종합병원은 2007년부터 환자식을 대상으로 HACCP을 적용해 오고 있다. 해당 병원급식에서는 '생채소·과일의 소독(CCP-1B)', '가열(CCP-2B)', '열처리(CCP-3B)', '보관 및 배식(CCP-4B)', '식기세척/소독(CCP-5B)'을 중요관리점으로 관리하고 있다. 환자급식이 지니는 특이사항이 반영된 중요관리점은 '열처리(CCP-3B)'이다. 면역력이 저하되어 무균관리를 받고 있는 일부 환자를 대상으로 급식하는 음식의 경우, 조리 후 병실로 운반하기 전에 한 번 더 열처리하여 음식을 포장하고 있다. HACCP 관리기준서에 포함되는 문서들을 통해 HACCP 적용 방법을 확인할 수 있다.

조리완제품설명서

운영점명	○○○병원점	작성자 및 작성연월일	
조리완제품 유형	대분류		소분류
	조리공정 2 가열 이후 후작업이나 생재료가 첨가되는 메뉴		무침류
성분배합비율 및 조리방법	• 성분배합비율: SAP 메뉴 레시피 참조 • 조리방법: 조리공정별 가공방법 참조		

	구분	법적 규격	사내규격
조리완제품의 규격	성상	고유의 색택과 향미를 가지며, 미·이취가 없어야 한다.	고유의 색택과 향미를 가지며, 이미·이취가 없어야 한다.
	물리적	이물이 없어야 한다.	이물이 없어야 한다.
	생물학적	1) 식중독균 6종: 음성 2) 바실루스 세레우스: 1.0×10^4 CFU/g 이하 3) 클로스트리디움 퍼프린젠스: 1.0×10^2 CFU/g 이하 4) 포도상구균: 1.0×10^2 CFU/g 이하 5) 대장균: 음성	1) 식중독균 6종: 음성 2) 바실루스 세레우스: 1.0×10^3 CFU/g 이하 3) 클로스트리디움 퍼프린젠스: 1.0×10 CFU/g 이하 4) 포도상구균: 1.0×10 CFU/g 이하 5) 대장균: 음성 6) 일반세균: 1.0×10^5 CFU/g 이하 7) 대장균군: 1.0×10^2 CFU/g 이하
	화학적	–	–
보관·배식상의 주의사항	• 냉장음식 5℃ 이하 또는 온장음식 60℃ 이상 보관 및 실온 배식 • 조리 후 장시간 실온 방치로 인한 미생물 증식 방지 • 조리된 음식은 배식 직전까지 오염되지 않도록 뚜껑이나 덮개를 꼭 덮어 오염을 방지하여 보관 • 조리 완제품 취급자(운반, 보관)는 반드시 위생모, 배식용 앞치마, 위생장갑 착용		
조리완제품의 용도	• ○○○병원 환자식사로 제공 일반식(상식, 연식, 유동식), 당뇨식, 체중조절식, 신질환식, 염분조절식, 간질환식, 위장관질환식, 지방조절식, 단백질조절식, 경관유동식, 기타치료식		
배식 방법 및 재질	• 배식도구: 용기/멜라민, 덮개/폴리카보네이트(PC), 폴리스티렌(PS) • 배식용기: 식판/폴리카보네이트(PC), 수저/스테인리스 • 배식온도: 실온 • 배식기한: 조리완료 후 3시간 이내 • 배식방법: 배식카를 이용하여 개별 배식		
표시사항			
비고	1) 식중독균 6종: 살모넬라, 장염비브리오균, 리스테리아 모노사이토지니스, 대장균 O157:H7, 캠필로박터 제주니, 여시니아 엔테로콜리티카		

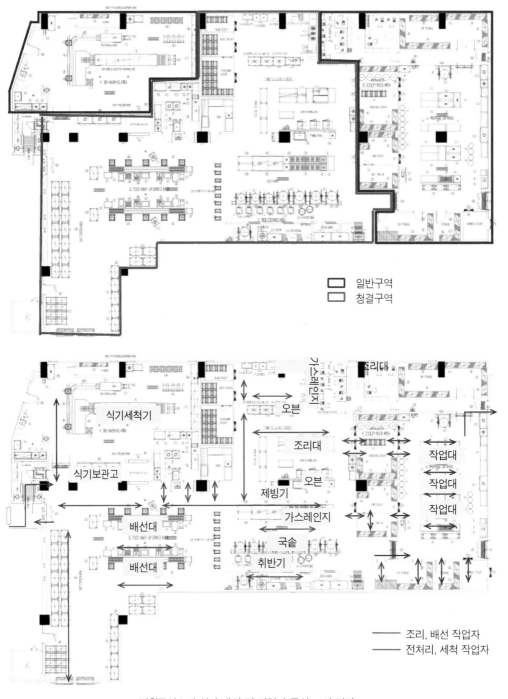

일반구역
청결구역

가스레인지
조리대
오븐
식기세척기
조리대
오븐
식기보관고
제빙기
배선대
가스레인지
국솥
배선대
취반기
작업대
작업대
작업대

조리, 배선 작업자
전처리, 세척 작업자

병원급식소의 설비 배치 및 작업자 동선 표시 평면도

병원급식의 위해요소분석표 일부

위해요소 목록표

운영점명	○ ○ ○ 병원점	최초 작성자 및 최초 작성연월일
		최종 작성자 및 최종 작성연월일

조리제품 유형

조리공정 1

공정(식재료)	위해요소	위해요소 분류	발생원인	위해요소 평가				예방조치	관리방법
				심각성	발생 가능성	종합 평가	위해요소 여부	관리공정/단계/절차	
메뉴 선정	식품안전을 고려하지 않은 메뉴 선정으로 인한 알레르기 유발 등의 트러블 유발	C	알레르기 유발음식 - 햄, 참치, 꽁치, 고등어, 방어, 청어, 삼치, 시금치, 땅콩 등	1	1	1		메뉴 선정	• 섭취 대상, 알레르기 유발식품 등을 모두 고려하여 메뉴 선정 후 선정된 메뉴 제공토 • 알레르기 유발 식재 이용 메뉴는 1개 이하로 제한(1개 세트메뉴 당)
검수	포도상구균	B		1	1	1		검수	
	살모넬라		• 부적절한 배송온도에 의한 식재의 변질, 부패	2	2	4	Hazard	검수	• 협력업체 관리 - 품질보증팀 티코메타자 확인
	바실루스 세레우스		• 배송차량 위생상태 불량	1	1	1		검수	• 배송차량 위생관리 - 물류팀, 연구실
	리스테리아 모노사이토지니스		• 부적절한 검수실에 의한 위해요소 증식	3	1	3	Hazard	검수	• 검수실 세척소독 관리
	E. coli O157: H7		• 검수 시 대기시간 관리 • 검수대, 검수기구(저울 등)의 위	3	3	9	Hazard	검수	• 검수대 및 검수기구 청결 보관 • 검수 시, 유통기한, 포장상태 및 제품상태 확인
	여시니아		생상태 불량	2	1	2		검수	
	장염비브리오		• 식재료의 유통기한 경과 및 제품 포장불량						
	캠필로박터 제주니		• 냉장/냉동식품이 부적절한 보관 (장기간 상온 방치)	2	2	4	Hazard	검수	• 검수시간 단축 및 빠른 작은 보관 • 전일 작업 후 검수대 및 검수장의 청결상태 점검 • 검수일지 확인
	클로스트리디움 퍼프린젠스			1	1	1		검수	• 검수일지 확인

(계속)

공정(식재료)	위해요소	위해요소 분류	발생원인	심각성	발생 가능성	종합 평가	위해요소 여부	예방조치 관리공정/단계/절차	관리방법
검수	이물혼입 - 스테인리스, 철, 캔, 유리조각		포장지 파손으로 인한 이물 혼입	3	1	3	Hazard	검수, 세척/소독	• 이물이 혼입되지 않도록 검수자 주의 • 카탈로그, 스테플러침 등은 작업장에 반입 금지 • 육안선별
	이물혼입 - 돌, 플라스틱, 모래	P	검수자 부주의로 인한 이물 혼입	2	1	2		검수, 세척/소독	
	이물혼입 - 머리카락, 끈, 비닐		검수자 부주의로 인한 이물 혼입	1	2	2		검수, 세척/소독	
보관	포도상구균		부적절한 보관실 청결도 관리로 교차오염	1	1	1		보관	
	살모넬라		보관실 작업자/작업장/설비/기구용기/운반도구/청소도구 등 세척 소독 관리 부족으로 인한 교차오염	2	2	4	Hazard	보관	• 냉장/동고 온도관리 및 기록 • 작업자 교육 • 보관관리, 담당자 교육 • 식재의 분리보관 • 작업자 교육 • 해당 식재의 유통기한 관리 • 저장용기 및 냉장고 주기적 인 청소 • 보관실 청결도 관리 • 보관실 세척소독 관리
	바실루스 세레우스		식재 세척 소독 관리 부족으로 인한 교차오염	1	1	1		보관	
	리스테리아 모노사이토지니스	B	냉장/냉동고 전락장치 고장	3	1	3	Hazard	보관	
	E. coli O157:H7		냉장/냉동보관온도 관리 불량	3	3	9	Hazard	보관	
	여시니아		식재의 분리보관불량에 따른 교차오염	2	1	2		보관	
	장염비브리오		장기 보관에 따른 변질, 부패	1	1	1		보관	
	캠필로박터 제주니		불결한 저장용기 및 냉장고에 의한 오염	2	2	4	Hazard	보관	
	클로스트리디움 퍼프린젠스		배송차량 및 작업자에 의한 포장파손	1	1	1		보관	
	이물혼입 - 스테인리스, 철, 캔, 유리조각	P	작업자 개인위생관리 미흡으로 인한 이물 혼입	3	1	3	Hazard	보관, 세척/소독	• 이물이 혼입되지 않도록 식재 보관 시 유의 • 육안선별 • 방충방서관리 • 작업장관리 • 개인위생관리
	이물혼입 - 돌, 플라스틱, 모래			2	1	2		보관, 세척/소독	
	이물혼입 - 머리카락, 끈, 비닐			1	2	2		보관, 세척/소독	

병원급식의 '가열조리작업(CCP-2B)' 관리계획

HACCP 계획일람표

제조공정		가열
CCP번호		CCP-2B
위해요소	종류	리스테리아, *E. coli* O157: H7, 캠필로박터 제주니, 살모넬라
	발생원인	품온 및 가열 시간 미준수로 병원성 미생물 잔존
한계기준	관리항목	품온, 품온유지시간
	한계기준	85℃ 이상, 1분 이상
모니터링	대상	품온, 품온유지시간
	방법	가열 공정 담당자는 작업 시마다 품온, 품온 유지시간을 가열조리작업일지에 기록한다.
	주기	가열 시마다
	담당자	가열 담당 조리원
개선조치	방법	• 공정 담당자는 즉시 작업을 중지한다. • 해당 제품은 즉시 재가열(85℃ 이상)하고 가열조리작업일지에 이탈사항과 개선사항을 기록하고 HACCP 팀장에게 보고한다. • 기기 고장(가열기구, 온도계 등)인 경우 – 공정 담당자는 즉시 작업을 중지하고 공정품을 보류한 뒤 가열조리작업일지에 이탈사항을 기록하고 설비팀에 수리를 의뢰한다. – 가열조리작업일지에 개선조치사항을 기록하고 HACCP 팀장에게 보고한다.
	담당	가열 담당 조리원
기록 및 보관		가열조리작업일지, 2년

참고문헌

교육부. 2016. 학교급식위생관리지침서 4차 개정.

문혜경. 2010. HACCP 적용을 위한 선행요건 관리. 2010 집단급식소 영양사위생교육 자료집. pp.41-64.

문혜경, 류경. 2004. HACCP 적용에 필요한 시설·설비·문서의 위탁급식소 구비 실태에 관한 조사. 한국식품영양과학회지 33(7): 1162-1168.

문혜경, 조선경. 2003. 위생관리지침서 I. (사)대한영양사협회.

박순희, 문혜경. 2012. 초, 중·고등학교 급식소와의 비교를 통한 대학 급식소의 GMP 시설 구비 및 SSOP 수행도 조사. 대한영양사협회학술지 18(3): 248-265.

식품의약품안전처, 한국보건산업진흥원. 2013. 해썹홍보사이트-해썹 바로알기, http://www.haccphub.or.kr/pr/intro/wrong.do.

식품의약품안전처. 2018. 식품 및 축산물 안전관리인증기준, https://www.haccp.or.kr/site/haccp/boardView.do?post=77133&page=&boardSeq=765&key=81&category=&searchType=&searchKeyword=&subContents=/

식품의약품안전처. 2018. 식품위생법, https://www.haccp.or.kr/site/haccp/boardView.do?post=76589&page=&boardSeq=765&key=81&category=&searchType=&searchKeyword=&subContents=/

식품의약품안전청. 2011. 소규모업체를 위한 두부 해썹(HACCP) 관리, https://www.haccp.or.kr/site/haccp/boardView.do?post=59707&page=3&boardSeq=117&key=164&category=&searchType=&searchKeyword=&subContents=/

신동화, 오덕환, 우건조, 정상희, 하상도. 2011. 식품위생안전성학. 한미의학.

이정훈, 윤미숙, 차욱진, 유진현, 이희태, 김민경. 2016. 식품위생학 개정판. 백산출판사.

정덕화. 2004. HACCP 제도의 이해. 경상대학교 제 5차 HACCP system 적용 전략 Workshop 자료집.

정덕화, 강진순. 2013. HACCP 원리에 기초한 식품위생안전성학. JMK.

한국식품안전관리인증원. 2017. 알기쉬운 HACCP 관리, https://www.haccp.or.kr/site/haccp/boardView.do?post=73107&page=&boardSeq=773&key=2216&category=&searchType=&searchKeyword=&subContents=/

한국식품안전관리인증원. 2018. HACCP KOREA 2018. p.58, https://www.haccp.or.kr/site/haccp/boardView.do?post=81281&page=&boardSeq=90&key=2217&category=&searchType=&searchKeyword=&subContents=/

한국식품안전관리인증원. 2019. https://www.haccp.or.kr/site/haccp/main.do/

한국식품정보원. 2010. HACCP의 개요. 2010년도 교육훈련 HACCP 팀장과정 자료집.

한국HACCP연구회. 1997. 미국의 워크숍 매뉴얼 제Ⅲ집. 신하출판사.

홍종해, 김창남, 박석기, 이성모. 2003. 위해요소중점관리기준 적용 매뉴얼 개발. 2003년 식품의약품안전청 용역연구보고서.

FAO. 1998. Food Quality and Safety Systems−A Training Manual on Food Hygiene and the Hazard Analysis and Critical Control Point (HACCP) system. Food and Agriculture Organization of the United Nations, Rome.

Sun Y−M, Ockerman HW. 2005. A review of the needs and current applications of hazard analysis and critical control point(HACCP) system in foodservice areas. *Food Control* *16*(4): 325−332.

USDA. 2005. Guidance for School Food Authorities: Developing a School Food Safety Program Based on the Process Approach to HACCP Principles, http://www.fns.usda.gov/cnd/CNlabeling/Food−Safety/HACCPGuidance.pdf/

US FDA. 1998. A HACCP Principles Guide for Operatons of Food Establishments at the Retail Level, http://www.cfsan.fda.gov/~dms/hret−toc.html/

US FDA. 2004. Final Report, August, 2004. Section One: Current Food Good Manufacturing Practices, http://www.cfsan.fda.gov/~acrobat/gmp−1.pdf/

CHAPTER **12**

식품위생행정과 식품위생검사

식품위생행정이란 국가가 식품, 건강기능식품, 식품첨가물, 기구, 용기, 포장 등의 안전성과 건전성 확보를 위해 행정조직을 이용하여 법령을 근거로 정책을 개발하고 관리하는 활동이다. 식품위생행정은 정치, 경제, 사회적 환경 변화에 따른 국민의 의식 및 요구 정도, 국내외 식품산업, 식품위생기술 및 관리 동향과 같은 환경에 적절하고 효율적인 형태를 유지하기 위해 끊임없이 발전되고 있다. 효율적인 식품위생관리를 위해서는 국내외 행정조직, 관련 법령 및 제도에 대한 이해가 필요하다.

식품위생검사는 식품을 공급하기 전에 그 위생상태를 판단하여 오염된 식품 섭취로 인한 식중독을 사전에 예방하기 위해 필요하며, 식중독 사고가 발생한 경우에는 식중독 원인물질과 오염경로를 규명함으로써 사고의 확산과 재발을 막기 위한 대책을 수립할 수 있다. 식품위생검사에서 무엇보다 중요한 것은 검사의 신뢰도이다. 정확한 검사 결과를 얻기 위해 올바른 검체의 채취 및 취급이 이루어져야 하고, 검사목적에 따라 다양한 종류의 검사들이 실시된다.

1 식품위생행정

1) 식품위생행정관리체계

세계 각국은 자국의 전통·관습, 필요성, 현안 등에 따라 다양한 형태의 식품
위생행정관리체계를 운용하고 있다. 미국은 농림과 보건 분야로 나누어 관리
함으로써 경쟁적 상호보완이 가능한 다원적 관리체계를 가지고 있는 반면 캐
나다, 영국, 호주 등은 일원적 관리체계를 유지하여 정책 수행의 신속, 집중적
관리가 용이한 구조를 가지고 있다표 12.1. 그중 영국과 호주는 식품안전관리가
보건 분야에 소속된 반면 캐나다는 농림 분야에 소속되어있다. 광우병 사건의
해결을 위해 영국은 내각부 산하에 식품기준청Food Standard Agency, FSA를 설치하
였고, 일본은 식품안전정책위원회를 설치하여 위해분석과 위해관리를 분리시
키는 등 그 변화가 인지되고 있다.

(1) 국내 식품위생행정기구

우리나라 식품위생행정은 1961년 농림부에 가축위생과 설치 및 수산국 설립,
1967년 보건복지부에 식품위생과 설치로 시작되었다. 종전 식품안전관리체

표 12.1 세계 각국의 식품 위생행정 관리체계

구분	관리체계	식품안전 관리기관	상급기관	성격	관리 대상
EU	일원적 관리	EU FVO(식품수의과), EFSA(유럽식품안전청), EU-RLs(유럽표준연구실)	보건·소비자보호총국	정책·집행기관	모든 식품
미국	다원적 관리	FDA(식품의약국), FSIS(식품안전검사국)	보건복지부, 농무부	정책·집행기관	FDA(축산물 제외 모든 식품), FSIS(축산물)
캐나다	일원적 관리	CRA(식품검사청)	농업농산식품성	정책·집행기관	모든 식품
영국	일원적 관리	FSA(식품기준청)	보건복지부	정책·집행기관	모든 식품
호주	일원적 관리	ANZFA(식품청)	보건복지부	정책기관	모든 식품
일본	다원적 관리	식품안전위원회, 소비자청, 후생노동성, 농림수산성	후생노동성, 농림수산성	정책·집행기관	모든 식품

자료: 보건사회연구원, 2010; 오상석, 2015; 식품의약품안전처, 2017

계는 보건복지부(식품의약품안전청), 농림축산식품부, 교육부, 환경부 등 총 6개 부처에서 28개 법률에 근거하여 관리단계별로 관리하는 체계를 가지고 있었다.

2013년 국무총리실 소속으로 식품의약품안전처가 설치된 배경에는 광우병 등 대형 식품사고 이후 다수의 선진국들이 다원화된 식품안전관리체계를 통합하였고, 식품안전이 생산 제조단계 안전책임과 소비자보호 중심의 독립적 행정 영역으로 발전하는 추세를 보였기 때문이다. 이때부터 보건복지부의 식·의약품 안전관리 분야(식품의약품안전청)와 농림축산식품부의 농·수산물 위생 안전관리 분야를 통합함으로써 식·의약품 안전관리 일원화와 컨트롤 타워로서의 역할을 수행하고, 농축수산물과 가공식품 등 모든 식품안전관리 체계가 생산부터 소비까지 통합관리체계로 변화되었다. 그러나 아직도 급식 분야의 위생업무는 학교 및 유치원 급식은 교육부, 교정시설 급식은 법무부, 군대급식은 국방부, 그 외 집단급식은 식품의약품안전처 등으로 분산되어 관리되고 있다.

중앙조직

- 식품의약품안전처Ministry of Food and Drug Safety, MFDS는 식품 및 의약품의 안전에 관한 사무를 관장하는 중앙행정기관이다. 1998년 2월 보건복지부의 외청으로 식품의약품안전청이 설치되었던 것이 2013년 3월 23일 개편, 발족되었다. 식품·의약품의 안전관리체계를 구축·운영하여 국민이 안전하고 건강한 삶을 영위할 수 있도록 하는데 목적을 두고 있으며, 농축수산물 등 식품안전관리 일원화에 따라 조직이 확대 개편되었다. 현재 본부에는 8국 1관(1기획관)을 두고, 소속기관으로 식품의약품안전평가원(6부), 6개 지방청, 16개 수입식품 검사소로 구성되어있다. 2020년 1월 기준 본부의 조직도는 다음 그림과 같다그림 12.1.
- 농림축산식품부는 농산·축산, 식량·농지·수리, 식품산업진흥, 농촌개발 및 농산물 유통에 관한 사무를 관장하는 중앙행정기관으로 2013년 3월 23일 농림수산식품부에서 수산분야는 해양수산부로, 식품안전 분야는 식

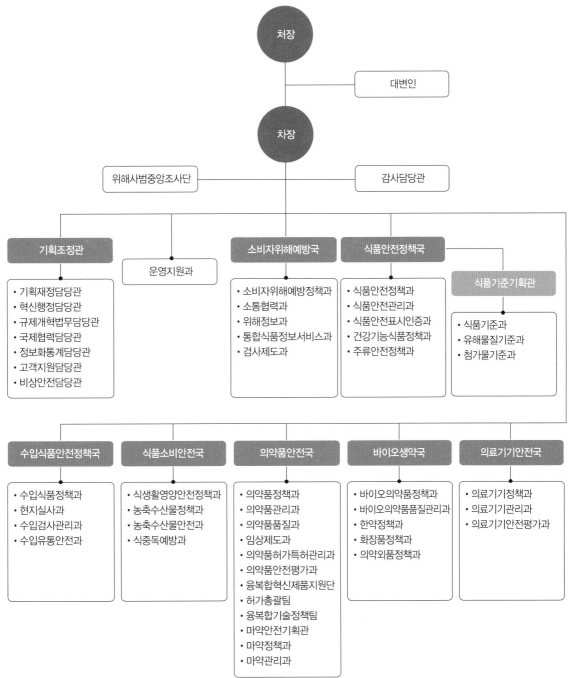

그림 12.1 식품의약품안전처 본부 조직도(2020)

품의약품안전처로 이관하며 농림축산식품부로 개편되었다. 식품산업진흥법, 행정권한의 위임 및 위탁에 관한 규정, 농산물품질관리법, 수산물품질관리법에 따라 농수축산식품의 재배 및 수입, 축산식품의 가공 및 수입과 보관·운반 등 유통을 관리함으로써 질 좋은 식품의 안정적 공급을 위한 활동을 하고 있다. 농축수산물 등 식품안전관리 일원화에 따라 많은 업무가 식약처로 이관되었으나, 축산물 안전관리업무 중 농장·도축장 및 집유장의 위생·질병·품질관리·검사 및 식품 및 축산물 안전관리인증기준 HACCP 운영에 관한 사항은 식품의약품안전처 산하 식품안전관리인증원으로 이관되어 관리되고 있다.

지방 기구 및 조직 지방 식품위생행정은 특별시·광역시·도와 시·군·구로 구분하여 관할 행정기관에서 담당하고 있다. 지방 식품위생행정조직은 지방자치단체의 자치행정과 중앙부처인 행정안전부 관리가 공존하고 있다. 식품위생 관련 업무는 식품의약품안전처 및 지방청이 지도·관리하는 이원화 체계를 가지고 있다. 특별시·광역시·도는 '보건위생과' 또는 '위생과'에서 이루어지고, 산하 시·군·구 단위에서는 '위생과' 또는 '위생계'에서 수행하고 있다. 일반적인 업무는 식품위생과 공중위생으로 구분되고, 주된 업무는 주로 인·허가 및 감시, 감독이다.

(2) 국제 식품위생기구

세계보건기구World Health Organization, WHO 유엔 산하 보건위생 분야의 국제적 협력을 위해 1948년에 설립된 전문 기구이다. 우리나라는 1949년에 가입하였다.
설립 목적은 전 세계 사람들이 가능한 한 최고의 건강 수준에 도달하도록 국제 보건사업을 지도하고 조정하는 것이다. 2019년 현재 가맹국은 194개국이며, 전 세계에 6개 지역 사무처와 150개 국가 사무소를 두고 있고, 본부는 스위스 제네바에 있다. 주요 사업은 본부 사무국을 중심으로 한 국제 보건사업의 지도 및 조정과 각 지역 사무국을 중심으로 한 각국에 대한 기술원조로 구분된다. 국제식품규격위원회Codex Alimentarious Commission, CAC는 세계보건기구와 유엔식량농업기구가 협력하여 1962년 소비자의 건강보호와 식품의 공정한 무역을 보장할 목적으로 설립되어 1963년 제1회 총회가 개최되었다. 주된 역할로는 국제 식품규격 작성, 동 위원회의 잔류 농약 등 규격이 범세계적인 공통규격으로 활용된다. 참가국은 175개국이며, 1개 기관이 가맹되어있다. 본부는 로마에 있다.

유엔식량농업기구Food and Agriculture Organization of the United Nations, FAO 1943년 미국 루즈벨트 대통령의 제창에 의해 개최된 식량농업회의를 모체로 하여, 1945년 캐나다 퀘벡에서 소집된 제1회 총회에서 34개국의 서명으로 발족되었다. 설립 목적은 인류의 영양상태 및 생활수준의 향상, 농산물의 생산 및 분배 능률 증진이며, 세계 식량안보 및 농촌 개발에 중추적 역할을 수행하는 국제기구이다. 회원국은 2019년 현재 194개국과 1개 회원기구European Community, EC로 되어있으며, 본부는 이탈리아 로마에 있다. 우리나라는 1949년에 가입하였다. 주요 활동인 인류의 식량문제 해결, 영양상태 개선, 농촌지역 빈곤해소 등을 위하여 세계보건기구WHO, 세계식량계획World Food Progra(m)me, WFP, 국제농업개발기금International Fund for Agricultural Development, IFAD, 아프리카 · 아시아 농촌개발기구African-Asian Rural Development Organization, AARDO와 연계한 다양한 프로그램을 수행하고 있다. 식품안전을 위한 주요 사업으로 국제적으로 거래되는 농산물 안전을 확보하고자 Codex 규격, 국제식물보호협약International Plant Protection Convention, IPPC 등의 국제 규격을 마련하였다.

세계무역기구World Trade Organization, WTO 세계무역질서를 수립하고 UR협정 Uruguay Round of Multinational Trade Negotiation의 이행을 감시하는 국제기구이다. 제2차 세계대전 이후 자유무역을 지향하기 위해 만들어졌던 관세 및 무역에 관한 일반협정General Agreement on Tariffs and Trade, GATT 체제를 대체하기 위해 1995년에 설립되었다. 주 임무는 국가 간 경제 분쟁에 대한 판결권과 판결을 집행하고 국가 간 분쟁이나 마찰을 조정하는 역할로, WTO 협정의 집행, 무역협상의 타결, 무역분쟁의 해결, 각국 무역정책의 유도, 개발도상국의 기술원조 및 훈련,

WHO
(World Health Organization)

FAO
(Food and Agriculture
Organization of the United Nations)

WTO
(World Trade Organization)

그림 12.2 국제 식품위생기구

기타 국제기구와의 협력 임무를 수행하고 있다. 회원국은 2019년 현재 194개 국과 1개 회원기구European Community, EC로 되어있으며, 본부는 스위스 제네바에 있다. 세계무역기구는 현재 국제법 지위의 20개 이상의 협정을 가지고 있다. 이 중 위생검역, 위생 및 식물위생조치에 관한 협정Sanitary and Phytosanitary (SPS) Measures은 1995년 적용되기 시작했으며, 국제 무역의 자유로운 흐름을 달성할 수 있도록 검역기준의 적용을 제한하는 것을 목표로 하고 있다. 위생 및 검역 조치에 관한 협정을 통해 세균 오염, 살충제, 검사, 표식을 포함하며 식품안전에 관한 각국 정부 시책에 제한을 가할 수 있다.

2) 식품위생제도

(1) GAP 제도

채소와 과일에서 농약이 과다 검출되었다는 언론보도 등으로 농산물 안전성에 대한 국민적 우려가 증대되고, 국제적으로 안전한 농산물 공급 필요성을 인식하게 되면서 GAPGood Agricultural Practices 제도(농산물우수관리제도)가 시행되었으며, 우리나라에서는 2006년부터 본격 시행하고 있다. 이 제도는 농산물의 안전성을 확보하고 농업 환경을 보전하기 위해 농산물의 생산, 수확 후 관리 및 유통의 각 단계에서 작물이 재배되는 농경지 및 농업용수 등의 농업환경과 농산물에 잔류할 수 있는 농약, 중금속, 잔류성 유기오염물질 또는 유해 생물 등의 위해요소를 적절하게 관리하는 것이다. 단, 현재 GAP 농산물에 미생물은 관리 대상으로 포함되어있지 않다. 1997년 Codex, 2003년 FAO 등 국제기구에서 GAP 기준을 마련하여, 유럽, 미국, 칠레, 일본, 중국 등 주요 국가가 현재 시행 중이다.

(2) GMP 제도

GMP^Good Manufacturing Practices(우수제조기준) 제도란 제품의 안전성을 확보하기 위해 생산·공급에 필요한 시설, 설비, 재료, 공정 및 최종 제품에 적용되는 최소한의 요건으로 식품 제조가 위생적인 조건에서 준비·가공·포장·보관되어 불결한 것에 오염되거나 이로 인해 건강에 해를 끼치지 않도록 하기 위해 적용된다. 많은 국가에서 의약품과 의료기구 생산의 품질관리에 적용되던 개념이며, 국내 식품 분야에서는 HACCP 적용을 위해 일반위생관리기준^Sanitation Standard Operating Precedures, SSOP과 함께 선행요건 프로그램의 일부분으로 구성되고, 건강기능식품과 관련하여 식약처 고시에 의거 우수건강기능식품제조기준^GMP 적용업소가 지정·관리되고 있다. 미국에서는 cGMP^current Good Manufacturing Practice를 연방정부법규인 CFR^Code of Federal Regulations Part 110에 제시하여 식품의 제조, 포장 및 보관을 위한 기준이 되고 있으며, 식품공장에서 의무적으로 도입하도록 하고 있다.

(3) 식품안전관리인증기준

식품안전관리인증기준^Hazard Analysis and Critical Control Point, HACCP은 식품의 원료, 제조, 가공 및 유통의 각 단계에서 발생할 수 있는 위해요소를 분석하고^hazard analysis, 중요관리점^critical control point을 파악하여 해당 지점에서 위해요소를 중점적으로 관리함으로써 식품 안전성을 확보하기 위한 품질관리시스템이다. 즉, 제조공정 중 중요관리점에서 온도, 시간, pH 등의 관리 대상 항목을 모니터링하여 최종적으로 안전한 식품을 생산할 수 있도록 체계적으로 관리하는 예방적 위해관리시스템이다. 국내의 경우 축산물 가공장, 식육판매장 등의 축산물과 제조·가공업, 집단급식소, 식품접객업 등의 식품에 의무 또는 자율 적용되고 있다.

(4) 식품 회수

식품 회수(리콜recall)란 위해식품을 시장에서 회수하여 소비자를 적시에 보호하기 위한 수단으로 1995년 식품위생법에 도입·운영되고 있다. 판매를 목적으로 식품 등을 제조·가공·소분·수입 또는 판매한 영업자가 해당 식품이 식품위생법에 대한 위반 사실을 알게 된 경우 지체 없이 유통 중인 해당 식품 등을 회수하거나 회수에 필요한 조치를 하게 된다. 회수는 자진회수와 강제회수로 구분된다. 자진회수는 해당 식품의 영업자가 자발적으로, 강제회수는 행정당국의 명령에 의해 해당 식품의 영업자가 회수하는 제도이다.

(5) 식품이력추적관리제도

식품이력추적관리제도food traceability system의 개념은 식품, 사료, 동물 및 동물 관련 물질을 가공한 식품의 생산, 가공, 유통의 모든 단계에서 이력추적 정보를 기록·관리하여 소비자들에게 제공함으로써 안전한 식품 선택을 위한 소비자의 알권리를 보장하고, 해당 식품의 안전성 등에 문제가 발생할 경우 신속한 유통 차단과 회수 조치를 할 수 있도록 이를 추적하고 관리하는 제도이다. 바코드나 RFIDRadio Frequency Identification 태그를 이용하여 제품의 생산과정이나 이동에 대한 추적이 가능하다.

농산물   축산물   건강기능식품

그림 12.3 식품이력추적관리 표지

(6) 음식점위생등급제

음식점위생등급제는 음식점의 위생상태를 평가하고 우수한 업소에 한해서 등급을 매우우수, 우수, 좋음으로 지정하여 공개하는 제도이다그림 12.4. 전체 음식

쉬어가기

쇠고기 이력제

쇠고기 이력제는 소의 출생부터 도축·가공·판매에 이르기까지의 정보를 기록·관리하여 위생, 안전에 문제가 발생할 경우 그 이력을 추적하여 신속하게 대처해나가기 위한 제도이다. 이 제도를 도입함으로써 쇠고기 유통의 투명성을 확보할 수 있으며, 원산지 허위표시나 둔갑판매 등이 방지되고, 판매되는 쇠고기에 대한 정보를 미리 알 수 있어 소비자가 안심하고 구매할 수 있게 된다. 사업의 추진체계는 다음과 같다.

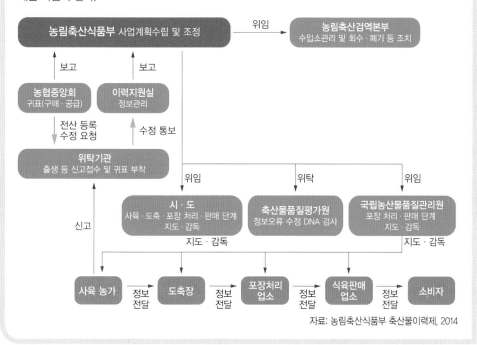

자료: 농림축산식품부 축산물이력제, 2014

그림 12.4 음식점위생등급제 표시

자료: 식품의약품안전처, 식품안전정보원

점의 위생수준을 향상시키고 식중독 예방은 물론 소비자의 선택권을 보장하기 위한 목적으로 2017년 이전에는 일부 시에서 자체적으로 실시하였으나, 2017년 5월부터 식품위생법 제47조의 2에 근거하여 운영되고 있다. 식품의약품안전처에서는 한국식품안전관리인증원에 평가업무를 위탁하여 운영함으로써 평가 결과의 공정성 및 신뢰성을 확보하고, 평가자의 전문성을 꾀하고 있다. 평가내용에는 객석, 조리장, 종사자 위생관리, 화장실 등 위생 관련 사항이 포함된다.

3) 식품위생 관계 법령

우리나라 식품위생 관계 법령은 식품안전기본법을 중심으로 식품위생법, 식품산업진흥법 등이 있으며, 이들과 소관부처는 다음 표에 제시하였다표 12.2.

(1) 식품안전기본법

식품안전기본법은 식품의 안전에 관한 국민의 권리와 의무, 국가 및 지방자치단체의 책임을 명확히 하고, 식품안전정책의 수립·조정 등에 관한 기본적인

표 12.2 **식품위생관계 법령 및 소관부처(2019년 6월 기준)**

법률	소관부처
식품안전기본법 식품위생법 건강기능식품에관한법률 축산물위생관리법 어린이식생활안전관리특별법	식품의약품안전처
식품산업진흥법	농림축산식품부, 해양수산부
농수산물품질관리법	농림축산식품부, 식품의약품안전처, 해양수산부
학교급식법	교육부
먹는물관리법	환경부
소비자기본법 제조물책임법	공정거래위원회

사항을 규정함으로써 국민이 건강하고 안전하게 식생활을 영위하게 할 목적으로 제정된 법률이다. 식품안전기본법은 일반법, 기본법의 성격을 갖고 있어서 식품안전 관련 법령을 제·개정하는 경우, 이 법의 취지에 부합해야 한다. 식품위생법, 건강기능식품에 관한 법률, 어린이식생활안전관리특별법, 식품산업진흥법, 농수산물품질관리법, 축산물가공법, 학교급식법 등의 식품 등과 관련된 법률의 일반법 및 기본법의 성격을 가지고 있다. 그 구성은 식품안전정책의 수립 및 추진체계, 긴급대응 및 추적조사, 식품안전관리의 과학화, 소비자의 참여 등이며, 전문 30조와 부칙으로 이루어져 있다. 2008년 6월 13일 법률 제9121호로 제정된 이후 부처의 역할과 식품안전의 현안에 따라 개정되고 있다.

식품안전정책위원회는 식품안전기본법 제7조에 근거하여 식품안전정책을 종합·조정하기 위하여 국무총리실 소속으로 두고 있는 위원회이며, 중요한 심의내용으로는 기본계획, 식품 등의 안전 관련 주요 정책, 국민 건강에 중대한 영향을 미칠 수 있는 식품안전 법령 및 식품 등의 안전에 관한 기준·규격의 제정·개정, 국민건강에 중대한 영향을 미칠 수 있는 식품 등에 대한 위해평가, 중대한 식품 등의 안전사고에 대한 종합대응방안 등이 있다. 2008년 식품안전기본법을 근거로 관계 중앙 행정기관의 장은 5년마다 소관 식품 등에 관한 안전관리계획을 수립하여 국무총리에게 제출하여야 하며, 국무총리는 식품안전정책위원회의 심의를 거쳐 식품안전관리기본계획을 수립한 후 관계 중앙행정기관의 장에게 통보해야 한다. 세부적인 사항은 1장에 소개하였다.

(2) 식품위생법

식품위생법은 법률에 해당_{그림 12.5}하며, 그 하위에 시행령, 시행규칙, 고시로 구성되어있다. 식품으로 인하여 생기는 위생상의 위해를 방지하고 식품 영양의 질적 향상을 도모하며 식품에 관한 올바른 정보를 제공하여 국민보건 증진에 이바지함을 목적으로 마련된 법으로 1962년 1월 20일 제정되었으며, 여러 차례의 전문 개정을 거쳐 2019년 기준 총 13장 102조로 구성되어있다.

대통령령인 식품위생법 시행령은 식품위생법에서 위임된 사항과 그 시행에

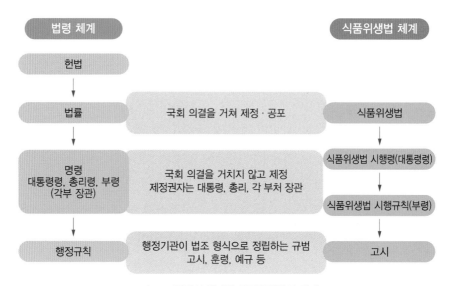

그림 12.5 법령의 체계와 식품위생법의 체계

필요한 사항을 규정함을 목적으로 하며, 전문 57조로 되어있다. 총리령인 식품위생법 시행규칙은 식품위생법 및 동법 시행령에서 위임된 사항과 그 시행에 필요한 사항을 규정함을 목적으로 하고, 전문 101조로 구성되어있다. 행정규칙은 국민의 권리·의무와 직접 관계되는 사항이 아니라 행정조직 내부에서 그 조직이나 업무처리 절차·기준 등에 관해 제정한 것이다. 따라서 행정조직 내부에서는 구속력을 갖지만 국민이나 법원에 대해서는 구속력이 없는 것이 원칙이다. 훈령, 예규, 고시, 지침 등이 이에 속한다. 그러나 식약처에서 고시한 내용은 식품위생관리 현장이나 식품위생 관리의 실제적 집행에 필수적이거나 중요한 것이 많다. 그중 중요성이 강조되고 있는 것으로는 식품의 기준 및 규격, 식품첨가물의 기준 및 규격, 표시기준 등이 있다.

(3) 학교급식법

학교급식법은 학교급식 등에 관한 사항을 규정함으로써 학교급식의 질을 향상시키고 학생의 건전한 심신의 발달과 국민 식생활 개선에 기여함을 목적으로 1980년에 제정되었다. 2020년 기준 5장 25조로 구성되어있으며, 내용으로는 학교급식 시설·설비 기준, 학교급식 관리·운영 등이다. 학교급식 시설·

설비 기준에서는 급식 시설·설비와 영양교사의 배치, 급식 경비에 대한 내용을 담고 있고, 학교급식 관리·운영에는 식재료, 영양관리, 위생·안전관리, 식생활 지도, 영양상담, 학교급식의 운영방식, 품질 및 안전을 위한 준수사항이 포함되어있다. 그 외에 보칙에서 학교급식 운영평가, 출입·검사·수거, 행정처분 요청, 징계 등의 내용을 제시하고 있다.

학교급식 운영평가는 학교급식법 제18조에 의해 학교급식의 질 향상 및 안전성 확보, 만족도 제고와 내실 있는 운영을 위하여 학교급식법시행령 제13조에서 규정하고 있는 사항의 이행정도를 평가하고 우수사례를 적극 발굴하기 위한 목적으로 운영되고 있다. 학교급식 위생·안전 점검은 학교급식법 제19조(출입·검사·수거 등), 동법 시행령 제14조(출입·검사·수거 등 대상시설) 및 제15조(관계공무원의 교육), 동법 시행규칙 제8조(출입·검사 등), 제9조(수거·검사 의뢰 등), 제10조(행정처분의 요청 등)에 근거하여 실시한다. 점검의 목적은 학교급식의 위생과 안전관리를 강화하여 식중독 등 위생사고 발생을 미연에 방지하기 위함이다. 점검의 효율성을 높이기 위해 식재료 또는 제조·가공한 식품을 직접 공급하는 업체에 대해 교육청 또는 지방식약청 주관으로 자치단체 등이 기관 간 행정응원을 통하여 합동점검을 실시하고 있다. 학교급식 위생·안전 점검표에 준해 연 2회 이상 불시점검을 원칙으로 실시하고 있다.

(4) 식품 등의 공전

식품위생법 제14조에는 식품의약품안전처장이 식품 등의 공전을 작성·보급하도록 되어있다. 제7조1항에 따라 정하여진 식품 또는 식품첨가물의 기준과 규격, 제9조1항에 의한 기구 및 용기·포장의 기준과 규격, 제10조1항에 의한 식품 등의 표시기준이 수록되어있다.

식품공전 식품공전에는 식품위생법 제7조의 규정에 의거하여 판매를 목적으로 하거나 영업상 사용하는 식품의 제조·가공·사용·조리 및 보존방법에 관한 기준, 성분에 관한 규격 등이 수록되어있다. 20개 식품군, 138개의 식품종, 480개의 식품유형에 대한 기준·규격, 45종의 재질의 기구·용기·포장의 기준·규격 및 이들에 대한 시험법 등이 실려 있다. 식품공전은 1962년 1월 20일 제정된 식품위생법을 근거로 마련되었으며, 1966년에 주류와 간장의 기준·

학교급식 위생·안전점검 점검 항목 및 배점기준표

학교급식 관련시설에 대한 위생·안전점검 기준은 객관성과 신뢰성을 확보하기 위하여 학교급식 위생관리 수준 향상에 목표를 두고 전국적으로 통용될 수 있는 항목과 방법을 표준화하여 제시하였다.

학교급식 위생·안전점검표에 의한 평가항목은 총 43개 항목으로 학교급식 위생·안전관리 준수사항(22개 항목, all or none 척도 적용)과 학교급식 지도·권장사항(21개 항목, 우수·보통·미흡)으로 구성되어있다. 한편 위생·안전점검 법적 위반 및 지적사항 개선(이행) 및 식품위생법 등 다른 법령 준수, 식중독 발생여부 등에 대한 항목을 신설하고, 앞의 43개 항목 총 득점에서 부적합 항목당 5~10점씩 감점하는 제도를 도입하여 위생·안전점검에 대한 실효성을 확보하고, 학교급식 관계자의 경각심이 제고되도록 하였다.

점검 항목 및 배점기준표

구분(점검 항목 수)		위생·안전점검 배점기준	
학교급식 법령준수사항 (항목수: 22개)	시설관리(3) 개인위생(2) 식재료관리(2) 작업위생(8) 배식 및 검식(2) 세척 및 소독(2) 안전관리(3)	항목당 배점기준	all or none 척도 적합 3점 부적합 0점
		배점	66점
지도 (권장) 사항 (항목수: 21개)	시설관리(12) 개인위생(2) 배식(1) 환경위생관리(2) HACCP(2) 안전관리(2)	항목당 배점기준	2 또는 3단계 척도(1~2점) 우수 2점(1점) 보통 1점(0.5점) 미흡 0점(0점)
		배점	34점
직전 위생·안전점검 지적사항 개선 여부 사항 (항목수: 5개)		배점	위 100점에서 해당항목 부적합 시 5~10점 감점
총배점			100점

자료: 학교급식위생관리지침서, 4차 개정, 2016

규격을 제정 공포함으로써 최초로 만들어졌다. 1967년 12월 23일 간장에 대한 식품의 제조·가공 및 사용에 관한 기준과 성분에 관한 규정을 보건사회부령 제206호로 개정 공포함으로써 비로소 식품공전의 체계를 갖추게 되었다. 1976년 식품위생법이 개정되면서 보건사회부령으로 정해졌던 기준·규격을 보건사회부 고시로 변경하였고, 1977년 식품 등의 기준 및 규격을 전면 개정함으로써 오늘날과 같은 틀을 갖추게 되었다. 이후에도 많은 개정을 거쳤으며, WTO 출범과 함께 품질규격은 완화하되 안전성을 강화하였고, 국제규격과 조화를 이루기 위해 지속적으로 개정되고 있다. 구성은 총칙, 검체의 채취 및 취급방법, 식품 일반에 대한 공통 기준 및 규격, 식품별 기준 및 규격, 식품접객업소의 조리판매 식품 등에 대한 미생물 권장규격, 수산물의 잠정규격, 기구 및 용기·포장의 기준·규격, 일반시험법, 시약·시액 표준용액 및 용량분석용 규정용액, 부표로 되어있다.

식품첨가물공전 식품첨가물의 관리는 제조, 품질관리, 유통, 판매, 사용 및 섭취가 그 기본이 되며, 이들의 행위를 하는 사람에 대한 권리와 의무를 부여 또는 제한함에 있어 법적인 근거가 있어야 한다. 우리나라에서 식품에 사용되는 모든 식품첨가물의 관리는 식품위생법에 근거를 두며 타법에 의해서 관리되

알아두기

미국 FDA Food Code

Food Code는 미국 FDA가 발간하는 레스토랑, 식료품점 등의 소매단위 및 집단급식에 적용되는 위생관리지침으로 각 주에서는 이를 법으로 채택하고 있다. 1934년 제정된 Restaurant Sanitation Regulations를 다양한 이름으로 개정해오다가 1993년 Food Code로 이름을 바꾸고 2001년까지 매 2년을 주기로 개정하였으나, 그 후 4년을 주기로 개정하고 있다. 식중독을 유발하는 위해요소를 관리하기 위한 실천이 가능하고, 과학을 기초로 한 기준이 포함되어있다.

　총 8개의 장과 7개의 부록으로 구성되어있으며, 관리 및 인력, 식품, 장비, 배관, 물리적 시설, 집행 등의 내용을 담고 있다. 미국 보건복지부 산하 질병예방본부(CDC)와 미국 농무부의 식품안전검사국(FSIS), Conference for Food Protection(CFP)이 Food Code의 기준을 제공하고 있다.

자료: 미국 FDA, 2017

는 식품 사용 첨가물에 대해서는 동법에서 규정한 바에 따르고 있다. 식품첨가물공전은 식품첨가물의 제조·가공·사용·보존 등의 방법에 관한 기준과 성분에 관한 규격, 그리고 식품첨가물의 표시에 관한 기준을 수록하였다. 식품첨가물공전의 구성은 총칙, 제조기준, 첨가물의 일반사용기준, 품목별 규격 및 기준, 일반시험법, 시약·시액·용량분석용 표준용액이다.

기구·용기포장공전　식품(축산물 포함) 또는 식품첨가물에 직접 닿아 사용되는 기구 및 용기·포장에서 식품으로 이행될 수 있는 위해 우려 물질에 대한 규격 등을 정함으로써 안전한 기구 및 용기·포장의 유통을 도모하고, 국민보건상 위해를 방지하여 소비자의 안전 확보를 위해 만들어졌다. 식품용으로 사용하는 용기 포장이란 우리나라에서는 "식품 또는 식품첨가물을 넣거나 싸는 것으로서 식품 또는 식품첨가물을 주고받을 때 함께 건네는 물품"으로 정의되어 있다. 1962년 1월 법률 제1007호로 식품위생법을 제정하여 기구 및 용기포장의 기준과 성분에 관한 규격을 제정할 수 있는 근거를 마련하였고, 1968년 7월 보건사회부령 249호에 의거 합성수지제, 금속제, 도자기제 및 수유기구에 대한 기준 규격을 처음으로 제정 공포하였다. 식품의약품안전처는 식품위생법 제3장 기구와 용기 포장의 제9조 기구 및 용기 포장에 관한 기준 및 규격과 제5장 식품 등의 공전의 제14조 식품 등의 공전에 따라 기구 및 용기 포장에 관한 기준 및 규격을 설정하여 관리하고 있다. 공전의 내용은 총칙, 공통기준 및 규격, 재질별 규격, 기구 및 용기·포장의 시험법, 재검토기한, 별표로 구성되어 있다.

4) 식품위생행정의 내용

식품위생법에 명시된 범위로 제한하여 식품위생행정의 내용을 검사 등, 영업 및 행정제재로 구분하였다.

(1) 검사 등

위해평가 식품의약품안전처는 국내외에서 유해물질이 함유된 것으로 알려져, 위해 우려가 의심되는 경우 위해요소를 신속히 평가하여 위해식품인지를 결정하고 있다. 위해 평가 완료 전까지 국민건강을 위하여 예방조치가 필요한 식품 등에 대해서는 판매하거나 판매할 목적으로 채취·제조·수입·가공·사용·조리·저장·소분·운반 또는 진열하는 것을 일시적으로 금지할 수 있다. 다만, 국민건강에 급박한 위해가 발생하였거나 발생할 우려가 있다고 인정하는 경우에는 채취, 제조 등에 대한 금지조치를 한다. 또한, 위해 평가 결과에 관한 사항을 공표할 수 있다.

위해식품 등에 대한 긴급 대응 판매하거나 판매할 목적으로 채취·제조·수입·가공·조리·저장·소분 또는 운반되고 있는 식품이 국내외에서 위해 발생 우려가 있는 것으로 과학적 근거에 의해 제기된 경우, 그 밖에 국민건강에 중대한 위해가 발생하거나 발생할 우려가 있는 경우 긴급대응방안을 마련하고 필요한 조치를 취한다.

유전자재조합식품 등의 안전성 평가 유전자재조합식품 등을 식용으로 수입·개발·생산하는 자와 최초로 유전자재조합식품 등을 수입하는 경우 해당 식품에 대해 안전성 평가를 받게 할 수 있다. 또한, 안전성 평가에 대한 심사를 위하여 식품의약품안전처에 유전자재조합식품 등 안전성평가자료심사위원회를 두고 있다.

수입식품 등의 신고 판매를 목적으로 하거나 영업에 사용할 목적으로 식품 등을 수입하려는 자는 식품의약품안전처장에게 신고하여야 한다. 식품의약품안전처장은 신고된 식품 등에 대하여 통관 절차가 끝나기 전에 관계 공무원이나 검사기관으로 하여금 필요한 검사를 하게 한다. 다만, 기구 또는 용기·포장은 통관 절차가 끝난 뒤에도 검사하게 할 수 있다. 또한, 검사 결과 부적합 식품 등을 수입한 영업자에게는 수입식품 등의 안전성을 확보하기 위한 식품안전

교육을 명할 수 있다.

검사 명령 국내외에서 유해물질이 검출된 식품, 수입 신고한 식품 등을 검사한 결과 부적합률이 높은 식품, 그 밖에 국내외에서 위해 발생의 우려가 제기되었거나 우려가 제기된 식품을 채취·제조·수입·가공·사용·조리·저장·소분·운반 또는 진열하는 영업자에 대하여 식품위생검사기관 또는 식품의약품안전처장이 지정한 국외 공인검사기관에서 검사를 받을 것을 명령할 수 있다.

출입·검사·수거 식품의 위해 방지 및 위생관리와 영업질서의 유지를 위하여 필요한 경우, 영업자나 그 밖의 관계인에게 필요한 서류나 그 밖의 자료의 제출을 요구한다. 또한, 관계 공무원으로 하여금 영업소에 출입하여 판매를 목적으로 하거나 영업에 사용하는 식품 또는 영업시설에 대하여 검사하거나 검사에 필요한 최소량의 식품의 무상 수거 및 영업에 관계되는 장부 또는 서류를 열람할 수 있다.

자가품질검사 의무 식품을 제조·가공하는 영업자는 제조·가공하는 식품이 기준과 규격에 맞는지를 검사하여야 한다. 직접 검사를 행하는 것이 부적합한 경우 자가품질 위탁검사기관에 위탁하여 검사하게 할 수 있다. 검사 결과 해당 식품이 국민 건강에 위해가 발생하거나 발생할 우려가 있는 경우에는 지체 없이 식품의약품안전처장에게 보고하여야 한다.

식품위생감시원 관계 공무원의 직무와 그 밖에 식품위생에 관한 지도 등을 하기 위하여 식품의약품안전처, 특별시·광역시·도·특별자치도 또는 시·군·구에 식품위생감시원을 둔다. 또한, 소비자기본법 제29조에 따라 등록한 소비자단체의 임직원 중 해당 단체의 장이 추천한 자나 식품위생에 관한 지식이 있는 자를 소비자식품위생감시원으로 위촉하여 식품접객영업자에 대한 위생관리 상태를 점검하게 한다.

(2) 영업

영업 허가 또는 신고 식품 영업을 하려는 자는 식품위생법 및 동법 시행령에 따라 영업 허가 또는 신고를 하여야 한다. 신고 대상은 식품운반업, 식품소분·판매업, 식품냉동·냉장업, 용기·포장류 제조업, 휴게음식점, 일반음식점, 위탁급식 및 제과점 영업이며, 허가 대상은 식품조사처리업의 경우 식품의약품안전처장, 단란주점과 유흥주점은 특별자치도지사 또는 시장·군수·구청장의 허가를 받아야 한다. 허가받은 사항 중 대통령령으로 정하는 중요한 사항을 변경할 때, 영업 허가를 받은 자가 폐업을 하거나 경미한 사항을 변경할 때에는 식품의약품안전처장 또는 특별자치도지사·시장·군수·구청장에게 신고하도록 되어있다.

건강진단 식품위생법 시행령으로 정하는 영업자 및 그 종업원에 대해서는 식품에 위해를 끼칠 우려가 있는 질병에 대한 보균자 검색을 위해 건강진단을 받게 하고, 진단을 받은 결과 타인에게 위해를 끼칠 우려가 있는 질병이 있다고 인정된 자는 그 영업에 종사하지 못하도록 하고 있다.

품질관리 및 보고 식품 또는 식품첨가물을 제조·가공하는 영업자와 그 종업원은 원료관리, 제조공정, 그 밖에 식품의 위생적 관리를 위하여 식품위생법 시행령으로 정하는 사항을 지켜야 한다. 또한, 식품 및 식품첨가물을 생산한 실적 등을 식품의약품안전처장 또는 시·도지사에게 보고하도록 되어있다.

위해식품 등의 회수 판매 목적으로 식품 등을 제조·가공·소분·수입 또는 판매한 영업자는 해당식품이 위해와 관련이 있는 사실을 알게 된 경우에는 지체 없이 유통 중인 식품을 회수하거나 회수하는 데 필요한 조치를 취하여야 한다. 이 경우 영업자는 회수 계획을 식품의약품안전처장, 시·도지사 또는 시장·군수·구청장에게 미리 보고하여야 하며, 회수 결과를 보고받은 시·도지사 또는 시장·군수·구청장은 이를 지체 없이 식품의약품안전처장에게 보고하도록 되어있다.

식품 등의 이물 발견 보고 판매 목적으로 식품 등을 제조·가공·소분·수입 또는 판매하는 영업자는 소비자에게 판매한 제품에서 이물을 발견한 사실을 신고 받은 경우, 지체 없이 이를 식품의약품안전처장, 시·도지사 또는 시장·군수·구청장에게 보고하여야 한다. 또한, 소비자기본법에 따른 한국소비자원 및 소비자단체는 소비자로부터 이물 발견 신고를 접수하는 경우, 지체 없이 이를 식품의약품안전처장에게 통보하도록 하고 있다.

위생수준 안전평가 소비자에게 안전한 식품을 공급하고 식품위생 수준을 높이기 위하여 영업허가를 받거나 신고 또는 등록을 한 자 중 식품 및 축산물 안전관리인증기준을 준수하여야 하는 영업자 등에 대하여 식품 등의 제조·가공·조리 및 유통의 위생관리수준과 안전한 식품 공급 등에 대한 평가를 실시한다. 또한, 위생수준 안전평가에 관한 기준을 정하여 고시한다. 위생수준 안전평가에 관한 업무는 관계 전문 기관이나 단체에 위탁할 수 있다. 안전평가 결과는 식품위생수준 등이 우수하고 안전한 식품 등을 공급하는 영업소에 대하여 우수등급 영업소로 결정하여 공표할 수 있다.

(3) 행정제재

시정명령 식품 등의 위생적 취급에 관한 기준에 맞지 않게 영업하는 자와 이 법을 지키지 아니하는 자에게 필요한 시정을 명하는 것이다.

폐기처분 등 영업을 하는 자가 식품위생법을 위반한 경우, 관계 공무원에게 그 식품 등을 압류 또는 폐기하게 하거나 용도·처리방법 등을 정하여 영업자에게 위해를 없애는 조치를 하도록 명하는 것이다.

허가 취소 및 폐쇄 조치 영업자가 식품위생법을 위반한 경우, 영업허가 또는 등록을 취소하거나 6개월 이내의 기간을 정하여 그 영업의 전부 또는 일부를 정지하거나 영업소 폐쇄를 명할 수 있다. 또한, 허가를 받지 아니하거나 신고 또는 등록하지 아니하고 영업을 하는 경우, 허가 또는 등록이 취소되거나 영업소 폐쇄 명령을 받은 후에도 계속하여 영업을 하는 경우에는 해당 영업소를 폐쇄하기 위한 조치를 취하게 할 수 있다.

품목 제조 정지 영업자가 식품위생법을 위반한 경우, 해당 품목 또는 품목류에 대하여 기간을 정하여 6개월 이내의 제조 정지를 명할 수 있다.

면허 취소 위생교육을 받지 않거나 식중독이나 그 밖에 위생과 관련된 중대한 사고 발생에 대해 직무상의 책임이 있는 경우, 면허를 타인에게 대여하여 사용한 경우 등에 대해 면허를 취소할 수 있다.

2 식품위생검사

1) 식품위생검사의 목적과 종류

식품 안전성을 확보하려면 식품은 물론 첨가물, 식품과 접촉하는 기구·용기 및 포장 등에 각종 위해요소가 없거나 기준 이하로 들어있어 안전성에 영향을 미치지 않음을 확인해야 한다. 식품 속에 각종 위해요소가 포함되어있어도 일

표 12.3 식품위생검사의 목적

목적	내용
식품에 대한 안전성을 확보하기 위한 검사	• 최종 제품에 대한 품질 검사 • 농장·식품생산시설의 GAP·GMP에 대한 모니터링 • HACCP 시스템 수립 및 검증
식중독 사고 발생에 대한 역학조사용 검사	• 식중독 원인물질의 규명과 전파경로를 파악 • 식중독 질환의 예방이나 확산 차단을 위한 대책 수립 • 공중보건지식의 향상
식품위생 대책 수립과 지도를 위한 검사	• 병원성 미생물이나 위해의 저감화를 위한 모니터링 • 식중독 오염원과 위해평가에 대한 연구 • 의도된 식품오염(식품을 이용한 테러 등)의 감지

자료: Knechtges, 2012

표 12.4 대표적인 식품위생검사

분류	내용
생물학적 검사	• 미생물 검사: 일반세균이나 지표 미생물의 수를 측정하거나 식중독 미생물에 대한 정성 및 정량검사를 실시한다. • 기생충 검사: 기생충란에 대한 검사를 실시한다.
이화학적 검사	• 유독물질 검사: 천연 독성물질, 유해금속, 항생물질, 곰팡이 독소 등을 검사한다. • 식품첨가물 시험법: 식품에 허용되지 않는 첨가물의 사용 여부나 용량 초과에 대해 검사한다. • 잔류 농약 시험법: 유기염소제, 유기인제, 카바메이트제에 대해 분석한다.

상적으로 행해지는 육안검사나 관능검사를 통해 이를 확인하는 것은 불가능하므로 식중독 미생물이나 농약과 중금속의 오염 여부는 위생검사를 통해서만 확인할 수 있다. 식품위생검사를 실시하는 목적은 크게 3가지로 구분된다표 12.3. 정확하고 신뢰도 높은 검사 결과를 얻기 위해 가장 먼저 고려할 사항은 검사 대상 식품이 무엇이고 어떤 종류의 위해요소와 연관이 있는지에 대해 이해하는 것이다. 이러한 식품위생학적 지식을 바탕으로 위생검사의 목적을 달성하기에 가장 적합한 검사방법을 선택한다표 12.4. 식품위생상 가장 빈번하게 이루어지는 미생물 검사의 대표 항목은 일반세균수, 지표 미생물indicator organism에 대한 정량분석, 식중독 세균과 바이러스를 포함한 병원성 미생물에 대한 정성 및 정량분석이다.

2) 식품위생검사의 전반적 절차

여기서는 식품위생상 가장 빈번하게 이루어지는 미생물 검사에 준한 전반적인 절차에 대해 알아보고자 한다그림 12.6.

(1) 검체의 채취

검체란 식품으로부터 채취한 검사용 시료로 통계적으로 전체 식품을 대표하도록 채취하는 것이 원칙이다. 검체 채취는 검사 목적, 식품의 종류와 물량, 성상, 오염 가능성 등 검체의 상태를 고려해 수행한다. 불균일한 검체라면 여

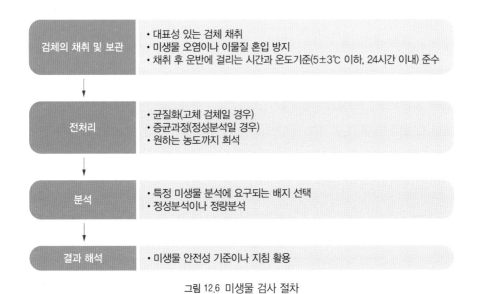

검체의 채취 및 보관	• 대표성 있는 검체 채취 • 미생물 오염이나 이물질 혼입 방지 • 채취 후 운반에 걸리는 시간과 온도기준(5±3℃ 이하, 24시간 이내) 준수
전처리	• 균질화(고체 검체일 경우) • 증균과정(정성분석일 경우) • 원하는 농도까지 희석
분석	• 특정 미생물 분석에 요구되는 배지 선택 • 정성분석이나 정량분석
결과 해석	• 미생물 안전성 기준이나 지침 활용

그림 12.6 미생물 검사 절차

러 부위로 나누어 부위별 소량씩 채취해야 하기에 검체의 총량이 많아진다. 액체일 경우는 잘 흔들어 섞은 후 채취한다. 검사의 효율성과 경제성으로 인해 부득이 소량의 검체를 채취할 수밖에 없는 경우라면 의심스러운 부분을 대상으로 검체를 채취한다. 반드시 멸균된 도구를 사용하며, 검체가 바뀌면 도구도 교체하여 오염을 방지한다. 채취가 끝나면 봉인하고 검체명과 채취일시 등 식별기록을 부착한다.

(2) 검체의 운반 및 보관
정량분석quantitative analysis을 위한 미생물 검체는 저온(5±3℃ 이하)을 유지하면서 24시간 내에 검사기관으로 운반하며 검사 시행 전까지 저온(5±3℃ 이하)에 보관해 미생물 증식을 억제한다. 정성분석qualititative analysis용 미생물 검체는 반드시 냉장상태로 운반과 보관을 하지 않아도 된다.

(3) 전처리
분석에 앞서 전처리하는 단계로 배지에 접종하기 원하는 농도까지 희석하는 과정을 수행한다. 검체가 고체식품인 경우, 균질화시킨 후 희석한다.

(4) 분석

분석과정은 검사 목적에 따라 정성적이거나 정량적으로 수행된다. 정성분석은 대상 미생물이 검체에 들어있는지 여부를 검사하는 것으로, 이것이 감지되면 확정검사를 수행한다. 정량분석에서는 그 양이 얼마나 되는지를 측정한다. 대상 미생물에 대한 감지는 육안으로 확인하거나 기계를 활용한다. 예를 들면 전통적인 미생물 검사에서는 배지 위에 형성된 미생물 집락colony을 시각적으로 확인하여 그 수를 센다.

(5) 결과 해석

마지막 단계로 검사결과를 해석한다. 정성분석의 경우, 원인물질이 존재함을 의미하는 양성positive이나 존재하지 않음을 의미하는 음성negative으로 결과를 해석한다. 정량분석의 경우, 위생상 문제가 될 수 있는 원인물질의 유의한 수준을 결정하기 위한 기준criteria 혹은 지침guideline이 요구된다. 식중독 미생물이 식품위생상 존재하지 않아야 하는 경우는 정성분석만 실시하나 식품에 일정 수준 이하로 존재해도 위협이 되지 않는 기준이 있다면 정량분석을 실시해 기준의 초과 여부를 검사한다. 국내에서는 식품공전에서 제시한 식품별 기준 및 규격을 우선적으로 적용한다.

3) 미생물 검사의 실제

(1) 미생물 검사 계획

미생물 검사를 실시하려면 먼저 검사의 목적과 검체를 확인한다. 목적과 검체가 정해지면 분석할 미생물 항목을 파악하고 분석방법을 강구해 포괄적인 검사계획을 수립한다. 계획수립 단계에서 참고할 수 있는 미생물 검사항목과 그에 따른 검체 채취방법은 다음과 같다표 12.5.

한 식품으로부터 검체를 몇 번 채취할 것인지에 대한 계획도 미리 세워야 한다. 이를 샘플링 계획food sampling plan이라고 하며, 식품공전에서는 미생물 규격으로 표현한다. 식품의 미생물규격국제위원회International Commission on Microbiological

표 12.5 미생물 검사항목과 검체 채취방법

검사대상	예	미생물 항목	검체 채취방법
식품	• 식재료 • 조리음식 • 가공식품	• 일반세균수 • 위생지표균 • 특정 식품 관련 식중독균 　– 육류/가금류: 살모넬라 　– 생선: 비브리오 　– 채소: 리스테리아	• 식품 채취
물	• 상수나 지하수 • 음용수	• 일반세균 • 대장균군	• 물 채취
식품접촉 표면	• 식기 표면 • 칼·도마 표면 • 조리기기 표면	• 일반세균 • 위생지표균 • 표면과 접촉하는 특정식품 　관련 식중독균	• 표면도말법 　(swab method)
식품 취급자	• 손 표면 • 고무장갑 표면	• 일반세균 • 위생지표균 • 포도상구균	• 표면도말법 • 글로브주스법 　(glove juice method)
환경	• 공중낙하 미생물	• 일반세균 • 곰팡이나 효모	• 평판배지노출법 　(plate exposure method)
	• 공중부유 미생물	• 일반세균 • 곰팡이나 효모	• 에어샘플링법 　(air-sampling method)
	• 냉장고 내부 • 조리실 바닥 • 기타 식품비접촉표면	• 일반세균 • 위생지표균	• 표면도말법
	• 행주 • 식탁보	• 일반세균 • 위생지표균	• 린스법 　(rinse method)

표 12.6 샘플링 계획

구분	two-class sampling plan	three-class sampling plan
n	검사 대상인 한 덩어리의 식품으로부터 채취하는 검체의 수	검사 대상인 한 덩어리의 식품으로부터 채취하는 검체의 수
m (CFU/g)	이 기준(m)을 초과한 검체는 '양성'으로 간주되는 미생물학적 기준	이 기준(m)을 초과한 검체는 '양성'으로 간주되는 미생물학적 기준
M (CFU/g)	–	이 기준(M)을 초과한 검체는 '부적합'으로 간주되는 미생물학적 기준
c	미생물학적 기준 m을 초과하는 검체의 최대 허용 수	미생물학적 기준 m을 초과하는 검체의 최대 허용 수

CFU: Colony Forming Unit

Specification for Foods, ICMSF에서는 통계를 기반으로 two-class sampling plan과 three-class sampling plan을 제시하였다표 12.6.

식품 종류별 미생물 검사에서 사용할 수 있는 샘플링 계획을 포함한 미생물 규격이 식품공전에 제시되어있다. 여기서는 위생지표균 규격을 예로 들고자 한다표 12.7. 식품일반(멸균제품)을 대상으로 한 세균수 검사는 two-class sampling plan을 적용하여 5개의 검체를 채취하며, 이때 하나의 검체라도 양성으로 나오면 부적합으로 판정한다. 식품일반(살균제품: 분말제품 제외)을 대상으로 한 대장균군 검사로는 three-class sampling plan이 적용된다. 예를 들면, 채취한 5개의 검체 중 1개가 양성이 나왔으나 10 CFU/g 이하인 경우, 해당 식품은 적합 판정을 받을 수 있는 정량규격을 제시하였다.

표 12.7 식품공전의 위생지표균 규격

식품 종류(특성)	검사 항목	샘플링 계획	n	c	m	M
식품일반 (멸균제품)	세균수	two-class	5	0	0	–
식품일반 (살균제품: 분말제품 제외)	대장균군	three-class	5	1	0	10
식품일반 (살균제품: 분말제품)	대장균군	three-class	5	2	0	10
식품자동판매기 음료류	세균수	three-class	5	2	1,000	10,000
	대장균	three-class	5	2	0	10
수산물 (냉동수산물)	세균수	three-class	5	2	100,000	500,000
	대장균	three-class	5	2	0	10
수산물 (냉동식용어류머리 또는 냉동식용어류내장)	대장균	three-class	5	2	0	10
수산물 (생식용 굴)	대장균	three-class	5	1	230	700MPN/ 100g
고령친화식품 (살균제품)	대장균군	two-class	5	0	0	–
고령친화식품 (비살균제품)	대장균	two-class	5	0	0	–

자료: 식품의약품안전처, 2019, 재작성

(2) 미생물 실험 준비

검체 채취용 도구 및 각종 실험기구 검체 채취에 사용하는 도구표 12.8와 각종 실험기구를 시료의 물성에 맞게 준비한다. 검체와 직접 접촉하는 부분은 반드시 멸균 처리한다. 기구와 용기는 오염을 막기 위해 뚜껑을 닫거나 알루미늄 포일oil로 감싼 후 고압멸균기autoclave를 이용해 15 lbs/in^{2}의 증기압, 121℃에서 15분간 가열해 멸균한다.

표 12.8 검체 채취용 도구

사용 목적	도구
액체의 채취	스포이드, 피펫 등
고체의 채취	핀셋, 가위, 젓가락 등
보관	멸균백, 멸균채수통, 멸균유리병, 멸균시험관 등
미생물 오염 방지	멸균위생장갑, 70% 에틸알코올
운반 중 미생물 증식 방지	아이스박스와 대용얼음

균질액과 희석액 검체를 균질화하거나 희석하기 위한 용액을 제조해 멸균한다. 0.1% 펩톤수pepton water, 생리식염수, 인산완충용액phosphate buffer solution이 널리 사용되며, 사용 전까지 냉장 보관한다.

배지 선택배지selective media는 특정 미생물의 생육을 위해 다른 미생물의 생육을 억제함으로써 선택적으로 배양하는 배지이다. 감별배지differential media는 여러 미생물이 함께 생육하지만 배지에 넣어준 특수 생화학적 지시약으로 인해 원하는 한 종의 미생물을 다른 종과 구별할 수 있도록 하는 배지이다. 특정 미생물만을 선택적으로 배양하고 싶을 때는 선택배지를, 다른 미생물과 구분되게 배양하고자 할 때는 감별배지를 사용한다. 특정 미생물 검사에 필요한 배지의 선정은 식품공전이나 AOACAssociation of Official Analytical Chemists, 미국 FDA의 BAMBacteriological Analytical Manual에 제시된 실험방법에 따른다.

미생물 검사 항목에 따라 필요한 배지를 제조하여 멸균한다. 분말배지를 용해하여 멸균한 후 식혀서 사용한다.

(3) 검체 채취방법

식품 미생물 검사항목의 수를 확인하여 충분한 양의 검체를 채취한다. 일반적으로 100 g 이상의 식품을 채취해 멸균백에 넣는다.

물 멸균병이나 시판하는 멸균 채수통에 1 L 이상의 검체를 채취해 담는다. 노로바이러스 검사 시에는 1,500~1,800 L 이상 채취한다.

식품접촉표면이나 식품비접촉표면 일정한 면적의 검체 표면을 희석액에 적신 멸균 면봉이나 거즈로 닦아 미생물을 채취하므로 표면도말법swab method이라 한다. 10×10 cm²의 면적대template를 활용해 닦아낸 후 면봉이나 거즈를 10 mL 희석액이 담긴 시험관에 넣는다. 잘 흔들어 면봉이나 거즈로부터 균을 방출시킨 후 검사에 사용한다. 미생물 채취 표면이 10×10 cm²보다 작은 경우, 일정 면적을 도말한 다음 결과를 10×10 cm²로 환산한다.

행주 또는 식탁보 천의 크기에 따라 500 mL나 1 L의 희석액이 담긴 멸균백에 넣고 흔들어 균이 방출되게 한 다음 희석액을 분석하는 린스법rinse method을 활용한다.

손 또는 고무장갑의 표면 500 mL 희석액이 담긴 멸균백에 손이나 고무장갑을 낀 손 전체를 담그고 주물러 표면의 미생물을 희석액으로 방출시켜 채취하며, 글로브주스법glove juice method이라 한다. 일정한 면적을 도말하여 미생물을 채취할 수도 있다.

공중낙하 미생물 검사하기 원하는 장소에서 평판배지의 뚜껑을 일정 시간 동안 열어둠으로써 배지에 떨어지는 미생물을 채취하며 평판배지노출법plate exposure method이라 한다.

공중부유 미생물 에어샘플링법은 공기 중에 부유하는 미생물을 정량적으로 채취하기 위한 방법으로 에어샘플러air-sampler를 이용한다.

(4) 전처리

균질화 검체를 균질화하여 시험원액을 만든다. 검체와 희석액은 1:9 비율로 배합하는 것이 일반적이다. 식품검체 25 g을 취할 경우, 희석액 225 mL에 넣고 균질화하여 10^{-1}의 시험원액을 만든다. 균질화에는 스토마커stomacher가 이용된다그림 12.7. 스토마커는 미생물이 주로 식품 표면에 존재할 때 유용하며, 균질화과정에서 열 발생이 적어 미생물 세포가 파괴되지 않는 장점이 있다.

그림 12.7 스토마커
자료: Seward 홈페이지, Interscience 홈페이지

희석 시험원액 그대로 배지에 접종했을 때 미생물 균체가 너무 많으면 배양 후 세균수가 배지당 유효한 범위(예: 일반세균수 15~300 CFU) 내에 들지 못하는 결과가 나올 수 있어 단계별 희석이 필요하다. 적정 희석배율은 균수를 모를 때에는 저배율부터 고배율까지 폭넓게 하고, 추측 가능할 때에는 기대치를 중심으로 상하 10진 희석배율로 한다. 많은 양의 검체를 검사하는 실험실에서는 일손을 덜기 위해 희석과정을 기계가 처리하는 자동희석장치를 사용하기도 한다.

증균 미생물 정성분석을 실시하는 경우, 희석에 앞서 증균enrichment을 거쳐 균수를 늘인 다음 균의 존재 유무를 확인하여 정확도를 높이기도 한다. 이 경우

12~24시간 동안 증균에 적합한 액체 배지에 넣고 적정 온도에서 배양한다.

(5) 접종 및 배양

일반적으로 가장 많이 활용되는 평판배양법과 최확수법에 대해 알아보고자
한다.

평판배양법　일정 배수로 희석한 검체 용액을 미생물 생육에 필요한 각종 영양
소를 함유한 고체 평판배지에 접종하고, 적정 온도의 배양기incubator에서 일정
시간 배양한다. 배양이 끝난 후 형성된 집락colony을 확인하거나 집락의 수를
세어 생균수를 검사하는 방법이다. 가장 널리 사용되는 평판배양법으로 표준
한천배지를 사용해 식품의 일반세균수Aerobic Plate Count, APC를 측정하는 표준평
판법Standard Plate Count, SPC을 들 수 있다. 이때 배지에 희석액을 접종하는 방식
은 주입평판법pour plating method, 확산평판법spread plating method, 나선분주평판법
spiral plating method으로 나뉜다.

주입평판법은 일련의 희석액을 마련한 다음 페트리디시perti dish에 희석액
1 mL씩을 접종한 후 45℃ 정도로 식힌 배지용액을 넣고 8자 모양으로 흔들어
혼합한 다음 굳히는 방식이다. 확산평판법은 미리 굳혀 놓은 배지 표면에 피
펫으로 0.1 mL의 희석액을 접종하는 방식으로 멸균한 유리막대로 희석액을
고르게 펴서 도말한다. 0.1 mL의 액을 배지에 접종하므로 한 번 더 10진 희석
한 효과가 있다. 나선분주평판법spiral plating method은 검체 원액
을 나선형으로 도말하면서 분주하는 나선희석분주기spiral
plater를 사용하여 수행한다그림 12.8. 나선희석분주기는 평판 한
개에 검액을 나선형으로 희석하면서 동시에 분주하는 장비로
30~10,000,000 CFU까지 미생물 계수가 가능하며, 여러 단계
의 희석액과 평판배지를 준비할 필요가 없어 노동력과 소모
품이 절감되나 고가라는 단점이 있다. 배지가 굳은 다음에는
평판을 뒤집어 배양기에 넣고 미생물에 따른 배양 최적 온도
와 시간을 준수해 배양한다.

그림 12.8 나선희석분주기
자료: Interscience 홈페이지

최확수법 검체에 소수로 존재하는 특정 미생물의 수를 확률적 통계에 의해 추정하기 위한 방법이 최확수법Most Probable Number, MPN이다. 수많은 종류의 미생물들이 섞여서 존재하는 식품 중에서 매우 낮은 수로 존재하는 특정 미생물의 수를 측정하는 데 사용한다. 최확수란 이론상 가장 가능한 수치를 말한다. 동일한 희석배수의 시험용액을 배지에 접종하여 균의 존재 여부를 시험하고 그 결과로부터 확률론적인 균의 수치를 산출하여 이것을 최확수로 표시하는 방법이다. 최확수법은 대장균군 수를 측정할 때 흔히 사용된다. 발효관Durham tube을 유당배지가 든 시험관에 넣고 희석액을 접종한 후 배양하면 대장균군이 존재할 때 유당발효에 의해 발효관 내부에 가스가 포집된다. 이로써 대장균군의 존재를 알 수 있다. 최확수는 시험용액 10 mL, 1 mL 및 0.1 mL와 같이 연속해서 3단계 이상을 각각 5개씩 또는 3개씩 발효관에 가하여 배양 후 얻은 결과를 이용하여 검체 100 mL 중 또는 100 g 중에 존재하는 대장균군 수를 표시하는 것이다.

(6) 결과 확인 및 보고

평판배양법 배양이 끝나면 배지 위에 생긴 미생물 집락의 수를 센다. 해당 평판배지에 분주한 용액의 희석배수를 곱하면 원래 식품 검체에 오염되어있던 미생물의 수를 가늠할 수 있다. 집락수는 실제 미생물의 수가 아니라 분주된 희석액 속에 있던 미생물 하나가 자라 집락 하나를 형성한 것이므로 CFUColony Forming Unit라는 단위를 사용한다. 집락계수기colony counter를 활용하면 더욱 정확한 결과를 얻을 수 있다그림 12.9. 일반세균수 검사에서는 평판 당 15~300개의 집락을 형성한 평판을 택하여 집락수를 계산하는 것을 원칙으로 한다. 전 평판에 300개 초과 집락이 발생한 경우는 300개에 가까운 숫자를 보인 평판에 대하여 밀집평판 측정법에 따라 계산하며, 전 평판에 15개 미만의 집락만을 얻었을 경우에는 가장 희석배수가 낮은 것을 측정한다. 표준평판법에 의해 검체 1 mL(1 g) 중의 세균수를 기재 또는 보고

그림 12.9 집락계수기
자료: Boeco 홈페이지

할 경우, 그것이 어떤 제한된 것에서 발육한 집락을 측정한 수치인지를 명확히 하기 위하여 1평판에 있어서의 집락수를 상당 희석배수로 곱하고, 그 수치가 표준평판법에 있어서 1 mL(1 g) 중 세균의 수가 몇 개인지 기재 보고하며 동시에 배양 온도를 기록한다. 숫자는 높은 단위로부터 3단계에서 반올림하여 유효숫자를 2단계로 끊어 보고한다.

최확수법 배양 후의 미생물 생육이나 생화학적 반응의 양성 여부를 확인하고 이를 최확수표$^{MPN \, table}$에 적용시켜 최확수를 산출한다. 최확수표는 희석배수에 따른 특정 미생물의 검출 결과에 따라 통계를 이용해 작성되었다. 3단계 희석한 시료액(10 mL, 1 mL, 0.1 mL) 각각을 5개나 3개의 시험관에 접종하였을 때의 미생물 생육이 확인된 결과를 대장균군 최확수표에 대입해 시료 100 mL에 대한 최확수를 환산할 수 있다. 예로 검체 또는 희석검체 각각의 발효관을 5개씩 사용하여 다음 표와 같은 결과를 얻었다면 최확수표(부록 4 참조)에 의하여 시험검체 100 mL 중의 MPN은 94가 된다표 12.9. 이때 접종량이 1 mL, 0.1 mL, 0.01 mL일 때에는 94×10=940으로 하며, 단위는 MPN/mL이다.

표 12.9 **최확수표 적용의 예**

시험용액 접종량	10 mL	1 mL	0.1 mL	MPN
가스발생 양성관 수	5개	2개	2개	94

4) 대표적 미생물 시험법

자주 사용되는 일반세균수, 총균수, 대장균군, 대장균, 살모넬라, 포도상구균의 시험방법을 다음 표에 제시하였다표 12.10.

5) 미생물 신속검출법

새로운 기술의 발달로 식품 미생물을 신속하게 검출할 수 있는 방법들이 늘어

표 12.10 대표적 미생물 시험법

검사항목	정성/ 정량	방법	분석 절차상의 특징
일반세균수	정량	표준 평판법	시험용액 1 mL와 10배 단계별 희석액 1 mL씩을 멸균 페트리접시 2매 이상씩에 무균적으로 취하고 약 43~45로 유지한 표준한천배지 약 15 mL를 무균적으로 분주해 검체와 배지를 잘 혼합하여 응고시킨다. 배지를 뒤집어서 35±1℃에서 48±2시간 배양 후 발생한 세균 집락수를 계수하여 검체 중의 생균수를 산출한다.
		건조 필름법	시험용액 1 mL와 각 10배 단계별 희석액 1 mL를 일반세균수용 건조필름배지에 각 2매 이상씩 접종한 후 잘 흡수시키고 35±1℃에서 48±2시간 배양한 후 생성된 붉은 집락수를 계수한다.
총균수	정량	직접 현미경법	주로 원유 중 오염된 세균을 측정하기 위하여 일정량의 원유를 슬라이드 글라스(slide glass) 위에 일정 면적으로 도말하고 건조시켜 염색한 후 현미경으로 검경하고 염색된 세균수를 측정한다. 현미경 시야 면적과의 관계에 따라 검체 중에 존재하는 세균수를 도출한다. 총균수는 생균뿐만 아니라 사균까지도 계수한다.
대장균군	정성	유당 배지법	추정·확정·완전시험으로 진행한다. 시험용액을 접종한 유당배지를 35~37℃에서 24±2시간 배양한다. 가스가 발생한 양성의 유당배지 발효관으로부터 BGLB 배지에 접종해 배양한다. 가스가 발생한 BGLB 배지로부터 Endo 한천배지에 분리 배양한다. 35~37℃에서 24±2시간 배양 후 집락이 발생하면 확정시험 양성으로 한다. BGLB 배지에서 35~37℃로 48±3시간 동안 배양하여 배지의 색이 갈색으로 되었을 때에 완전시험을 실시한다.
		BGLB 배지법	시험용액을 넣은 BGLB 배지를 35~37℃에서 48±3시간 배양한 후 가스발생을 인정하였을 때에는 Endo 한천배지에 분리 배양하고, 유당배지법의 확정, 완전시험과 같이 진행한다.
	정량	유당 배지법 (MPN)	시험용액 10 mL, 1 mL, 0.1 mL 등 연속해서 3단계 이상을 5개 또는 3개씩의 유당배지에 접종한다. 가스발생 발효관 각각에 대하여 추정, 확정, 완전시험을 행하고 대장균군의 유무를 확인한 다음 최확수표를 활용한다.
		BGLB 배지법 (MPN)	시험용액 10 mL, 1 mL 또는 0.1 mL를 5개 또는 3개씩 BGLB 배지에 각각 접종한다. 이하의 조작은 각 발효관에 대하여 BGLB 배지에 의한 정성시험법에 따라 하고 대장균군의 유무를 확인한 다음 최확수표를 활용한다.
대장균	정성	한도시험	시험용액 1 mL를 3개의 EC 배지에 접종하고 44.5±0.2℃에서 24±2시간 배양 후 가스 발생을 확인한다. 추정시험 양성인 EC 발효관으로부터 EMB 배지에 접종하여 35~37℃에서 24±2시간 배양한 후 전형적인 집락을 유당배지 및 보통한천배지로 각각 이식 후 배양한다. 유당배지에서 가스 발생을 인정하였을 때에는 이에 해당하는 보통한천배지에서 배양된 집락을 취하여 그람염색을 실시한다. 그람염색에서 그람음성 간균이 관찰되면 대장균으로 확정한다.
	정량	최확수법	시험용액 10 mL, 1 mL 및 0.1 mL를 각각 5개 또는 3개의 EC 배지발효관에 접종한 다음 44.5±0.2℃ 항온수조에서 24±2시간 배양한다. 가스 발생을 인정한 발효관을 대장균(E. coli) 양성이라고 판정하고 최확수표에 따라 검체 100 g(또는 100 mL) 중의 대장균 수를 산출한다.
진균수 (효모 및 사상균수)	정량	표준 평판법	배지는 포테이토 덱스트로오즈 한천배지를 사용하여 25℃에서 5~7일간 배양한 후 발생한 집락수를 계산하고 그 평균집락수에 희석배수를 곱하여 진균수로 한다.
살모넬라	정성	맥콘키 한천배지법	검체 25 g을 취하여 225 mL의 펩톤수에 가한 후 35~37℃에서 24±2시간 증균 배양한다. 배양액 0.1 mL를 취하여 10 mL의 Rappaport-Vassiliadis배지에 접종하여 42±1℃에서 24±2시간 배양한다. 균배양액을 맥콘키 한천배지에 접종하여 35~37℃에서 24±2시간 배양한 후 전형적인 집락은 이후 확인시험을 실시한다.

(계속)

검사항목	정성/정량	방법	분석 절차상의 특징
포도상구균	정성	난황 첨가 만니톨 식염 한천배지법	• 검체 25 g을 취하여 225 mL의 10% 염화나트륨(NaCl)을 첨가한 TSB 배지에 가한 후 35~37℃에서 18~24시간 증균배양한다. • 증균 배양액을 난황첨가 만니톨 식염한천배지에 접종하여 35~37℃에서 18~24시간 배양한다. 배양결과 난황첨가 만니톨 식염한천배지에서 황색불투명 집락을 나타내고 주변에 혼탁한 백색환이 있는 집락은 확인시험을 실시한다.
	정량	Baird-Parker 한천배지법	검체 25 g 또는 25 mL를 취한 후, 225 mL의 희석액을 가하고 2분간 고속으로 균질화해 시험용액으로 하여 10배 단계 희석액을 만든 다음 각 단계별 희석액을 Baird-Parker 한천배지 3장에 0.3 mL, 0.4 mL, 0.3 mL씩 총 접종이 1 mL가 되게 도말한다. 사용된 배지는 완전히 건조시켜 사용하고 접종액이 배지에 완전히 흡수되도록 도말한 후 10분간 실내에서 방치시킨 후 35~37℃에서 48±3시간 배양한 다음 투명한 띠로 둘러싸인 광택의 검정색 집락을 계수한다.

자료: 식품의약품안전처, 2019 재구성

나고 있다표 12.11. 식중독 세균의 신속검출법rapid method으로는 면역기법인 효소면역측정법Enzyme Linked Immuno-sorbent Assay, ELISA이 흔히 사용되며, 최근에는 유전자 검출기법인 중합효소연쇄반응Polymerase Chain Reaction, PCR과 DNA 마이크로어레이DNA microgrray가 활발히 응용되고 있다. PCR이나 DNA 마이크로어레이는

표 12.11 미생물 신속 검출법의 종류와 특성

종류	원리	장점	단점
효소면역기법 (ELIZA)	효소-기질의 반응 결과로 나타난 물질의 변색 정도로 항원(세균)-항체 반응 정도를 측정함으로써 정성 및 정량분석	• 불필요한 노동력 절약 • 전문적 기술 필요없음 • 경비 절감	최근 고가의 장비(Vitek Immuno Diagnostic Assay System, VIDAS)가 필요함
중합효소연쇄반응 (PCR)	원인미생물을 분리하지 않고 대상으로 하는 특정 DNA의 일부만을 시험관 내에서 증폭시켜서 식품에 오염된 식중독 세균을 확인	• 신뢰성 높음 • 매우 신속하여 현장 사용 증가 • 최근 개발된 실시간 PCR(realtime-PCR)은 전기영동 불필요	초기 PCR은 전기영동으로 인한 번거로움 있음
DNA 마이크로어레이	DNA-탐침(probe)을 이용한 미생물 검출 진단법. 검체 내 미생물의 유전인자 핵산을 직접 DNA-탐침을 이용하여 측정	다양한 식중독균 동시 진단 가능	• 특정 미생물에 대한 선택성 높지 않음 • 전 배양(pre-culture)으로 인한 번거로움 있음
유전자지문분석법 (PFGE)	특정 제한효소로 처리된 DNA를 전기영동시켜 DNA 분절의 형태학적 양상을 비교 관찰함으로써 높은 유전적 상관관계를 알 수 있음	• 신뢰성이 가장 높음 • 감별력과 재현성이 높은 우수한 방법	분석에 많은 시간이 소요됨

식품 중 유해미생물의 유전자를 직접 검출하는 방법으로 ELISA보다 신뢰성이 높은 검색법으로 알려져 있지만, 식품 중에 존재하는 여러 가지 방해인자 inhibitor에 대한 문제를 해결해야 하며 숙련된 기술자와 고가의 장비가 필수적이다. 유전자지문분석법Plused-Field Gel Electrophorosis, PFGE은 전기영동에 의해 형성된 밴드band 형태를 분석함으로써 같은 형태의 밴드를 보인 경우라면 다른 출처의 식품에서 나왔다고 하더라도 동일한 식중독균임을 확인시켜준다.

6) 미생물 규격

미생물 검사 결과를 해석하기 위해 필요한 미생물 규격은 식품공전에 제시된 것을 우선적으로 적용하고, 식품공전에 제시되지 않은 경우, 국내외 전문가들이 제시한 기준에 따른다.

(1) 조리음식 등에 대한 미생물 규격

집단급식소를 포함하여 식품접객업소에서 준수해야 하는 조리식품 등에 대한 미생물 규격이 식품공전에 제시되어있다표 12.12.

(2) 식품일반에 대한 식중독균 규격

식품일반에 대한 식중독균의 규격이 식품공전에 제시되어있다. 식중독균은 식품의 특성에 따라 다음과 같이 적용한다표 12.13.

- 표 12.13에 제시되지 않은 기타 식육 및 기타 동물성 가공식품은 결핵균, 탄저균, 브루셀라균이 음성이어야 한다.
- 더 이상의 가열조리를 하지 않고 섭취할 수 있도록 비가식 부위(비늘, 아가미, 내장 등) 제거, 세척 등 위생처리한 수산물은 살모넬라 및 리스테리아 모노사이토지니스가 n=5, c=0, m=0/25 g, 장염비브리오 및 포도상구균은 g당 100 이하여야 한다.
- 가공·가열처리하지 아니하고 그대로 사람이 섭취하는 용도의 식용란에서

표 12.12 **식품접객업소(집단급식소 포함)의 조리식품 등에 대한 미생물 규격**

검체 종류	세균수	대장균	식중독균
조리식품 등	슬러시에 한한다. 단, 유가공품, 유산균, 발효식품 및 비살균제품이 함유된 경우에는 제외 3,000 CFU/g 이하	10 CFU/g 이하	• 살모넬라, 포도상구균, 리스테리아 모노사이토지니스, 장출혈성 대장균, 캠필로박터 제주니/콜리, 여시니아 엔테로콜리티카: 음성 • 장염비브리오, 클로스트리디움 퍼프린젠스 100 CFU/g 이하 • 바실루스 세레우스: 10,000 CFU/g 이하 • 조리과정 중 가열처리를 하지 않거나 가열 후 조리한 식품의 경우, 포도상구균은 100 CFU/g 이하
접객용 음용수		음성/ 250 mL	• 살모넬라: 음성/250 mL • 여시니아 엔테로콜리티카: 음성/250 mL
수족관물	100,000 CFU/mL 이하	1,000 CFU/ 100 mL 이하	
행주*		음성	
칼, 도마 및 숟가락, 젓가락, 식기, 찬기 등 음식을 먹을 때 사용하거나 담는 것*		음성	살모넬라: 음성

*사용 중인 것은 제외한다.   자료: 식품의약품안전처, 2019

표 12.13 **식품 특성에 따른 식중독균 규격**

식중독균 종류	대상식품	규격
가) 살모넬라, 장염비브리오, 리스테리아 모노사이토제네스, 장출혈성 대장균, 캠필로박터 제주니/콜리, 여시니아 엔테로콜리티카	식육(제조, 가공용 원료는 제외), 살균 또는 멸균 처리하였거나 더 이상의 가공, 가열 조리를 하지 않고 그대로 섭취하는 가공식품	n=5, c=0, m=0/25 g
나) 바실루스 세레우스	① 가)의 대상식품 중 장류(메주 제외) 및 소스, 복합조미식품, 김치류, 젓갈류, 절임류, 조림류	g당 10,000 이하 (멸균제품은 음성이어야 함)
	② 위 ①을 제외한 가)의 대상식품	g당 1,000 이하 (멸균제품은 음성이어야 함)
다) 클로스트리디움 퍼프린젠스	① 가)의 대상식품 중 장류(메주 제외), 고춧가루 또는 실고추, 김치류, 젓갈류, 절임류, 조림류, 복합조미식품, 향신료가공품, 식초, 카레분 및 카레(액상제품 제외)	g당 100 이하 (멸균제품은 음성이어야 함)
	② 가)의 대상식품 중 햄류, 소시지류, 식육추출가공품, 알가공품	n=5, c=1, m=10, M=100 (멸균제품은 n=5, c=0, m=0/25 g)

(계속)

식중독균 종류	대상식품	규격
다) 클로스트리디움 퍼프린젠스	③ 가)의 대상식품 중 생햄, 발효소시지, 자연치즈, 가공치즈	n=5, c=2, m=10, M=100 (멸균제품은 n=5, c=0, m=0/25 g)
	④ 위 ①, ②, ③을 제외한 가)의 대상식품	n=5, c=0, m=0/25 g
라) 포도상구균	① 가)의 대상식품 중 햄류, 소시지류, 식육추출 가공품, 건포류	n=5, c=1, m=10, M=100 (멸균제품은 n=5, c=0, m=0/25 g)
	② 가)의 대상식품 중 생햄, 발효소시지, 자연치즈, 가공치즈	n=5, c=2, m=10, M=100 (멸균제품은 n=5, c=0, m=0/25 g)
	③ 위 ①, ②를 제외한 가)의 대상식품	n=5, c=0, m=0/25 g

자료: 식품의약품안전처, 2019

쉬어가기

ATP 모니터링

생물발광성(bioluminescence)원리를 이용한 ATP(Adenosine Triphosphate) 측정기가 식품 생산현장의 실시간 위생 모니터링 도구로 활용되고 있다. 검사 대상 표면으로부터 도말한 ATP가 루시페린(luciferin)과 만나면 효소(luciferase)의 작용에 의해 옥시루시페린(oxyluciferin)으로 전환하여 빛을 낸다. ATP의 양에 따라 빛의 광도가 달라지는 것을 감지해 오염된 미생물의 양을 간접 측정하도록 고안된 청결도 측정장비이다.

ATP 측정기를 사용하면 숙련된 인력이 아니라도 미생물을 포함한 유기물의 잔존 여부를 실시간으로 확인하여 식품접촉 표면에 대한 위생 모니터링을 수행할 수 있다. 식품의약품안전처에서는 ATP 측정기를 급식소 시설·설비·기구·용기 및 종사자의 위생수준평가에 활용하였고, HACCP 지정 급식소와 식품공장에서 세척·소독효과를 확인하는 방법의 하나로 권장하였다. 급식소의 칼, 도마, 고무장갑 표면을 대상으로 ATP 측정과 간이건조필름에 의한 일반세균수(APC) 검사를 동시에 수행하여 통계분석한 결과, ATP 측정값(단위: Relative Light Unit, RLU)과 APC(단위: CFU) 간에 유의적인 양의 상관성이 존재하는 것으로 보고되었다.

그럼에도 ATP 측정값의 표준 편차가 심하고, 위생판정기준이 제품별로 달라 사용자가 현장에 적합한 위생판정기준을 확립해야만 효과적인 위생점검이 가능하다. 최근 어린이급식관리지원센터 영양사들이 급식소를 방문지도할 때 위생 체크리스의 육안점검 결과를 보완하기 위해 자주 사용하는 것으로 보고되었다.

자료: 김양숙 등, 2010; 문혜경, 2017; Bang, 2018

는 살모넬라균이 검출되어서는 안 된다.

- 식육(분쇄육에 한함) 및 판매를 목적으로 식육을 절단(세절 또는 분쇄를 포함)하여 포장한 상태로 냉장 또는 냉동한 것으로 화학적 합성품 등 첨가물 또는 다른 식품을 첨가하지 아니한 포장육(육함량 100%, 다만, 분쇄에 한함)에서는 장출혈성 대장균이 n=5, c=0, m=0/25 g이어야 한다.
- 6개월 미만의 영아가 섭취할 수 있도록 제조·판매하는 식품에서 크로노박터는 n=5, c=0, m=0이어야 한다.
- 식품접객업소, 집단급식소, 식품제조·가공업소 등에서 식재료 및 식기 등의 세척, 식품의 조리 및 제조·가공, 먹는 물 등으로 사용하는 물의 노로바이러스는 불검출이어야 한다(다만, 식품접객업소, 집단급식소 등에서 먹는 물로 제공되는 수돗물은 먹는물관리법에서 규정하고 있는 먹는 물 수질기준에 의함).

(3) 학교급식의 미생물 검사 기준

교육부에서 제시한 학교급식의 미생물 검사기준은 다음과 같다표 12.14.

표 12.14 학교급식 HACCP 검증을 위한 자체 간이 미생물 검사기준

구분	검사 항목	검사 목적	기준
조리된 식품	대장균, 대장균군	조리된 식품의 안전성 확인	대장균 음성
식품접촉표면	일반세균, 대장균, 대장균군	칼, 도마 등 식품취급 기구의 세척·소독 적합성 확인	대장균 음성
식품비접촉표면	일반세균, 대장균, 대장균군	냉장고 내부, 문 손잡이, 선반, 작업대 등의 표면 미생물 상태를 파악 적정 청소주기 선정과 청결상태 확인	대장균 음성
작업자 손 또는 장갑	일반세균, 대장균, 대장균군	개인위생의 확인과 손과 장갑의 세척·소독의 필요성 인식 및 교육용	대장균 음성

자료: 교육부, 2016

참고문헌

교육부. 2016. 학교급식위생관리지침서. 4차 개정.

김양숙, 문혜경, 강성일, 남은정. 2010. 급식소 식품접촉표면 위생 모니터링 도구로서의 ATP Luminometer 적합성 확인. 한국식품영양과학회지 39(11): 1719-1723.

김현주, 김용수, 정명섭, 오덕환, 박경진, 전향숙, 하상도. 2010. 신기술 이용 식중독균 신속검출 법 개발 동향 분석. 한국식품위생안전성학회지 25(4): 376-387.

문혜경. 2017. 어린이 급식소 기구의 위생점검 결과와 ATP 청결도 비교. 한국식품조리과학회지 33(40):461-470.

식품안전정보원. 2010. 식품관련 국제기구. 식품안전정보원.

식품의약품안전처. 2017. 식의약 안전을 위한 규제최적화 방안 연구. 식품의약품안전처 용역 과제보고서.

식품의약품안전처. 2017. 집단급식소 병원성 대장균 저감화 매뉴얼.

식품의약품안전처. 2019. 식품공전, http://www.foodsafetykorea.go.kr/foodcode/index.jsp/

식품의약품안전청. 2010. HACCP 평가 매뉴얼. p.65.

신동화, 오덕환, 우건조, 정상희, 하상도. 2011. 식품위생안전성학. 한미의학출판사.

오상석. 2015. EU 식품법의 이해. (사)한국식품안전연구원.

장동석, 신동화, 정덕화, 우건조, 이인선. 2006. 자세히 쓴 식품위생학. 정문각.

정기혜. 2010. 우리나라 식품안전관리 거버넌스 현황 및 개선방향. 보건·복지 Issue & Focus 67: 1-8

Bang HJ. 2018. 3M™ Clean-Trace™ Hygiene Monitoring and Management System. 3M Korea Food Safety Division.

Forsythe SJ, Hayes PR. 1998. *Food Hygiene, Microbiology and HACCP*. (3rd ed.). Aspen Publishers, Inc. New York: NY.

Griffiths MW. 1993. Applications of bioluminoscence in the dairy industry. *J Dairy Sci 76*: 3118-3125.

International Commission on Microbiological Specification for Foods. 2002. *Microbiological testing in food safety management*. NY: Kluwer Academic/Plenum Publisher. New York.

Knechtges PL. 2012. *Food Safety. Theory and Practice*. Jones & Bartlett, LLC, an Ascend Learning Company. MA.

Marriott NG. Gravani RB. 2006. *Principles of Food Sanitation*. Springer. New York, NY.

US FDA. 2013. Bacteriological Analytical Manual (BAM), http://www.fda.gov/Food/
    FoodScienceResearch/LaboratoryMethods/ucm2006949.htm/
US FDA. 2017. Food Code 2017. College Park, MD.
Interscience 홈페이지, https://www.interscience.com/
Seward 홈페이지, https://www.seward.co.uk/
Boeco 홈페이지, http://www.boeco.co.uk/

APPENDIX
부록

부록 1. 식재료 규격의 예시

구분	식재료 규격	비고
곡류 및 과채류	1. 원산지 표시 또는 친환경농산물인증품, 품질인증품, 우수관리인증농산물, 이력추적관리농산물, 지리적특산품 등을 표시한 제품	거래명세서에 표기
전처리 농산물	1. 제품명, 업소명, 제조연월일, 전처리하기 전 식재료의 품질(원산지, 품질등급, 생산연도), 내용량, 보관 및 취급방법 등을 표시한 제품	
어·육류	1. 육류의 공급업체는 신뢰성 있는 인가된 업체	
	2. 육류는 등급판정확인서가 있는 것	
	3. 수입육인 경우 수출국에서 발행한 검역증명서, 수입신고필증이 있는 제품	
	4. 어류는 원산지 표시한 제품	
	5. 냉장·냉동상태로 유통되는 제품	
어·육류가공품	1. 인가된 생산업체의 제품	
	2. 원산지를 표시 및 유통기한 이내의 제품	거래명세서에 표기
	3. 냉장, 냉동상태로 유통되는 제품	
난류	1. 세척·코팅과정을 거친 제품(등급판정란 권장) ※ 가능한 한 냉소(0~15℃)에서 보관·유통	축산법 제35조, 축산물의 가공기준 및 성분규격(8.보존 및 유통기준)
김치류	1. 인가된 생산업체의 제품	
	2. 포장상태가 완전한 제품	
양념류	1. 표시기준을 준수한 제품	
기타 가공품	1. 모든 가공품은 유통기한 이내의 제품, 포장이 훼손되지 않은 제품	거래명세서에 표기

※ 어육가공품 중 어묵·어육소시지, 냉동수산식품 중 어류·연체류·조미가공품, 냉동식품 중 피자류·만두류·면류, 김치류 중 배추김치는 식품안전관리인증 의무품목이며, 그 이외의 품목도 식품안전관리인증 제품 구매 권장
※ 김치류 업체 선정 시 상수도 사용하는 생산업체 또는 지하수 살균·소독장치 등을 통해 살균·소독된 물을 사용하는 업체 권장

자료: 학교급식위생관리지침서(4차 개정판), 2016

부록 2. 식재료 공급업체의 선정 및 관리 기준의 예시

납품업체 방문평가표

- 점검업체명 :
- HACCP 업체 지정 여부 (지정 □ , 미지정 □)

• 공급학교수 : (　　　　　)개교

구분	점검 사항	평가		
		우수	보통	미흡
❶ 작업공정 및 환경위생	1. 원재료의 보존상태			
	2. 작업장 청결상태			
	3. 작업된 식품 보관상태			
	4. 작업장의 온도·습도 관리			
	5. 작업장의 방충설비 관리상태			
	6. 작업장의 위치, 조명, 환기 시설의 적절성			
	7. 작업장의 바닥, 벽, 천장 등 파손 여부			
	8. 작업용구(칼, 장갑, 기구류)의 세척, 소독 상태			
	9. 냉장·냉동고의 식재료 보관 및 관리상태(위생 및 유통기한)			
	10. 냉장·냉동 시설의 적정 용량 확보 및 온도유지(냉장 5℃, 냉동 −18℃ 이하)			
	11. 작업장 주위시설 위생관리(화장실 및 쓰레기처리)			
	12. 사용용수의 적합성(상수도 또는 지하수 검사성적서)			
	13. 작업장 정기소독 실시 여부			
❷ 개인위생	14. 작업복, 작업모, 작업화 착용 및 청결상태			
	15. 정기건강진단 실시 여부(6개월에 1회 실시)			
	16. 작업장 내 수세시설 및 손소독기 비치 여부			
	17. 작업자 위생교육 실시 여부(위생교육일지 열람)			
❸ 수송위생	18. 제품 수송 차량 청결 및 온도유지			
	19. 제품 수송 차량 내에 교차오염을 방지할 수 있는 설비 여부			
❹ 기타	20. 배상물 책임보험 가입 여부			
	21. 급식품 제조 또는 운송 시 하청 여부(전체 납품 물량과 작업장 종사자수 및 운반차량의 적정성)			
❺ 서류비치 (축산물)	22. 축산물 등급 판정서, 도축확인 증명서 비치 여부			
❻ 종합의견 및 참고사항				

점검일자 : 2○○○년　　　월　　　일

점검자(학　　교): 직　급식소위 위원　　성명 _____(서명)

점검자(학　　교): 직　급식소위 위원　　성명 _____(서명)

확인자(납품업체):직　　　　　　　　　성명 _____(서명)

자료: 학교급식위생관리지침서, 4차 개정판 2016

어린이 급식소 위생·안전 체크리스트(집단급식소용)

* 집단급식소 해당

어린이 급식소 위생·안전관리 체크리스트

1. 어린이 급식소의 개요

기관명			방문 회차	차
소재지				
유형	유치원 ☐　　　어린이집 ☐　　　지역아동센터 ☐　　　기타 ☐ _____			
규모	20명 이하 ☐　　20명~49명 ☐　　50~99명 ☐　　　100명 이상 ☐			
연령별 인원수	만 0세( )명, 만 1세( )명, 만 2세( )명, 만 3세( )명, 만 4세( )명, 만 5세( )명, 만 6세 이상( )명			
교사수	( )명	조리원 수	( )명	
1회 최대급식인원	( )명	조리원 경력	( )년	
용수	상수도 ☐　　지하수 ☐	제공식수	정수기 ☐ 끓인 물 ☐ 기타 ☐	
배식 형태	교실배식 ☐　　식당배식 ☐　　식당+교실배식 ☐　　기타 ☐			
어린이집 평가 인증 여부	예 ☐　아니요 ☐　대상아님 ☐	영양사 근무여부	담당 영양사 ☐ 공동 영양사 ☐ 없음 ☐	

2. 지도 항목

항목	근거	배점 (100점)	비고
시설 등 환경			
1. 전처리 구역과 조리구역의 분리 여부 　* 그렇지 않을 경우 교차오염 방지할 수 있는 적절한 조치 여부	권고	1	
2. 조리장 바닥에 배수구가 있는 경우 덮개 설치 여부 　* 가정형 바닥(장판)의 경우는 제외	식품위생법 제88조	2	
3. 조리시설, 세척시설 및 **손 씻는 시설** 설치 여부	식품위생법 제88조	2	
4. 오물·악취 등이 누출되지 않도록 뚜껑이 있는 내수성 재질의 **폐기물 용기** 설치 여부	식품위생법 제88조	2	
5. 자외선 또는 전기살균소독기를 설치하거나 열탕 세척 소독 시설 설치 여부	식품위생법 제88조	2	

(계속)

항목	근거	배점 (100점)	비고
6. 충분한 환기 시설 구비 여부	식품위생법 제88조	2	
7. 보존 및 유통기준에 적합한 온도가 유지될 수 있는 냉장·냉동시설을 구비 여부	식품위생법 제88조	2	
8. 식품과 직접 접촉하는 부분은 위생적인 내수성으로서 씻기 쉽고, 열탕·증기·살균제 등으로 소독·살균이 가능한 재질인지 여부	식품위생법 제88조	2	
9. 쥐·해충 등을 막을 수 있는 시설 구비 여부	식품위생법 제88조	2	
10. 바닥, 벽, 천장, 폐기물용기, 환기시설, 방충시설 등의 청결관리 여부	권고	1	
11. **수돗물**이나 먹는물의 수질기준에 적합한 지하수 등을 공급할 수 있는 시설 구비 여부	식품위생법 제88조	2	
12. 지하수를 사용하는 경우 용수저장장치에 살균소독장치 설치 구비 여부	식품위생법 제88조	2	

개인위생

항목	근거	배점	비고
13. 조리원 및 집단급식소 설치·운영자의 건강진단 실시 여부	식품위생법 제40조	3	
14. 조리원이 개인위생관리에 철저를 기하는 지 여부 * 위생모, 위생복, 위생화, 앞치마, 위생장갑 착용, 오염작업 후 손 세척 등	식품위생법 제3조	3	
15. 조리원의 귀걸이, 반지, 매니큐어 등 액세서리 착용 여부	권고	1	

원료 사용

항목	근거	배점	비고
16. 식재료 검수시 제조일자 또는 유통기한 등을 확인·기록 여부	권고	1	
17. 무허가(무신고) 원료 및 식품의 사용 여부	식품위생법 제4조	4	
18. 부패·변질된 원료 및 식품의 사용 및 보관 여부	식품위생법 제4조	4	
19. 무표시 원료 및 식품의 사용 여부	식품위생법 제10조	4	
20. 식재료에 원산지 표시를 했는지 여부	농수산물의 원산지 표시에 관한 법률 제5조	2	
21. 검사를 받지 아니한 축산물의 사용 여부	식품위생법 제88조	3	
22. 유통기한이 경과된 원료 또는 완제품을 조리할 목적으로 보관하거나 이를 음식물의 조리에 사용하는지 여부	식품위생법 제88조	4	
23. **지하수** 등을 먹는물 또는 식품의 조리·세척 등에 사용하는 경우 먹는물수질검사기관에서 검사를 받아 마시기에 적합하다고 인정된 물을 사용하는지 여부 * 연 1회 일부항목검사, 2년마다 전항목 검사	식품위생법 제88조	2	

(계속)

항목	근거	배점 (100점)	비고
24. 위해평가가 완료되기 전 일시적으로 금지된 식품 등 사용, 조리하는지 여부	식품위생법 제15조	2	
공정관리			
25. 원료보관실·조리실 등의 내부를 청결하게 관리하는지 여부	식품위생법 제3조	3	
26. **물수건, 숟가락, 젓가락, 식기, 찬기, 도마, 칼 및 행주 기타 주방용구**는 기구 등의 살균·소독제 또는 열탕의 방법으로 **소독한 것을 사용하는지 여부**	식품위생법 제3조 식품위생법 제88조	4	
27. **동물의 내장을 조리한 경우 사용한 기계·기구류 등을 세척·살균**하는지 여부	식품위생법 제88조	2	
28. 어류·육류·채소류를 취급하는 칼·도마 구분 사용 여부	식품위생법 제3조	4	
29. **행주, 사용장갑 및 앞치마의 용도별 구분 사용 여부(전처리용, 조리용, 청소용)**	권고	1	
30. 조리시설, 배식기구, 보관용기 등의 **세척·소독** 등 위생관리 여부	권고	1	
31. 식품취급 등의 작업은 바닥으로부터 60 cm 이상의 높이에서 실시하고, 보관은 바닥과 벽으로부터 15 cm 이상 떨어진 곳에 보관하는지 여부	권고	1	
32. 가열조리하지 않는 음식물의 식재료는 염소소독 등을 실시하고 충분히 세척하는지 여부	권고	1	
33. 위생적인 방법으로 해동 실시하고, 해동식품은 즉시 사용하는지 여부	권고	1	
34. 조리된 음식은 2시간 이내에 섭취완료 되도록 관리하고 있는지 여부	권고	1	
35. 배식 시 올바른 위생복장(위생장갑, 위생앞치마 등)을 착용하는지 여부	권고	1	
36. 배식과정이 청결하고 적절하게 이루어지는 지 여부	권고	1	
보관관리			
37. **식품등의 원료 및 제품 중 부패·변질이 되기 쉬운 것은 냉동·냉장**시설에 보관·관리하는지 여부 * 냉장 0~10℃(유치원의 경우 5℃ 이하), 냉동 −18℃ 이하	식품위생법 제3조	3	
38. 식품등의 보관시에는 보존 및 보관기준에 적합하도록 관리하는지 여부	식품위생법 제3조	3	
39. 냉장·냉동시설 및 가열처리시설에 **온도를 측정할 수 있는 계기** 설치 여부	식품위생법 제88조	3	
40. 식품과 비식품(소모품)을 구분 보관하는지 여부	권고	1	
기타 사항			

(계속)

항목	근거	배점 (100점)	비고
41. 급식을 어린이집에서 직접 조리하여 제공하고 있는지 여부 * 어린이집의 경우에 해당	영유아보육법	2	
42. 이미 급식에 제공되었던 음식물 재사용 여부	영유아보육법	3	
43. 조리·제공한 식품의 매회 1인분 분량을 −18℃ 이하에서 144시간이상 보관 여부	식품위생법 제88조	4	
44. 집단급식소의 설치·운영자가 위생교육을 받았는지 여부	식품위생법 제41조	3	
45. 조리실, 식품 등의 원료·제품 보관실 등을 정기적으로 소독하는지 여부	감염병의 예방 및 관리에 관한 법률 시행령 제24조	2	
총점			/100점

3. 지도 결과

구분	내용
이전 방문 시 부적합 항목 개선 여부	
협의 사항	
지도 일자	년 월 일 요일 (시 분 ～ 시 분)

지도 일자 부분 오른쪽 표:

방문자(센터 직원)	
면담자	

자료: 2019 어린이급식관리지원센터 가이드라인, 2019

최확수표 일부

3단계 희석 시험관을 3개씩 시험하였을 때 양성에 대한 최확수(95%의 신뢰한계)

양성시험관수			MPN/g(mL)	양성시험관수			MPN/g(mL)
0.1	0.01	0.001		0.1	0.01	0.001	
0	0	0	<3	2	0	0	9.2
0	0	1	3	2	0	1	14
0	0	2	6	2	0	2	20
0	0	3	9	2	0	3	26
0	1	0	3	2	1	0	15
0	1	1	6.1	2	1	1	20
0	1	2	9.2	2	1	2	27
0	1	3	12	2	1	3	34
0	2	0	6.2	2	2	0	21
0	2	1	9.3	2	2	1	28
0	2	2	12	2	2	2	35
0	2	3	16	2	2	3	42
0	3	0	9.4	2	3	0	29
0	3	1	13	2	3	1	36
0	3	2	16	2	3	2	44
0	3	3	19	2	3	3	53
1	0	0	3.6	3	0	0	23
1	0	1	7.2	3	0	1	38
1	0	2	11	3	0	2	64
1	0	3	15	3	0	3	95
1	1	0	7.4	3	1	0	43
1	1	1	11	3	1	1	75
1	1	2	15	3	1	2	120
1	1	3	19	3	1	3	160
1	2	0	11	3	2	0	93
1	2	1	15	3	2	1	150
1	2	2	20	3	2	2	210
1	2	3	24	3	2	3	290
1	3	0	16	3	3	0	240
1	3	1	20	3	3	1	460
1	3	2	24	3	3	2	1,100
1	3	3	29	3	3	3	>1,100

자료: 집단급식소 병원성대장균 저감화 매뉴얼, 2017

INDEX
찾아보기

저자 소개

곽동경
연세대학교 식품영양학과(이학사)
연세대학교 대학원 식품영양학과(이학석사)
미국 The Ohio State University, Dept of Human Nutrition &
    Food Management(Ph.D. in Foodservice Management)
현재   연세대학교 식품영양학과 명예교수

강영재
서울대학교 농과대학 축산학과(농학사)
서울대학교 대학원 축산학과(농학석사)
미국 University of Georgia 식품위생분야 석·박사
현재   Kang Food Safety Consulting 대표
    연세대학교 생활환경대학원 겸임교수(2001. 3~
    2020. 2)

류경
연세대학교 식품영양학과(이학사)
연세대학교 대학원 식품영양학과(가정학석사)
연세대학교 대학원 식품영양학과(이학박사)
현재   영남대학교 식품영양학과 교수

장혜자
연세대학교 식품영양학과(이학사)
연세대학교 대학원 식품영양학과(가정학석사)
연세대학교 대학원 식품영양학과(이학박사)
미국 Pennsylvania State University 방문연구원
현재   단국대학교 식품영양학과 교수

문혜경
연세대학교 식품공학과(공학사)
연세대학교 대학원 식품영양학과(가정학석사)
연세대학교 대학원 식품영양학과(이학박사)
현재   창원대학교 식품영양학과 교수

이경은
연세대학교 식품영양학과(이학사)
연세대학교 대학원 식품영양학과(가정학석사)
미국 Kansas State University, Dept of Hotel, Restaurant,
    Institution Management & Dietetics(Ph.D. in Human
    Ecology)
현재   서울여자대학교 식품영양학과 부교수

최정화
동덕여자대학교 식품영양학과(이학사)
연세대학교 대학원 식품영양학과(이학석사)
미국 Kansas State University, Dept of Hotel, Restaurant,
    Institution Management & Dietetics(M.S. in Human
    Ecology)
연세대학교 식품영양학과(이학박사)
현재   숭의여자대학교 식품영양학과 조교수

식품위생학 원리와 실제

2020년 2월 18일 초판 인쇄 | 2023년 8월 10일 2쇄 발행

지은이 곽동경 외 | **펴낸이** 류원식 | **펴낸곳 교문사**

편집부장 성혜진 | **책임진행** 이정화 | **표지디자인** 황옥성 | **본문편집** 벽호미디어

주소 (10881)경기도 파주시 문발로 116 | **전화** 031-955-6111 | **팩스** 031-955-0955
홈페이지 www.gyomoon.com | **E-mail** genie@gyomoon.com
등록 1968. 10. 28. 제406-2006-000035호
ISBN 978-89-363-1901-4(93590) | **값** 24,200원